现代家政词典

徐　涛　叶宪年　主编

中国城市出版社

图书在版编目（CIP）数据

现代家政词典/徐涛等主编．—北京：中国城市出版社，2017.2

ISBN 978-7-5074-2945-9

Ⅰ．①现… Ⅱ．①徐… Ⅲ．①家政学-词典
Ⅳ．①TS976-61

中国版本图书馆 CIP 数据核字（2017）第 007626 号

责任编辑：张　磊　曲汝铎
责任校对：焦　乐　张　颖

现代家政词典

徐　涛　叶宪年　主编

*

中国城市出版社出版、发行（北京海淀三里河路9号）

各地新华书店、建筑书店经销

唐山龙达图文制作有限公司制版

北京圣夫亚美印刷有限公司印刷

*

开本：880×1230毫米　1/32　印张：13¼　字数：508千字
2017年5月第一版　　2017年5月第一次印刷
定价：**46.00**元
ISBN 978-7-5074-2945-9

（904001）

本书编委会

主　编：徐　涛　叶宪年

副主编：苏　茜　汪海英　肖沙浪

参　编：杨　力　韦小梅　杨　欣　苏　乔　姚爱娟　韦学恩
　　　　廖明圣　黄招兰　覃凤月　汪　敏

顾　问：

叶文琴：上海市护理学会副会长，教授，博士生导师

袁曾熙：中国营养学会理事，第二军医大学长海医院营养
　　　　科教授

肖沙浪：广西民族大学相思湖学院管理系主任，副教授

主编简介：

徐涛毕业于广西民族大学，后去泰国大城皇家大学附属大城研究院（Ayutthaya Studies Institute）从事旅游和家政服务领域的研究工作。学成归国后不久，又赴美国乔治华盛顿大学留学，主攻国际旅游和家政服务，并获得硕士学位。回国以后，在广西国际物流实训处和广西国际会展事务局外联部等单位工作，并担任赛科供应链公司国际认证中心的项目经理以及赛口家政服务公司总经理，负责研究和发展与家政服务业相关的业务。此外，还参与主持了"家政服务管理软件系统"的研发设计。徐涛目前正在英国普利茅斯大学攻读博士。

叶宪年于20世纪末赴美留学，并获得硕士学位。曾担任美国房地产协会的亚太区首席执行官。此外，他还担任过国际房地产协会联盟的亚太区总监和美国斯塔基国际家政学院的中国区总代表。近年来，他参与了一些中国企业收购国外养老家政服务机构的谈判工作，比较熟悉国内外家政服务市场及发展趋势。同时，他还主持参与了"家政服务管理软件系统"的开发与设计。叶宪年完成的主要著作和论文包括《房地产营销师教程》、《物业管理理论与务实》、"中国房地产市场"（英文）等。

序

国内首部家政服务业的词典问世了。这是件非常有意义的事情，值得祝贺。

十八大报告中提出要推动现代服务业发展壮大的战略思路，而家政服务业作为历史悠久的传统行业，也将在现代服务业中扮演重要的角色，愈加凸显其在经济领域中的后发优势。

有关家政服务的两项国家标准《家政服务母婴生活护理服务质量规范》和《家政服务机构等级划分及评定》已于去年初开始实施。这标志着家政服务市场将步入更加健康、规范发展的轨道，也体现了国家对于家政服务业的高度重视与标准化管理。

李克强总理提出的"大众创业，万众创新"，为家政服务业的发展提供了更加广阔的平台，使大中专毕业生以及城市、农村的剩余劳动力有了更多的创业与发展的机会。

来自国家层面的种种政策利好，对接市场需求的巨大潜能，使家政服务业的发展亟成腾飞之势。有数据显示，2015 年我国家政行业的市场规模已经突破 2 万亿元，国内在册的家政公司达到 55 万余家，从业人员 4000 万人左右。但随着经济快速发展带来的竞争压力和物质生活水平提高产生的家政需求，无论从数量和质量都存在很大缺口，"供不应求"已是长期存在、亟待解决的难题。而难在人才，难在从业队伍。"人的因素是决定因素"再次成为铁律。

希望，在于家政教育及培训机构、家政专业的建设；在于家政培训的专业性、科学性不断提升；人才培训开发成为核心竞争力。这些将会为行业发展提供更多宝贵的人力资源。

希望，在于移动互联网等技术的应用，管理软件、视频软件和手机客户端的研发，提高了家政行业的科技含量和效率。

希望，在于国内外企业以及社会资金的进入。一些国外企业带来的先进理念与管理模式将不仅为国内家政企业提供借鉴与学习的机会，而且会带来竞争压力。这对行业和消费者都是利好。据不完全统计，全国 60%左右的城镇居民对家政服务有需求。

希望，还在于这部《现代家政词典》。权威辞书对词典的解读是：

"收集词汇，加以解释，供人检查参考的工具书。"相信它能达到编者目的。

感谢《现代家政词典》主编叶宪年先生邀我作序。叶先生是我的老朋友，多年来为推动中美两国房地产业的交流与发展做了很多工作。家政服务业是朝阳产业，也是利国利民，造福百姓的大舞台，期待这首部工具书为家政行业的发展助力。

是为序。

时国珍

前　　言

　　家政服务在中国的发展可以追溯到春秋战国时期，迄今已有两千多年的历史，但比较正式的家政教育则始于清朝，即1907年清光绪年间颁布《女子学堂章程》之时。多年来，家政服务在我国被看作是一种简单的家务劳动。然而，随着中国经济的高速发展和人民收入水平的不断提高，越来越多的家庭开始对家政服务有了更高的要求和期望。与此同时，家政服务行业本身也在为了适应市场的需求而不停地变化和成长，其业务范畴和服务模式开始从简单的家居保洁、洗衣做饭等一般家务劳作向养老育婴、家庭教育等更加广阔复杂的领域延伸；一些对服务人员的素质和知识具有较高要求的家政服务领域随着市场的变化和发展也陆续出现。为了加强对变化中的市场的管理，政府相关部门也在不断地出台一些政策法规和标准指南，以促使家政服务市场健康地发展。另一方面，信息化技术和智能移动平台的日益普及不仅拓展了家政服务业的业务范围，而且大大提高了家政服务的工作效率。家政服务业已经发展成为以家庭为服务对象，满足顾客日益需求的综合性服务行业。

　　我们在日常工作中发现，由于部分家政服务人员对一些家政领域内的常用词汇缺乏明确清晰的概念，从而导致其在与客户，甚至其他同行沟通交流时容易产生误解。究其原因，我们觉得这与目前国内市场上尚无一部可以帮助广大家政服务人员了解专业术语和知识的家政服务词典有一定的关系。为了填补这一空白，我们决定编纂一部较为系统、涵盖目前市场上常用的家政服务词汇的专业词典。

　　经过3年多的努力，这部收录1300多个词条的《现代家政词典》终于问世了。我们编纂这部词典的指导思想是"注重实用性、知识性和规范性"。在词目选择方面，本词典所收词目基本上是家政服务人员在日常生活中经常遇见并且使用比较频繁的词汇。此外，考虑到市场的变化，我们也适当地收入了一些新近出现的以及国外家政服务领域内的词目，以满足广大家政服务业人士日益增长的需求。在词目解释方面，为了保证词目释义的规范性，我们尽可能参考或采纳目前市场上已经发表的词目的释义，并对每一个词目的解释作了梳理、编辑和校对。

　　我们参考了中国家庭服务业协会于2004年通过的《家政从业人员

资格等级标准（试行）》对家政服务内容所做的总结，以及国家发改委产业经济与技术经济研究所研究员姜长云先生所做的研究，结合我国家政服务市场的实际情况，将本词典的词目分成以下 15 个大类，即病患陪护、餐饮烹饪、宠物园艺、家庭保健、家庭管理、家庭教育、家政机构、居家保洁、礼仪民俗、食品营养、养老服务、衣物清洁保养、育婴服务、孕产妇护理和综合类等。此外，我们还在本词典内收录了一些近年来政府相关部门公布的有关家政方面的政策文件、标准指南以及合同样本，以方便读者获取更多有关家政服务领域的信息。为给读者提供更多便捷的查找途径和方式，本词典除设有分类目录索引和汉语拼音索引，还对部分具有两个以上含义的词目采取了分别按照不同类目排列的处理方式。

　　本词典的主要读者对象为广大家政服务人员以及相关的专业人士。同时，我们相信这部词典可以帮助家政服务的潜在客户，即广大消费者更好地了解家政服务领域内的常用术语及常识，以便于他们更加有效地与家政服务提供者沟通交流。

　　对我们来说，这部词典的编纂过程也是一个学习和提高的过程。我们希望这部词典的问世能够使得广大家政服务从业人员以及使用家政服务的各类家庭能够从中受益，从而促进家政服务行业在中国市场的健康发展。

　　本词典由徐涛、叶宪年主持编写，由广西民族大学相思湖学院管理系肖沙浪主任和广西外国语学院杨力老师审阅，并得到了叶文琴、袁曾熙、韦小梅等一些行业内专家学者的指导和帮助。我们在此一并表示衷心的感谢。

2016 年 9 月于广西南宁

总 目 录

凡例

分类目录

凡　　例

一、本词典为家政服务专业词典，共收录常用及相关词目 1300 余条，其中包括病患陪护，餐饮服务，宠物园艺，家庭保健，家庭管理，家庭教育，家政机构，居家保洁，礼仪民俗，食品营养，养老服务，衣物清洁保养，育婴服务，孕产妇护理，综合类等 15 个大类。

二、为方便读者使用，本词典采用分类编排，同一类别下面再按照汉语拼音字母的顺序排列；对部分跨类的词目分别安排在两个不同的类别下面并在相应的类目下注明词条所在的位置页码。例如，"月嫂"这个词目同时在"孕产妇护理"和"育婴服务"两个类目名称下面出现。

三、读者可以通过分类目录索引和汉语拼音索引两种途径查询本词典里的词目。汉语拼音索引按照词目名称的拼音字母次序排列，除去 I、U、V，一共有 23 个字母类别。

四、本词典对相同或者相关的词目使用了"见"和"参见"，以引导读者前往查找意思相同和相关或者相近的词目。

五、本词典刊有政府公布的与家政服务及相关专业有关的方针政策、指南以及合同样本。

六、本词典列有参考文献目录。

分 类 目 录

二、餐饮服务

五、家庭管理

六、家庭教育

七、家政机构

八、居家保洁

十一、养老服务

十二、衣物清洁保养

十五、综合大类

一、病患陪护

半流质饮食
bànliúzhì yǐnshí

半流质饮食是一种介于软饭与流质之间的饮食，它含有足够的蛋白质和热能，其纤维质的含量极少，比软饭更易咀嚼和便于消化。常用的半流质食物有肉松粥、汤面、馄饨、肉末、菜泥、蛋糕、小汤包子、牛奶蛋花汤、肉饼蒸蛋、猪肝菜粥等。半流质饮食适用于发热、体弱、口腔及消化道疾患、咀嚼不便及手术后的患者。在食用时，病人应注意采取少食多餐的原则，一般每隔 2～3 小时吃一次，每天吃 6 次。在配制半流质饮食时，应挑选极软、易于消化、易于咀嚼及吞咽，呈半流动液体的食物。半流质食品的蛋白质应按正常量供给，达到 50～70 克。在配制半流质食品时，应注意补充和搭配各种维生素及矿物质。不适合用于制作半流质饮食的食物包括：豆类、大块蔬菜、大量肉类、蒸饺、油炸食品，如熏鱼、炸丸子等；此外，蒸米饭、烙饼等硬而不易消化的食物及刺激性调味品等也应慎用。

半身不遂
bànshēn bùsuí

半身不遂又叫偏瘫，是身体一侧上下肢、面肌和舌肌下部的运动障碍，它是急性脑血管病的一个常见症状，常见于中老年人。突然发生的偏瘫多由脑血管疾患、脑肿瘤出血、颅内血肿及癫病等引起。逐渐进展的偏瘫多见于脑肿瘤、脑脓肿、硬膜下血肿等。定期体格检查是预防中风、偏瘫的重要措施。对年龄 40 岁以上的人群，特别是有高血压、糖尿病或中风家族史的人，应定期作体格检查，以预防中风的发生。体育锻炼能够增强心脏功能，改善血管弹性，促进全身的血液循环，提高脑的血流量，有助于偏瘫恢复。同时，长期锻炼能降低体重，防止肥胖，是预防偏瘫的一项重要措施。参见"偏瘫护理"。

半坐卧位
bànzuò wòwèi

半坐卧位也称为"半卧位"，患者仰卧，先摇起床头或抬高床头支架 30°～50°，再摇高床尾支架或用大单裹住枕芯放于两膝下，将大单两端固定于床沿处，使下肢屈曲，以防患者下滑。放平时，先摇平床尾或放平膝下支架，后摇平床头或放平床头支架。半坐卧位的适用范围一般包括：1. 胸腔疾病、胸部创伤或心肺疾病患者；2. 腹腔、盆腔手术后或有炎症的患者；3. 某些面部及颈部手术后的患者；4. 疾病恢复期体质虚弱的患者等。

包扎
bāozhā

包扎是外伤应急处理的重要措施

之一，是指用包扎材料包紧伤口过程，以达到止血的目的，又能防止伤口再受感染，利于伤口愈合。最常用的包扎材料是卷轴绷带和三角巾，家庭中也可以用相应材料代替，如：毛巾、被单、布等。针对不同的部位有不同的包扎方法，在包扎时应采取适当的方法，防止因包扎错误而引发的不良后果。

保护用具
bǎohù yòngjù

保护用具是用于保护病人安全的用具。保护用具通常经过特殊设计，适用于身体某些部位需要得到适当安全保护的病人。常见的保护用具包括：床档、支架被、约束带、压疮防护用具、护腰带等。参见"约束带"。

被动卧位
bèidòng wòwèi

被动卧位是指患者自己无力变换卧位时，由其他人帮助安置的卧位。常用于极度衰弱或意识丧失、瘫痪等患者。由于患者自身没有能力变换体位，被动卧位必须依赖其他人来进行。参见"被迫卧位"、"主动卧位"。

被迫卧位
bèipò wòwèi

被迫卧位是指患者的意识清醒，也有变换卧位的能力，但由于疾病的影响或治疗的需要，被迫采取的卧位。如急性腹膜炎的患者不得已采取屈膝仰卧位，以减轻腹部疼痛。参见"被动卧位"、"主动卧位"。

鼻出血
bíchūxuè

鼻出血是临床一种常见的症状。可能由鼻部疾病引起，但也可能由身体其他部位或全身原因的疾病所致。局部原因包括鼻部损伤、鼻中隔偏曲、鼻部炎症、鼻腔、鼻窦及鼻咽部肿瘤、鼻腔异物等。全身原因包括出血性疾病及血液病、急性发热性传染病、心血管系统疾病、其他全身性疾病，例如妊娠、绝经前期、绝经期等。鼻出血属于急症，应及时去医院就诊，找出出血的原因，尽可能迅速采取措施止血治病。

鼻腔给药
bíqiāng gěiyào

鼻腔给药是一种中医外治法，一般是由患者自己施行。正确的方法是：首先，要将鼻腔内过多的分泌物轻轻擤出，使药液与鼻腔黏膜充分接触；其次，患者在用药时，仰卧在床上，使肩膀与床缘平齐，头悬于床缘下，采取鼻低于口的体位。必须注意：高血压及颈椎病的患者应采取半卧位，给右侧鼻腔用药时，头偏向右侧；左侧用药时头偏向左侧。摆好体位后，将药瓶悬在鼻孔的上方，将药液滴/喷入鼻腔内。最后，在床上静卧3～5分钟，使药液停留在鼻腔，与鼻腔黏膜充分接触，再慢慢坐起。鼻腔给药有滴剂、嗅剂、膏剂、鼻塞、吸入剂等。鼻腔给药操作方法及有塞鼻法、吹鼻法、搐鼻法、滴鼻法、嗅闻法。

闭合性损伤
bìhéxìng sǔnshāng

闭合性损伤俗称内伤，是指外伤后，局部皮肤或体表黏膜无破裂，损伤时的出血淤积在体内。轻者仅为软组织受挫压，出现肿胀、皮下淤血和疼痛，可无感染。严重者可有骨折、内出血或脏器破裂。当有细菌污染时可发生感染。当出现闭合性损伤时，应及时处理伤处，严重时应迅速就诊。参见"开放性损伤"。

标本采集送检
biāoběn cǎijí sòngjiǎn

在护理领域，标本采集送检主要指医院护士根据医嘱，负责采集送检患者的小便标本、粪便标本及痰标本的工作。采集标本时应注意：1. 标本必须新鲜，采集后及早送检；2. 无菌操作，避免细菌污染。3. 密切观察患者状况，对应急情况及时作出反应；4. 照顾患者心理需求等。需要注意的是，病患陪护不是专业医疗人员，因此不能参与或干涉患者的诊疗工作。参见"医疗护理"、"标本采集送检"。

病毒性肝炎
bìngdúxìng gānyán

病毒性肝炎简称"肝炎"，是由多种嗜肝肝炎病毒引起的以肝脏病变为主的全身性疾病。目前确定的肝炎病毒有：甲、乙、丙、丁、戊型肝炎病毒，各型病原不同，但临床表现基本相似。临床上主要表现为疲乏、食欲减退、肝脾增大、肝功能异常等，部分病例出现黄疸，无常见感染症状。甲型和戊型主要表现为急性肝炎，而乙型、丙型和丁型可转化为慢性肝炎并可发展为肝硬化，且与肝癌的发生关系密切。病毒性肝炎主要通过粪—口传播、血液和体液传播、母婴传播，具有传染性强，传播途径复杂、流行面广、发病率较高等特点。参见"乙肝疫苗"。

病患陪护
bìnghuàn péihù

病患陪护指对老年人、病人、残疾人进行的基础护理和生活护理工作。陪护员根据医嘱陪伴在病患身边，对病患实行不间断的照料及护理，其工作职责包括：1. 照顾陪护对象的生活需求，如：协助陪护对象进行日常生活活动，为陪护对象制作膳食等；2. 为医生和护士的治疗诊断工作提供辅助，如：协助收集送检病人标本、预防压疮等；3. 密切观察病人状况，对应急情况及时作出反应；4. 照顾病人心理需求等。需要注意的是，病患陪护不是专业医疗人员，不能参与或干涉病人的诊疗工作。参见"医疗护理"、"标本采集送检"。

病患陪护钟点工
bìnghuàn péihù zhōngdiǎngōng

病患陪护钟点工是按钟点计价的病患陪护岗位。适用于病情较轻，不需要全天候陪护的患者。参见"病患陪护"、"钟点工"。

病区
bìngqū

病区是医院住院部的基本组成单

位，是病人住院接受治疗、医护人员开展诊疗、护理工作的场所。同时，病区也是住院病人生活的场所和医、教、研的工作场地，其内设有病室、抢救室、治疗室、医护办公室、配餐室、厕所、浴室等功能单位及相应设施。

擦浴
cāyù

擦浴指的是使用毛巾等擦拭身体的一种清洁方式，适用于老人或者病人等由于身体状况无法淋浴、盆浴或采用其他沐浴方式的人。其目的去除皮肤污垢，保持皮肤清洁，使患者舒适，促进血流循环，增强皮肤排泄功能，预防皮肤感染及褥疮等并发症的发生。家政服务人员在擦浴时，一般使用32～34℃左右的温水，按脸部、颈部、上身、下身的顺序擦拭，并根据情况更换热水，动作要敏捷、轻柔、减少翻动和暴露；同时，应注意观察老人或患者的身体情况。如果出现寒战，面色苍白，脉搏、呼吸异常等症状，应立即停止擦浴并及时通知医护人员。全身擦浴时间不宜超过 20 分钟。

侧卧位
cèwòwèi

侧卧位，患者侧卧，臀部稍后移，两臂屈肘，一只手放于胸前另一只手放于枕旁，下腿稍伸直，上腿弯曲（臀部肌内注射时，应下腿弯曲、上腿伸直，使被注射部位肌肉放松）。必要时，两膝之间、后背和胸腹前放置软枕，扩大支撑面，稳定卧位，使患者更加舒适。侧卧位适用范围包括：

1. 灌肠、肛门检查、臀部肌内注射、配合胃镜检查等；2. 与仰卧位交替，便于擦洗和按摩受压部位，预防压疮；3. 对单侧肺部病变患者，视病情采取患侧卧位或健侧卧位。

肠梗阻
chánggěngzǔ

肠梗阻是常见急腹症之一，是指由任何原因引起的肠道内容物通过障碍，常见于儿童与老年人。肠梗阻可根据发病原因分为机械性肠梗阻、动力性肠梗阻、血运性肠梗阻；根据程度可分为完全性和不完全性肠梗阻；根据发展快慢可分为急性和慢性肠梗阻；根据部位可分为高位和低位肠梗阻。肠梗阻表现症状为急性腹部绞痛、呕吐、腹胀、肛门排气和排便停止、肠鸣音变化、腹部出现肠型、肠蠕动波等。患者病情严重时，因不能进食和反复呕吐，导致肠内积聚了大量肠液，因此往往会出现脱水和电解质紊乱，更甚者可由于休克或弥漫性腹膜炎抢救不及时而导致死亡。在日常生活中，应依据肠梗阻发生的不同原因，有针对性采取某些预防措施。如果发生肠梗阻应该及时就医，避免病情恶化。

长期护理
chángqī hùlǐ

长期护理是指在一段相当长的时间内，为由于认知障碍或者身体原因而不能独立照料自己的人提供生活、卫生和社会服务，以满足其非医疗和医疗需求的活动。其中，长期的非医疗护理主要是日常护理活动，比如穿衣、喂食、洗浴等，对护理员的专业要求相对较低；而长期的医疗护理则需要结合被护理人的病理分析，由熟练专业的护理人员实施。长期护理所采用的方式通常包括康复护理、姑息护理等支持性个人护理。长期护理的提供场所可以是社区、家庭或各类疗养机构，适用于各年龄段的人群，但主要的护理对象为老年人。

超声雾化吸入法
chāoshēng wùhuà xīrùfǎ

超声雾化吸入法是应用超声波声能产生高频振荡，将药液变成细微的雾滴，由呼吸道吸入的方法。其特点是雾量多少可以调节；雾滴少而均匀（直径通常在 $5\mu m$ 以下）；药液可随着深而慢的吸气可到达终末细支气管及肺泡；雾化器电子部分产热，能对雾化液轻度加温，使患者吸入温暖、舒适的气雾。超声雾化过程中应做到：1. 心理护理：对初次雾化吸入者，要做好解释工作，介绍吸入的目的、方法及注意事项，消除紧张心理，以取得其配合。对曾做过雾化吸入者，则要他们熟练掌握吸气、呼气及吸入面罩的放与按的联合动作。2. 体位：采取半坐位或坐位。

晨间护理
chénjiān hùlǐ

晨间护理是指每天清晨为患者所做的护理工作，其目的是使病室整洁、干净，患者舒适并减少并发症的发生。晨间护理的工作通常包括：1. 问候患者并了解睡眠情况；2. 整理床单位，需要时为患者换衣物、被套及大单；3. 协助患者排便、漱口（口腔护理）、洗脸、洗手、梳发、翻身。检查患者皮肤受压情况，进行背部按摩等；4. 观察病情，按需进行心理护理和卫生宣教；5. 酌情开窗通风，保持室内空气新鲜。晨间护理一般在护理车上配备梳洗用具，口腔护理用具，压疮护理的用物，床刷，消毒的毛巾袋或扫床巾，清洁衣裤，床单等物品。参见"晚间护理"。

喘息服务
chuǎnxī fúwù

喘息服务是为慢性病或失能患者的主要照顾者提供的一种短暂的、临时性的替代服务，其目的是减轻照顾者的负担。其服务场所可以是家庭、社区或疗养院之类的入住式护理机构。喘息服务始于西方国家 1970 年代开始的去机构化运动。参见"主要照顾者"。

床单位
chuáng dānwèi

床单位也被称为"病床单位"，是病床及其配套设备的总称。床单位的固定设备有：床、床垫、床褥、枕芯、大单（可随需要加橡胶单或中单）、被套、枕套、床旁桌、椅子等。墙上有供氧管、吸引管、对讲装置、照明灯等设备。护理人员应保证床单位的整洁。

床上擦浴
chuángshàng cāyù

床上擦浴是护理人员对病情较重、长期卧床、活动受限或者生活不能自理的受护理人所进行的擦浴活动。床上擦浴需要准备的用品包括：40～50℃

的温水、洗脸盆和水桶各两个（分别装干净水和污水）、大浴巾两条（床上铺一条，身上盖一条）、香皂或浴液、指甲刀、梳子、50%乙醇、护肤用品、干净的衣裤和被褥等。其主要步骤包括：1. 向受护理人解释说明；2. 测量受护理人的脉搏、体温、血压等生理指标，并询问受护理人是否需要排泄；3. 床上擦浴的顺序通常依照：脸、耳、颈、胸、腹、上肢、背、臀、下肢、和阴部；4. 帮助病人更换衣物和床单，并整理用具及相关设备。进行床上擦浴的护理人员应受过相关培训，了解病人在擦浴期间可能发生的生理和心理变化，并能针对不同情况采取适当的护理及应对措施。参见"床上沐浴"。

床上沐浴
chuángshàng mùyù

　　床上沐浴是护理人员对病情较重、长期卧床、活动受限或者生活不能自理的受护理人员所进行的沐浴活动。床上沐浴需要准备的物品包括：40~50℃的温水、塑料水槽、干净衣物、浴巾、毛巾两条、椅子、洗脸盆、搓脚石、香皂、浴液、活性膏、防滑垫、宽的布腰带等。其具体操作步骤包括：1. 做好沐浴前的解释工作；2. 测量受护理人的脉搏、体温、血压等生理指标，并询问受护理人是否需要排泄；3. 准备好床上沐浴时所需要的塑料水槽；4. 对受护理人进行沐浴；5. 沐浴结束后，放出水槽内污水，协助病人穿戴干净衣物，并收拾好用具及相关设备。进行床上沐浴的护理人员应受过相关培训，掌握相关用具的使用方法，了解病人在沐浴期间可能

发生的生理和心理变化，并能针对不同情况采取适宜的护理及应对措施。参见"床上擦浴"。

床上梳发
chuángshàng shūfā

　　床上梳发是为卧床患者进行头发护理的一个环节，其目的是为患者梳理头发，按摩头皮，去除污垢、头屑及脱落的头发，并促进头部血液循环。所需物品包括：治疗巾（用于铺垫在枕头上）、梳子、30%乙醇（用于湿润长发打结处）和纸袋（用于收集落发、污垢）。床上梳发的护理流程包括：1. 铺治疗巾于枕头上，并协助患者把头转向一侧。对可坐起的患者，协助患者坐起，铺治疗巾于肩上；2. 将头发从中间梳向两边，左手握住一股头发，由发梢逐渐梳到发根。长发或偶有打结时，可将头发绕于食指上慢慢梳理，如头发已纠集成团，可用30%乙醇让其湿润后，再小心梳顺；3. 根据患者需要编辫或扎成束；4. 将脱落头发置于纸袋中，撤下治疗巾；5. 整理床位、清理用物。参见"床上洗头"。

床上洗头
chuángshàng xǐtóu

　　床上洗头是为卧床病人进行头发护理的一个环节。洗头时，可协助患者斜床角仰卧，移枕于肩下，将浴巾放置患者后颈部，头部仰躺在槽内，槽形下部接污水桶，用小水壶或大小杯倒温水将头发湿透，再用洗发液揉搓，后用温水洗净为止。洗发完毕，用干毛巾包住头发，撤去上述用物，置

患者于舒适体位，擦干或用电吹风吹干头发。参见"床上梳发"。

担架
dānjià

担架是用来抬送病人或伤员的用具，两边有架子供抬举，中间绷着帆布或绳子供伤病员躺卧。参见"病人搬运护理"。

滴鼻法
dībífǎ

滴鼻法是将药水滴入鼻腔，使药力通过鼻黏膜吸收的一种护理给药方式，一般由医护人员或受过训练的护理人员实施。其操作步骤为：1. 检查药液是否在有效期内；2. 清洁双手；3. 向患者解释，获得其配合；4. 嘱咐患者轻轻擤出鼻分泌物；5. 协助患者取仰头位或侧头位，使鼻孔向上；6. 一手扶持患者头部，另一手持药液滴管距鼻孔2cm。不可接触鼻孔，以防污染；7. 将药液滚入两侧鼻腔各2～3滴，再用手轻按鼻翼，使药液在鼻腔内扩散；8. 嘱咐患者保持原位3～5分钟后再捏鼻坐起，以免药液流出或注入咽部；9. 观察患者有无不适，擦净面部，为患者取舒适体位，整理用物，洗手。参见"鼻腔给药"。

滴耳药法
dīěr yàofǎ

滴耳药法是将药液直接滴入耳道内治疗外耳道及中耳感染或软化耳垢清洁外耳的一种护理给药方式，一般由医护人员或受过相关训练的护理人员实施。其操作步骤包括：让患者取半卧位或侧卧位，使患耳向上。如外耳道内有脓液，可用棉花棍将脓液擦净，再滴药。左手向后上方牵引耳壳，使患者的外耳道变直。右手持药瓶将药水顺外耳道后壁滴入，轻轻压揉耳屏，使药液进入外耳道深处。若自冰箱取出药液，需在室温下放置片刻再用。

滴眼药法
dīyǎn yàofǎ

见"眼部用药"。

端坐呼吸
duānzuò hūxī

端坐呼吸又称"强迫坐位"，是指患者被迫采取坐位或半卧位以缓解呼吸困难的一种现象。端坐呼吸时，患者多坐于床沿或座椅上，双手置于膝盖上或扶持床边。这种体位一方面可以使胸廓辅助肌易于运动，膈肌下降，增加肺活量，另一方面可以使下半身回心血量减少，从而减轻呼吸困难的症状。端坐呼吸通常是急性左心衰竭的表现。

耳部用药
ěrbù yòngyào

见"滴耳药法"。

二便
èrbiàn

二便指的是大便、小便。在一些医疗实践中，医护人员常需要询问或观察病人的二便。参见"标本采集送检"、"排泄观察"。

肺炎
fèiyán

肺炎是指由不同病原体或其他因素（如：吸入或过敏反应等）所致的肺部炎症。肺炎的临床表现以发热、咳嗽、气促、呼吸困难和肺部固定湿啰音为主。临床上肺炎的分类方法包括：1. 病理分类：支气管肺炎、大叶性肺炎（含节段性肺炎）、间质性肺炎等。2. 病因分类：病毒性肺炎、细菌性肺炎、支原体肺炎、衣原体肺炎、原虫性肺炎、真菌性肺炎，其他（如：嗜酸细胞性肺炎、吸入性肺炎、坠积性肺炎、脱屑性肺炎）。3. 病程分类：急性为1个月以内。迁延性1～3个月。慢性为3个月以上。4. 病情分类：轻症病情轻，除呼吸系统外，其他系统仅有轻微受累，无全身中毒症状；重症病情重，除呼吸系统受累严重外，其他系统亦受累，全身中毒症状明显。

粪便采集送检
fènbiàn cǎijí sòngjiǎn

见"标本采集送检"。

俯卧位
fǔwòwèi

俯卧位，患者俯卧，两臂屈肘放于头部两侧，两腿伸直，胸下、髋部及踝部各放一软枕，头偏向一侧。俯卧位适用范围包括：1. 腰、背部检查或配合胰、胆管造影检查时；2. 脊柱手术后或腰、背、臀部有伤口，不能仰卧或侧卧的患者；3. 缓解胃肠胀气所致的腹痛。采用该体位时注意勿使胸部受压，以免妨碍呼吸。俯卧位可与侧卧位交替使用。

辅助诊疗部门
fǔzhù zhěnliáo bùmén

辅助诊疗部门是医院的主要构成部门之一，一般包括药剂科、检验科、营养科、麻醉科、手术室、供应室及病理科等，以其专门的技术和设备辅助诊疗部门的工作。参见"诊疗部门"、"医院行政后勤部门"。

干热敷法
gànrèfūfǎ

干热敷法也可称为热水袋法，是一种理疗方法，常用于帮助患者解痉、镇痛和保暖。具体操作方法是一般将60～70℃的温水倒入热水袋内，灌入量为热水袋容量的1/2～2/3，然后逐渐放平水袋，驱尽袋内空气，拧紧塞子，擦干后倒提并轻轻抖动，检查有无漏水后装入布套中或用毛巾包裹，放于患者所需要的部位。根据不同的目的，掌握使用时间：用于治疗，一般不超过在30分钟；用于保暖可持续使用。注意事项：1. 对意识不清、老人、婴幼儿、麻醉未清醒、感觉迟钝、末梢循环不良等患者，水温应调至50℃，并在患者身体和热水袋之间增厚防护毛巾并加以观察，以防烫伤；2. 一旦出现皮肤潮红、疼痛等反应，应立即停止热敷并在局部涂凡士林等防烫药膏以保护皮肤；3. 遇有脏器出血，软组织挫伤、扭伤或砸伤初期（前三天）或者急性腹痛诊断未明前等状况，忌用热敷；4. 在面部危险三角区感染化脓、皮肤湿疹、细菌性结膜炎等状况下均禁忌热敷。参见"热敷"、"湿热敷法"。

肛温测量法
gāngwēn cèliángfǎ

肛温测量法亦称肛测法，是测量人体温度的一种方法。测量肛温时协助患者取侧卧、俯卧或屈膝卧位，暴露测温部位；婴儿可取仰卧位，以一手抓住其两脚踝部并提起，露出肛门，将体温计水银端涂润滑剂，用手分开臀部，将肛表旋转并缓慢地插入肛门3～4厘米；婴幼儿只需将贮汞槽插入肛门即可，并用手扶持固定肛表，测量3分钟后读数，正常值为36.5～37.7℃。测肛温时注意不要用力、插入段不要过长与过短、防止折断，腋温不准确或无法测量时可使用此法，但腹泻、直肠或肛门手术患者、心肌梗死患者不宜测肛温。其他的人体测温法还有口测法和腋测法等。

高热
gāorè

当人体腋温达到39℃以上时被称为高热。高热是内科急诊中常见的一种症状，可由多种疾病引起。高热主要分感染性发热和非感染性发热两大类型。常见的有可能引发高热的疾病有：败血症、感冒、扁桃体炎、结核病、疟疾、伤寒、肝炎、感染性心内膜炎、胆道感染、尿路感染、风湿热、系统性红斑狼疮、恶性肿瘤、药物热等。引发高热的原因较复杂，有时会造成诊断上的困难。因此，对于高热患者，必须及时就医，以防延误病情。

高血压病
gāoxuèyābìng

高血压病是一种老年人群中常见的多发病，是以动脉血压升高为特征并伴有动脉、心脏、脑和肾脏等器官病理性改变的全身性疾病，也是导致冠心病、心力衰竭、脑中风、肾功能衰竭的主要因素。血压正常值的高压为90～140毫米汞柱，低压为60～90毫米汞柱。低压大于95毫米汞柱为高血压，但一般以高压为参考。60岁以上的老年人高压大于157毫米汞柱时可以认定为高血压。高血压病的症状因每个人反应差异及病情程度而异。常见症状有头晕、头痛、耳鸣眼花、记忆力减退、失眠以及情绪不稳定、易烦躁不安等。高血压的常见病因有遗传，环境，年龄，肥胖等。防治高血压的有效方法，包括在生活方面首先要精神乐观，情绪稳定，保证足够睡眠，生活规律，避免经常性紧张的脑力活动，并应从事适当的体力活动和锻炼。应在饮食上保持低盐、低脂肪，多吃蔬菜，控制体重，戒烟，勿大量饮烈性酒。

给药
gěiyào

给药方式即患者的服药方式，一般有以下几种给药方式 1. 口服给药：口服后，药物经胃肠道吸收；2. 注射给药：即将药物以注射器注入体内；3. 其他给药：如雾化吸入、舌下给药、滴入给药、栓剂给药、皮肤给药等。每种给药途径均有其特殊目的，各有利弊。患者应听从医嘱采取适当的给药方式。

功能锻炼
gōngnéng duànliàn

功能锻炼是一种通过自身的运动和摩捏等来达到治疗骨折、脱位、手外伤和其他疾病,使身体康复的治疗方法。其目的是促使损伤部位的功能早日恢复,主要内容有肌力锻炼、关节活动度锻炼、平衡和协调功能锻炼、步行功能锻炼等。功能锻炼在骨折复位后固定期间就要开始进行,以主动地作肌肉伸缩练习为主,被动活动忌用暴力,以免加重损伤,锻炼要有计划和系统性。

佝偻病
gōulóubìng

佝偻病俗称软骨病,是维生素 D 缺乏所致的骨骼病变。多见于 2 岁以下小儿,1 岁以下更多见。主要病因为:1. 接触阳光少,皮肤受紫外线照射生成维生素 D 不足;2. 喂养不当,母乳不足时用维生素 D 含量低的淀粉类食物为主食。佝偻病早期表现为烦躁、睡眠不安、汗多、枕后脱发;逐渐出现方头畸形、囟门闭合延迟(正常应18 个月以内闭合)、胸廓下部肋骨外翻;重者出现"O"或"X"形畸形腿、鸡胸、脊柱弯曲;出牙、走路、说话、坐立均延缓。防治措施包括:1. 多晒太阳;2. 对于生长发育迅速的婴幼儿或没有机会晒太阳者,可适当补充维生素 D 制剂;3. 俯卧、扩胸等运动可逐渐减轻或防止鸡胸畸形发展。

姑息治疗
gūxī zhìliáo

姑息治疗是对那些对治愈性治疗无反应的患者积极全面的医疗照顾,包括疼痛及其他症状的控制,并重视和解决患者心理、社会和精神方面的问题,其目的使患者及家属获得最好的生活质量。在疾病的早期,姑息治疗的很多内容可以与抗癌治疗同时进行。

骨折处理
gǔzhé chǔlǐ

骨折处理是对因受伤而导致骨折的病人进行救治的过程。当伤者出现骨折时,应设法固定其受伤的肢体并限制其活动,以避免骨折残损的尖端刺伤周围组织,为迅速安全地转运伤者去医院做准备。处理原则:不可随意搬动伤者,不可乱揉乱捏,及时送往医院急救。

关节脱位
guānjié tuōwèi

关节脱位也被称为关节脱臼,指由于直接或间接暴力作用于关节,或关节有病理性改变,使骨与骨之间相对关节面失去正常的对合关系;失去部分正常对合关系的称为半脱位。脱位多见于青壮年和儿童;四肢大关节中以肩关节和肘关节脱位最为常见,髋关节次之,膝、腕关节脱位则少见。根据脱位程度可分为全脱位和半脱位;根据脱位发生的时间可分为新鲜性脱位和陈旧性脱位;根据脱位后关节腔是否与外界相通分为闭合性脱位和开放性脱位。关节脱位的症状有:1. 外伤性脱位者均感到激烈的疼痛,活动时疼痛加重,触摸时亦感疼痛;2. 脱位的关节常有肿胀、伤后时间较久者肿胀会加剧，严重时局部皮肤可出现水泡、皮下瘀血等症状；3. 因骨端位置改变可能会引起关节形状改变，可能还会有受伤肢体变长或缩短的情况；4. 关节活动受限，自己不能活动，别人帮着也难活动，且会感到一种弹性抵抗；5. 触摸外伤关节与健侧比较，有的部位凹陷空虚、有的部位则突出鼓起；6. 外伤性脱位病情较急，且常发骨折或神经症状。遇到脱臼情况时应该及时就医，以免延误病情。

盥洗护理
guànxǐ hùlǐ

盥洗护理是护理人员对病人的手部及面部进行清洁卫生的过程，所需物品主要包括洗脸盆、大毛巾、温水、小毛巾、香皂、指甲刀、刮胡刀、梳子、棉签等。针对自身能活动的病人的盥洗步骤是：1. 让病人呈坐姿；2. 盆内盛 38～40℃ 的温水放在病人面前，松开病人领口并卷起袖口，将大毛巾围在病人颈下或胸前；3. 将小毛巾浸湿并蘸香皂（或洁面乳）擦洗病人面部，再用洗净的小毛巾在病人面部反复轻柔擦洗；4. 用大毛巾擦干面部并整理头发；5. 为男病人刮去胡须；6. 清洗病人双手，必要时修剪指甲；7. 涂抹护肤霜；8. 整理用物。对卧床病人盥洗的护理步骤是：病人取仰卧位；将大毛巾或塑料布围在卧床病人的颈下胸或前，注意其一侧需垂置床边，以防浸湿床单；再重复以上其他步骤。在提供盥洗护理时需要注意不要让病人呛到水。

灌肠术
guànchángshù

灌肠术是指将一定量的溶液通过肛管由肛门经直肠灌入结肠的技术，以帮助患者清洁肠道、排便、排气或由肠道供给药物，达到确定诊断和治疗的目的。灌肠可分为保留灌肠（即将药物灌入直肠，使其保留于直肠内，通过直肠粘膜吸收而达到治疗目的）和不保留灌肠按灌肠（即将灌肠液灌入肠腔后随即由肛门排出，不予保留），不保留灌肠分为大量不保留灌肠、小量不保留灌肠和清洁灌肠。常用灌肠溶液有 0.1%～0.2% 的肥皂液、生理盐水和某些治疗药物等。灌肠法须由受过专业训练的医护人员操作。在操作时应按病情所需选用合适的方法及溶液，采用合适的溶液浓度和温度，并轻柔操作，以防发生肠管损伤、肠痉挛、水电解质失衡等并发症。

呼吸道感染
hūxīdào gǎnrǎn

呼吸道感染是一种由多种微生物包括细菌、病毒、支原体、真菌、寄生虫等引起的感染性疾病。根据感染发生的部位分为上呼吸道和下呼吸道感染。上呼吸道感染包括：普通感冒、急性咽炎、扁桃体炎、喉炎；下呼吸道感染包括：气管－支气管炎、肺炎。临床可出现相应症状，如咳嗽、咳痰、呼吸困难等。新生儿呼吸道感染主要表现为吃奶不好，精神不好。较重的表现为呼吸急促，口周发青。老年人呼吸道感染疾病发病多较缓慢，症状不典型，早期乏力，精神萎靡或仅有咳嗽咳痰等轻微症状，但有时后果比较严重。如发现老人有以上呼吸道感染早期症状，则应及时治疗，以防引发肺炎。

护工
hùgōng

护工是指在医院里，受雇用于患者或患者家属方，协助护士对患者进行日常护理和帮助的工作人员。

护患关系
hùhuàn guānxì

护患关系是指护理人员与患者在护理与被护理交往过程中的相互关系。它受护理人员与患者家属、护理人员与医生、护理人员间多种关系的影响。护患关系是广大医患关系的一部分。

护理
hùlǐ

狭义的护理指护理人员从事的以照料病人为主的医疗、护理、技术工作。如对老弱病残及产妇的照顾；或在人类生老病死的全过程中，维护身心健康，抚慰垂危病人，实行临终关怀等。广义的护理是一项为健康服务的专业，在尊重人的需要和权力的基础上，促进、维持或恢复其所需要的生理、心理、社会等各方面的健康，以及预防疾病。按其性质可分为临床护理和预防保健护理。人们对护理的概念在各个不同历史时期均有不同的见解。

护理病人
hùlǐ bìngrén

见"病患陪护"。

护理计划
hùlǐ jìhuà

护理计划是由责任护士对其所负责的病人从护理角度制订的全面的护理措施。计划应包括病人有待解决的实际问题和可能存在或出现的问题，以及病人的预期后果和制订的措施等。

护理员
hùlǐyuán

护理员，也被称为助理护士或护士助理，是指受过专门训练的从事护理工作的初级卫生人员。护理员的主要角色是在各级医疗预防机构中协助护士担任一般护理和病房、门诊部等管理工作，包括：1. 病人生活护理和部分简单的基础护理工作；2. 随时巡视病房，应接病人呼唤，协助生活不能自理的病人进食、起床活动及递送便器；3. 收集送验标本，整理床铺，终末消毒及负责所属病房的清洁工作。

护士助理
hùshì zhùlǐ

见"护理员"。

患者安全护理
huànzhě ānquán hùlǐ

患者安全护理是指护理人员在护理工作中，严格遵循护理制度和操作规程，准确无误地执行医嘱，实施护理计划，确保患者在治疗和康复中获得身心安全。其目的在于为患者创造一个没有危险、不受威胁和不发生意外的护理环境。安全护理措施可包括使用相关保护用具（如：床档、约束带、支被架等）；使用相关搬运工具（如：轮椅、平车、担架等）对患者进行安全搬运等措施以防止患者发生意外（如：烫伤、走失、跌倒、坠床、自杀等）。参见"患者搬运护理"、"保护用具"。

患者搬运护理
huànzhě bānyùn hùlǐ

患者搬运护理是对卧床不起或不能自己行走的患者进行搬运转送工作。根据患者的具体情况，可以运用不同的搬运方法搬运患者。例如，对病情较轻、能够站立而行走困难的患者，可使用轮椅，而对病情较重、不能行走的患者，可用使用担架或平车搬运。护理人员在搬运患者的过程中应结合患者病情，根据不同搬运方法的操作步骤和要求搬运，保证病患在搬运过程中的安全。参见"患者安全护理"。

患者排泄护理
huànzhě páixiè hùlǐ

见"排泄照料"。

患者清洁护理
huànzhě qīngjié hùlǐ

患者清洁护理是指受过训练的护理人员帮助有需要的患者清洁身体各个部位的服务，其中包括口腔护理、头发护理、皮肤清洁护理等。在做患者清洁护理时，护理人员必须认真细致，了解患者的清洁要求，熟悉需要清洁的部位，掌握具体的操作方法和步骤，以获得最佳的清洁效果。

患者膳食制作
huànzhě shànshí zhìzuò

患者膳食制作是指根据患者的病情和身体状况来制作适合病人的饮食的过程。例如，为身体虚弱及吸收能力比较差的病人可以在医师或者营养师的指导下制作流质饮食和半流质饮食；又如，可根据病人肥胖、高血压、糖尿病、骨质疏松等不同病情，设计调配出适宜的饮食。参见"半流质饮食"、"流质饮食"。

患者体位变换与移动
huànzhě tǐwèi biànhuàn yǔ yídòng

患者体位变换与移动是指护理人员帮助移动困难的患者（如偏瘫患者）调整体位姿势或者搬迁移动的过程，是护理工作中的重要内容之一，陪护人员应遵循医嘱、在专业的医疗指导下进行此项工作。体位变换的主要目的是使患者体位处于舒适的状态，防止患者皮肤长时间受压或变换体位不当形成压疮。患者移动工作则是将不能起床和行动的患者安全舒适地送到检查和治疗科室及手术室等。为做好患者体位变换与移动的护理工作，陪护人员应了解一定的人体力学知识，及体位变换与移动对患者生理机能的影响。此外，还应掌握一定的援助技术及辅具使用技术，在保证自身及患者安全的情况下，满足患者的不同需要，防止损伤。参见"患者搬运护理"。

患者卫生护理
huànzhě wèishēng hùlǐ

见"患者清洁护理"。

患者饮食料理
huànzhě yǐnshí liàolǐ

见"患者膳食制作"。

基础护理
jīchǔ hùlǐ

基础护理指的是护理人员按护理学科中的基本理论、基本知识、基本技能，为解除由于致病因素和疾病对患者造成的障碍及危害，而采用的护理技术操作和护理措施。基础护理是临床护理的基本功，也是专科护理的基础。其内容包括病情观察、生命体征监测和患者生活生理需要照料、危重病人抢救、准确及时执行医嘱、病房管理及消毒隔离等。

疾病互助组
jíbìng hùzhùzǔ

疾病互助组通常由具有相似患病经历的人群组成。在互助组中，这些病人可以抒发自己的思想、感情、顾虑，并从其他成员那里获得有用的信息及情感支持。有的时候疾病互助组也会有医疗专家参与其中。

脊髓灰质炎
jǐsuǐ huīzhìyán

脊髓灰质炎是一种由脊髓灰质炎病毒引起的急性传染病，多发生于小儿，部分患者可发生弛缓性神经麻痹，故又称"小儿麻痹症"。脊髓灰质炎病毒主要侵犯脊髓前角的运动神经元，发病之初有呼吸道、消化道症状及发烧，随即出现头痛、烦躁、出疹、肌肉疼痛、颈背强直等，多在病程2～7日出现弛缓性瘫痪，分布不对称。脊髓灰质炎临床表现多种多样，包括程度很轻的非特异性病变，非瘫痪性脊髓灰质炎和瘫痪性脊髓灰质炎。本病无特效治疗，应将重点放在预防。目前脊髓灰质炎减毒活疫苗已取得很好的免疫效果。参见"脊髓灰质炎减毒活疫苗"。

家庭护工
jiātíng hùgōng

家庭护工是受雇于患者或患者家庭，在家庭的环境内对患者进行日常护理和帮助的服务人员。家庭护工的主要职责包括：1. 协助维护病人卫生、仪表及仪容，如：洗脸、梳头、口腔清洁、假牙护理、擦身、更衣、协助如厕或使用便盆、便壶等。2. 协助病人满足营养需求，如喂饭、水、协助进餐等。3. 维护病人安全：协助病人上下床，坐轮椅，摆放体位及在指导下活动关节。4. 协助病人保持舒适的状态并缓解其焦虑的心情。5. 提供心理咨询；6. 为家属提供关于营养、清洁、卫生等方面的咨询服务。参见"护工"、"家庭护理"。

家庭生活护理
jiātíng shēnghuó hùlǐ

家庭生活护理是护理的一个组成部分，是对病人或老年人进行的非住院护理的方法。家庭护理与临床护理从形式上和护理质量上有一定的差异。家庭护理的注意事项包括：1.从心理上给病人安慰；2.保持居住环境清洁舒适，房间对流通风；3.应做好对卧床病人的基础护理，保持口腔、脸、头发、手足皮肤、会阴、床单清洁；并预防褥疮、直立性低血压、呼吸系统感染、交叉感染、泌尿系统感染等；确保病人安全，无坠床、无烫伤；管理好病人的膳食餐饮；4.注意用药安全。遵医嘱按时、按量用药，做好药品保管等。参见"家庭护工"。

家庭医疗护理
jiātíng yīliáo hùlǐ

家庭医疗护理泛指为家庭病患提供的各种支持性护理服务，其服务内容包括技术性照护护理、职能治疗、物理治疗、呼吸治疗、语言障碍矫正治疗、营养治疗等，旨在协助客户进行日常生活活动及家务操持。

假肢
jiǎzhī

假肢是弥补人的肢体缺损和代偿肢体功能的人工肢体，用以使截肢病人恢复一定的生活自理和工作的能力。假肢主要是用铝板、木材、皮革或塑料与金属部件制成，包括上肢假肢、下肢假肢两大类。比较好的假肢首先是功能好、穿用舒适；其次是轻便、耐用，外观近似健康肢体。医生与假肢制造者要密切配合，根据截肢病人的局部及全身情况，结合其年龄、性别、职业、居住地区及以往穿用假肢的习惯等特点，共同做好假肢安装工作。假肢制成后，截肢病人要经过使

用训练，以充分发挥假肢的代偿功能。上肢假肢训练内容包括：病人自行穿脱假肢；控制假肢，如前臂截肢病人能在不同的屈肘位控制假手张开、闭合；日常生活自理和一些工作能力。下肢假肢训练内容包括：病人穿戴假肢，使残肢的承重部位与接受腔相符合；站立平衡；步行中步幅、节奏均匀，身体摆动幅度正常、对称；上下楼梯或台阶，在斜坡和高低不平的路上行走，以适应不同的生活、工作环境。

截肢康复护理
jiézhī kāngfù hùlǐ

截肢康复护理是指对截肢后的病人护理的过程。截肢康复护理包括以下几个方面的工作：1.对截肢患者进行心理护理，帮助患者克服由于心理准备不足而导致的震惊、自我孤立、不配合，甚至拒绝接受治疗的心态。并详细介绍康复训练计划、方法及康复所需要的时间；2.保持合理残肢体位，以防残肢变形；3.对残端进行适当的护理，保持残端部位干燥、清洁；4.截肢术后适当运动。参见"康复护理"。

精神疾病
jīngshén jíbìng

精神疾病是指：在内外各种致病因素的影响下，大脑机能活动发生紊乱，导致认知、情感、行为和意志等心理活动发生不同程度障碍的疾病。精神疾病可根据程度不同分为达到精神病程度的精神病性障碍和未达到精神病程度的非精神病性障碍。

静脉输液
jìngmài shūyè

输液又名打点滴或者挂水，是由静脉滴注输入体内的大剂量（一次给药在 100ml 以上）注射液。注射液通常包装在玻璃或塑料容器中，不含防腐剂或抑菌剂。使用时，护理人员通过输液器调整注射液的滴速，使其持续而稳定地进入患者静脉，以补充患者体液、电解质或提供营养物质。

静脉输液观察
jìngmài shūyè guānchá

静脉输液观察的主要内容有：1. 输液速度：滴数一般为 60～80 滴/分钟。识读输液卡。2. 观察进针部位：正常时，无痛感、无红肿、无隆起。3. 观察病人有无输液反应。常见的输液反应及症状有：发热反应、心力衰竭、肺水肿、静脉炎、空气栓塞。4. 如有异常反应，应及时通知医生处理。

静脉注射
jìngmài zhùshè

静脉注射是水溶性药物直接注入静脉的一种给药方法。静脉注射可避免影响药物吸收的各种因素，无肠壁和肝脏的首过代谢，血药浓度上升到峰值水平的速度快，具有疗效迅速而准确的特点。静脉注射的常见方法有三种，即静脉推注、静脉滴注和附加注射，注射部位一般为四肢浅静脉，如贵要静脉、肘正中静脉、头静脉或腕部、手背、足背等处浅静脉、小儿头皮静脉或股静脉。静脉注射给药可

引起一些不良反应，如注射不当可发生血栓性静脉炎、感染、药液外溢于血管外，以及空气栓塞等，如药物剂量过大可发生急性药物中毒，如液量过大过快，则可导致急性肺水肿。静脉注射时应正确操作，以防发生上述不良反应。

局部冰敷
júbù bīngfū

局部冰敷是一种常用的临床护理方法，能起到降低体温、减轻局部充血或出血、控制炎症扩散、减轻组织肿胀和疼痛的作用，常用于发热患者的物理降温以及帮助创伤患者止痛、消肿、减低组织创伤程度等。在进行局部冰敷时需注意：1. 不要让冰袋直接放于皮肤上的时间过长，应以适当的间隔进行，降温时最好将冰袋用毛巾包裹一层，避免患者受到过分冰凉的刺激甚至冻伤；2. 大面积组织受损、感染性休克、皮肤青紫时，不宜用冰敷，以防组织坏死；3. 枕后、耳廓、阴囊等处忌用冷敷，以防冻伤；心前区冰敷易引起反射性心率减慢、心律不齐；腹部不宜冰敷，以防引起肠痉挛或腹泻；冠心病伴高热患者，应避免足底冰敷，以防一过性冠状动脉收缩引起心绞痛。参见"冷疗"。

开放性损伤
kāifàngxìng sǔnshāng

开放性损伤指的是受伤部位的内部组织（如肌肉、骨头等）与外界相通的损伤，即血液可外流或肌肉、骨头外漏的创伤，如擦伤、撕裂伤、切伤、

刺伤等。为防止伤口感染，开放性损伤护理应严格执行无菌操作，伤口处理应彻底清洁、清创、按要求缝合、包扎、固定和引流；同时注意患者的心理护理，有效缓解其恐惧、悲伤的心理。

看护病人
kānhù bìngrén

见"病患陪护"。

口测法
kǒucèfǎ

口测法是一种常见的体温测量方法。其步骤包括：1. 用 75％酒精给体温计消过毒，将水银端斜放在舌下热窝处，嘱咐其闭口用鼻呼吸，勿用牙咬，不能讲话，防止咬断体温计或脱出。2. 测量时间：3 分钟。3. 正常值：36.3～37.2℃。需要注意的是，口测法不能用于神志不清的病人和婴幼儿，若进食后应隔 30 分钟后才可通过口测法测量体温。参见"腋测法"。

口服给药
kǒufú gěiyào

口服给药是临床常见的给药方法之一，药物口服后被胃肠道黏膜吸收进入血液循环，从而发挥局部或全身的治疗作用。口服给药具有方便、经济、安全的特点。但由于口服给药吸收慢，药物产生疗效的时间较长，不适用于急救、意识不清、呕吐频繁、禁食等患者。在为患者口服给药时，护士需注意：1. 仔细核对医嘱检查药物质量，如药物名称、服药剂量、服

药时间、药物质量和有效期；2. 注意按照医嘱所规定的服药时间及服药次数给药，如：饭前或空腹、饭后、食间服用、一日服用次数等；3. 服药剂量必须根据医生要求服用，不能因患者感觉而自行减少或加大剂量；4. 服药姿势一般采取立位、坐位或半卧位，应尽量避免平卧位服药；对于卧床的患者应尽可能协助其坐起来服药，服药后 15～20 分钟再躺下；对不能坐起的患者，服药后尽可能让其多喝水，以便将药物冲下；5. 对于特殊药物的服用，要随时注意观察用药的效果和不良反应。

口腔护理
kǒuqiāng hùlǐ

口腔护理是指由护理人员按时替被护理人擦洗口腔，洗净牙齿各面及口腔粘膜，再根据口腔情况及病变做必要处理、用药的工作。护理对象一般为缺乏一定的生活自理能力，不方便或不能够独自清洁护理口腔的人群，如：老年痴呆症患者、残疾人或其他失能、失智人群、重危患者、昏迷病人、小儿等。口腔护理需要达到的要求包括：1. 保持口腔清洁、湿润，使被护理人感到舒适，预防口腔感染等并发症。2. 防止口臭、口垢，促进食欲，保持口腔正常功能。3. 观察口腔粘膜和舌苔的变化及特殊的口腔气味，提供病情的动态信息。针对不同身体情况的被护理人，如：能坐起来的病人、卧床不起或瘫痪的病人、痴呆病人、有口腔溃疡的病人等，需要针对其特定的身体情况，采用不同的方法护理。口腔护理还包括

对假牙的清洁护理。参见"假牙清洁护理"。

冷敷
lěngfū

见"冷疗"。

冷疗
lěngliáo

冷疗是指使皮肤接触温度较低的物质,通过寒冷刺激机体发生一系列功能性变化,用于治疗疾病的方法。冷疗具有镇痛、消肿、降低体温、缓解肌肉痉挛等作用。冷疗适用于高热、急性外伤初期、痉挛性瘫痪、神经或关节疼痛等症状。常用的冷疗方法包括:冰袋、冰帽、冷喷雾、冰水浴(局部冰水浴温度应在15℃左右,全身冰水浴温度应在20℃左右)等。雷诺病、闭塞性脉管炎、开放性伤口、溃疡患者及对冷敏感者不宜使用冷疗;高血压及冠心病患者应慎用冷疗法治疗。

疗养院
liáoyǎngyuàn

疗养院是一种以休养为主医疗为辅,促进身体健康的医疗保健机构。疗养院多设于气候适宜、环境幽静的山区或美丽的海滨城市。院内通常配备良好的医疗检查、诊疗设备和保健设施。疗养者可根据自身的健康状况,在医疗保健监督下,从事一些有益于身心健康的活动,如登山,游泳,散步,太极拳,台球,乒乓球和棋类活动等,以消除日常工作中的疲劳,进一步促进身心健康。有的疗养院设在有温泉的地区,也被称为温泉疗养院。

临终关怀
línzhōng guānhuái

临终关怀是指由医护人员、宗教人士、志愿者、护工、社会工作者、政府部门或慈善团体等社会各个层面的团体及人士为癌症等晚期病人及其家属提供的生理和心理等方面的支持照顾。临终关怀旨在提升病人临终阶段的生命质量,使其能够舒适、安详、有尊严、无痛苦地走完人生的最后旅程,并使患者家属获得身心保护及慰藉。临终关怀需要运用医学、护理学、社会学、心理学等多种学科理论及实践来为患者提供支持。

留置导尿
liúzhì dǎoniào

留置导尿是对不能自行排尿或尿滞留的病人,将导尿管插入膀胱内,并持续留置的一种治疗方法,其目的是保护膀胱功能,解除尿潴留,以及消除长期存在残余尿液以避免发生感染等。此外,留置导尿也可用于急性肾功能衰竭,通过持续导尿,可观察患者尿量,并借以了解肾功能情况。

流质饮食
liúzhì yǐnshí

流质饮食是一种呈流体样的饮食,亦是医院的常备饮食之一。流质饮食通常包括:米汤、牛奶、豆浆、蛋水、肉汤、果汁等。与半流质饮食相比,流质饮食更易于吞咽和消化。流质饮食主要适用于高热、口腔疾病、急性传染病、吞咽困难、急性胃肠道疾病、重症、肠道术前准备及大手术后患者。在提供流质饮食时应注意：1. 少吃多餐，每天6～7餐，每餐液体量为200～250ml；2. 避免使用具有刺激性的食材，如：酒饮、浓茶、咖啡、香料等；3. 需要根据患者的身体状况选用不同的食材，如：消化道术后患者忌用牛奶、豆浆或浓糖水作为饮食。参见"半流质饮食"。

轮椅
lúnyǐ

轮椅是一种代步工具，主要由轮椅架、座靠、车轮、刹车这四大部分组成，通常后部还装有便于他人推动轮椅的扶手。根据驱动方式的不同，轮椅可以分为人力驱动或电力驱动两大类。轮椅的使用人群主要包括因年龄、伤病、残疾等因素导致行走困难的人群。轮椅的选用通常需要根据使用者的体型决定，以防导致使用者的皮肤磨损甚至压疮等问题。

脉搏测量
màibó cèliáng

脉搏测量是一种生命体征测量方法，对于了解患者的身体情况具有重要的参考作用。进行脉搏测量时需要做好测量前的准备，如：准备好计时工具、记录簿、笔等；让患者先休息5～10分钟，保持安静；协助患者取仰卧位或坐位，手臂放于舒适位置，腕部伸展。最常采用的测量位置是靠拇指一侧手腕部的桡动脉，在因某些特殊情况而不能触摸此处时，也可选用位于耳前的颞浅动脉、颈动脉及肱动脉、腘动脉、足背动脉、胫后动脉和股动脉等。测量脉搏时护理人员需以食指、中指、无名指的指端按压在动脉表面，按压力量要适中，以清楚触及脉搏搏动为宜，一般测量30秒（异常脉搏、危重患者应测1分钟），将所测脉搏数乘以2，即为脉率。在有条件的情况下，也可采用脉搏测量仪代替人工测量。

慢性支气管炎
mànxìng zhīqìguǎn yán

慢性支气管炎简称慢支，是气管、支气管黏膜及其周围组织的慢性非特异性炎症，多发于冬春季，但夏秋季也有发生。临床上以咳嗽、咳痰为主要症状，每年发病持续3个月，连续2年或2年以上。排除具有咳嗽、咳痰、喘息症状的其他疾病，如肺结核、肺尘埃沉着症、肺脓肿、心脏病、支气管哮喘的等。在对患有慢性支气管炎的患者进行护理时，需要注意保持室内空气清新，定时通风，避免煤烟、粉尘的刺激；定期清洁床上用品，以杜绝可能导致慢性支气管炎发作的螨虫、灰尘等因素，为患者创造一个清洁舒适的生活环境。在饮食方面，注意避免生冷、肥腻、辛辣的食物，要鼓励患者多喝水。在保健方面可以指导患者开展适量的呼吸运动和耐寒锻炼，增强体质。进行日常护理时，需认真观察患者咳嗽、咳痰、排痰量及外观，当出现相关症状时需要及时送医治疗。

沐浴辅具
mùyù fǔjù

沐浴辅具也称洗浴辅具，是为沐浴困难的人士（如：老年人、病人、残疾人等)设计制造的沐浴用辅助工具。常见的沐浴辅具可包括:1. 防滑类辅具,如:防滑垫、防滑条、辅助扶手等;2. 促进洗浴者独立沐浴的辅具,如:浴椅、浴凳、长柄刷、长柄泡棉等;3. 护理者协助沐浴的辅具,如:洗澡床、洗头槽、洗澡机等。参见"独居老人辅助设备"。

沐浴护理
mùyù hùlǐ

沐浴护理是指护理人员为难以独立完成沐浴活动的人员(如:老年人、病人或残疾人等)提供的协助其沐浴的服务,根据沐浴方式的不同,可分为淋浴、盆浴和床浴三种。淋浴和盆浴适用于全身情况良好的病人。床浴适用于病情较严重,长期卧床,全身情况较差的病人。由于沐浴护理涉及被护理人员的生活质量和隐私,因此护理人员应受过相关的护理技术与护理心理的培训。此外,护理人员还应该熟悉沐浴行为的整体流程,能根据沐浴者的身体状况、行动能力、浴室环境等因素,选择恰当的方法、辅具及环境,以提高沐浴者本人的活动能力并减少护理人员负担。参见"淋浴护理"、"盆浴护理"、"床上擦浴"、"床上沐浴"。

耐用医疗设备
nàiyòng yīliáo shèbèi

耐用医疗设备(DME)指的是能够为有需要的病患提供治疗性作用的设备,一般以医疗作用为主,不适用于健康人。一般是由医师开单使用,可租赁或购买。耐用医疗设备耐用能

够重复使用,并适宜在家庭中使用。常见的有病床、人工呼吸器、氧气设备、座椅托举设备、轮椅、步行器等。

脑衰弱综合征
nǎoshuāiruò zōnghézhēng

脑衰弱综合征指的是由某些慢性躯体疾病所引起的类似神经衰弱的症状群。临床表现为顽固性头痛、头沉、耳鸣、乏力、失眠、记忆力减退、注意力不集中、心悸等。脑衰弱综合征的发生发展、病程经过及预后,均决定于躯体疾病本身。随着躯体疾病的好转和全身状况的恢复,类似神经衰弱的症状可随之消失。老年人为脑衰弱综合征的易患人群。

脑中风
nǎozhòngfēng

脑中风是一组以脑部缺血及出血性损伤症状为主要临床表现的疾病,又称脑卒中或脑血管意外,具有极高的病死率和致残率,主要分为缺血性脑中风(脑梗塞、脑血栓形成)和出血性脑中风(脑出血或蛛网膜下腔出血)两大类,以脑梗塞最为常见。脑中风发病急,病死率高,是世界上最重要的致死性疾病之一。缺血性脑中风的主要发病机理是各种原因引起脑部血液循环障碍,缺血、缺氧所致的局限性脑组织缺血性坏死或软化;出血性脑中风主要是原发性非外伤性脑实质出血所致。当患者发生脑中风时,应立即拨打急救电话。在等待救援时,不要急于把患者从地上扶起,最好2~3人同时把患者平托到床上,

头部略抬高，以避免震动。同时把患者衣领和腰带松开，以减少身体的束缚所造成的血压变化以及脑中风恶化。如果患者有呕吐现象，务必让患者侧躺，以避免呕吐物误入呼吸道。侧躺时切记让瘫痪侧在上方。如果患者有抽搐发作，可用筷子或小木条裹上纱布垫在上下牙间，以防咬破舌头。患者出现气急、咽喉部痰鸣等症状时，可用塑料管或橡皮管插入患者咽喉部，从另一端用口吸出痰液。

脑卒中
nǎozúzhōng

见"脑中风"。

内伤
nèishāng

见"闭合性损伤"。

尿路感染
niàolù gǎnrǎn

尿路感染即泌尿道感染，是由细菌引起的泌尿道炎症。尿路感染可分为：1. 下尿路感染，如：尿道炎、膀胱炎；2. 上尿路感染，如：输尿管炎、肾盂肾炎；以肾盂肾炎为最常见。下尿路感染可单独存在，而上尿路感染则一般易伴发下尿路感染。常见的尿路感染致病菌包括大肠杆菌、变形杆菌、产碱杆菌、肠球菌、葡萄球菌等。尿路感染是3岁以下儿童的常见病；同时，在老年人中也是一种常见疾病。

尿液收集送检
niàoyè shōují sòngjiǎn

尿液作为人体常规排泄物，其成分变化可反应泌尿系统及其他组织器官的病变，应根据不同的病情和检查项目，正确、合理、规范地收集尿液标本和送检，以保证尿液检测结果的准确性。常见的尿液标本有：随机尿（24小时内随机尿液，适用于门诊病人、体检人员、泌尿感染病人等）、晨尿（晨起的第一次尿液，适用于住院病人等）、餐后尿（午餐后2～4小时的尿液，适用于轻症糖尿病、肝炎、肾病病人等）、定量时间段全部尿液（主要用于细胞定量检查和尿化学成分定量检查）。常规尿液检查前，病人应清洁外阴，女性应避开月经期，取中段尿作为主要检验标本，尿杯应清洁干燥。收集好的尿液标本及时送检，应在采集后2小时内分析完毕，不能及时送检的尿液标本，必须进行适当处理或以适当的方式保存。参见"排泄照料"。

帕金森病
pàjīnsēnbìng

帕金森病旧称帕金森氏病，也曾称震颤麻痹症，是一种由于脑中多巴胺能神经元的退行性变而导致的运动功能紊乱疾病。此病多为特异性，一旦发病后就不断进行性发展，侵袭中脑—纹状体—丘脑—皮质区神经通路的锥体外系的运动调节功能。临床表现为震颤、肢体及关节僵硬、运动迟缓和姿势不稳等。造成帕金森综合症的原因多样，包括脑血管病、脑动脉硬化、感染、中毒、外伤、药物以及遗传变性等，发病率是随着年龄的增长而增加的，主要是以60岁以后的人群居多。参见"帕金森病护理"。

帕金森病护理
pàjīnsēnbìng hùlǐ

对帕金森病患者护理应注意以下几方面：1. 安全护理，为患者创造一个无障碍、安全的环境，如：在楼道、厕所内增设扶手，并将日常用品、呼叫器等置于触手可及的位置；2. 饮食护理，应少食多餐，增加膳食纤维和液体摄入，在饮食困难情况下可将食物切碎研磨喂食或进行鼻饲；3. 康复护理，鼓励患者参加太极拳、散步等各类形式的活动，防止关节僵直和肢体痉挛；4. 心理护理，多与患者交流，疏导悲观犹豫的心理；5. 健康教育，在遵循医嘱的情况下指导患者正确服药，并为患者及家属介绍该病的相关知识。参见"帕金森病"。

排泄观察
páixiè guānchá

排泄观察是指护理人员观察、记录受护理人员的排尿、排便、排痰、呕吐等排泄活动的工作。其内容通常包括：观察受护理人排泄物的颜色、数量、内容物等性质和排泄次数，并做好记录。

排泄照料
páixiè zhàoliào

排泄照料是指对于被护理人员的排泄活动（二便、痰液、呕吐）的护理工作，可分为排泄观察和排泄护理两部分。在进行排泄观察时，需要注意观察并记录排泄次数、排泄量、颜色、气味、内容物、大便形状及软硬度、尿液透明度等，以确定被护理人的排泄情况

是否有异常。排便方面的异常情况包括：便秘、腹泻、肠胀气、排便失禁等；排尿方面的异常情况包括：多尿、少尿、尿失禁、尿潴留等。排泄观察可为采取相应的护理措施提供依据。排泄护理的对象一般是由于一定原因而不能独立进行大小便排泄的人群，例如：老年人、瘫痪或卧床病患、失禁患者或其他失能、失智人士等。排泄护理包括对被护理人排泄物进行标本采集和送检，帮助行动不便的被护理人使用便器排便，帮助被护理人在呕吐时变换体位等。参见"标本采集送检"。

陪护
péihù

陪护是指陪伴丧失或部分丧失生活自理能力的客户，并为之提供日常生活照料的服务。参见"病患陪护"。

皮肤给药术
pífū gěiyào shù

皮肤给药术是指将药液直接涂于皮肤，达到防腐、消炎、止痒、保护皮肤的目的。皮肤给药常用的剂型有溶液、软膏、粉剂、糊剂、乳膏剂、搽剂、酊剂和醑剂等。经皮给药具有许多优点，如：可以长时间缓释药物、减少用药次数、维持平稳的血药浓度、减少不良反应等。在发生不良反应时，可通过及时停止给药，提高患者用药的安全性。此外，经皮给药可有效避免首过效应，提高疗效。

皮下注射术
píxià zhùshèshù

皮下注射术是将少量药物或生物

制品注入皮下组织的技术，注射部位可选择上臂三角肌下缘、腹部、后背、大腿前侧及外侧。药物注射于皮下组织后，经毛细血管吸收进入血液，进而分布全身而发挥治疗作用。由于皮下注射后药物吸收较慢，可延长药物作用的时间。从事相关操作的人员必须经过相关培训，以杜绝皮下注射过程中可能导致的事故。参见"静脉注射"。

偏瘫
piāntān

见"半身不遂"。

偏瘫护理
piāntān hùlǐ

偏瘫护理是指为患有偏瘫（或半身不遂）的病人提供的护理服务。根据护理内容的不同，可分为日常护理、卧位护理、患肢护理和康复训练等。其中，日常护理的内容为照顾病人的日常起居等活动，为其操持家务、购买日用品等；卧位护理是在病人卧床时，通过加垫软枕等方式使病人的肢体处于功能位置，为患者创造出安全、舒适的卧位姿势；患肢护理是采取清洁、运动等恰当方式，保持卫生并防止褥疮；康复训练则是在患者病情稳定后，在医务人员的安排指导下，协助患者恢复肢体功能的活动。在对偏瘫患者进行康复训练时，应依据循序渐进的原则，为患者实施训练。训练后脉率不宜超过120次/分钟；训练次日如患者出现疲劳感，或脉搏数高于平日水平，则应适当减量；当患者出现心绞痛或严重心律失常时，应立即暂停训练。此外，在训练期间护理人员应对患者采取鼓励、支持的态度，为其准备纤维素含量较高的清淡饮食，并就患者情况多向医生咨询。

屈膝仰卧位
qūxī yǎngwòwèi

屈膝仰卧位是患者在床上采取的一种体位姿势，适用于胸腹部检查或接受导尿、会阴冲洗的患者，放松腹肌，便于检查或暴露检查操作面。其具体姿势为：患者平卧，头下放枕，两臂放于身体两侧，两膝屈曲，稍向外分开。

去枕仰卧位
qùzhěn yǎngwòwèi

去枕仰卧位适用于昏迷、全身麻醉、椎管内麻醉或脊髓腔穿刺后的患者。去枕仰卧位可以防止呕吐物误入气管而引起窒息或肺部并发症，也可预防因脑压降低而引起的头痛。其具体姿势为：患者去枕仰卧，两臂放于身体两侧，双腿自然放平，将枕头横立置于床头。

全身冷敷
quánshēn lěngfū

全身冷敷是指通过温水擦浴或酒精擦浴来对人体全身物理降温的方法。全身冷敷需要准备的材料包括：大毛巾1条，小毛巾2条，盆2个，体温计、热水、冰袋、热袋、干净衣服。其操作步骤为：1. 洗手，准备用物，向病人解释，取得配合。2. 脚下放热袋（帮助发汗散热），额头上放冰袋。

3. 擦浴采用 32～34℃ 的温水，或浓度为 25%～35% 的酒精。4. 上肢擦浴顺序：颈外侧、上臂外侧、手背、侧胸、腋窝、上臂内侧、手掌。5. 下肢擦浴顺序：髋部、大腿外侧、足背、腹股沟、大腿内侧、足内踝、股下、膝盖窝、足跟。6. 擦拭后拿掉热袋，半小时后测量体温。若体温小于 39℃，拿掉冰袋。帮病人穿上干净衣服。如果体温未降到 39℃ 以下，可再擦浴一次。在擦浴过程中，需注意：1. 擦浴过程不可超过 20 分钟。2. 随时观察病人全身和局部反应，当病人皮肤发绀、青紫、面色苍白、寒战时应立即停止。3. 对冷敏感，心脏病、体质虚弱者慎用；全身性血液循环不良者（如：水肿病人）不宜进行全身冷敷。4. 擦浴过程中，应按需换盆、换水、换毛巾。参见"冷敷"。

热敷
rèfū

热敷为一种常见的治疗和护理的方法，其用途广泛，可以促进血液循环，加速渗出物的吸收，有消炎、止痛、消肿的作用。热敷可使用热水瓶、热水罐、热水袋、热砂袋、湿热毛巾、电热器等，温度以 60～70℃ 为宜。热敷时应对昏迷病人、神经或精神障碍病人、老年及小儿病人、严重及危笃病人、有出血倾向的病人等加强护理，谨慎操作，以防烫伤。

热水袋法
rèshuǐdàifǎ

见"干热敷法"。

人工取便
réngōng qǔbiàn

人工取便法，又称手助排便、人工协助排便，用于大便干结而滞留于直肠的便秘患者，经灌肠或通便后仍无效时，用手指取出嵌顿在直肠内的粪便的方法。人工取便使用的工具包括：无菌手套 1 只，弯盘、橡胶布及治疗巾各 1 块（或一次性尿布垫），肥皂液，卫生纸，便盆。其操作方法为：向病人说明目的，消除紧张、恐惧心理，以取得其配合。病人左侧卧位，右手戴手套，左手分开病人臀部，右手食指涂肥皂液后，伸入直肠内，慢慢将粪便掏出，放于便盆内。取便完毕后，给予热水坐浴，以促进血液循环，减轻疼痛。人工取便中应注意以下事项：1. 动作轻柔，避免损伤肠黏膜或引起肛门周围水肿。2. 勿使用器械掏取粪便，以避免误伤肠黏膜而造成损伤。3. 取便时，注意观察病人，如发现其面色苍白、出冷汗、疲倦等症状，必须暂停查明原因。参见"排泄照料"。

认知障碍
rènzhī zhàngài

认知障碍是一类心理障碍，即认知缺陷或异常。认知障碍包括：1. 感知障碍，如：感觉过敏、感觉迟钝、内感不适、感觉变质、感觉剥夺、病理性错觉、幻觉、感知综合障碍等；2. 记忆障碍，如记忆过强、记忆缺损、记忆错误等；3. 思维障碍，如抽象概括过程障碍、联想过程障碍、思维逻辑障碍、妄想等。上述各种认知障碍的原因是多种多样的，除器质性疾病原因外，大多由精神疾患所致，如：神经衰弱、癔症、疑症、更年期综合症、抑郁症、强迫症、老年性痴呆、精神分裂症、反应性精神病、偏执型精神病、躁狂症、躁郁症等等。

烧伤
shāoshāng

烧伤是日常生活和战争中最常见的外伤，按其原因可分为热力烧伤、化学烧伤、电烧伤和放射烧伤。烧伤不仅是皮肤损伤，可深达肌肉、骨骼；严重者能引起一系列全身变化，如休克、感染等，若处理不当，可造成死亡。烧伤的深度临床一般采用三度四分法，即一度、浅二度、深二度和三度烧伤；依烧伤的面积，一般分小面积烧伤和大面积烧伤。烧伤急救原则：立即消除烧伤的原因，依不同的烧伤程度采取不同的措施：抗休克、保护创面、镇静、止痛等。参见"烫伤"。

舌下给药
shéxià gěiyào

舌下给药是一种给药方法，即将药物置于舌下，通过舌下口腔黏膜丰富的毛细血管吸收，经颈内静脉到达心脏或其他器官。舌下给药具有吸收迅速、生物利用度高的特点，可避免药物受到肝脏及胃肠道中各种消化酶和胃酸的破坏。舌下给药应注意以下要点：1. 用前弄清药物的名称、剂量和用药时间、适应范围；2. 舌下含服的药不能咀嚼、吞咽，而应让其自然溶解，否则会降低药效；3. 含服消心痛、硝酸甘油后，需要测量血压、脉搏、心率等。适用于舌下给药法的药物包括：硝酸甘油（抗心绞痛）、硝苯地平（治疗高血压）、异丙肾上腺素（治疗支气管哮喘）及其他一些激素类药物等。

生命体征
shēngmìng tǐzhēng

生命体征是机体内在活动的一系列客观反映，是衡量机体状况的指标；其内容包括体温、脉搏、呼吸、血压及瞳孔变化。生命体征是疾病诊断治疗及护理的重要依据，护理人员应掌握生命体征的测量方法，并能根据生命体征的变化，采取适宜的护理措施。参见"体温测量"、"脉搏测量"、"血压测量"。

失禁
shījìn

失禁是指身体控制大小便的器官失去作用而引起的无法控制排尿或排便的身体状况，可分为尿失禁和大便失禁（也称肛门失禁）两大类。尿失禁是由于膀胱括约肌失去正常功能或神经功能障碍而丧失排尿自控能力，使尿液不自主地流出，可再细分为1. 真性尿失禁；2. 充溢性尿失禁；3. 压力性尿失禁；4. 急迫性尿失禁。大便失禁则是由于肛门括约肌失去正常功能，导致直肠内粪便不受控制而随意地排出。失禁虽不直接威胁生命，但造成患者身体和精神上的痛苦，严重地干扰正常生活和工作。

失能

shīnéng

失能是指由于意外伤害或疾病等因素而导致的生理或精神上的能力丧失和缺陷。根据能力丧失的程度不同，失能可分为轻度、中度和重度失能。在一些西方国家（如美国），失能通常被法律定义为：经确认无法管理自身资产、处理个人事务及承担法律责任或行使法定权利的状态；在这种情况下，失能人士常需要法定监护人为自己处理事务。参见"失能老人"。

失智症

shīzhìzhèng

失智症是一种因脑部伤害或疾病所导致的渐进性认知功能退化；患者的词汇、抽象思维、判断力、记忆及肢体协调功能会随着失智的发展而逐渐衰退，进而严重影响其日常生活。造成失智的原因及失智的发展快慢因人而异；一些可能引起失智的因素包括：阿茨海默氏症、中风、酒精中毒、艾滋病、毒品或精神紊乱等。目前全世界有超过 3500 万的人患失智症，预估患者人数在 2050 年将增加 3 倍，达到 11500 万人。全球每年有 770 万新增病例，也就意味着每 4 秒钟就有一人患病。在发达国家，失智症已逐渐取代脑卒中成为神经与精神科患者所患疾病之首，是导致身体功能丧失最严重的慢性疾病之一。

湿热敷

shīrèfū

湿热敷是一种兼具湿敷与热敷优点的物理疗法。湿热敷浸透性强，可以促进局部血液循环，并使局部组织松弛；常用于消炎、消肿、解痉、镇痛。湿热敷多用于治疗慢性创伤性疾病（恢复期）、慢性关节疾病、风湿性肌炎及关节炎、局部循环不良、肛门疾病、角化过度性皮肤病等。在湿热敷护理时，需经过以下几个步骤：1. 取得被护理人的同意，然后让其取舒适体位；2. 在湿热敷部位下方铺垫好橡胶单及治疗巾，在需要热敷的皮肤局部涂以凡士林，上面盖一层纱布；3. 将敷布浸于热水中，用长钳拧敷布至不滴水，用手腕部试温（以不烫手为宜）、折叠后敷于患处，上面加盖干毛巾保温，在患部不忌压的情况下，还可以将热水袋放置在干毛巾上，再用大毛巾包裹保温；4. 每 3～5 分钟更换一次敷布，连续热敷 15～20 分钟后结束湿热敷护理；5. 湿热敷完毕后用纱布擦净患处，并整理用物；6. 安置被护理人；7. 洗手并记录湿热敷的部位、时间及效果。参见"热敷"、"干热敷法"。

手术后护理

shǒushùhòu hùlǐ

手术后护理分为两种：1. 全麻手术后的护理工作包括去枕平卧、观察病情、禁食禁水、术后活动、饮食护理、大便护理、切口护理、生活护理。2. 局麻手术后的护理措施同全麻手术后的护理措施。术后去枕平卧 6 小时，禁食禁水。排气后，护理内容同全麻。

私人护理

sīrén hùlǐ

私人护理也可称为私人专业护理，

一般是指自费性家庭护理服务。私人护理的场所通常在客户家中，其护理内容包括：1. 医疗护理或非医疗护理；2. 家务操持（保洁、做饭、购物等）。根据工作技能的不同，提供私人护理服务的护理人员可以分为：（1）经过注册的专业医疗护理人员，（2）获得非医疗护理许可证的护理员。其中，经过注册的专业医疗护理人员需具备更高的专业技能，因此收费也更昂贵；取得非医疗护理许可的护理员需经过专业的训练并取得相关认证，能够为客户提供洗澡、喂饭、口腔清洁及如厕等日常生活方面的辅助。私人护理服务目前主要应用于美国及其他西方国家。参见"家庭生活护理"、"家庭医疗护理"。

烫伤
tàngshāng

烫伤是由高温液体或蒸汽所致的烧伤，除蒸汽、热水外，火焰、电流、放射线或强酸、强碱等作用于人体也可引起烧伤。烫伤家庭急救应遵循以下几个要素：1. 一旦家中或周围有人发生烫伤，不要惊慌，也不要急于脱掉贴身单薄的衣服，应迅速用冷水冲洗。待冷却后再小心地将贴身衣服脱去，以免撕破烫伤处皮肤。冲洗时间约半小时以上，以停止冲洗时不感到疼痛为止。一般水温约20℃即可。切忌用冰水，以免冻伤。如果烫伤在手指，也可用冷水浸浴。面部等不能冲洗或浸浴的部位可用冷敷。2. 经冷水处理后轻轻拭干创面，然后薄薄地涂些京万红、绿药膏等油膏类药物，再适当包扎1～2天，以防止起水疱。不必包扎面部。3. 如有水疱形成可用消毒针筒抽吸或剪个小孔放出渗出液即可；如水疱已破则可用消毒棉球拭干，以保持干燥，不要使渗出液积聚成块。4. 如烫伤1～2个手指也可将手指浸入一小杯酱油内，约半小时可以止痛。5. 烫伤后切忌用紫药水或红汞涂擦，以免影响观察伤后创面的变化。6. 大面积或严重的烫伤经一般紧急护理后应立即送往医院。参见"烧伤"。

特殊护理
tèshū hùlǐ

特殊护理是指和一般护理相对而言的技术护理。可能因为病人的科别不同、病种不同、疾病病情不同、治疗措施不同等而要求采取某种或某些特殊护理措施，如高热护理、昏迷护理、褥疮护理等。

体温测量
tǐwēn cèliáng

体温测量也称体温监测，是对人体内部的温度进行测量，从而对诊治疾病提供依据的一种操作方法。测试体温可以使用水银温度计、电子温度计、红外线体温计或者液晶温度计等。常见的体温测量部位包括：腋下、口腔和直肠。其中，口腔与直肠内均为黏膜腔，较易传热，测量3分钟即可；皮肤传热较慢，腋下常需10分钟才能升到最高温度。不同的测定部位可出现轻度的数据差别。例如：正常口腔温度为37℃左右，腋下温度正常值为36.7℃，直肠温度正常值为37.5℃。

体温计
tǐwēnjì

体温计又称体温表、医用温度计，

是测量人体体温的计量器。根据适用的测量方法的不同，体温计可以分为口表（适用于口测法）、腋表（适用于腋测法）、和肛表（适用于肛测法）；根据体温计原理的不同，其又可分为玻璃水银体温计、电子体温计、红外线体温计等。

痛风
tòngfēng

痛风是由于尿酸盐沉积在关节囊、滑囊、软骨、骨质、肾脏、皮下及其他组织中而引起病损及炎性反应的一组异质性代谢性疾病，常见于40岁以上的男性。临床特点为高尿酸血症、反复发作的痛风性关节炎、痛风石、间质性肾炎，严重者呈关节畸形及功能障碍，常伴有尿酸性尿路结石。根据病因可分为原发性和继发性两种。在为痛风患者提供护理服务时，应注意与痛风相关的饮食禁忌，并应在患者运动时做好相应的护理和防范。

头低足高位
tóudī zúgāo wèi

头低足高位是患者所采取的一种卧位姿势，患者仰卧，头偏向一侧，枕头横立于床头以防碰伤头部，床尾用支托物垫高 15～30cm。头低足高位适用于需要利用人体重力作为反牵引力的情况，如：肺部分泌物的引流，使痰易于咳出；十二指肠引流，有利于胆汁引流；妊娠时胎膜早破，防止脐带脱垂；跟骨牵引或胫骨结节牵引，利用人体重力作为反牵引力，防止下滑等。此体位易使患者感到不

适，不可长时间使用，颅内高压者禁用。参见"卧位"、"头高足低位"。

头高足低位
tóugāo zúdī wèi

头高足低位是患者所采取的一种卧位姿势，患者仰卧，床头用支托物垫高 15～30cm 或根据病情而定。头高足低位适用于需要减轻颅内压的情况，如：颈椎骨折需做颅骨牵引；预防脑水肿、降低颅内压；开颅手术后等。参见"卧位"、"头低足高位"。

脱臼
tuōjiù

见"关节脱位"。

外敷药
wàifūyào

外敷药是指作用于人体外部的药物，常见于外伤消毒及中医治疗跌打损伤的过程中。根据不同伤病和药物功效，外敷药有许多种类。家庭中常见的外敷药物包括：2％红汞、75％酒精、2.5％碘酊、松节油、消炎镇痛膏、四环素眼膏、鼻眼净、氯霉素眼药水、高锰酸钾粉、双氧水等。

晚间护理
wǎnjiān hùlǐ

晚间护理是在患者入睡前对其进行的护理工作，其目的是为患者提供清洁、舒适的环境，使患者易于入睡。晚间护理的工作内容通常包括：1. 协助患者梳发、漱口（口腔护理）、洗脸、洗手；2. 协助不能下床的患者翻身，并进行皮肤护理以预防压疮；3. 为患

者洗脚，女患者清洗会阴。就寝前协助患者排便，整理床单位，根据气温增减盖被；4. 酌情关闭门窗，保持病室安静，关病室顶灯，开地灯，使光线柔和，协助患者处于舒适卧位，使其易于入睡；5. 经常巡视病房，了解患者睡眠情况，并酌情处理。晚间护理一般在护理车上备齐梳洗用具、口腔护理、压疮护理的用物、床刷、消毒的毛巾袋或扫床巾、清洁衣裤、床单等物品。参见"晨间护理"、"睡眠护理"。

喂饲护理
wèisì hùlǐ

喂饲护理是指对无法自我进食的老年人或病人进行的饮食护理工作，护工需要了解喂饲护理安全及进食原则，以便更好地照顾进食，使其恢复健康。参见"鼻饲"。

温水擦浴
wēnshuǐ cāyù

见"擦浴"。

卧床患者便溺处理
wòchuáng huànzhě biànnì chùlǐ

见"排泄照料"。

卧床患者体位更换
wòchuáng huànzhě tǐwèi gēnghuàn

见"卧位变换"。

卧位
wòwèi

卧位是患者卧床的姿势，具体可包括患者在休息、治疗、检查时采取的姿势和体位。合适的卧位可以保持患者舒适、维持关节正常的功能，促进体位引流，便于检查和治疗，改善症状，预防发生压疮。根据卧位的平衡性可分为稳定性卧位和不稳定性卧位；根据卧位的自主性可以分为主动卧位、被动卧位和被迫卧位；根据卧位时身体的姿势可以分为仰卧位、俯卧位、侧卧位、坐位等。

卧位变换
wòwèi biànhuàn

卧位变换即指卧位姿势的变换。此外，卧位变换也可以指护理人员帮助不能自行改变卧位姿势的被护理者进行卧位体态变换的工作，其工作内容通常包括由仰卧位向侧卧位变换、由仰卧位向俯卧位变换、由仰卧位向起坐位变换、由仰卧位向端坐位变换、由端坐位向站立位变换等。

物理降温
wùlǐ jiàngwēn

物理降温是发高烧时最常使用的一种对症处理方法，即通过物理的热交换原理吸收热量而使人体体温降低。常见的物理降温方法包括：头部冷湿敷、枕冰袋、酒精擦浴、温水擦浴、冷盐水灌肠、温湿毛巾包裹躯干部（包括腋下、腹股沟）、大动脉处冷敷等。参见"冷敷"、"全身冷敷"。

吸痰法
xītánfǎ

吸痰法指利用负压作用，用导管经口、鼻腔或人工气道将呼吸道分泌物吸出，以保持呼吸道通畅的一种方法，适用于年老体弱、新生儿、危重、麻醉未醒、气管切开等不能有效咳嗽者。其目的是：1. 清除患者呼吸道分泌物，保持呼吸道通畅；2. 促进呼吸功能，改善肺通气；3. 预防肺不张、坠积性肺炎等肺部感染。吸痰过程中，护士应保持动作轻柔，防止呼吸道黏膜受损。

其操作流程为：1. 评估患者，首先应了解患者的意识状态、生命体征、吸氧流量；其次，了解患者呼吸道分泌物的量、黏稠度、部位；如果患者清醒，应对其解释，取得患者配合。2. 吸痰操作：首先做好准备，携物品至患者旁，核对患者，帮助患者取合适体位；其次连接导管，接通电源，打开开关，检查吸引器性能，调节合适的负压；检查患者口腔，取下活动义齿；连接吸痰管，滑润冲洗吸痰管；插管深度适宜，吸痰时轻轻左右旋转吸痰管上提吸痰，每次吸引时间小于15 秒；如果经口腔吸痰，告诉患者张口，对昏迷患者可以使用压舌板或者口咽气道帮助其张口，吸痰方法同清醒患者，吸痰毕，取出压舌板或口咽气道；清洁患者的口鼻，帮助患者恢复舒适体位。3. 指导患者，如果患者清醒，安抚患者不要紧张，指导其自主咳嗽；告知患者适当饮水，以利痰液排除。

吸氧法
xīyǎngfǎ

吸氧法是一种通过供氧装置提供足够浓度的氧，提高患者血氧含量及动脉血氧饱和度，纠正或减少缺氧对机体造成的不利影响，从而促进组织的新陈代谢，维持机体生命活动的治疗方法。适用人群包括：1. 因呼吸系统疾病而影响肺活量者；2. 心脏功能不全，使肺部充血致呼吸困难者；3. 各种中毒引起的呼吸困难者；4. 昏迷、脑血管意外、大出血休克、分娩产程过长的患者；5. 患有心血管和呼吸道疾病的老年人等。吸氧法的供氧装置一般由氧气筒、压力表、减压器、流量表、安全阀门及湿化瓶组成，家庭吸氧一般采用氧气袋或便携式制氧器给氧。常见的给氧方式有：鼻导管给养法、鼻塞法、面罩法、氧气头罩法、氧气枕法，应根据患者缺氧情况、身体状况等选择合适的给氧方式。

膝胸卧位
xīxiōng wòwèi

膝胸卧位为一种跪姿，患者跪卧，两小腿平放于床上，稍分开，大腿与床面垂直，胸贴于床面，腹部悬空，臀部抬起，头转向一侧，两臂屈肘放于头的两侧；膝胸卧位可用于矫正子宫后倾或胎位不正，也可用于肛门、直肠乙状结肠镜检查或治疗。

消毒隔离
xiāodú gélí

消毒隔离是防止传染病传播的一种措施，指的是用消毒剂或其他方法将患者用过的或接触过的物品、排泄物、分泌物等消毒处理，并将传染病患者、可疑患者同其他人分隔开来，使之相互之间不接触。参见"消毒"、"床旁消毒隔离"。

心肌梗死

xīnjī gěngsǐ

心肌梗死是在冠状动脉病变的基础上，发生冠状动脉血供急剧减少或中断，使相应心肌严重而持久地急性缺血导致的心肌细胞死亡。心肌梗死可以按照病变发展过程分为急性、亚急性和陈旧性（愈合性）三期，易发于中年以上的人群。临床症状主要发生在急性期，常表现为持续而剧烈的胸骨后剧烈疼痛、心悸、气喘、脉搏微弱、血压下降等。在进行护理工作时，护士应注意观察患者的心率、心律、血压变化、疼痛发生和持续的时间、疼痛程度等指标；当疼痛性质发生变化，疼痛时间变长，或原有的心绞痛发作增频、加剧而且经含服硝酸甘油后疼痛不能减轻时，则应警惕发生急性心肌梗死。当发现患者出现心肌梗死或相似症状时，则应及时将其送医。参见"心绞痛"。

心绞痛

xīnjiǎotòng

心绞痛是一种表现为胸骨后或心前区压榨样疼痛的临床综合症，通常可由贫血、心律异常、心力衰竭等原因造成，其中最常见的原因是由于冠状动脉痉挛或阻塞而造成的心肌供氧不足。心绞痛可分为稳定型心绞痛和不稳定型心绞痛；前者是由于一些活动（如：体育锻炼或体力劳动等）而导致，通常在休息或服用硝酸甘油后可以得到缓解，一般不超过15分钟；而后者则是介于稳定型心绞痛与急性心肌梗死及猝死之间的临床表现，其特征是心绞痛症状进行性增加，出现休息或夜间性心绞痛或心绞痛持续时间超过15分钟等症状。当被护理人出现心绞痛时，护理人员应根据其症状及程度，及时对被护理人采取服药或送医等急救措施。参见"心肌梗死"。

心理护理

xīnlǐ hùlǐ

心理护理是指护理人员运用心理学的理论和方法，在护理过程中，通过自己的行为、语言、态度、表情和姿势等，对被护理者的认知、情绪、行为、能力等因素作出影响，以改变受护人员的不良认知、情绪和行为，以提高适应能力，恢复心理健康。心理护理是一项复杂细致的工作，应由受过专业训练的护理人员或者心理咨询师来操作。

休克

xiūkè

休克是机体受到强烈的致病因素侵袭后，导致有效循环血容量锐减，组织血液灌流不足而引起的以微循环障碍、代谢障碍和细胞受损为特征的病理性综合征，是严重的全身性应激反应。按照休克的病程演变，其临床表现为休克代偿期（休克早期）和休克抑制期（休克期）2个阶段。休克代偿期患者表现为神志清楚、精神紧张、面色苍白、四肢湿冷、呼吸增快、血压变化不大，但脉压缩小，尿量正常或减少，此期若及时处理，休克可纠正；反之，病情继续发展进入休克抑制期，表现为意识模糊或昏迷、口唇发绀、四肢冰冷、脉搏细速、血压进行性下降，严重者全身皮肤、黏膜明显发绀、四肢厥冷、脉搏细弱、血压测不出、尿少或无尿。休克处理的原则为尽早去除病因，迅速恢复有效血容量，纠正微循环障碍，恢复正常代谢。患者采取中凹卧位、保证呼吸道通畅、给氧、及早建立静脉通道，及时、快速、足量补充血容量；当发现患者出现休克时，应该立即将患者送至医院抢救。参见"休克指数"。

休克指数
xiūkè zhǐshù

休克指数是判定一个人是否休克的衡量标准，通常以脉率除以收缩压（脉率/收缩压）来计算。在正常的情况下，个人的休克指数通常会在0.5～0.8之间；当休克指数达到1时，患者通常会丧失20%～30%的循环血液量，进入中度休克；当休克指数达到1.5时，患者通常进入重度休克。参见"休克"。

压疮护理
yāchuāng hùlǐ

压疮护理是针对压疮患者所进行的护理活动。压疮患者通常为长期卧床或长时间坐在轮椅上的患者。压疮多发生于无肌肉包裹或肌肉层较薄、缺乏脂肪组织保护又经常受压的骨隆突处。压疮的分期及护理要点为：1.Ⅰ期（瘀血红润期）：局部皮肤受压或受潮湿刺激后，出现红、肿、热、麻木或触痛，解除压力15分钟后，皮肤颜色不能恢复正常。在这一时期应采取积极措施，防止局部继续受压。

可使患处悬空，避免摩擦潮湿等刺激，保持局部干燥，并增加翻身次数；2.Ⅱ期（炎性浸润期）：如果红肿部继续受压，血液循环得不到改善，受压表面皮色将转为紫红，皮肤会出现水疱，此时水疱极易破溃。这一时期的护理重点是保护皮肤，避免破溃处感染。应减少对未破小水疱的摩擦，以防小水疱破溃感染；大水疱可用无菌注射器抽出泡内液体后，在表面涂以2%碘伏或用红外线照射，每次15分钟，保持创面干燥；3.Ⅲ期（浅度溃疡期）、Ⅳ期（深度溃疡期）：静脉血液回流受到严重阻碍，局部瘀血致血栓形成，患处组织缺血缺氧。轻者浅层组织受到感染，脓液流出，形成溃疡；重者患处组织坏死发黑，脓性分泌物增多，有臭味。感染处向周围及深部扩展，可达骨骼，甚至引起败血症。此时应清洁创面，去除坏死组织和促进肉芽组织的生长，并根据伤口情况进行相应处理；4.可疑的深部组织损伤：皮肤上出现紫色或褐红色局部变色区域，或形成充血性水疱，受损区域软组织可出现疼痛、硬块、有黏糊状的渗出、潮湿、皮肤较冷或较热等表象，要注意预防压疮的形成和进一步发展，定期翻身，避免局部受压。

压疮预防
yāchuāng yùfáng

压疮预防又称褥疮预防，包括一系列预防压疮的护理措施。压疮指的是局部组织长时间受压、血液循环障碍、组织营养缺乏而导致的在局部组织失去正常机能而致变性、溃烂和坏死，为临床常见的并发症之一。压疮常见于脊髓损伤的截瘫患者和老年卧床患者。压疮的预防主要方式有：1. 防止局部长期受压或多次摩擦。鼓励和帮助卧床病人更换体位，每半小时一次，必要时可每15分钟一次，避免拖、拉、推、拽等动作。2. 保持局部皮肤的清洁和干燥。经常用温水擦浴全身，身体褶皱部位要擦洗干净，对大小便失禁、出汗及分泌物多的病人应即时清洁，同时须保持病人床单的干净整洁，及时清洗、更换。3. 采用按摩推拿预防。定时按摩背部和受压部位，以促进血液循环，避免或减少压疮的发生。4. 改善肌体营养状况，给予高热量、高蛋白、高纤维素、易消化的饮食。参见"压疮护理"。

压力性尿失禁
yālìxìng niàoshījìn

压力性尿失禁是指腹压突然增大时，尿液不自主地由尿道口流出的现象。发病机制与尿道阻力降低，盆底肌肉松弛、尿道膀胱后角消失有关。临床多见于成年女性，尤其多见于经产妇。可根据病史以及在腹压增大时（如咳嗽、喷嚏、提拿重物等）尿液不自主流出的症状作出诊断。压力性尿失禁须与膀胱炎、膀胱结核、神经膀胱功能失调等引起的尿失禁相鉴别。轻度尿失禁可采取锻炼盆底肌肉、服用药物、电刺激治疗等；中度或重度尿失禁可采取手术治疗。根据《养老护理员国家职业技能标准（2011年修订）》规定，高级养老护理员应能对患有压力性尿失禁的老年人进行功能训练。参见"失禁"。

言语治疗
yányǔ zhìliáo

言语治疗是对各类言语障碍的一种矫治工作，包括对言语障碍者进行检查、诊断、矫正和治疗。言语治疗的对象是患有单纯的言语障碍的儿童或成人，也可以是伴随有感觉器官残疾（如：聋、盲等）或智力残疾的言语障碍者。矫治前要对患者进行检查测验并了解患者的病史，据此制订矫正计划。言语治疗可采取个别或小组集体训练的方式。言语治疗一般由专门的言语治疗机构进行，如学校、矫治中心或康复中心言语矫治科等。早期发现和矫治言语障碍是言语治疗成功的基础。参见"言语治疗师"。

言语治疗师
yányǔ zhìliáoshī

言语治疗师是从事矫正语言障碍工作的专业人员。由于工作范围很广，治疗对象年龄跨度也很大，从婴幼儿到老人，语言障碍的性质和程度也各不相同，为此，言语治疗师必须具备多方面的专业知识，如医学、语言学、心理学、特殊教育学等。言语治疗师一般在医疗、特殊教育及康复等部门工作。参见"言语治疗"。

眼部用药
yǎnbù yòngyào

眼部用药是指将药物直接用于结膜囊内的治疗方法，用于治疗眼部疾患，如结膜炎、沙眼等。眼部用药有涂眼药膏和滴眼药水两种方法，其操作步骤如下：1. 涂眼药膏法：患者取坐位或仰卧位，头略后仰，眼向上看。操作者手持眼膏软管，将药膏直接挤入结膜囊内，涂完后用棉签或棉球轻轻擦去外溢的药膏，患者闭眼数分钟。眼药膏一般在午睡或晚睡前涂，起床后擦拭干净。包封眼睛前也一定要涂眼药膏。2. 眼药水滴用法：操作者洗净双手，嘱患者头稍后仰，眼向上看，左手将下眼皮向下方牵拉，右手持滴管或眼药瓶，将药液 1～2 滴滴入结膜囊内，轻提上眼皮，嘱患者轻闭目 2～3 分钟，用棉签或清洁的手帕、毛巾擦干流出的药液。

眼部用药的注意事项包括：1. 如眼部有分泌物，应用棉签或消毒过的手帕将分泌物擦去再用药。2. 双眼滴药时，先滴健眼，再滴患眼。3. 眼药水不能直接滴在角膜面。4. 滴药时滴管或眼药瓶应距眼睑 1～2cm，勿使其触及眼睫毛，以防感染。5. 混悬液在使用前需摇匀。6. 多种眼药水不可同时滴入，需将时间间隔开。7. 滴眼药水后，应压迫内侧眼角泪囊区 2～3 分钟，以免药液经泪囊流入鼻腔引起不适反应，对幼儿更要注意压迫。8. 眼药水或眼药膏不能与其他药水或药膏存放在一起，以免拿错误用。

眼膏剂
yǎngāojì

眼膏剂是指药物与适宜的基质混合制成的供眼用的无菌软膏。眼膏剂在眼中保留时间长，增加了药物与眼的接触时间，因此较一般滴眼剂的疗效更持久。由于眼膏剂的基质具有刺激性小、化学惰性和无水的特性。因此，比较适宜配制对水不稳定的药物（如：某些抗生素药物）供临床应用。

仰卧位
yǎngwòwèi

仰卧位是临床最常用的体位之一，仰卧时病人头部放于枕上，两臂置于身体两侧，两腿自然伸直。可根据病人情况的不同选择以下三种仰卧方式：1. 去枕仰卧位；2. 中凹卧位；3. 屈膝仰卧位。参见"去枕仰卧位"、"中凹卧位"、"屈膝仰卧位"。

药物降温
yàowù jiàngwēn

药物降温是对重症中暑病人，利用药物降低其过高的体温的方法。常用的降温药物为氯丙嗪，其作用为影响体温调节中枢，使产热减少；扩张周围血管，加速散热；松弛肌肉，防止身体产热过多；降低细胞的氧消耗，使身体更好地耐受缺氧。使用方法为氯丙嗪 25～50mg 溶于生理盐水 500ml 中静脉滴注。降温时应注意观察体温、血压和心脏情况，体温降至 38℃ 左右时应停止降温，以免发生体温过低。

腋测法
yècèfǎ

腋测法是一种将体温计夹于腋窝以测量体温的方法，为目前最常用的体温测量方法之一。腋测法比较适合昏迷、抽搐、呼吸困难、剧烈咳嗽和口部有损伤的病人。其操作方法如下：1. 将体温计水银柱甩至 35℃ 以下；

2. 解开病人衣扣，擦干腋下；3. 将体温计的水银端放于腋窝正中顶部，屈臂过胸，将体温计夹紧。4. 保持 5～7 分钟后取出。5. 进行读数，正常体温范围为 36.1～37℃。参见"肛测法"、"口测法"。

医疗护理
yīliáo hùlǐ

医疗护理是指护理人员对病人护理的过程。医疗护理主要包括对病情的观察，例如患者的体温、脉搏、呼吸、血压、瞳孔等等。对患者的病情观察是医疗护理的基础和重点。在对患者医疗护理的过程中，护理人员不仅需要有耐心，而且需要受过一定的专业训练并严格遵守医疗护理的操作规程。根据《家政服务员国家职业标准》，中级家政服务员应能进行以下医疗护理：1. 能为病人测体温和血压；2. 能进行褥疮护理；3. 心、脑血管病的应对；4. 能协助病人进行自理能力的训练；5. 能正确使用氧气袋；6. 能够正确给病人进行物理降温；7. 能对卧床病人进行口腔护理；8. 能正确进行口对口人工呼吸；9. 能正确进行胸外心脏挤压。

医疗授权委托书
yīliáo shòuquán wěituōshū

医疗授权委托书是为了保证医疗机构对病人实施的诊疗活动能够顺利进行，同时为了实现病人在就诊或住院期间的知情同意权利，而签署的一份书面法律文件。医疗授权委托书规定了委托人（病人）在丧失某种特定机能的情况下将授权被委托人为其选择医疗护理方案。医疗授权委托书适用的范围可包括：麻醉、有创检查、使用贵重的药物或进行昂贵的检查、采取超出医疗保险报销范围使用特定药物或采取特定医疗措施、输血或采取试验性治疗时、暂时无知情同意能力，但因病情危急需要紧急治疗时。

医用溶液
yīyòng róngyè

医用溶液指的是药物溶解于溶剂中所形成的澄清液体剂型，可供注射、局部涂擦、洗涤、湿敷等，具有散热、消炎及清洁等作用。常见的医用溶液有生理盐水、75%酒精、碘伏、3%硼酸溶液、高锰酸钾溶液等。

医院行政后勤部门
yīyuàn xíngzhèng hòuqín bùmén

医院行政后勤部门是构成医院的主要部门之一，一般包括医院的各职能部门，具有辅助人、财、物保障的功能。参见"诊疗部门"、"辅助诊疗部门"。

医院护工
yīyuàn hùgōng

见"病患陪护"。

胰岛素笔
yídǎosùbǐ

胰岛素笔，也被称为诺和笔，是一种用于为糖尿病人注射胰岛素的注射器。它通常由胰岛素贮存瓶、一次性针头、针头保护帽、笔帽、剂量调节装置、和注射按钮组成。其特点是使用简单、携带方便、不需抽吸与混合胰岛素、注射量可控、注射时几乎不觉疼痛。

义肢

yìzhī

见"假肢"。

抑郁症

yìyùzhèng

抑郁症是一组以心境低落为主要临床表现的精神疾患,包括躁狂性抑郁症、更年期忧郁症、反应性抑郁症、神经症性抑郁症和继发性抑郁症。抑郁症症状轻重不一,病人一般内心愁苦,缺乏愉快感,思维迟钝,动作缓慢,情绪焦虑,兴趣索然,失眠早醒,体重下降,胃纳不佳,性欲减低;严重时悲观绝望,自责自罪,可产生自杀意念。抑郁症较常见,西方报告患病率为13‰~20‰,女多于男。病因各异,部分病人与遗传因素有关,有的由生活事件、躯体疾病或某些药物引起。心理治疗方面应采用支持疗法,也可采用认知疗法、人际疗法或精神动力疗法。参见"产后抑郁症"、"老年抑郁症"。

约束带

yuēshùdài

约束带是一种用于限制病人肢体活动的保护用具,以预防坠床、自伤等护理意外。约束带的作用部位通常是被护理人员的手腕和脚踝部;常见的约束带包括:筒式约束带、膝部约束带、尼龙搭扣约束带等。通常还可以使用宽绷带作为约束带对病人进行活动限制。

谵妄

zhānwàng

谵妄是一种急性意识障碍,表现为定向障碍、错觉、幻觉、情绪不稳、行为紊乱等,有时可有片断的妄想。症状常表现为日轻夜重的波动。患者有时白天嗜睡,夜间吵闹。由于受到错觉或幻觉的影响,患者可产生自伤或伤人的行为。谵妄可由多种原因引起,常见的有中毒、感染、外伤、严重代谢或营养障碍等。在护理谵妄病人时,应及时、正确地应用保护用具,以防止发生坠床、撞伤、抓伤等意外,确保病人安全。

诊疗部门

zhěnliáo bùmén

诊疗部门是医院的主要构成部门之一,包括内科、外科、妇产科、儿科、五官科、皮肤科、急诊科和预防保健科等,是医院的主要业务部门。

支被架

zhībèijià

支被架是在为肢体瘫痪病人或灼伤病人进行保暖护理时,为防止盖被压迫肢体造成不适而使用的一种保护器具。使用支被架的目的是保持伤口通风、干燥,利于伤口观察;同时可起到保暖作用。护理步骤相对简单,主要为:1. 将支被架罩于防止受压的部位,固定于床旁;2. 若有引流管,应避免支被架挤压、堵塞引流管;3. 盖好被褥,注意保暖。

直肠给药

zhícháng gěiyào

直肠给药是将药液注入直肠或将药栓塞入肛门的给药方法,可在局部发生作用,也可吸收后发生作用。直肠给药适用于易被胃肠液破坏或口服易引起恶心、呕吐、厌食等不良反应的药物，其优点主要是防止药物对上消化道的刺激性。安定或茶碱类药物的直肠吸收很差。

止血
zhǐxuè

见"止血护理"。

止血护理
zhǐxuè hùlǐ

止血护理是一种针对外出血的应急急救护理方式。护理员需要针对不同的出血种类（动脉出血、静脉出血、毛细血管出血）作出失血量的估计，并针对出血的类型和出血部位选择正确的止血方式。一般情况下，可用清洁水或生理盐水冲洗干净伤口后，选择消毒纱布、绷带等包扎。在紧急情况下，任何清洁的东西都可临时用做止血包扎，如手帕、毛巾等，将血止住后送医院处理伤口。主要的止血方式包括：加压包扎止血（使用于小动脉、小静脉出血）、指压止血法（适用于中等或大动脉出血）、止血带止血法（适用于四肢大动脉出血）、结扎止血法（适用于可清晰看到培血血管断端的出血）、填塞止血法（肩部、腋窝、大腿根部等出血）。

治疗饮食护理
zhìliáo yǐnshí hùlǐ

治疗饮食护理又称饮食治疗，是指在基本饮食基础上，根据病人病情的需要，适当调整热量和某种营养素的摄入量，以达到帮助疾病康复的目的。主要的饮食治疗类别有：高热量饮食、高蛋白饮食、低蛋白饮食、低脂肪饮食、低胆固醇饮食、低盐饮食、无盐低钠饮食、高膳食纤维饮食、少渣饮食等。每个类别对应严格的饮食原则和饮食方法。可根据患者病情需要选择适合的饮食治疗类别及饮食治疗方案。参见"营养学"、"营养干预"。

中凹卧位
zhōngāo wòwèi

中凹卧位是一种常见卧位方式，其姿势为用垫枕抬高头胸部约 $10°\sim20°$，抬高下肢约 $30°$。中凹卧位适用于休克患者，因抬高头胸部，有利于保持气道通畅，改善呼吸及缺氧症状；抬高下肢，有利于静脉血回流，增加心输出量。

中风
zhòngfēng

见"脑中风"。

中医给药护理
zhōngyī gěiyào hùlǐ

中医给药护理是指根据医嘱，为被护理人员（如：老人、病人等）熬制准备中药，并协助被护理人员服用的护理服务。在进行中医给药护理时，护理人员应严格按照医嘱要求执行给药护理，并认真核对相关信息，如：被护理人个人信息、过敏史、药物名称、剂量、煎药方法、给药途径、服药方法、服药时间、饮食宜忌等。在给药过程中，护理员还应注意观察被护理人服药的反应，当出现过敏或毒副反应时，要及时停药，并配合抢救。中医给药护理对护理人员的专业知识有一定的要求，护理人员应掌握中药汤剂煎煮熬制的方法，及常见中草药中毒的救护方法。从事相关护理工作的人员应经过适当培训，或在专业人士（如：护士）的监督下执行给药护理。

主动卧位
zhǔdòng wòwèi

主动卧位是指病人在床上自己采取的最舒适的卧位。参见"被动卧位"、"被迫卧位"。

主要照顾者
zhǔyào zhàogùzhě

主要照顾者，或主要护理者，是指对于一些需要照顾的人群（如：老人、残疾人、病患或儿童等）负有主要照顾责任的人员。主要照顾者可以是被照顾者的家人（如：配偶、成年子女或孩子的父母等），也可以是受过专业培训的护理人员。主要照顾者通常负责照料被护理人每日的饮食起居等日常生活活动，并照顾被护理人的心理及社交需要。参见"喘息服务"。

助行架
zhùxíngjià

助行架是一种为老年人或残疾人设计的，辅助人体站立及行走的助行器。助行架的基本设计为一个轻质四足框架，其高度和宽度可以调节，便于使用者站入其中撑扶。为了满足不同人群（如：儿童、肥胖症患者）的需要，助行架被设计成不同的规格大小。助行架最早出现于 20 世纪 50 年代的西方国家，现在的助行架可以大致分为两轮、四轮及无轮三大类。参见"独居老人辅助设备"。

注册护士
zhùcè hùshì

注册护士是指护理专业的毕业生（已获得专业文凭、准学士或学士学位），经过国家的统一考试，获得注册护士执照，可以正式从事护理专业工作的人员。

二、餐饮服务

八大菜系
bādà càixì

八大菜系是我国菜肴烹饪中最具影响力和代表性的八个流派，包括：川、鲁、粤、闽、苏、浙、湘、徽八个菜系。除八大菜系外，我国较有影响的菜系还包括：东北菜、本帮菜、赣菜、鄂菜、京菜、冀菜、豫菜、客家菜、清真菜等。这些各具特色的烹饪体系是由于地理气候、各地特产和烹调方法等因素的不同而逐步分化形成的。

白咖啡
báikāfēi

在我国，白咖啡通常是指产自马来西亚的怡宝白咖啡。与采用高温加糖烘焙方法加工成的普通黑咖啡相比，怡宝白咖啡采用低温、不加糖的烘焙方式制成，具有咖啡因、反式脂肪含量低的特点，并最大限度地降低了咖啡的焦苦和酸味。在欧美国家，白咖啡通常指的是冲泡时添加了增白料，如：添加了牛奶和奶油的咖啡。

白葡萄酒
bái pútáojiǔ

白葡萄酒是以白葡萄或红皮白肉的葡萄，在酿造时榨汁去除果皮，发酵酿制而成。白葡萄酒并不是白色的，而是以黄色调为主。白葡萄酒的色度随着酒龄的增加而逐渐加深，可从无色、黄绿色、金黄色一直变化到琥珀色甚至呈棕色。白葡萄酒与红葡萄酒的主要区别在于白葡萄酒是用去皮的葡萄汁发酵，而红葡萄酒是用包括果皮、种子和果梗的葡萄汁混合发酵。白葡萄酒的香气比红葡萄酒更清新，有苹果、柠檬、西柚等水果的香味，适合搭配海鲜、禽类、奶酪以及水产品等颜色清淡的菜，也可用于烹饪。参见"红葡萄酒"。

便宴
biànyàn

便宴指的是非正式宴会，一般为午宴、晚宴，有时也为早宴。这类宴会比较随便、亲切，适用于日常友好交往。便宴形式简单，可以不排席位，不作正式讲话，菜肴道数亦可酌情减少。除便宴外，其他的宴会形式还包括正式宴会和家宴等。便宴和正式宴会一般比较适合商务活动。参见"便宴菜单"。

便宴菜单
biànyàn càidān

便宴菜单指在便宴上使用的菜单。便宴菜单的特点是比较简单、灵活，菜肴的品种、式样、口味等可根据出席宴会人员的具体情况来安排。参见"便宴"。

冰威士忌苏打
bīng wēishìjì sūdǎ

威士忌苏打是鸡尾酒的一种。在20世纪50年代，人们称之为高球饮料或高波酒，这是因为苏打水的气泡在酒杯中会冉冉上升，犹如无数小小气球腾空而起。其调制方法为将冰块放入杯中，倒入威士忌，然后加满冰冷的苏打水轻轻搅拌。

菜单
càidān

菜单是指供客人选择的菜品目录，包括食品饮料的名称、特色、价格等主要信息。菜单按照餐饮形式与内容可分为早餐菜单、午餐菜单、晚餐菜单、宴会菜单、自助餐菜单及客房送餐菜单；按照市场特点可分为固定菜单、循环菜单、固定与循环相结合菜单；按照价格形式可分为零点菜单、套餐菜单、混合式菜单。菜单除应包括菜品的名称与价格外，还应提供描述性说明、促销信息及餐厅的地址、营业时间、历史背景、经营特点等介绍。电子菜单也日益受到重视。参见"零点菜单"。

菜品摆盘
càipǐn bǎipán

菜品摆盘指的是对制作好的菜肴进行加工装饰的过程，是餐饮服务的一道程序。菜品摆盘考验的是家政服务人员的艺术美感和创意。摆盘时，餐具选择要符合事物特性；食物摆放要整齐，不宜超出盘子边界，主体食物突出，附加内容不宜过多；可根据食物的纹理、材质、颜色等合理搭配摆盘。

菜肴烹制
càiyáo pēngzhì

见"烹饪"。

菜肴品种设计
càiyáo pǐnzhǒng shèjì

菜肴品种设计即菜单设计，是针对特定的就餐人群制定符合他们口味的菜肴。在设计菜肴品种时，主要需要考虑就餐人群的特点和需求。例如，按照来自不同地区和具有不同喜好的人群制定满足他们口味的菜单；也可以根据不同病况的患者制定符合他们身体需要的菜肴。

餐叉
cānchā

餐叉是一种西餐食具，其作用是辅助用餐者将食物送入口中。餐叉亦可在烹饪或切割食物时被用来固定食物。用餐时，使用者手握叉柄一端，含有二至四条分支的另一端插入或盛住食物。餐叉根据用途不同，可以分成标准餐叉（主菜餐叉）、色拉叉（生菜叉）、鱼肉叉、公用餐叉（分菜叉）、牡蛎叉（生蚝叉）等，其分支数量、形状各不相同。一般摆放餐叉时，就餐者面对餐桌，餐叉竖直（即与餐桌边缘垂直）地摆放在餐盘左边。

餐刀
cāndāo

餐刀是食用西餐时所使用的餐具之一，用于切割食物及涂抹调料，常与餐叉一起使用。根据其形状和用途，西餐刀具可以分为：标准餐刀、牛排刀、面包刀、奶油刮刀、鱼刀、蛋糕铲等。在西餐摆台时，餐刀常根据上菜的先后顺序，由里至外地竖直摆放在餐盘右侧，以便就餐者使用。

餐后酒
cānhòujiǔ

餐后酒主要是指西餐餐后饮用的、可帮助消化的酒类，酒精度一般较高。餐后酒种类繁多，多数是甜酒。常见的餐后酒包括：利口酒、白兰地、雪丽葡萄酒、薄荷酒、加里安诺利口酒等。

餐前服务
cānqián fúwù

餐前服务是指在比较正式的餐宴中服务人员在餐前为就餐者提供的餐桌服务。中式宴请餐前服务通常包括环境布置、为客人铺口布、撤去筷套、翻开茶杯、介绍茶水饮料、提供茶水饮料、提供香巾、迎宾及领位等等。餐前服务还包括餐前、小菜服务，例如为客人提供开胃小菜以及加餐具、餐椅服务等。参见"餐桌布置"、"餐具消毒"。

餐匙
cānshí

餐匙是勺子的一种，专门用于辅助用餐者将食物（如汤羹等）送入口中。但除此之外，餐匙还能用于混合、搅拌食材，以及估量食材（如盐、糖、油等）的取用量等。餐匙的种类繁多，造型各异。通常可以根据餐匙所代表

的不同饮食文化，将其大致分为中式餐匙和西式餐匙两大类。不同形状大小的餐匙常常具有不同的用途。在进行摆盘服务时，餐匙一般需要放置在客户右手边，以方便进餐时取用。参见"勺子"、"中式餐匙"、"西式餐匙"。

餐桌布置
cānzhuō bùzhì

餐桌布置是服务人员在比较正式的家宴前所做的餐桌整理及美化装饰工作，包括正式餐宴的餐桌布置及非正式餐宴的餐桌布置。一般的家庭餐饮餐桌布置比较简单，但在进行正式家宴准备时，对于餐桌的布置会有较高的要求，参见"餐前服务"。

川菜
chuāncài

川菜即四川菜，是中国八大菜系之一。它起源秦汉时期，在明清以后更负盛名。川菜以成都风味为正宗，但也包含了重庆、乐山、内江、自贡、南充等地方风味。川菜主要以辣椒、胡椒、花椒、豆瓣酱等作为调味品；在烹调方法上，以小煎、小炒、小烧、干煸见长。川菜以味多、味广、味厚著称；调味多用辣椒、胡椒、花椒、鲜姜；菜品多以麻辣著称，其中，麻味为其他菜系所少有。川菜的代表菜品包括鱼香肉丝、宫保鸡丁、夫妻肺片、麻婆豆腐、回锅肉、东坡肘子等。参见"八大菜系"。

德式西餐
déshì xīcān

德式西餐以丰盛实惠、朴实无华

著称。德国菜肴中常常食用灌肠肉品和腌制肉制品。德国人对食物新鲜度要求较高，尤其日耳曼人喜食新鲜牛肉。德国的酸菜煮肉享有盛誉。德国菜讲究原汁本色，重色泽、香料；生嫩菜、酸头菜、羊肠制品的烹调很有特点。德国的香肠花色品种有 1400 种之多。德国啤酒在烹调中占有一定地位，啤酒菜肴是德国菜的独特风味。德式菜肴的烹调方法多以烧、烤、煎、煮和清蒸为主，较著名的菜肴有：咸猪脚、汉堡牛排等。

点心
diǎnxīn

点心是指正餐以外的小吃，主要包括各种以淀粉为原料，配以果品、鱼、虾、肉、蔬菜等多种馅料制作而成的面点。我国较有影响的点心流派主要包括：广式面点，京式面点，苏式面点等。

东亚菜肴
dōngyà càiyáo

东亚菜肴以粮、豆、蔬、果等植物性食料为基础，影响到东亚国家的大约 16 亿人口。东亚菜肴的膳食结构中主、副食的界限分明，猪、牛、羊肉在肉食品中的比例较高，重视山珍海味和茶酒，喜爱异味和补品（如野生动物、花卉、食用菌、野菜等）。东亚菜肴的烹调方法精细复杂，菜式多、流派多、筵宴款式多，并重视菜点的视觉效果。就餐时人们习惯于圆桌合餐制，使用筷子，讲究席规、酒令及食礼。

俄式西餐
éshì xīcān

俄式西餐是西餐的一种。俄国人喜食热食，爱吃鱼肉、肉末、鸡蛋和蔬菜制成的小包子和肉饼等。俄式菜肴口味较重，以酸、甜、辣、咸为主，含油量较高，制作方法较为简单，烹调特色通常为烤、熏、腌等。俄式菜肴的名菜有：什锦冷盘、鱼子酱、酸黄瓜汤、冷苹果汤、鱼肉包子、黄油鸡卷等。酸黄瓜、酸白菜往往是饭店或家庭餐桌上的必备食品。

法式服务
fǎshì fúwù

法式服务是一种西餐服务方式，以优雅、有序和精美著称。法式服务以在客人面前展示制作和烹调（烹制、切割、火烤）为特色。因此，对服务人员的服务基本技能要求极高。法式服务有时也被称为手推车服务，食物在厨房粗加工后用餐车送到客人的桌旁，由受过专业训练的服务人员在客人面前完成最后的切割、烹制。较有代表性的法式服务包括：切水果、酒焰服务等。参见"法式西餐"、"桌边服务"。

法式西餐
fǎshì xīcān

法式西餐是西餐的一种，代表了法国在烹饪领域数世纪的传统及实践，在世界范围内享有盛名。法式西餐的特点有：选料广泛，加工精细，烹调考究，滋味有浓有淡，花色品种多种多样。法式西餐还比较讲究吃半熟食或者生食。如牛排、羊腿以半熟鲜嫩为特点，蚝蚌等海味也可生吃，烤野鸭一般六成熟即可食用。多数情况下，酒是法式西餐不可或缺的调味饮品。例如，清汤搭配葡萄酒，海味品搭配白兰地、甜品搭配白兰地或其他甜酒等。法国人非常喜爱吃奶酪、水果和各种新鲜蔬菜。法式菜肴的烹调方法多采用蒸、煮、烤、烧、拌等方式。较著名的法式菜肴包括巴黎龙虾、红酒山鸡、马赛鱼羹、鹅肝排、鸡肝牛排、沙福罗鸡等。参见"法式服务"、"桌边服务"。

干葡萄酒
gān pútáojiǔ

干葡萄酒是指含糖量小于或等于4毫克/升的葡萄酒。干葡萄酒又分为干白、干红两种葡萄酒。干白葡萄酒一般含酒精 9％～12％（V/V），微酸而不甜，柔和、爽口。欧洲各国，特别是法国，在餐桌上饮用的均是这一类葡萄酒。酿制干白葡萄酒必须在葡萄破碎之后立即将葡萄汁与皮渣分离，分离越快越好，应该避免浸泡和氧化。澄清和温控是酿造优质干白葡萄酒的两个必要条件。干红葡萄酒是用红葡萄经破碎带皮发酵而成，其酒味醇厚，香气浓郁。为了获得葡萄皮上的色素和芳香物质，故在葡萄破碎后不必进行果汁分离，直接采用葡萄浆发酵。

广式面点
guǎngshì miàndiǎn

广式面点是指流行于珠江流域和南部沿海地区的面点，以广东面点为代表。广式面点吸收了京式面点和西方点的长处，形成了自己的独特风格，其特点是讲究形态、花色和色泽的变化，以油、糖、蛋为辅料，而且重糖轻油。广式面点馅心品种繁多，清香醇厚，制作工艺精湛。富于代表性的品种有：鸡仔饼、马蹄糕、沙河粉、叉烧包等。参见"点心"。

红葡萄酒
hóng pútáojiǔ

红葡萄酒是用皮红肉白或皮肉皆红的葡萄，采用皮汁混合发酵法酿制而成。由于果皮色素溶入酒中，使酒色呈自然的深宝石红、宝石红或紫红、石榴红等红色。在制作红葡萄酒过程中，不使用人工合成色素。红葡萄酒与白葡萄酒的主要区别在于，白葡萄酒是用去皮的葡萄汁发酵，而红葡萄酒是用包括果皮、种子和果梗的葡萄汁混合发酵。红葡萄酒适合搭配牛、羊、猪等肉类。参见"白葡萄酒"。

淮扬菜
huáiyángcài

见"苏菜"。

徽菜
huīcài

徽菜是由沿长江、淮河、徽州三地区的地方菜为代表构成的菜系，系我国八大菜系之一，其特点为选料精良、讲究火功、重油重色、味道醇厚、保持原汁原味，以烹制山野海味而闻名。徽菜的烹调方法擅长于烧、炖、蒸、炒。徽菜著名的菜肴品种：符离集烧鸡、火腿炖甲鱼、腌鲜鳜鱼、火腿炖鞭笋、雪冬烧山鸡、红烧果子狸、奶汁肥王鱼等。参见"八大菜系"。

鸡尾酒
jīwěijiǔ

鸡尾酒是一种混合饮品，由两种或两种以上不同的酒加进其他饮料、糖浆、香料等调制而成。鸡尾酒一般以朗姆酒、金酒、龙舌兰、伏特加、威士忌、白兰地等烈酒或葡萄酒作为基酒或底料，再配以果汁、蛋清、苦精、牛奶、咖啡、糖等其他辅助材料，加以搅拌或摇晃而成的一种混合饮品，最后还可用柠檬片、水果或薄荷叶作为装饰物。鸡尾酒品种繁多，据说多达千种，不断推陈出新。鸡尾酒的制作方法有摇和法、调和法、兑和法、漂浮法、搅和法等。因其对色、香、味等极其考究，故又称之为"艺术酒"。

鸡尾酒服务
jīwěijiǔ fúwù

鸡尾酒服务是指在西式正餐、宴会及其他需要提供鸡尾酒的场合所提供的包括点酒、调酒、上酒在内的一系列服务。参见"鸡尾酒"、"调酒"。

鸡尾酒会
jīwěijiǔ huì

鸡尾酒会，也称为鸡尾酒派对，是一种西式宴请活动。与其他宴请活动不同的是，鸡尾酒派对以供应各种酒水饮料为主，附设各种小吃、点心和一定数量的冷热菜。鸡尾酒派对一般不拘形式，对宾客的衣着没有特别的规定，只要做到端庄、大方、干净、整洁即可。酒会举行的时间也比较灵活，中午、下午、晚上均可，请柬上往往注明整个活动延续的时间，客人可在此时间内任何时候到达和退席，来去自由，不受约束。席间常由主人、主宾即席致辞。鸡尾酒会一般不摆台设座，只在边上设少量的桌椅。在组织筹备鸡尾酒派对时，需要事先为吧台储备好各种酒水（如：琴酒、朗姆酒、伏特加等）、混合用饮料（如：七喜、可乐、果汁、其他苏打饮料等）和装饰材料（如：橙子、芹菜等，参见"鸡尾酒装饰"）。在会场布置方面，需要准备吧台、自助餐台、高脚桌、鲜花和其他装饰性的摆设等。在人员配置上，活动组织者还需要为鸡尾酒会安排相应的调酒师和其他服务人员。

鸡尾酒术语
jīwěijiǔ shùyǔ

鸡尾酒术语是在调制鸡尾酒时所使用的专门用语，用于确定鸡尾酒的调制或服务方式。参见"鸡尾酒"。

鸡尾酒装饰
jīwěijiǔ zhuāngshì

鸡尾酒装饰是指在制作鸡尾酒时所使用的装饰物，其目的是美化鸡尾酒的外观。鸡尾酒装饰可包括：1. 杯口装饰，绝大部分由水果制作而成，其特点是漂亮、直观，给人以活泼、自然的感觉，使人赏心悦目，它既是装饰品，又是美味的佐酒品；2. 盐边、糖边，对于某些酒品如玛格丽特等，这种装饰必不可少，它既美观又是不可缺少的调味品；3. 杯中装饰，装饰物大部分是由水果制作的，适用于澄清的酒体，它普遍具有装饰和调味的双重作用。4. 调酒棒：大多花色繁多，做工精细，它对美酒具有点缀的作用，同时又是非常漂亮的实用品；5. 酒杯的品种、花色使其既具有载酒功能，又是美酒很好的衬托品。

家常菜肴
jiācháng càiyáo

家常菜肴是家庭日常制作食用的菜肴。家常菜肴是中菜的源头，也是地方风味菜系的组成基础。常用的家常菜肴食材原料有家禽类、海产类、贝类海鲜、蔬菜、水果、谷类等，常用的调料有盐、糖、花椒粉、味精、鸡精、料酒、生抽、胡椒粉、葱、姜、蒜等。

家庭餐
jiātíngcān

家庭餐是指家政服务人员为客户家庭成员制作的日常餐饮。制作家庭餐时通常需要依据已有的原辅材料、设备以及家庭成员的口味爱好等，提供家庭餐前准备、家庭餐制作及餐后整理等项服务。

家庭餐饮
jiātíng cānyǐn

见"家庭餐制作"。

家庭餐制作钟点工
jiātíngcān zhìzuò zhōngdiǎngōng

家庭餐制作钟点工是提供家庭餐饮服务并按钟点收费的家政服务人员。家庭餐制作钟点工的主要工作内容有：1. 制作前的准备，如制定食谱、购置原料、清洗、切菜、配菜等；2. 主食制作和菜肴制作；3. 餐后的清洗整理等。家庭餐制作钟点工在工作时，应该严格遵循相关的清洁卫生准则，了解一般食物的营养知识和客户的喜好，掌握烹饪原料的基本常识，以提供客户满意的优质服务。

家庭厨师
jiātíng chúshī

厨师指擅长烹饪并以此为职业的人，家庭厨师即指的是受雇于家庭的厨师。家庭厨师早先曾以家宴厨师的形式出现在婚礼和年夜饭等宴席中。随着我国经济的快速发展，家庭厨师现已逐渐从一份兼职工作过渡到一项全职职业。家庭厨师需要具备良好的烹饪知识及理解菜谱的能力，并熟练掌握蒸、煎、煮、烘、烤、焙等烹饪技巧。在职业资格方面，家庭厨师一般需要持有健康证、厨师证。参见"家宴厨师"。

家庭烹饪
jiātíng pēngrèn

见"烹饪"。

家庭宴会
jiātíng yànhuì

见"家宴"。

家宴
jiāyàn

家宴是家庭宴会的简称。一般规模不大，以自家人为主，也可邀请亲朋好友至家中畅饮。家宴多在家庆（生日、结婚、丧葬、乔迁新禧）和逢年过节时举行。

家宴标准
jiāyàn biāozhǔn

家宴标准指的是在特定的服务环境中组织筹备家宴活动的标准。该标准需考虑到宴请的场所布置、氛围、灯光、餐桌服务、邀请函、装饰物、服务接待标准等。在组织一些正式的商业宴请时,还需着重考虑宴请中服务人员的礼节礼仪等,以达到让客户及宾客满意的效果。参见"服务质量标准"。

家宴厨师
jiāyàn chúshī

家宴厨师服务有时也被称为"厨师上门服务",是指厨师受客户委托前往客户家庭提供的餐饮制作服务。服务场合通常包括开业庆典、冷餐餐会、中西式自助餐、家宴服务、生日派对等。一般有两种服务形式:1. 厨师开出菜单后,由客户采购,然后由厨师操办;2. 客户提出每桌标准要求,厨师全盘操办。

家宴开餐准备
jiāyàn kāicān zhǔnbèi

家宴开餐准备指的是家宴即将开始前的准备工作,主要为用具检查和人员准备两部分,其中用具检查的要求为:桌面摆设空间适宜,餐具完整,摆放整齐,无破损、无异味、无水迹、餐巾叠放整齐、干净等;人员准备的要求为:管理人员、厨房人员、服务人员各就其位,做好迎宾准备。参见"家宴"。

家宴指导
jiāyàn zhǐdǎo

家宴指导是为家庭宴会提供的设计方案、家宴餐饮的制作,负责家宴的安排布置。家宴也可以按照客户家庭的具体要求提供部分宴会所需的原辅材料及设备的服务。

京式面点
jīngshì miàndiǎn

京式面点泛指黄河以北大部分地区,如:山东、华北、东北等地制作的面点,以北京面点为代表。京式面点品种繁多,馅心具有独特的北方风味,注重咸甜口味,肉馅多用水打馅,并常用葱、姜、黄酱、芝麻油等为调辅料。其制作技法多样,以蒸、烤、烙、炸为主,其中擀、抻、包、裹、卷、切、捏、叠、盘等制作技术高超。经典的京式面点包括:一品烧饼、烧卖、天津狗不理包子、清油饼、清宫仿膳肉末烧饼、千层糕、艾窝窝、豌豆黄等。

酒焰加工
jiǔyàn jiāgōng

见"桌边服务"。

咖啡器具
kāfēi qìjù

咖啡器具泛指咖啡研磨、煮制和品尝咖啡的器具,狭义一般特指咖啡器。常见的咖啡器包括水滴落式咖啡器、虹吸式咖啡器等。咖啡器具是咖啡文化的重要组成部分。

开胃菜
kāiwèicài

开胃菜也可以称为餐前点心，通常在主菜上菜前食用，其特点是量少、味鲜、色美，以达到刺激味蕾、增加食欲等目的。西餐的开胃菜通常包括三明治或饼干类开胃品、蘸汁开胃品及其他开胃小食品类，如法式鹅肝酱、苏格兰烟熏三文鱼、俄式鱼子酱、肉冻、咸菜、酸菜及冷盘等。中餐的开胃菜一般为各种凉拌菜品，如：酸辣萝卜、凉拌黄瓜、凉拌木耳、花生等等。

开胃酒
kāiwèijiǔ

开胃酒，又称餐前酒，一般是在餐前提供，用于刺激胃口，增加食欲。开胃酒主要是以葡萄酒或蒸馏酒为原料加入植物的根、茎、叶、药材、香料等配制而成。开胃酒品类众多，比较经典的开胃酒为一些酒精含量较低的饮品，如味美思、香槟、雪利酒等。

冷藏
lěngcáng

冷藏是指将食物贮存在低温设备里，以防止其变质的过程。家庭中常用的冷藏设备为家用冰箱的冷藏室，其温度一般控制在 0～15℃之间。家用冰箱的冷藏室一般适用于蔬菜水果等植物性产品及熟食。冷藏食物操作时，要注意将生、熟食品分开，根据需要将食品用保鲜膜包裹后再放入；食物之间应留有一定空隙；水果、蔬菜及生食品需洗净、沥干水分后，再放入冰箱内贮存。参见"冷冻"。

冷冻
lěngdòng

冷冻是指用低温使生鱼、生肉、水饺等物品中所含的水分凝固起来，以防其腐败的过程。冷冻的食物一般存放于家用冰箱的冷冻室中，其温度一般保持在－16～26℃之间。在进行冷冻食物的操作时，要注意根据冷冻食品的特点对食物进行处理：对需要清洗后保存的应先行清洗干净，沥干水分；必要时用保鲜膜或保鲜袋包装食物后，再放入冷冻室中。参见"冷藏"。

利口酒
lìkǒujiǔ

利口酒是一种配制的调香甜烈酒。以蒸馏酒（白兰地、威士忌、朗姆酒、金酒、伏特加）为酒基配制，并经甜化处理的酒精饮料。利口酒具有高度和中度的酒精量，颜色娇美，气味芬芳独特，酒味甜蜜。利口酒种类较多，主要有柑橘类、樱桃类、桃子类、奶油类、香草类和咖啡类，一般用于餐后，或用于增加鸡尾酒的颜色和香味，还可以用于烹调、烘烤和制作冰淇淋、布丁、甜点。参见"餐后酒"。

零点菜单
língdiǎn càidān

零点菜单是一种使用最广的菜单形式，常用于餐馆的散客或团客。零点菜单的特点是菜品种类较多，分门别类，客人可以根据个人喜好自由选择，并按价付款。零点菜单在制作上要求明码标价，从表现形式上可分为大菜单（大菜牌）和小菜单（小菜牌）。大菜单按照一定的规格设立，因此比较规范；此外，大菜单还可反映餐饮企业的经营方针与风味；大菜单的菜肴品种较多，并且不会轻易变动。小菜单的表现形式与大菜单相比，更为多样；餐饮企业可根据四季不同，分别制作出适合于春、夏、秋、冬的时令小菜单，突出季节性食材。零点菜单也广泛用于一些学校、机关等单位的食堂中。参见"菜单"。

鲁菜
lǔcài

鲁菜是中国四大菜系（也是八大菜系）之一，是起源于我国山东省的菜肴风味。鲁菜最早可以追溯到春秋战国时期，宋朝以后鲁菜成为"北食"的代表；至明清两代，鲁菜已经成为宫廷御膳主体，对京、津、东北各地影响较大。当今，鲁菜是由济南菜、胶东菜和孔府菜三个菜系组成。三菜因所处的地理位置而同属于"鲁菜"范畴中，但却各有各的特点。济南菜以清香、鲜嫩和味纯著称，俗称一菜一味，百菜不重。烹调讲究火候，擅长爆炒、烧、炸、熘；其著名的菜肴有：糖醋黄河鲤鱼、九转大肠等。而胶东菜的风味特色以清鲜，脆嫩，原汤原味见长，烹调技法以炸、熘、爆、炒、蒸、煎、扒为主；其著名菜肴有：干蒸加吉鱼、油爆海螺等。孔府菜遵循孔子"食不厌精，脍不厌细"的祖训，对饮食的选材、烹饪要求极高，礼仪考究。孔府菜可分为宴会菜肴和家常菜肴，较著名的菜肴有：凉拌海蜇头、烧鹿茸元鱼等。

马丁尼
mǎdīngní

马丁尼是一种用杜松子酒、苦艾酒和苦味酒等混合成的鸡尾酒。随着时间的推移，马丁尼酒演变出了上百种不同的款式，现在已经成为世界上最广为人知的酒水饮料之一。

曼哈顿酒
mànhādùn jiǔ

曼哈顿酒是一类鸡尾酒的泛称，经典的曼哈顿酒是以威士忌为基酒，加入一定比例的甜苦艾酒、苦味酒，并以樱桃为配料调制而成。曼哈顿酒与马丁尼酒一样，都是最为知名的鸡尾酒之一。但是，调制曼哈顿酒与马丁尼酒一个重要的不同点是：曼哈顿酒通常会通过改变苦艾酒的种类，如甜苦艾酒、干苦艾酒等，来调配不同的风格，而马丁尼酒通常会通过改变苦艾酒的添加量来调配不同的风格。参见"马丁尼"。

美式西餐
měishì xīcān

美式西餐是在英式西餐的基础上发展起来的，并继承了英式西餐简单、清淡的特点，口味咸中带甜，常使用水果作为原料和配料。美式菜肴的烹调多以蒸、煎、煮、烧、烤、熏、拌为主。较著名的菜肴包括美式牛扒、橘子烧野鸭、烤火鸡、苹果沙拉、糖酱煎饼等。

面包
miànbāo

面包是以小麦粉、酵母、食盐、水

为主要原料，并于烤制成熟前或成熟后在面包坯表面或内部添加适量奶油、人造黄油、蛋白、可可、果酱等辅料，经搅拌面团、发酵、整形、醒发、烘烤或油炸等工艺制作而成的松软多孔食品。面包是谷物食品及人类食品中营养素含量比较完全的、营养价值较高的食物。

闽菜
mǐncài

闽菜是中国八大菜系之一，起源于福建省闽侯县，并经历了中原汉族文化和当地古越族文化的混合与交流。闽菜是以福州、泉州、厦门等地的菜肴为代表，特点是色泽美观，以滋味清鲜而著称。闽菜烹调方法擅长于炒、熘、煎、煨、糟，尤以"糟"最具特色。由于福建地处东南沿海，盛产多种海鲜，如海鳗、蛏子、鱿鱼、黄鱼、海参等。因此，多以海鲜为原料烹制各式菜肴，别具风味。闽菜著名的菜肴有：佛跳墙、醉糟鸡、酸辣炒鱿鱼、太极明虾、清蒸加力鱼、荔枝肉等。

烹饪
pēngrèn

烹饪也被称为烹调，是指用蒸、煮、烧、烤、炸、炒等方法将食物原料加工成具有特定色、香、味、型的熟食品的过程。在烹饪时，厨师或家政服务人员应对食品进行清洗和加工处理，使食物卫生、干净，香甜可口。同时，需要考虑到食物的合理搭配及营养成分，让就餐者在食用时不仅有口感和视觉上的满足，而且能让食物的

营养更容易被人体所吸收，实现食补的目的。

啤酒
píjiǔ

啤酒是饮料酒的一种，以大麦麦芽为原料，不发芽谷物或糖类为辅料，酒花为香料，在优质酿造水中经过糖化和啤酒酵母发酵制成。啤酒的酒精度较低（通常为 $3\%\sim4\%$），含有丰富的二氧化碳和其他营养物质。啤酒按制造方法不同可分为两大类：1. 底层发酵啤酒，即：酵母在发酵过程中沉入底部；2. 顶层发酵啤酒，即：在发酵过程中，酵母一直悬浮在啤酒的上层。按颜色可分为黄啤、红啤、黑啤。啤酒在发酵过程中均衡了麦芽的甜味、啤酒花的苦涩和酵母的果味芬芳。同时，啤酒能够与绝大多数的食物搭配食用，也可以做为许多菜肴的调味料。并且，啤酒还可以作为一种消暑饮品。参见"小麦啤酒"。

普通饮食制作
pǔtōng yǐnshí zhìzuò

普通饮食制作是按照顾客日常饮食习惯，在参照营养学有关要求，科学调整膳食结构的基础上，加工家常饮品和食品的过程。

起泡酒
qǐpàojiǔ

起泡酒又称气酒，是指含碳酸气的酒类。按生产方法分两类：1. 二氧化碳由发酵产生的天然气酒；2. 人工添加二氧化碳的人工气酒。气泡酒通常是白色或粉红色的，可以根据含糖

量分为干型、甜型等不同等级。法国香槟地区出产的香槟酒就是一种典型的起泡酒。参见"香槟"。

前菜
qiáncài

见"开胃菜"。

日常饮食诊断
rìcháng yǐnshí zhěnduàn

日常饮食诊断是指受过专门训练的营养工作人员对客户家庭的日常饮食现状进行调查，并了解客户饮食结构合理性的过程。

色拉
sèlā

色拉也译为"沙拉"，是一种由小块食材混合色拉调味酱或其他调味酱的西餐菜肴，一般为冷盘。色拉的食材组成多样，主要包括土豆丁、蔬菜、水果、奶酪、鱼虾、熟肉、鸡蛋和谷物。根据食材选择不用，色拉又可分为荤色拉和素色拉。色拉可在用餐的各个时段提供，根据上菜时间和食材差异，可分为前菜沙拉、沙拉主食、沙拉配菜和沙拉甜点。

膳食标准
shànshí biāozhǔn

膳食标准是家政服务人员在日常工作中所需考虑的服务质量标准之一，其内容主要包括家庭中与饮食相关的工作，如：食材选购、食品安全、食品储存、食谱设计、食材处理、膳食烹饪、食品风格等。在制订膳食标准时，家政服务人员需要了解客户的口味及

菜品的喜好，同时还需要记录客户提出的要求，如忌口等。参见"食谱设计"、"服务质量标准"。

膳食管理
shànshí guǎnlǐ

膳食管理包括餐谱制定及用餐服务。

勺子
sháozi

勺子是一类广泛用于膳食烹饪中各个环节（如食材量取、混合搅拌、菜肴烹饪、辅助用餐等）的餐具，其一端为圆形或椭圆形的碗状勺头，另一端为供人抓持的握柄。根据勺头形状、勺柄长短及用途的不同，勺子通常可以分为汤勺、漏勺、饭勺、餐匙（调羹）等不同种类。参见"餐匙"、"中式餐匙"、"西式餐匙"。

渗滤式咖啡壶
shènlùshì kāfēihú

渗滤式咖啡壶是一种常用的电咖啡壶，其主要结构包括：加热器、导管、分散器和咖啡粉筐。其中，加热器位于壶体底部；咖啡粉筐位于壶体上部，与壶体下部的沸水隔离开来，筐底有过滤层；导管连接壶体上部的咖啡粉筐和壶体下部的沸水；分散器则位于咖啡粉筐的顶部，其作用是将通过导管后的水均匀地引入到咖啡粉筐中。在加热制作咖啡时，沸水通过咖啡壶中间的导管到达咖啡粉筐顶端，并经过咖啡粉筐中磨好的咖啡豆，滴落至壶体下部，然后再被煮沸至咖啡粉筐中。这一过程反复进行，直至咖

啡煮好。由于渗滤式咖啡壶使用沸水来冲泡咖啡粉末，且冲泡的咖啡会反复经过咖啡粉末，故冲泡过程中气味香浓，泡好的咖啡一般高度萃取，味道苦涩、浓重且带有酸味。使用渗滤式咖啡壶煮制咖啡时，应注意控制水温。

食谱
shípǔ

食谱通常是指根据客户需求和食物的合理搭配原则制定的膳食计划。根据就餐人数的不同，食谱可以分为个人食谱和集体食谱；根据就餐者的不同状况，食谱可以分为普通食谱和特殊食谱。参见"食谱编制"。

食谱编制
shípǔ biānzhì

食谱编制即编写、制订食谱的工作，是烹饪营养工作的重要内容之一。食谱编制的目的是为了保证就餐者对热能和营养素的需要，将含有足够热能和营养素的食物配成美味可口的饭菜，并分配在全天的各餐次中。在进行食谱编制工作时，应了解不同人群的营养需求（如：热量需求、营养素需求、身体状况、忌口等）、饮食习惯及经济条件等信息，并根据这些信息制订出满足就餐者需求的食谱。制订食谱方法是先主食、后副食。主食是先面后米、先花样后基本；副食是先荤后素、先豆类后蔬菜，力争根、茎、叶、果合理搭配。食谱制订后，应定期进行评价修订工作。参见"食谱"、"营养信息收集"、"营养计算"、"营养干预"。

四大菜系
sìdà càixì

四大菜系指的是川菜、鲁菜、粤菜、苏菜，是中国最负盛名的菜系。川菜以注重调味著称，常用的味别有咸鲜、麻辣、怪味、姜汁、鱼香、荔枝等二十余种，被誉为"百菜百味、一菜一格"。鲁菜味浓厚、嗜葱蒜，尤以烹制海鲜、汤菜和各种动物内脏擅长，在北方各省享有很高声誉。粤菜取料广泛、花色繁多，"不问鸟兽虫蛇，无不食之"。调味多用蚝油、虾酱、鱼露等特鲜味调料，菜肴风味以清鲜、生脆、爽口为主。苏菜十分讲究造型、配色，菜肴四季有别，肥而不腻，淡而不薄，酥烂脱骨而不失其形，滑嫩爽脆而不失其味，在长江中下游影响很大。

苏菜
sūcài

苏菜，也被称为淮扬菜，是中国四大菜系及八大菜系之一，起源于江苏地区。苏菜主要由淮扬风味、金陵风味、苏锡常风味、徐海风味菜肴组成，其特点是浓中带淡、鲜香酥烂。常见的苏菜烹调技艺包括炖、焖、烧、煨、炒等；具有代表性的苏菜菜肴包括：清汤火方、鸭包鱼翅、松鼠鳜鱼、盐水鸭、粉蒸狮子头、清炖蟹等。参见"八大菜系"、"四大菜系"。

苏式点心
sūshì diǎnxīn

苏式点心是对江浙地区所制作的糕点类食品的统称。苏式点心重调味、色深、偏甜、馅心常常掺冻（用鸡鸭、猪肉和肉皮熬制汤汁冷冻制成），口味鲜美多汁，可分为宁沪、苏州、镇江、淮扬等流派，其中各流派又各有不同风味。此外，苏式点心的造型精美，常常有飞禽走兽、鱼虾瓜果等各种形态、色泽鲜艳、栩栩如生。因此，被誉为精美的艺术食品。

酸味鸡尾酒
suānwèi jīwěijiǔ

酸味鸡尾酒是一类鸡尾酒的统称，通常以基酒（包括：杜松子酒、白兰地、威士忌、朗姆酒等）、柠檬汁、甜味剂（如：柑桂酒、纯糖浆、红石榴汁、菠萝汁等）混合制成，一些酸味鸡尾酒中还会添加蛋清。常见的酸味鸡尾酒有玛格丽塔鸡尾酒、代基里鸡尾酒等。参见"鸡尾酒"。

桃红葡萄酒
táohóng pútáojiǔ

桃红葡萄酒是葡萄酒的一种，色泽和风味介于红葡萄酒和白葡萄酒之间，酒色可分为淡红、桃红、橘红、砖红等。酒精含量在 11%（V/V）左右。这类酒在风味上具有新鲜感和明显的果香。桃红葡萄酒的生产工艺既不同于红葡萄酒，又不同于白葡萄酒，确切说是介于果渣浸提与无浸提之间。可用桃红葡萄品种带皮发酵酿成；也可用一般红葡萄品种提前分出皮渣后继续发酵酿成；或以一定比例的红、白葡萄混合后带皮发酵酿成，其带皮发酵时间及温度则根据色泽要求而定。除了玫瑰香葡萄外，还有黑比诺、佳里酿、法国兰等葡萄品种适宜配制桃红葡萄酒。桃红葡萄酒大多

为干型酒、半干型酒或半甜型葡萄酒。参见"白葡萄酒"、"红葡萄酒"、"干葡萄酒"。

套餐
tàocān

套餐是指在各类菜品中选配若干菜品组合在一起，以一个包价销售的整套菜肴。套餐可按照就餐人数，分为个人套餐和多人套餐。个人套餐菜单一般多见于快餐厅，多人套餐菜单常见于各类餐桌服务式餐厅。

特色菜肴
tèsè càiyáo

特色菜肴通常指具有一定的民族或地域文化性，或采用独特的食材或烹饪方式制作的菜品。参见"八大菜系"、"四大菜系"。

特殊饮食制作
tèshū yǐnshí zhìzuò

特殊饮食制作是指按照顾客的特殊要求或所针对的特殊对象（包括病人、婴幼儿、老人、孕妇和产妇），在遵循营养学原理或医嘱，科学调整膳食结构的基础上，对饮品或食品进行加工处理的过程。

体质指数
tǐzhì zhǐshù

体质指数简称 BMI，是一种用于判定人体营养状况的指标。该指数于 1988 年由国际膳食能量顾问组建议使用，现已被广泛接受。其计算公式如下：体质指数＝体重（kg）/身高^2（m^2）。体质指数的建议评价标准为：

体质指数小于 18.5 时为营养不良，大于 25 时为超重。

甜酒
tiánjiǔ

甜酒是一种以糯米为原材料酿制的酒类，又称糯米酒、江米酒、酒酿、醪糟等。甜酒酿制工艺简单，口味香甜醇美，乙醇含量少，受到人们的喜爱。在一些菜肴的制作上，甜酒还能作为一种重要的调味材料。

甜品
tiánpǐn

甜品也称为甜点、点心，根据其传统和起源可大致分为中式和西式。中式甜品通常包括甜味点心和甜饮，比较有代表性的中式甜品包括：双皮奶、杨枝甘露、芝麻糊、杏仁糊、绿豆汤、红豆沙、银耳炖木瓜、芝麻汤圆、西米露等。西式甜品则通常指西餐正餐后食用的食物，并且并不局限于甜味食品；西式甜品的种类通常包括冷热甜食类菜品（如：冷热布丁、冰激凌等）、奶酪制品和水果制品等。

调酒
tiáo jiǔ

调酒是指将两种或者两种以上的饮料（其中至少有一种酒精饮料）混合调制成鸡尾酒的工作。调酒对操作者的专业性、技术性和知识面都有较高的要求。相关服务人员通常需要接受品酒、调配培训，并通过测试后才能为客户提供调酒服务。参见"鸡尾酒服务"、"调酒师"。

调酒师
tiáojiǔshī

调酒师一般是指进行酒水配制及销售的服务人员。调酒师应能掌握各类酒水的配置标准、调制技术，并能按正确操作程序和方法为客人提供各类酒水服务。其主要职责包括：酒水准备、器具准备、摆设吧台、清洁吧台及器具、调制酒水饮料、招待客人等。

头菜
tóucài

见"开胃菜"。

微量营养素
wēiliàng yíngyǎngsù

微量营养素是指在人体内含量仅占体重的 0.005% 以下的营养素，通常包括维生素和人体所必需的微量元素（矿物质）。微量营养素在人体内虽然含量极微，但却对机体的代谢、生长和发育等过程起到重要作用。微量营养素的每日需要量通常以毫克（mg）或微克（μg）计。

西餐
xīcān

西餐是我国对西方国家饮食菜肴的统称。它一般是以刀、叉为餐具，以面包为主食，多以长方形的台桌为餐桌。与中餐相比，西餐有以下特点：1. 选料精细讲究，比较重视各类营养成分的搭配组合及人体对各种营养（糖类、脂肪、蛋白质、维生素）和热量的需求。2. 调料香料品种繁多，薄荷、丁香、肉桂、小茴香等香料常被选用以调整菜肴香味与口感。3.烹饪方法独特,其中扒、烤、焗最具特色。西餐正餐通常由头盘、汤类、沙拉、主菜及甜点组成,注重酒水与菜式的合理搭配。国际上较为流行的西餐有法式、美式、俄式、意大利式、英式及地中海式等,不同西餐的服务流程及摆台方式各具特色。参见"法式西餐"、"美式西餐"、"俄式西餐"、"意式西餐"、"德式西餐"、"英式西餐"。

西餐备选菜谱
xīcān bèixuǎn càipǔ

西餐备选菜谱是指对经典的西式正餐菜谱中的相应菜肴进行替换时使用的菜谱,其目的是避免就餐者品尝相同口味的菜肴。比如,当开胃小菜为汤类时,在正餐中可以不必再去额外地准备汤类菜肴;又如,当鱼是主菜时,就不需要另外准备鱼类点心了。家政服务人员可以运用自己对西式正餐的理解,为菜谱添加更多不同的菜肴组合。

西餐配菜
xīcān pèicài

西餐配菜是指搭配及辅助西餐主菜的菜肴,其作用是能在色、香、味、形方面美化主菜,又能刺激食欲,平衡营养搭配。与主菜相比,配菜的量较少,一般用小碗或者沙拉碟盛装,与主菜一起上菜。肉食主菜一般搭配一道新鲜蔬菜配菜,如西兰花、芦笋、绿叶沙拉等和一道淀粉类配菜,如面包、米饭、土豆泥、薯角或中东小米等。

西餐汤点
xīcān tāngdiǎn

西餐汤点是西餐正餐中的一个主要菜品类别,西餐汤点通常可以分为浓汤和清汤两大类。西餐汤点风味别致,花色多样。除了主料以外,常常在汤的面上放一些小料,加以补充和装饰。较具代表性的西餐汤点包括:法国的清炖肉汤,俄罗斯的罗宋汤和意大利的蔬菜面条汤等。

西式菜肴
xīshì càiyáo

见"西餐"。

西式餐匙
xīshì cānshí

西式餐匙是食用西餐时所使用的一种餐具。与款式单一的中式餐匙不同,食用西餐时,西式餐匙常常成套出现。根据勺头的形状、深浅及握柄长短的不同,西式餐匙可以分为糖匙、酱勺、咖啡匙、茶匙、冷饮匙、肉羹匙、奶汤匙、大汤匙(容积约为15～20毫升)、甜品匙(容积处于茶匙及大汤匙之间)等。在摆放西餐餐具时,西式餐匙常常竖直(与餐桌边缘呈90°角)地摆放在餐盘的右边,或勺头向左,勺柄向右地横放(与餐桌边缘平行)于餐盘的正上方。参见"勺子"、"餐匙"、"中式餐匙"。

西式快餐
xīshì kuàicān

西式快餐指的是准备和供应时间简短的西式餐饮的总称。1885年的纽约第一家自助餐馆诞生，标志快餐的问世。西式快餐的出现是为了适应快节奏的工作和生活方式。故其具备以下显著特点：1. 能够迅速准备和供应：西式快餐的食材一般提前制作或加热，准备快餐只需搭配、组合及打包食材，用时较短；2. 食用便利：通常可以徒手拿取，不需要使用餐具，大部分可以外带或外卖；3. 质量标准：食物一般采用标准化流程制作，选材、配比、烹饪方式等相差不大，食物质量水平相对稳定；4. 价格低廉：西式快餐由于其实现一定规模的批量采购、生产、销售，同时取消了用餐服务、餐后清洁等环节，成本较低，故食物价格相对低廉。比较具有代表性的西式快餐食物包括：汉堡包、三明治、沙拉、炸鸡、炸薯条等。西式快餐于 20 世纪 80 年代引入中国，亦被称为"洋快餐"。

西式正餐
xīshì zhèngcān

西式正餐指比较正式的西式餐饮。完整的西式正餐通常包括多道上菜流程，如：开胃菜、汤类、副菜（鱼类菜肴）、主菜、蔬菜类菜肴、甜点、餐后饮品和烟草雪茄，其中开胃菜、汤类、主菜、蔬菜类菜肴和甜点为其基本组成部分。西式正餐一般具有社交等社会礼仪功能，场所通常选择正式餐厅或家庭餐厅，餐桌布置和餐具摆放规范，用餐过程注重餐格调和宴会礼仪，一般提到的西餐礼仪指的是西餐正餐的用餐礼仪。参见"西餐"、"西餐礼仪"。

席间服务
xíjiān fúwù

在家政服务业中，席间服务是指在家庭的正式餐宴中，服务人员为就餐者提供的全套餐桌服务。中式宴请的席间服务包括：餐前准备服务，如为客人铺置餐巾、递送茶水等；上菜服务，即按顺序上菜、盛汤、检查点菜单及台上的菜是否上齐等；餐中其他服务，如巡台并为客人适时添酒水、及时收盘，更换骨碟、烟灰缸，擦拭酒落的汤汁酒水等；餐后服务，如撤走餐盘，提供洁净的热毛巾，上甜点、水果等。席间服务需要服务人员细心观察、及时反应、服务干脆利落。

现场加工
xiànchǎng jiāgōng

见"桌边服务"、"酒焰服务"。

香槟
xiāngbīn

香槟是一种含二氧化碳气的优质白葡萄酒。起源于法国原香槟省（现马来州）而得名。香槟酒酒精度在 $1.25°\sim 14.5°$ 之间。含糖量 $0.5\%\sim 20\%$。含糖仅 0.5% 称极不甜香槟酒；$1\%\sim3\%$ 称不甜香槟酒；4% 称半甜香槟酒；8% 称甜香槟酒；20% 称极甜香槟酒。优质香槟酒，选择优良葡萄品种和专用凝絮性好的香槟酒酵母酿制。生产工艺有：传统法，用葡萄酒在大罐中发酵而成；充气法，在葡萄酒中用人工加入二氧化碳气而成。酒中有一定的二氧化碳压力，开瓶时有清脆响声，酒液飞溅。调酒师在准备香槟时，通常会将香槟酒放入装满冰块的酒桶中冰镇 1 小时以上，再为客户斟倒。参见"起泡酒"。

湘菜
xiāngcài

湘菜是我国八大菜系之一，是以湘江流域、洞庭湖区和湘西山区三地的菜肴为代表发展而成。其特点是用料广泛，品种繁多；色泽上油重色浓，多以辣椒、熏肠为原料，口味注重酸辣、香鲜、软嫩。其烹调方法擅长腊、熏、煨、蒸、炸、炒。湘菜的代表菜品有东安鸡、金鱼戏莲、永州血鸭、腊味合蒸、姊妹团子、岳阳姜辣蛇、剁椒鱼头等。

小麦啤酒
xiǎomài píjiǔ

小麦啤酒是指以小麦麦芽为主要原料，采用顶层发酵或底层发酵酿制而成的啤酒。这种啤酒的特点是：由于使用了较高比例的小麦麦芽，小麦啤酒的口味变得更醇厚，啤酒的泡持性变得更高。国外酿制小麦啤酒使用小麦麦芽与大麦麦芽的配料比一般要求在 50％以上，我国规定使用的小麦麦芽占总原料的 40％以上。参见"啤酒"。

意式西餐
yìshì xīcān

意式西餐指的是以意大利菜肴为代表的一个西餐菜系。其制作崇尚简单，烹饪注重保持食材的原汁原味，而不使用繁复的烹饪手法。意式西餐常用食材有西红柿、土豆、青椒、芝

士等，烹调以煎、炒、炸、烩、熏等见长。意大利人喜爱面食，意大利面种类繁多，形状、颜色、味道各异，吃法多样。意大利西餐比较著名的菜肴有：肉末通心粉、焗馄饨、披萨等。

饮食偏好
yǐnshí piānhào

饮食偏好指的是客户对于饮食的食材选择、食材搭配、烹饪方法、菜肴口味等方面的偏好。影响饮食偏好的最主要因素为个人饮食习惯，其他因素还包括情感、年龄、地域、文化、民族、宗教等。过度的饮食偏好有可能形成挑食或厌食，或对人的膳食平衡和身体健康产生不良影响。参见"膳食平衡"、"饮食文化"。

饮食文化
yǐnshí wénhuà

饮食文化是生活文化中有关饮食的各种文化形式的总称。任何一个民族都有独具特点的饮食文化，而组成饮食文化的有许多饮食文化形式。如酒文化、茶文化、烹调文化、宴席文化都是饮食文化的具体表现形式。具体表现反映到食材选择、食品制作及饮食器皿选用等方面。我国的饮食文化与传统节日密切相关，有春节吃年夜饭、元宵吃汤圆、清明节食寒食、端午节吃粽子、中秋节吃月饼、重阳节喝菊花酒、腊八节喝腊八粥的传统，皆为食物与传统文化相结合。

印度菜肴
yìndù càiyáo

印度菜肴是所有印度地方菜肴的

总称，但由于土壤、气候及民族的不同，印度地方菜肴通常存在一定的差异；例如：各地的菜肴会使用当地产出的香料、草药、蔬菜及水果。印度菜肴的特点是：通常会使用由各种香料做成的咖喱粉"马色拉"（masala），以及由牛乳或绵羊乳制成的印度酥油。在植物性食物方面，印度人民通常会食用名为"达尔"的豆类料理，其他主食还包括米煮粥或薄饼。此外，由于受到宗教和文化传统的影响，印度菜肴通常会避免烹饪牛肉或猪肉，还有一些菜肴因受到素食主义的影响而不烹饪肉食。

英式服务
yīngshì fúwù

英式服务是一种西餐服务方式，由主人在服务人员的协助下完成，因此，也称主人服务或家庭式服务。英式服务节奏较慢，通常只适用于非正式的场合。在这种服务方式中，所有食物在厨房完成烹饪后都会被装入大盘中送到餐桌上，并由男主人或女主人在餐桌上完成汤水和主食的分配。服务人员通常需要站在主人左侧等待主人切割或分配食物，然后接过已分配好的餐盘端送给指定的宾客。晚于主菜上桌的菜肴都摆放在各自的大餐盘中，由宾客自取或相互传递。参见"英式西餐"。

英式西餐
yīngshì xīcān

英式西餐是西餐的一种，其烹调讲究鲜嫩、口味清淡，选料注重选海鲜及各式蔬菜。英式西餐菜量要求少而精，调味时较少用酒，调味品大都放在餐桌上由客人自己选用。英式菜肴的烹调方法多以蒸、煮、烧、熏见长，较著名的英式菜肴有：鸡丁沙拉、薯烩羊肉、明治排、烤大虾、烤羊马鞍、冬至布丁、炸鱼薯条等。

粤菜
yuècài

粤菜亦称"广东菜"，是广东地方风味菜肴的总称，主要由广州、潮州、东江三种地方菜组成，是四大菜系之一。广州菜是粤菜的主体和代表。广州菜的烹调方法有二十一种之多，尤以炒、煎、焖、炸、煲、炖、扣等见长，讲究火候，制出的菜肴注重色、香、味、形。口味上以清、鲜、嫩、脆为主，讲究清而不淡，鲜而不俗，嫩而不生，油而不腻。时令性强，夏秋力求清淡，冬春偏重浓郁。较为常见的广州菜色有白切鸡、白灼海虾、明炉乳猪、挂炉烧鸭、蛇羹、油泡虾仁、红烧大裙翅、清蒸海鲜、虾籽扒婆参等；潮州菜注重刀工和造型，烹调技艺以焖、炖、烧、炸、蒸、炒、泡等法擅长。以烹制海鲜、汤类和甜菜最具特色。味尚清鲜，郁而不腻。爱用鱼露、沙茶酱、梅糕酱、红醋等调味品。风味名菜有烧雁鹅、护国菜、清汤蟹丸、油泡螺球、绉纱甜肉、太极芋泥等；东江菜又称客家菜。客家原是中原人，南迁后，其风俗习食仍保留着一定的中原风貌。菜品多用肉类，极少水产，主料突出，讲求香浓，下油重，味偏咸，以砂锅菜见长。代表菜有盐焗鸡、黄道鸭、梅菜扣肉、牛肉丸、海参酥丸等。参见"四大菜系"、"八大菜系"。

浙菜
zhècài

浙菜又称浙江菜系，是我国八大菜系之一。主要以杭州、宁波和绍兴三种地方菜发展而成，其中以杭州菜最负盛名。杭州菜制作精细，注重刀工。烹调方法主爆、炒、烩、炸等，菜肴具有清香、爽、鲜、脆等特点；久负盛名的菜肴有：西湖醋鱼、叫花童鸡、龙井虾仁、东坡肉、赛蟹羹等。宁波菜讲究鲜嫩滑爽，注重保持原味，擅长蒸烤、炖制海鲜，著名品种有：冰鲜羹、牡蛎羹、宁波摇蚶等。绍兴菜擅长烹饪河鲜家禽，入口香酥绵糯，汤浓味重，传统风味菜肴有：白鲞扣鸡、清汤越鸡、绍什景等。参见"八大菜系"。

中国传统菜系
zhōngguó chuántǒng càixì

见"四大菜系"、"八大菜系"。

中国料理圈
zhōngguó liàolǐquān

中国料理圈是由日本学者辻原康夫提出的世界"四大料理圈"的组成之一，是对东北亚各地区、各民族的食物料理的统称，其范围涵盖了中国大陆、朝鲜、韩国、日本、越南等东亚各国家和中国台湾地区。中国料理圈发源于中国，由于中华饮食文化历史悠久、品类丰富，因此深远地影响了东亚地区的饮食文化。虽然东亚地区的料理风格众多，但具有一定的相似性。中国料理圈的烹饪注重选料、刀工、火候和调味四个方面；食材中最

主要的肉类通常是猪肉；选用酱油、味噌以及各种酱料（豆瓣酱、辣椒酱等）；烹饪方法多样，技巧高超。参见"八大菜系"。

中式餐匙
zhōngshì cānshí

中式餐匙又称中式汤匙或调羹，通常使用陶瓷为原料制成（也有使用不锈钢等金属及塑料制作），其勺头底部为扁平状，短而粗的勺柄顺着勺头的凹面延伸而出。中式餐匙造型简洁，款式单一；小型的中式餐匙主要是一种进餐用具，而大型的中式餐匙通常是用于盛饭、分菜、分汤的公用餐匙。中式餐匙的边缘通常比西式餐匙更高，因而其容积通常较西式餐匙更大。参见"勺子"、"餐匙"、"西式餐匙"。

主菜
zhǔcài

主菜是指宴席中最重要的菜肴，其烹调工艺比较复杂，一般包括鱼、虾类、肉类或禽类菜品，其口味最具特色，分量也最大。

主食
zhǔshí

主食是由富含淀粉的稻米、小麦、玉米等谷物及土豆、甘薯等茎类食物加工制成的食物，是人们就餐时所需能量的主要来源。餐桌上常见的主食包括米饭、薯条及各类面点，如：面包、饺子、包子、馒头、面条、烙饼、米粉等。家政服务人员应能根据不同地域、季节、食材和人群的特点，为客户家庭设计并制作主食。

桌边服务
zhuōbiān fúwù

　　桌边服务又称为"小餐车服务"，是一种参与性较强的特色服务。广义而言，凡是在客人用餐的餐桌旁摆盘备菜后再上菜的服务都可称为桌边服务。服务人员可以通过利用托盘架、大盛装盘、工作台、小边桌、烧车、服务推车等工具，来为用餐宾客提供一种有参与感、较亲切、个人化的餐桌边服务。狭义而言，桌边服务是指在正式家庭宴请中，受过相关烹饪培训的服务人员在桌边进行食物现场加工的服务，食物经过桌边烧制后调配、切割、摆盘，再上客桌。参见"法式西餐"。

自助餐
zìzhùcān

　　自助餐是一种带有自助性质的自我服务用餐形式，由宾客自取餐具、自选食品，自行端送用餐。大多数的食品饮料均陈列在主餐台上，供客人自取，服务员在用餐过程中只提供斟倒酒水、撤换餐盘、结账等基本餐桌服务。与零点餐厅相比，自助餐具有经济实惠、菜肴丰富、品种多样、方便省时等特点。因用餐速度较快、餐厅的餐位周转率较高，比较适合现代社会快节奏的生活方式。用餐过程中，服务员仅需提供简单的服务，可使餐饮企业节省人力，降低费用。

三、宠物园艺

插花
chāhuā

插花是指以切花、切叶为素材，经过构思和设计，并对花材剪裁、造型后，插入瓶、盘、盆等容器中所创作的花卉装饰品，如瓶花、盘花、花环、花束等。插花可依风格区分为西方式插花、东方式插花和现代自由式插花等。插花的目的是为了创造出一个优美的造型，使人看了赏心悦目，获得精神上的美感和快乐。参见"盆插"、"瓶插"、"鲜切花"。

宠物管理
chǒngwù guǎnlǐ

宠物管理的工作内容通常包括：1. 对家中宠物进行日常生活照料；2. 宠物疾病防治；3. 宠物安全防范；4. 购买宠物的食品及生活用品等。参见"宠物养护"。

宠物食品
chǒngwù shípǐn

宠物食品是专门为宠物或小动物提供的食品，为宠物提供生长发育和健康所需的各类营养物质。根据含水量的不同，宠物食品通常可分为干型、半干型和流质等。市场上出售的宠物食品一般专用于特定种类的宠物，如狗、猫、鱼、鸟或爬行动物等，喂养时应注意不要混用。此外，在喂养宠物时，还应慎重将家中的剩饭剩菜喂给宠物，避免发生宠物中毒的风险。以猫狗为例，可能引发中毒的家庭食材包括：巧克力、咖啡、软饮料、葡萄、葡萄干、夏威夷果、蒜（大量）、洋葱等。

宠物养护
chǒngwù yǎnghù

宠物养护是对于供玩赏的家养动物，例如猫、狗、鸟及观赏鱼等，提供的饲养及清洁护理等服务。参见"宠物管理"。

肥料
féiliào

肥料是为植物提供其所需的一种或一种以上的营养元素的物质，可以改善土壤性质、提高土壤肥力水平。肥料是农业生产的物质基础之一，通常分为有机肥料和无机肥料两种。有机肥料又称天然肥料，这种肥料是用粪便、炕土、骨粉、各种豆饼、腐败植物、草木灰经过加工处理后形成的肥料。优点是肥效时间长，长期使用能改善土质。无机肥料大多指化学肥料，如尿素、磷肥、氮肥、钾肥等，各种肥料能对植物产生不同的作用。

分株繁殖
fènzhū fánzhí

分株繁殖是将母株分离为若干株

的无性繁殖法，是指把某些植物根部
或茎部产生的新枝从母株上分割下
来，而得到新的独立植株的繁殖方
式。分株繁殖适用于丛生型及有根茎
的植物。分离丛生型植物，如兰花、
玉簪、萱草、芍药、非洲紫罗兰等，
可挖出植株抖落泥土，选择易分离
处，顺势分开或先用刀切割后拉开；
分离肥厚型根茎类植物，如鸢尾等，
可在各根茎块段连接点分开；分离细
长根茎类植物，如结缕草等，可用刀
切段。不论采用何种方法，每一分株
至少应有一个完整的叶丛和良好的根
系。分株于春、秋两季进行。凡在春
夏开花，花后开始生长的植物，则应
在秋季分株；凡在夏秋开花，花后直
到次春才生长的植物，则应在早春
分株。

花卉
huāhuì

花卉是人们常说的观赏植物，即
具有观赏价值的草本和木本植物，包
括多种乔木、灌木和草本植物。栽培
花卉，不仅可对人们的生活和居住环
境起到绿化美化作用，也能起到陶冶
性情、愉悦心情的作用。

花卉繁殖
huāhuì fánzhí

花卉繁殖是花卉繁衍后代，保持
品种资源的手段。只有将品种资源保
持下来，繁殖到一定的数量，花卉才
能为园林绿化所应用，满足园林绿化
的需要。花卉的繁殖方式很多，大致
可以分为有性繁殖、无性繁殖、孢子
繁殖、组织培养四大类。

花卉露地栽培
huāhuì lùdì zāipéi

花卉露地栽培是花卉最基本的栽
培方式，园林绿化中的大多数花木是
露地栽培。露地栽培管理简单，适合
大面积生产，投资成本较低。露地花
卉种类丰富，有1~2年生花卉、多年
生的宿根和球根花卉、水生花卉、岩
生花卉、落叶木花卉等。家庭园艺服
务人员需要对所在地区的环境条件有
充分了解，并熟悉各类花卉的生物学
特性，选择适合当地生产的花卉种类，
同时加强科学管理，才能培育出大量
的优质花卉。

花卉盆景
huāhuì pénjǐng

花卉盆景是通过把一些花卉苗木
经过艺术加工，改制成一些特殊的造
型，种植在花盆内供人欣赏的园林艺
术。花卉盆景不仅可以供人欣赏，还
可以保持室内的新鲜空气，有益于人
们的身体健康。参见"盆景"。

花卉园艺师
huāhuì yuányìshī

花卉园艺师一般是指从事花卉种
子（种球、种苗）、盆栽植物、鲜切花、
观赏苗木等繁育、栽培、应用、生产与
管理的人员。

花卉栽培技术
huāhuì zāipéi jìshù

花卉栽培技术因花而异，但基本
包括下面这几个方面：土壤选择、浇
水操作、施肥、光/日照、通风环境和

换盆等。

花篮
huālán

花篮是选用各种形态的竹、柳、藤等材料编织而成的篮子，将鲜花插进篮子制作而成。制作花篮时要选用花型丰满、颜色鲜艳的花朵。每个花篮用花色 3～4 种为宜。小花篮通常用于家庭装饰，大花篮通常用于庆典时摆放。

花圃
huāpǔ

花圃是露地繁殖和栽培花卉的场所，通常用来栽培一二年生草花、宿根和球根花卉以及少量灌木。花圃也是销售幼苗、盆花、切花、种子、球根，保存花卉品种资源的主要场所，有时也会被用于制作盆景、桩景和露天开放展览。圃地应选在向阳、背风、排水良好、土壤肥沃的场所。

花束
huāshù

花束是成束的花，常用于节日或迎送宾客、往来馈赠中。在扎制花束时，可先挑选色彩鲜艳的主花 2～3 朵置于花束中央，搭配好衬叶，用线绳缠好，然后在四周配以下垂的小花，这样可使整个花束显得比较丰满。最后，再将花枝下端剪齐，用彩塑纸包裹，在手柄处配上桃红色的丝带即可。花束握柄处粗细要合适、长度应为15cm 左右。马蒂莲、百合、郁金香、菊花、唐菖蒲、紫罗兰、月季、金鱼草、文竹、风信子、百日草、石香竹等均是用于扎制花束的常用花卉。

花艺
huāyì

花艺，即插花艺术，是指以植物的花、果、枝、叶、藤蔓、朽木、树桩等为素材，经过巧妙加工设计，成为精致、美丽的花卉装饰品。插花艺术要遵循均衡、和谐、有节奏和韵律等艺术法则，以及植物自然规律，艺术地再现自然美，还应紧密结合当代现实生活，充分体现出时代特征。东方插花强调意境含蓄深远，其构成以线条为主，采用的花枝较少，表现花朵的同时还注重枝叶，自然潇洒，以精取胜。西方插花主题表现坦露豁达，注重花朵，讲究色彩的块面效果，总体丰满，以盛取胜。20 世纪后半叶，插花艺术进入了一个东西方风格相互融合和渗透的阶段。参见"插花"。

家庭园艺
jiātíng yuányì

家庭园艺是城镇居民以自己的家庭为基础，利用房前屋后以及屋顶、室内、窗台、阳台、围墙等零星空间或区域所从事的园艺植物栽培和装饰活动。家庭园艺可以配合城市建设，美化庭院，扩大绿化面积，净化城市空气，有益于身心健康，越来越受到城镇居民的喜爱。

嫁接
jiàjiē

嫁接是指室内盆栽花卉和果树的营养繁殖方法之一。选取优良品种母本树的芽或枝，接在另一植株的适当部位上，使其产生愈合组织，长成一个完整的新植株。接上的芽或枝叫"接穗"，被接的植物体叫"砧木"。绝大部分果树（杏、苹果、桃、梨、柑橘等）主要用嫁接法繁殖，一般由接穗发育成的植物体，可以继续保持其品种的优良特性。接穗必须要从优良品种（丰产、健壮或花多）的母本树冠外围选定发育充实、无病虫害的芽或枝；砧木必须要选用具备对当地环境条件有较强的适应性、根系发达、生长迅速、与接穗有良好的亲和力的植株。由于砧木对接穗的树冠大小、结果迟早、产量多少、品质好坏、贮藏力和抗逆性等的影响很大，需要慎重而仔细地挑选。

景观设计师
jǐngguān shèjìshī

景观设计师是指运用专业知识及技能，从事景观规划设计、园林绿化规划建设和室外空间环境创造等工作的专业设计人员。工作的主要内容，包括景观规划设计、园林绿化规划建设、室外空间环境创造、景观资源保护、旅游与度假景点规划设计等。

狂犬病疫苗
kuángquǎnbìng yìmiáo

在宠物饲养中，狂犬病疫苗是供健康猫犬预防狂犬病的疫苗。接种方法为：3月龄以上的幼犬、幼猫注射一次，免疫期为一年，之后每年注射一次。接种狂犬病疫苗是宠物主的义务，也是养犬法规的规定条例内容，必须执行接种。

绿篱
lùlí

绿篱也称树篱、植篱、生篱，是以灌木或小乔木紧密列植的围篱或围墙，具有分隔、防风、防护或装饰作用。绿篱可根据不同特性分类。例如：根据使用植物种类的不同，绿篱可以分为针叶树绿篱、阔叶树绿篱；根据植物的高低程度，可分为高篱高于1.7m、中篱 0.5～1.7m、矮篱低于0.5m。与砖石或木板制成的垣篱相比，绿篱更富有生气，在庄严、肃穆的园林布局中，绿篱可以制造出线条清晰、明显的图案。

猫三联疫苗
māosān liányìmiáo

猫三联疫苗是用于预防猫瘟热、猫鼻气管炎和杯状病毒的疫苗。接种方法为：二月龄以上的幼猫需注射两次，间隔 2～3 星期，之后每年注射一次。

猫砂
māoshā

猫砂是宠物猫用来掩埋粪便和尿液的物体，有较好的吸水性，一般会与猫砂盆（也称猫厕所）一并使用，将适量的猫砂倒到猫砂盆内，受过训练的猫需要排泄时，便会走进猫砂盆内排泄于其上面。

苗床
miáochuáng

苗床是培育蔬菜、花卉、林木等种苗的场所，是培育壮苗的重要设施。

苗床名称因育苗种类而异，如水稻苗床称秧田，果树、林木苗床称苗圃。应选用平坦，土质和排水良好，向阳且便于管理的地块作苗床。苗床中应备有优质的床土，有的还需要配套的覆盖保护设备。苗床种类繁多，有露地苗床、保护地苗床、播种苗床、移苗苗床等。参见"苗圃"。

苗圃
miáopǔ

苗圃是专门培育树木幼株（苗木）的圃地。按苗圃使用年限的长短可分为永久性苗圃（固定苗圃）和临时性苗圃。永久苗圃一般面积较大，经营年限较长，多设在土壤、灌溉、交通条件较好的地方，劳力较固定，经营较集约，具有一定规模的基本建设和投资，可进行多种苗木的生产和科学试验工作。临时苗圃则专为完成一定时期造林绿化任务而设立，多靠近采伐迹地或造林地，一般面积较小，苗木品种少，随着造林或更新任务的完成，苗圃也就随之撤销。如林间苗圃即属临时苗圃的一种。参见"苗床"。

抹芽
mǒyá

抹芽是将花卉植株上的一部分芽体和主干上由隐芽萌发长出的幼芽，以及从根际上萌发出来的脚芽抹掉或掐掉。抹芽可以防止侧枝过密，还可防止发生许多没用的根蘖条。及时抹芽可以使花卉保存营养。在针叶类观赏花木的养护工作中，抹掉叶丛先端的芽至关重要。应在早春芽体萌动前把顶芽抹掉，以此促使侧芽萌发抽梢。

盆插
pénchā

盆插指的是一种在花盆中插花的形式。盆插的容器多为广口的陶瓷、大理石、紫砂、玻璃等。因盆口较大，盆插一般需要借助花泥（花泥是一种吸水海绵状酚醛发泡塑料，形状像砖，吸水后很重，花枝可以轻而易举地插入）来固定花枝和饰物。相比于瓶插，盆插受瓶口限制小，插花形式更多样，可分为规则式、自然式、盆景式等。规则式是将花插成一定几何形状，如球形、扇形、金字塔形等；自然式盆插则显得疏密聚散、错落有致；盆景式可仿照自然风景的一角，并加以概括、提炼，通过盆插形式展现出来。参见"瓶插"、"盆景"。

盆景
pénjǐng

盆景是用木本或草本植物兼利用水、石等物品经过加工、种植或布置在盆中，使之成为自然景物缩影的一种艺术作品。盆景源于盆栽，但不同的是盆景是从审美角度出发，经过艺术处理和技术创造成景的艺术品。盆景为我国传统的园林艺术之一。参见"盆栽"、"花卉盆景"。

盆栽
pénzāi

盆栽，又称容器栽培，是指在花盆中栽培植物的方式。盆栽与地栽相比，具有便于搬动、易控制、技术要求高的特点。盆栽比较适于作为庭院、阳台或室内装饰使用。精心栽培和雕饰的盆栽亦可成为"盆景"。盆栽植物宜选择株形紧凑、根系较发达的种类。盆栽的容器应具备良好的通气排水性，大小应与株形相当。盆土须疏松、酸度适宜、肥沃。由于盆土有限，缓冲力差，因此浇水既需浇透，又要严防盆土长期处于水分饱和状态而引起烂根。盆栽的施肥浓度要低，以避免盐分在土中超量积累。置于光线方向固定的盆栽植物，应定期转动盆子，防止株形偏斜；此外，还须注意整形修枝，使株形符合既定要求。

瓶插
píngchā

瓶插是插在瓶中供人观赏的花卉，主要用于室内装饰。其制作方法为：选用各种造型的花瓶，向其中注入清水，并将鲜花插于瓶中，做出各种造型。花瓶多由玻璃、陶瓷、料器和古香古色的紫砂制成。制作瓶插时，应注意花卉和容器的比例：花枝的高度一般为花瓶的 1～2 倍。参见"盆插"。

犬六联疫苗
quǎnliù liányìmiáo

犬六联疫苗是预防六种犬的急性传染病而对宠物犬注射的疫苗，包括：犬瘟热病、犬细小病毒病、大端螺旋体病、犬传染性肝炎、犬腺病毒和犬副流感。犬六联疫苗的使用方法为：1. 50 日龄～3 月龄幼犬连续注射 3 次，每次间隔 3～4 星期；2. 3 月龄以上幼犬连续注射 2 次，每次间隔 3～4 星期，之后每年注射一次即可。由于犬六联疫苗不含狂犬病疫苗，因此宠物主人还需另外单独为宠物犬注射狂犬病疫苗。

容器栽培
róngqì zāipéi

容器栽培是指在容器中栽培植物的方法。广义的容器栽培包括无土栽培、组织培养。最常用的容器有花盆（园林常用）、杯（钵）箱、桶、篓、塑料袋、纸袋等。除了在容器中放置土壤外，还可使用沙、泥炭藓、碎树皮、堆肥、蛭石、珍珠岩、岩棉等配置的混合土。容器栽培有利于室内外建筑绿化、保护地栽培和试验研究。容器栽培在现代造林和果树及观赏植物育苗中已得到广泛采用。

设施栽培
shèshī zāipéi

设施栽培是指在人工环境下进行的栽培，通常投资较大，科技含量较高。主要用于栽培的设施可包括：温室、苗床、排灌系统、温度控制系统、湿度控制系统、光照控制系统、施肥系统和植物保护系统。其中，以温室及其温度、湿度和光照控制系统为最基本的设施。

鲜切花
xiānqiēhuā

鲜切花又称切花，是从植物体上剪取的一段具有观赏价值的带有花朵或花蕾的枝条，广义的鲜插花还包括切叶和切枝。鲜切花主要用于室内观赏，譬如制作瓶插花、壁花、花圈、花束、花篮等。鲜切花种类和供应季节与地理位置、植物花期有关，也一定程度上取决于种植栽培技术和设施。鲜插花可从家庭花园中剪取，也可从野外收获，最常用的鲜切花有唐菖蒲、月季、玫瑰、菊花、康乃馨、非洲菊、红掌等。

压条
yātiáo

压条是植物的一种营养繁殖方法，适用于一些扦插不易生出不定根的植物，如桑、夹竹桃、杨梅、荔枝等。压条一般在春末夏初时，把接近地面部分的枝条，从母株上弯下，把弯曲部分的皮划破，或环剥半圈，用土埋好，使养料积蓄此处。为了使先端向上直立，需露出地面，也可将地面上的枝条捆在木棍上，或在地面加固弯曲处，以利生根，经常保持土壤的一定湿度即可形成根系，然后从母株上切断，另行栽植，使成为独立生活的新植株。压条的方式多种，如水平压条、波状压条等。由于方法简单易行，比较适于在室内盆栽花卉繁殖中应用。

园丁
yuándīng

园丁又称为花匠，是从事园艺工作的专业人士。园丁熟悉各种花草树木的生长条件（如：土壤、气候等），了解施肥打药、治理虫害的知识，并掌握花草树木的育苗、栽培和园艺工作程序。

摘心
zhāixīn

摘心是为增加开花数量，使植株趋于低矮，促成花期开放一致而采取的一种修剪方式。方法是当幼苗长到预期高度时，用手指掐去顶梢。摘心主要用于草本花卉，也可用于木本花卉幼苗修剪，其目的是利于多长侧枝，使日后形成的株形更加美观。

整地
zhěngdì

整地是指在植苗、播种或移栽前进行的一系列土壤耕作措施的总称，其目的是创造良好的土壤耕层构造和表面状态，协调水分、养分、空气，热量等因素，提高土壤肥力，为播种和作物生长、田间管理提供良好条件。国内整地的主要作业包括浅耕灭茬、翻耕、深松耕、耙地、耢地、镇压、平地、耖田、起垄、作畦等。

植物养护
zhíwù yǎnghù

植物养护是对植物一种积极的人为干预和管理，是使植物生长良好，提高观赏效果和实用价值而采取的技术服务措施。家政服务人员在进行植物养护时，需要根据不同植物栽培的要求，提供植物的定植、修剪、施肥、病虫害防治等专业服务。

四、家庭保健

艾灸疗法
àijiǔ liáofǎ

艾灸疗法是一种中医针灸疗法的灸法。具体方法是运用艾绒或其他药物在人体体表的穴位上烧灼、温熨，借灸火的热力以及药物的作用，通过经络的传导，以起到温通气血、扶正祛邪、保健治病的作用。艾灸的方法包括艾条灸、艾柱灸和灸器灸等。当施术者错误判断受术者身体体质，或错误选择了施灸穴位时，艾灸可导致受术者身体不适。因此，施术者需要受过专业训练，并在操作时作出准确判断。

按摩
ànmó

按摩也称推拿，是一种中医治疗方法。按摩以脏腑、经络学说为理论基础，运用推、拿、按、压、滚、揉等手法作用于人体体表的特定部位，以达到调节气血，疏通经络的目的。按摩可以应用于关节炎、神经痛、软组织损伤等多种疾病，一般由受过专门训练并获得资质的按摩师进行。

八段锦
bāduànjǐn

八段锦是我国古老健身术之一，最早出现于宋代，迄今已有800余年的历史。八段锦按活动方式，可分为文八段锦和武八段锦两大类。文八段锦是采用坐式练习。武八段锦从内容和形式上，把难度较大、骑马式较多、动作以刚为主的一种，称为北派；把难度不大、骑马式较少、动作以柔为主的称为南派。八段锦的练习要领是：松静自然、心息相依、刚柔相兼、动静结合、意守丹田、呼吸均匀、循序渐进等。八段锦的全部动作，对人体既有综合性的整体健身作用，又对人体某些部位及器官具有特殊的保健意义。

拔罐
báguàn

拔罐为针灸疗法名。古称角法，又称火气罐、吸杯法、吸筒法。系应用各种方法排除杯罐内空气形成负压，使其紧吸在人体体表上来治疗疾病，以达到通经活络、行气活血、消肿止痛、祛风散寒的目的。拔罐适用于治疗感冒、头痛、胃痛、腹痛、腹泻、消化不良、哮喘、咳嗽、高血压、风湿痹痛、疮疖、痈肿及毒蛇咬伤等。拔罐应该由受过专业训练的人操作，操作过程中应严格遵守程序，注意安全，防止火灾隐患和灼伤等事故发生。

百白破疫苗
bǎibáipò yìmiáo

百白破疫苗有时也被称作百白破联合疫苗，是百日咳菌苗与白喉、破伤风类毒素的混合制剂，用于预防这三种疾病。目前使用的有吸附百日咳疫苗、白喉和破伤风类毒素混合疫苗（吸附百白破）和吸附无细胞百日咳疫苗、白喉和破伤风类毒类混合疫苗（吸附无细胞百白破）。百白破疫苗经国内外多年实践证明，对百日咳、白喉、破伤风有良好的预防效果，尤其是对破伤风、白喉的免疫效果更为令人满意。百白破疫苗应于生后2～3月时注射，连注三次，每次间隔4周。此后，应按时加强接种。

保健
bǎojiàn

保健是保护健康的简称，指为了保护和增进人体健康、防治疾病，而对个人或集体所采取的预防、医疗、康复等综合性措施。其内容可包括卫生信息调研与宣传、防治科学实验、健康质量监督与控制等。按其服务对象分类可分为：妇女保健、儿童保健、老年保健、职工保健等。

保健按摩
bǎojiàn ànmó

保健按摩是按摩的一种，又称保健推拿，特指用作增强体质、保护健康、防治疾病、延长寿命的按摩方法。其原理为：通过对人体某些部位（或穴位）刺激，产生反射，从而对人体的神经、内分泌等系统产生影响。保健按摩一般由受过专业训练的医生或者按摩师实施。常见的保健按摩方式包括：浴面、摩腹、按腰等。参见"按摩"。

保健用品
bǎojiàn yòngpǐn

保健用品一般是指：通过个体以非食用方式直接或间接作用于人体，调节人体机能增进健康，不对人体造成危害的外用物品，例如贴剂，膏剂、擦剂、喷剂、熏剂、洗剂等。保健用品使用的频率和强度较低，不起到治疗作用。

擦伤
cāshāng

擦伤是指人体皮肤表面因受到粗糙物品摩擦而产生的损伤，为开放性损伤中最轻的一种。擦伤一般呈现为伤面有擦痕、小出血点、渗血和渗出液。如擦伤处伤口很浅，表面又比较干净，可用含量75%的酒精对伤口表面消毒后，用2%的红汞或1%～2%的甲紫液（面部最好不用）涂抹，不必包扎。若擦伤处伤口较深，表皮有少量斑点状出血，并有透明的体液渗出，应用凉开水或凉盐开水反复冲洗伤口，或用脱脂卫生棉边擦边冲洗伤口。冲洗伤口时，一定要防止污物及病菌进入人体组织，以免引起感染化脓或者痊愈后留有永久性疤痕。严重擦伤或伤口感染者必须立即就医。

抽气拔罐法
chōuqì báguànfǎ

抽气拔罐法是一种拔罐的基本技能。具体方法是用抽气筒套在抽气罐的活塞上，将空气抽出，使之吸拔在需要治疗/理疗的部位上。

刺伤
cìshāng

刺伤是指由尖锐器物刺入体内所导致的开放性创伤。刺伤的伤口一般较小，但深度通常较深。若刺入的物体比较干净，并且刺入得不深，可立即将其拔出，让伤口自然流血，以起到冲洗伤口的作用。若刺入物为小木刺，不易拔出，可用碘酒、酒精或度数较高的白酒涂擦伤口周围，再用经过开水或者酒精消过毒的缝衣针拔刺。先挑开局部皮肤使刺露出，然后沿反方向将刺挑出，最后在伤口及周围涂些碘酒即可。如刺伤较重，刺入物不易拔出，或刺入物较脏容易导致感染时，则不应强行拔除刺入物，以免使其折断而使残根留在体内里。在这些情况下，应立即用干净的布覆盖伤口，并将伤者及时送入医院就诊。

挫伤
cuōshāng

挫伤是身体由于受到挤压或碰撞而引起的非开放性损伤，多因跌倒、车祸、受到撞击等意外引起。头部、关节、胸壁、骨盆部和腰间部等为挫伤多发部位。挫伤通常会出现局部青紫、瘀血、肿胀等状况，表面无伤口。轻微度挫伤无需特殊处理，多在一周左右痊愈。如果伤处血肿较大，应在24小时内及时用毛巾包冰块在肿胀处冷敷，以使血管收缩，减少血肿扩大；24小时之后，可用热毛巾对伤处热敷，或用正红花油揉搓血肿部位，以促进消肿和瘀血吸收。挫伤严重者应立即就医。

抵抗力
dǐkànglì

抵抗力指的是机体对疾病的防御能力。机体的"抵抗力"虽然与"免疫力"相近，但两者并不相同。抵抗力来源于机体免疫系统的有效调节。抵抗力强代表疾病不易感染机体，而免疫力过强则可能导致机体产生过敏反应并危害健康。常喝白开水、开窗通风、户外活动、保持充足的睡眠等，可以有效地促进免疫系统的调节，提高机体对疾病的抵抗能力。参见"免疫力"。

碘酒
diǎnjiǔ

碘酒又名碘酊，是指用碘、碘化钾和乙醇调制而成的消毒剂，呈棕红色。浓度2%的碘酒常被用于一般皮肤消毒，是家庭必备的外用消毒防腐药物之一。浓度3%～5%的碘酒常被用于手术区域的皮肤消毒，涂抹后应再用75%的酒精脱碘。注意不得将碘酒与红药水等物质混合使用。盛装碘酒时，只能使用塑料瓶，而不能用铁、铝、铜等容器。

碘缺乏症
diǎn quēfázhèng

碘缺乏症又名地方性甲状腺肿，是由于摄入碘量不足使甲状腺合成障碍，从而影响生长发育的营养障碍性疾病。胎儿期的缺碘可导致死胎、早产及先天性畸形；新生儿与婴儿表现为食欲差、睡眠时间长、哭声低而少（或安静活动）、声音嘶哑、怕冷、生理性黄疸时间延长、便秘、前囟闭合迟等甲状腺功能低下症状。可能对幼儿语言、动作、智力发育情况有影响。儿童长期轻度缺碘，可导致体格生长落后。每天碘的推荐摄入量：3岁以内为

50 微克，7～10 岁的儿童为 90 微克，11～17 岁为 120～150 微克。海带、紫菜、干贝等是含碘量较高的食物。

酊剂
dīngjì

酊剂是一种将化学药物溶解在酒精中或将生药浸在酒精中制成的药剂，简称酊。酊剂制备简单，易于保存。但溶剂中含有较多乙醇。因此，临床应用有一定的局限性，儿童、孕妇、心脏病及高血压等患者不宜内服使用。参见"碘酒"。

儿童钙缺乏症
értóng gàiquēfázhèng

钙缺乏症是一种在儿童成长期由于生长速度增快，而钙的摄入量又不能满足身体发育需要时所引起的抽筋、小腿疼痛和生长迟缓等症状。主要的儿童缺钙表现有：1. 与温度无关的多汗现象；2. 夜惊，醒后哭闹难入睡；3. 出牙延迟，牙齿参差不齐，牙齿松动，易崩折，过早脱落；4. 精神烦躁，对周围环境不感兴趣；5. 前囟门闭合延迟；6. 前额高突，形成方颅，容易患气管炎或肺炎；7. 一岁后缺钙可使骨质软化，站立时因身体重量使下肢弯曲，表现为"X"形和"O"形腿，易发生骨折等。厌食、偏食也容易产生缺钙，导致智力低下、免疫功能下降。有时头顶、颜面、耳后会出现湿疹，伴有哭闹不安。

儿童免疫程序
értóng miǎnyìchéngxù

儿童免疫程序是指儿童预防相应传染病应该接种的生物制品的先后次序及要求。它包括生物制品的种类、免疫起始月龄、接种计次、计划间隔时间、加强免疫和联合免疫等。在我国，儿童免疫所需接种的第一类疫苗通常包括：乙肝疫苗、卡介苗、脊髓灰质炎疫苗、百白破疫苗和麻疹疫苗等。参见"疫苗"。

割伤
gēshāng

割伤也称为切伤，是指被刀或锐利物切割而引起的开放性创伤，伤口呈线形，边缘整齐，长度与深度取决于切割时的作用力与方向，伤口可有较多出血。如果伤口小而浅时，可以在伤口上涂些酒精和碘酒进行局部消毒，再用干净的布或者绷带包扎好。如果遇见伤口比较大且深的情况时，应立即将病人送至医院救治。

骨龄
gǔlíng

骨龄即骨骼的发育年龄，根据各个骨化中心的出现时间、大小、形态、密度等与标准图谱进行比对，其骨骼成熟度相当于某一年龄标准图谱时，该年龄即为其骨龄。骨龄不仅反映骨本身的发育情况，还能较好地反映个体的发育和性成熟状况，因而常被用来判断个体的生物年龄。

刮痧
guāshā

刮痧是一种传统的医疗保健方法，又作括沙，具有疏通血气、扶正祛邪、排除毒素、增强人体免疫力的作用。

刮痧的操作方法是：用边缘光滑的瓷器或硬币，蘸取植物油或温水刮颈项、肩胛、背部或肋间等处，自上而下，由内向外反复数次，到皮肤出现紫红色为止。常用于感冒、中暑、恶心、呕吐、头晕脑胀、胸闷、腹痛、腹泻、食积、晕车、晕船、晕机、水土不服等症。

过敏反应
guòmǐn fǎnyīng

过敏反应又称"超敏反应"，是指机体被某些抗原性物质致敏以后，再次与同一抗原接触时所产生的异乎寻常的或过高的免疫反应，可造成机体的组织损伤，或生理功能障碍等病理性效应。常见的过敏性疾病包括荨麻疹、过敏性鼻炎、花粉症、过敏性哮喘、过敏性休克等。家政服务人员在为客户烹制食物时应注意不要使用易于引发过敏的食材；清洁居室前，最好能够了解客户是否对某些特殊的物质过敏，例如尘螨等；护理老人或病人时，应当了解他们的药物过敏史。参见"食物过敏"、"慢性支气管炎"。

海姆立克急救法
hǎimǔlìkè jíjiùfǎ

海姆立克氏操作法，有时也被称为海姆利克氏手法、海姆立克操作法或者海氏手技，是一种抢救喉气管进入异物的病人的方法。其原理是通过冲击腹部—膈肌下软组织，产生向上的压力，压迫两肺下部，从而驱使肺部残留空气形成一股带有冲击性、方向性的气流，并通过这股气流将堵住气管、喉部的食物、硬块等异物驱除，

使人获救。常用的操作方法为站位法，即病人神志尚清醒能站立时，救护人从背后抱住其腹部，一手握拳，将拇指一侧放在病人腹部（肚脐稍上）；另一手握住握拳之手，急速冲击性地向内上方压迫其腹部，此动作应反复、有节奏、有力地进行，以形成气流将异物冲出。病人应将头部放低、张嘴，以便异物的吐出。病人如陷入昏迷不能站立，则可取仰卧位：救护人两腿分开跪在病人大腿外侧地面上，双手叠放用手掌根顶住腹部（肚脐稍上），并进行冲击性地、快速地向前上方压迫，然后打开下颌，如异物已被冲出，则迅速掏出清理。对幼儿的急救方法为：救护人取坐位，让儿童背靠坐在救护人的腿上，然后救护人用双手食指和中指用力，向后上方挤压患儿的上腹部，压后随即放松。也可将小儿平放仰卧，救护人用上述方法挤压。

糊剂
hújì

糊剂为一种含多量粉末的软膏剂，有较高的硬度、较大的吸水能力以及较低的油腻性，主要用作保护剂，具有润肤、吸收少量水分、消炎、止痒等作用。糊剂按所用基质的不同，可分为两类：1. 油脂性糊剂，多用凡士林、羊毛脂及植物油等为基质与大量亲水性固体粉末如氧化锌、白陶土等混合制成。2. 水溶性凝胶糊剂，多以明胶、淀粉、甘油等为基质制成。

化学降温
huàxué jiàngwēn

化学降温主要指应用退热药，

通过体温调节中枢减少产热，加速散热而达到降温目的的方法。常用的退热药有维 C 银翘片或银翘解毒片、阿司匹林。但是，退热药要慎用，最好在医生嘱咐下服用。参见"物理降温"。

火罐法
huǒguànfǎ

火罐法是拔罐法的一种，系利用点火燃烧法排除罐内空气，形成负压，以吸附在人体体表上。常用的有投火法和闪火法两种。投火法是用小纸片点燃后投入罐内，随即覆盖吸拔处。闪火法是用镊子夹住蘸有 95％酒精的棉球，点燃后伸入罐内瞬即退出，迅速将罐口覆罩在选定部位上。火罐法应该由受过专业训练的人来操作，在操作过程中应严格遵守程序，注意安全，防止火灾隐患和灼伤等事故发生。参见"拔罐"。

急救
jíjiù

急救是指对意外或突然发生的伤病事故作初步的、暂时性的紧急医疗救护措施。目的在于保护患者的生命安全，减轻痛苦，预防并发症，为下一步彻底治疗创造条件。如突然发烧、出血、创伤、骨折、淹溺、触电、中毒、车祸、异物侵入体内等，均需急救。急救的方法有止血、包扎、人工呼吸、解毒等处置。根据《养老护理员国家职业技能标准（2011 年修订）》规定，急救是高级养老护理员需要掌握的工作技能之一。参见"应急快速反应"。

脊髓灰质炎减毒活疫苗
jǐsuǐ huīzhì yánjiǎn dúhuó yìmiáo

脊髓灰质炎减毒活疫苗是一种用于预防小儿麻痹的疫苗，可以用来有效地预防、控制和消灭脊髓灰质炎。其剂型有糖丸和液体型，接种的主要对象为 5 岁以下儿童。使用方法为：1. 常规免疫：初免于 2 月龄开始服用，连续 3 剂三价疫苗，每次间隔 4 周以上，4 周岁时加强免疫一次。2. 强化免疫：在大范围内，同一时间，对规定年龄组人群不管是否有服疫苗史，一律投服疫苗。3. 应急免疫：在常规免疫薄弱地区，一旦发生可疑病例，可迅速在一个大范围内，对特定人群进行免疫。4. 仅供口服，切勿与热开水或热的食物一起内服，偶尔超剂量多次服疫苗对人体无害。5. 对牛乳及其制品过敏者，免疫缺陷症发热、腹泻及患急性传染病患者，孕妇等应禁服该疫苗。

家庭急救箱
jiātíng jíjiùxiāng

见"家庭药箱"。

家庭药箱
jiātíng yàoxiāng

家庭药箱是存放在家庭里，为了应对紧急突发疾病伤害或日常常见病而准备的备用药物的存放处。一般来说，家庭药箱都是针对小伤小病、常见病、多发病，其内包含的物品可分为工具性器材（体温计、血压计、小型手电筒、处理伤口或包扎的器具）、消耗性器材（消毒纱布、绷带、胶布、创可贴等）及药品（内服、外用）三大类。参见"家庭用药保管"。

家庭医生
jiātíng yīshēng

家庭医生是一种新型的医疗服务方式。对于一些由于各种原因不愿住院，或住不上院，或不愿再治疗的患者，有时医疗服务机构需要派医生前往病患家中，这样可以免去病患去医院挂号、候诊、化验、交费、取药、打针、处置等各种繁杂的环节或过程。家庭医生一般由经验丰富，具备完善全科知识的医生来承担。

家庭用药保管
jiātíng yòngyàobǎoguǎn

家庭用药保管是家庭药品保存管理的方式。一般讲，对于易于吸湿潮解的药物需要防潮储存；对于易氧化挥发的药物要密封储存；对光线敏感的药物要遮光储存；对于遇高温易变质的药物要低温储存。药品持有者需依照药品说明书对药品进行保管。参见"家庭药箱"。

家庭用药原则
jiātíng yòngyàoyuánzé

家庭用药原则是居家病人在用药时需要把握的一些基本原则。通常，家庭病患在用药时需要掌握适应症，选择合适剂型，注意给药方法，减少用药种类，选择合适剂量，考虑用药后的副作用，用药时间的选择，不要滥用补药，不要滥用抗生素药物，不要乱用解热止痛药，不要常服泻药。

参见"家庭药箱"。

健康管理师
jiànkāng guǎnlǐshī

健康管理师指的是从事健康的监测、分析、评估以及健康咨询、指导和健康干预等工作的专业人员。相对于临床医生，健康管理一般不涉及疾病的诊断和治疗，其具体工作职责为采集和管理个人或群体的健康信息；评估个人或群体的健康和疾病危险性；进行个人或群体的健康咨询与指导；制定个人或群体的健康促进计划；对个人或群体进行健康维护；对个人或群体进行健康教育和推广；进行健康管理技术的研究与开发；进行健康管理技术应用的成效评估。其职业特点为：一是全科性。健康管理师是面向客户群体不同疾病的管理岗位，需要具备人体各种可能的潜在疾病相关医学知识。二是群体性。健康管理可能面对一个社区、学校等社会组织进行管理，要学会应对一个群体的技能。三是全面性。健康管理不仅监测与干预器质性病变，更应关注个人的心理问题及其带来的健康危险，做好心理干预。四是传播性。健康管理师要将健康理念、健康知识传播给公众，影响和改变其不科学的健康观和健康常识。

经络保健
jīngluò bǎojiàn

经络保健指的是运用推拿手法对人体皮肤、肌肉和穴位施行按摩的工作，其目的是疏通经脉，维持健康等。经络按摩的主要手法有按法、摩法、推法、拿法、揉法、搓法、捏法、掐法、点法、压法、刮法、啄法、颤法、抖法、摇法、擦法、拍法、击法、滚法。具体部位的保健包括：1. 头部经络保健：干洗脸、梳发挠头、练眼目、揉眼眶、揉耳、颈部按摩。2. 胸部经络保健：推胸、搓肋。3. 腹部经络保健：抒腹、收肛、丹田聚气。4. 腰背部经络保健：擦腰、拍背、腰背按摩。5. 上肢部经络保健：抓握缠绕、摩拳擦掌、手动腕摇、互拍手背、按捋手臂、手部和腕关节按摩、上臂和肩部按摩、按合谷、敲劳宫、揉内关。6. 下肢部经络保健：泡膝旋膝、拍打小腿肚、膝关节按摩、运踝搓脚、运脚趾、搓双足——清肝明目、足和踝部按摩、小腿和膝关节按摩、大腿按摩、髋关节臀部按摩、按足三里。

经络系统
jīngluò xìtǒng

　　经络是中医上所指的运行气血、连系脏腑和体表及全身各部的通道，是人体功能的调控系统。经络包括经脉和络脉两部分，经脉是经络系统中纵行的干线，位于肌体内部，贯穿上下、内外，脉络则是经脉分支形成的网络，存在于肌体表面，遍布全身。经脉包括正经和奇经，正经有十二，即手足三阴经和手足三阳经，合称"十二经脉"，奇经有八条，即督、任、冲、带、阴跷、阳跷、阴维、阳维，合称"奇经八脉"。络脉有别络、浮络和孙络之分。其中，别络为主要的络脉。十二经与督脉、任脉各有一支别络，再加上脾之大络，合为"十五别络"。

经脉
jīngmài

　　中医里，经脉指的是气血运行的主要通道，是经络系统中直行的主要干线。参见"经络系统"、"络脉"。

精油按摩
jīngyóu ànmó

　　精油按摩也称精油水疗，是一种将精油按摩油涂抹在人体需要的部位，进行按摩的方法。精油按摩通过借助植物精质油的芳香气味和治愈能力，使人身心放松，减轻疲劳。精油按摩属于芳香疗法的一种，可以作为一种辅助的医疗方法，但不能替代医疗。过敏性体质、孕妇、高血压等特殊人群，应谨慎选择精油按摩。

救急服务
jiùjí fúwù

　　救急服务是协助顾客处理突发伤害及其他急难事项的服务。

卡介疫苗
kǎjiè yìmiáo

　　卡介疫苗是一种主要用于预防结核病的活菌苗。婴儿由于抵抗力弱，若受到了结核菌的感染，容易发生急性结核病，如结核性脑膜炎而危及生命。因此，每一个婴儿都应接种卡介苗。正常出生，体重在 2500 克以上的婴儿，出生 24 小时以后，就可以接种卡介苗，最迟应该在 1 周岁前完成接种。接种卡介苗后约一至二周，局部会呈现红色小节结，以后逐渐长大，微有痛痒，但不会发烧；六至八周会形成脓包或溃烂；十至十二周开始结痂，痂皮脱落后留下一个微红色的小疤痕，以后红色逐渐变成肤色。以下人群不宜接种卡介疫苗：1. 疑似已得结核病及疑似已被结核菌感染的人，应先经结核菌素测验，确定没有被结核菌感染，才可接种卡介疫苗；2. 罹患急性热病、发烧、皮肤病、严重湿疹、慢性病，及早产儿或体重在 2500 克以下之新生儿，暂时不适合接种卡介疫苗；3. 先天及后天免疫不全的人，绝对不可接种卡介疫苗。卡介疫苗接种应尽早进行，初种以新生儿为主，对入伍新兵、大学新生、边远地区派出的人员亦应列入复种，规定 3～4 年种一次。我国目前一般以小学一年与初中一年为复种对象。

淋浴护理
línyù hùlǐ

在母婴或其他家庭护理中，淋浴是一种常见的清洁护理方式。淋浴的优点，包括可利用水的温差刺激皮肤组织，并可利用水的压力起到按摩作用。淋浴可分为直喷浴、扇形淋浴、冷热交替浴、雨样淋浴、针状浴、雾状浴、上行性淋浴和周围淋浴等。在淋浴护理时，应根据护理对象（如：婴幼儿、老年人或失能人士等）的不同采取相应的方法；护理者应经过相关培训，并具备相关经验。

流行性感冒
liúxíngxìng gǎnmào

流行性感冒简称"流感"，是由流行性感冒病毒引起的一种急性呼吸道传染病。全年都可发生，冬季较多。流行性感冒主要通过飞沫及直接接触传染，偶尔也可通过肠道传染。流行性感冒可以造成流行，临床表现轻重不一。轻症包括：发热、流鼻涕、鼻塞、打喷嚏、咽喉疼痛、轻咳等，婴幼儿有时出现腹痛、呕吐及腹泻，病程一般为 3～7 日。重症则出现高热、头痛、发冷、乏力、食欲锐减，如不及时治疗可导致肺部感染，高热时婴幼儿可出现惊厥。预防流行性感冒应注意：平时多到室外活动加强体育锻炼，还可遵循医嘱，口服抗病毒药物或接种流感疫苗。参见"流行性感冒疫苗"。

流行性感冒疫苗
liú xíngxìng gǎnmàoyìmiáo

流行性感冒（流感）疫苗是预防流感的生物制品。接种流感疫苗是预防和控制流感的主要措施之一，接种流感疫苗可减少接种疫苗者感染流感和感染流感后发生并发症的机会，降低流感相关住院率、死亡率，保护老年人、幼儿、慢性病患者、体弱多病者等易感人群。流感疫苗重点推荐接种人群包括：1. 60 岁以上人群；2. 慢性病患者及体弱多病者；3. 医疗卫生机构工作人员，特别是一线工作人员；4. 小学生和幼儿园儿童；5. 养老院、老年人护理中心、托幼机构的工作人员；6. 服务行业从业人员，特别是出租车司机、民航、铁路、公路交通的司乘人员，商业及旅游服务的从业人员等；7. 经常出差或到国内外旅行的人员。参见"流行性感冒"。

流脑疫苗
liúnǎo yìmiáo

流脑疫苗是预防流脑的一种生物

制品。一般推荐的流脑疫苗接种程序为：六月龄婴儿接种 A 群流脑疫苗或 A+C 群流脑结合疫苗，3 周岁幼儿接种 A+C 群流脑多糖疫苗，6 周岁幼儿接种 A+C+W135 群流脑疫苗。

络脉
luòmài

络脉是从经脉中分出的遍布全身的网状细小分支。广义的络脉可分为十五络、浮络和孙络三类。参见"经络系统"、"经脉"。

麻腮风疫苗
másāifēng yìmiáo

麻腮风疫苗，又称麻腮风联合减毒活疫苗，是用于预防麻疹、流行性腮腺炎、风疹等三种儿童常见的急性呼吸道传染病的药物，适用于年龄在 12 个月或以上的婴幼儿。12 月龄或以上首次接种疫苗的婴幼儿，应在 4～6 岁或 11～12 岁时再次接种。再次接种可使首次接种未产生免疫应答的儿童产生血清阳转。注射麻腮风疫苗后，一般无局部反应，在 6～11 天内，少数人可能出现一过性发热反应，轻度皮疹反应或伴有耳后及枕后淋巴结肿大。这些症状一般不超过 2 天便可自行消退。接种禁忌：1. 对新霉素和本疫苗任何组分以及其他疫苗过敏者；2. 心、肺、肝、肾等的严重器质性疾患、恶性肿瘤以及其他严重慢性病患者；3. 原发性和继发性免疫缺陷患者；4. 发热、急性感染、慢性病活动期患者应推迟接种；5. 神经痛、感觉异常、惊厥、短暂血小板减少、过敏等；6. 未满 1 周岁的小孩。

麻疹疫苗
mázhěn yìmiáo

麻疹疫苗为预防麻疹病毒的药物，可分为两种：减毒疫苗和死疫苗，后者较前者副作用小但免疫有效期短。麻疹疫苗的接种对象是儿童青少年和没有出过麻疹的成年人，以儿童和青少年为主。接种程序是出生满 8 个月打第一针，以后分别于 1.5 岁、6～7 岁、12～13 岁、18～19 岁各复种一针。麻疹疫苗的免疫期为 4～6 年。因此，为了不得麻疹病，必须在一定的年龄段复种，这样才能有效地防止麻疹病的发生。常见的接种反应为在注射部位出现短时间的烧灼感及刺痛，个别受种者可在接种疫苗 5～12 日出现发热（38.3℃或以上）或皮疹；罕见的接种反应包括一些轻度的局部反应，如红斑、硬结和触痛、喉痛及不适、恶心、呕吐、腹泻等；极其罕见的有过敏反应、一过性的关节炎和关节痛。妊娠期妇女，对青霉素和鸡蛋有过敏史或类过敏反应者，伴有发热的呼吸道疾病、活动性结核、血液病、恶病质和恶性肿瘤患者，原发性和继发性免疫缺陷病人或接受免疫抑制剂治疗者，个人或家族有惊厥史和脑外伤史等患者不宜接种。

慢性疾病
mànxìng jíbìng

慢性疾病是人体中病理变化缓慢或不能在短期以内治好的病症，如肺结核、慢性支气管炎、慢性风湿性心脏病、关节炎、慢性肝炎等。慢性疾病虽然并不严重威胁生命，但疾病所致的疼痛，治疗所带来的麻烦，较高的医药费用，以及家庭成员为此产生的矛盾，会导致病人心理上的巨大变化。因此，应鼓励病人采取积极的态度、科学的方法，乐观地对待自己的疾病。只有减轻或消除心理上的压力，才有益于慢性疾病的康复。

免疫力
miǎnyìlì

免疫力又称免疫性或免疫，是指生物体识别自己，排除非己，以达到维持机体稳定性的一种生理功能。免疫力可以根据获得的方式，分为先天免疫和后天免疫；也可以根据有无针对性，分为特异性免疫和非特异性免疫；还可以根据后果，分有利的（如防御作用）和有害的（如超敏反应）。免疫力既可在体内表现，也可以在体外以适当的方法测出。免疫力还有一个特点，就是它有动态的变化。因此，在不同时期，机体的免疫力是不同的，既有量的改变又有质的改变。参见"抵抗力"。

扭伤
niǔshāng

扭伤是由于旋转外力过猛，超过关节的正常活动范围而导致的关节损伤，常见于肩、腕、膝、踝等人体关节处。扭伤的部位可出现局部肿胀、疼痛、皮色紫青等症状，导致关节活动功能受限，甚至不能活动。在为扭伤者护理时，可使用活血化瘀、舒筋通络的药物（如红花油等）涂抹在患处；对于肢体扭伤者，可将其患肢抬高休息；对于腰部扭伤者，应使其仰卧硬板床上休息。当扭伤情况较重或不见

好转时，应及时送往医院诊治。

盆浴
pényù

盆浴指的是一种将水放入澡盆中浸浴的沐浴方式。盆浴的时间一般不宜过长。与淋浴相比，盆浴较易造成细菌感染。因此，应注意清洁卫生。对于身体健康、生活能自理的老年人应最好选择淋浴；身体虚弱的老人则可在家人或护理人员的帮助下盆浴。老年人在盆浴时，由于毛细血管舒张，容易减少血容量、加快心跳。因此，可能造成脑贫血或其他心脑血管意外。孕妇新陈代谢旺盛，汗液、白带及外阴分泌物增多，不宜盆浴。对于新生儿，由于盆浴的环境与子宫内环境相仿，因此合理的盆浴有助于缓解新生儿情绪、促进新陈代谢和增强抵抗力。

贫血
pínxuè

贫血是指血液单位容积内红细胞数及血红蛋白量低于正常的病理状态。贫血状态下，血液携带氧气的能力下降，病人通常会出现皮肤苍白、疲倦乏力、头晕、耳鸣、失眠、记忆力减退、注意力不集中、心悸、气急（活动后更明显）、食欲不振、恶心、腹胀等症状。一般认为：成年男性血红蛋白（Hb）浓度小于 120g/L，成年女性（非妊娠状态下）Hb 小于 110g/L 即为贫血。根据红细胞数和血红蛋白降低的程度不同，可将贫血分为：1. 轻度贫血（90g/L＜Hb＜120g/L），2. 中度贫血（60g/L＜Hb＜90g/L），3. 重度贫血（30g/L＜Hb＜60g/L），4. 极度贫血

(Hb＜30g/L)。贫血可按病因分为出血性、溶血性和造血不良性贫血三大类。造血不良贫血的原因通常为特定营养素的缺乏，如铁、叶酸、维生素 B12 等。因此，造血不良性贫血，通常也称为营养性贫血。参见"缺铁性贫血"。

奇经
qíjīng

奇经是人体经脉的一类，包括任脉、督脉、冲脉、带脉、阳维脉、阴维脉、阳跷脉、阴跷脉共八条经脉，又称"奇经八脉"。其特点为：不与脏腑直接相通，不受十二经脉循环次序的制约，别道奇行。起到调节气血运行，补充十二经脉不足的作用。

气雾剂
qìwùjì

气雾剂是药物剂型之一，指的是将药物和抛射剂共同封装于耐压容器中，使用时借助抛射剂的压力能定量或非定量地将贮于耐压容器内的药物以雾状、糊状或泡沫状喷出，喷出的药物经呼吸道或皮肤、粘膜吸收产生药效。气雾剂的保存应避免受热、撞击和挤压，以免破坏药效或引发爆炸。

龋齿
qǔchǐ

龋齿是一种在多种因素复合作用下，牙齿硬组织逐渐被破坏的疾病。龋齿发病始于牙冠，其临床表现为牙齿硬组织变色、变软和实质性缺损，如不及时治疗，将形成龋洞，并最终导致牙冠完全破坏消失。龋齿早期无自觉症状，后期时患者会受到食物的冷、热、酸、甜等因素刺激，并产生痛感。治疗龋齿的目的是终止病变的发展，保持牙髓的正常活力，以及恢复牙齿外形和生理功能；可以根据龋坏程度和部位，选择磨除法、局部药物治疗和制洞充填修补治疗等治疗方法。龋齿为儿童多发病，乳牙患龋率高峰在 5 岁左右，恒牙患龋率高峰在 15 岁左右。

缺铁性贫血
quētiěxìng pínxuè

缺铁性贫血是由于人体内铁元素缺乏，致使血红蛋白合成减少而引起的一种低色素小细胞性贫血，是最常见的一种贫血。缺铁性贫血常见于哺乳期妇女、生长发育迅速的儿童和患有如慢性腹泻或肠功能紊乱等影响铁元素正常吸收的病人。缺铁性贫血的临床症状主要包括：1. 皮肤和黏膜苍白，2. 容易疲乏和烦躁，3. 注意力不集中、不爱活动，4. 头晕、耳鸣、食欲不振、异食癖、智力减退等。缺铁性贫血是我国重点防控的儿童疾病之一；其治疗原则包括：1. 治疗引发缺铁性贫血的疾病；2. 补充铁剂；3. 注意烹调方法，可采用焯水等方法，尽量减少食物中的植酸及草酸。参见"贫血"。

人工呼吸
réngōng hūxī

人工呼吸是心肺复苏急救措施之一，是对突然停止呼吸者用人工方法来维持和恢复呼吸与气体交换功能，多用于溺水、休克、过度紧张等急救时。其方法有多种，如仰卧压胸法、俯卧压背法、仰卧牵臂法、俯卧跷板呼吸法和口对口、口对鼻吹气法等。目前，认为口对口吹气法是效果最佳的简便方法，并可与胸外心脏挤压术同时进行。施术前必须清理呼吸道使之畅通无阻，并解开领口、松解紧缩胸腹的衣物。施行压胸或压背法时，要避免用力过度，以防压断肋骨。人工呼吸的频率为：成人每分钟 12~18 次，儿童每分钟 18~24 次；施术应直到恢复自动呼吸为止。

乳剂
 rǔjì

乳剂，即乳浊型液体药剂，是有两种互不混溶或微溶的液体所组成的液体制剂，通常是油和水。乳剂可分为水包油型和油包水型两大类。水包油型乳剂能起到冷却、止痒的作用；油包水型乳剂具有保护、润滑皮肤、消炎、止痒等作用。常见的乳剂，包括恩肤霜、皮康霜、达克宁霜等。

软膏
ruǎngāo

软膏是一种中药剂型，又称药膏，是用适当的基质与药物均匀混合制成的一种容易涂于皮肤、黏膜的半固体外用制剂。软膏基质在常温下是半固体的，具有一定的黏稠性，但涂于皮肤或黏膜后能渐渐软化或溶化，有效成分可被缓慢吸收，持久发挥疗效。软膏作用是局部的，适用于外科疮疡肿疖等疾病。常见的软膏包括三黄软膏、穿心莲软膏等。参见"硬膏"。

散剂
sǎnjì

散剂是由一种或多种药物研碎后均匀混合而成的干燥粉末状剂型。有内服和外用两种。内服散剂末细者可直接冲服，末粗者可以于使用前加水煮沸取汁服用。外用散剂一般均匀地撒在疮面或患病部位；亦有作吹喉、点眼等外用散剂。散剂有制作简便，便于服用及携带，吸收较快，节省药材，不易变质等优点。

生长发育监测
shēngzhǎng fāyù jiāncè

生长发育监测是对个体儿童的身高、体重、头围、胸围等生长发育指标进行定期、连续地测量，并将测量值记录在儿童生长发育监测图中。然后，通过观察分析监测儿童生长发育图表，做出生长发育评价的过程。生长发育监测的目的是及早发现营养不良的儿童，及时分析其营养不良的原因并对其采取相应的干预措施，促进儿童的健康成长。参见"生长发育指标"。

生长发育指标
shēngzhǎng fāyù zhǐbiāo

生长发育指标是指用于衡量儿童身体成长和器官功能成熟的方法和标准，常用的生长发育指标包括：体重、身长、头围、胸围、牙齿、运动发育程度和语言发育程度等。婴婴服务人员应能根据生长发育指标判断新生儿及婴幼儿的生长发育情况，并根据情况进行喂养、训练等活动。

十二经脉
shíèr jīngmài

见"正经"。

栓剂
shuānjì

栓剂是指由药物、药材提取物或药粉与适宜基质制成的供人体腔道给药的固体制剂。根据给药部位不同，常可分为肛门栓和阴道栓两类。栓剂在常温下为固体，当塞入人体腔道后，即在体温下迅速软化熔融或溶解而发挥作用。常见的栓剂产品有：消炎痛栓、达克宁栓、痔疮栓等。

水罐法
shuǐguànfǎ

水罐法是拔罐法的一种。此法是用煮水时水汽之力，排去罐内空气，使罐内形成负压，以吸着在拟吸拔的穴位或皮肤上的一种疗法。由于水罐多用竹筒制成，因此，也称竹罐疗法。其操作方法是将竹罐放在清水中煮沸 3～5 分钟。然后，用镊子将罐从锅内取出，倒出罐内水，并迅速用毛巾擦去罐口余水，立即罩在患者治疗的部位上。每次留罐时间以不超过 20 分钟为度。如果患者在留罐期间发生疼痛或有灼热感时，则应立即起罐检查，以免烫伤。此法具有通经活血、逐寒祛湿的作用，常用于风湿痹痛、感冒风寒等症。如配入药物同煮，则又称为药罐法。

贴剂
tiējì

见"硬膏"。

推拿
tuīná

见"按摩"。

脱水
tuōshuǐ

脱水是指人体因水摄入不足或体液丢失过多所造成的体内水体缺乏，进而造成新陈代谢障碍的一种症状。脱水症状严重时会造成虚脱，甚至有生命危险。根据水与钠各自丧失程度不同，脱水可分为高渗性脱水、低渗性脱水和等渗性脱水，其临床表现各不相同。当发生脱水状况时，应按不同的脱水情况，给予相应的水和电解质进行补充。

维生素 A 缺乏症
wéishēngsù A quēfázhèng

维生素 A 缺乏症，又称夜盲症、干眼病（眼干燥症）或角膜软化症，是因体内缺乏维生素 A 而引起的以眼和皮肤病变为主的全身性疾病，多见于 1～4 岁的婴幼儿童。维生素 A 缺乏症的早期症状为暗适应能力降低，眼膜及眼角干燥；以后发展为角膜软化、皮肤干燥和毛囊角化，严重者形成夜盲。维生素 A 在体内储存量与年龄及饮食有关，成人肝内储备量可应 4～12 个月之需，婴儿、儿童则无此储备量，因此容易患维生素 A 缺乏症。

维生素 B1 缺乏症
wéishēngsù B1 quēfázhèng

维生素 B1 缺乏症，又称脚气病，是一种因缺乏维生素 B1 引起的疾病，多发生在以精白稻米为主食的地区。维生素 B1 缺乏症的临床表现主要为循环系统症状（湿型）和神经系统症状（干型和脏型），大部分病人属于混合型。

其主要症状为食欲不振、手足麻木感、四肢运动障碍、膝反射消失与全身性水肿等，严重者可出现心脏症状。维生素 B1 缺乏症应使用维生素 B1 治疗；此外，多食糙米类、麦麸类和其他含硫胺素较丰富的食物，可预防此病的发生。

维生素 C 缺乏症
wéishēngsù C quēfázhèng

维生素 C 缺乏症又称坏血病，是由于人体长期缺乏维生素 C（抗坏血酸）所引起的出血倾向及骨骼病变的疾病。维生素 C 是血管壁胶原蛋白合成所需羟化酶的辅酶，当维生素 C 缺乏时，胶原组织形成不良，并会导致血管完整性受损，出现创口和溃疡不易愈合，牙龈、毛囊甚至全身广泛出血等症状。其治疗方式：口服或静脉注射维生素 C。此外，还应注意在日常生活中多摄入维生素 C，预防此病发生。

物理疗法
wùlǐ liáofǎ

物理疗法是指应用自然界的和人工的各种物理现象，如光、声、热、电、机械刺激，作用于人体以治疗和预防疾病的方法。物理现象可引起人体循环系统、体液、代谢等各方面的反应，改变体内的病理生理过程，从而对许多疾病起治疗和预防作用。常用的方法有电疗、光疗、蜡疗等。

洗剂
xǐjì

洗剂指的是专供涂敷于皮肤的外用液体药剂，使用水或乙醇为分散介质。使用时，一般轻涂或用纱布等吸收湿敷于皮肤上，具有消炎、散热、止痒、收敛、保护等作用。洗剂按分散系统可分为溶液型、乳浊型、混悬液型及各型混合液。常见的洗剂有炉甘石洗剂、复方硫黄洗剂等。

细菌性痢疾
xìjūnxìng lìjí

细菌性痢疾简称菌痢，是由痢疾杆菌引起的急性肠道传染病。其临床表现为：发冷、发热、腹痛、腹泻、排黏液脓血样大便，伴有头痛、全身无力、呕吐、意识不清等神经精神症状，严重者可造成中毒性脑膜炎、大脑、脑干水肿出血等。细菌性痢疾发病与否和病情的轻重与侵入细菌的种类、数量、毒力有一定的关系，但主要取决于机体的抵抗力。作为最常见的肠道传染病之一，细菌性痢疾全年均有发生，但以夏、秋两季最常见，其潜伏期由数小时至 7 天不等。流行期为 6～11 月，发病高峰期在 8 月。学龄前儿童、抵抗力较弱的人群、有菌痢接触史、饮食不洁史的人群为发病高危人群。菌痢有两种：1. 急性菌痢，发病急、病程较短，根据严重程度递增，可细分为普通型、轻型、重型和中毒型四型；2. 慢性菌痢，菌痢反复发作或迁延不愈，病程超过 2 个月以上者。菌痢通过有效的抗菌药治疗，治愈率高。疗效欠佳或转为慢性者，可能是未经及时正规治疗、使用药物不当或耐药菌株感染。

斜视
xiéshì

斜视指的是两眼视轴不能同时注

视同一目标的现象。由于中枢、知觉或运动障碍致两眼视轴不能保持平行，在注视目标时，一眼视轴正对目标，另一眼偏于一侧。检查斜视时可让患者注视眼前灯光，当注视眼的反光点位于角膜中央时，斜眼的反光点则不同程度的偏离角膜中央，如偏向颞侧是内斜；偏向鼻侧是外斜；偏向下方是上斜；偏向上方是下斜。以内斜和外斜最为常见，可由于屈光不正或神经损害引起的眼肌平衡失调或眼肌麻痹所致。内斜可通过配戴眼镜或手术矫正，外斜常需从治疗病因着手。

心肺复苏术
xīnfèi fùsūshù

心肺复苏术是指当病人的心跳、呼吸骤停时，为了重建循环和呼吸过程而采用的抢救措施；其原理是通过有效的方法维持心脏泵血功能，保持肺部有足够的通气量进行气体交换，以维持脑、肾、心、肺等脏器的功能，使病情逐步稳定。心肺复苏术通常包括胸外心脏按压和人工呼吸等急救措施。参见"人工呼吸"、"胸外心脏按压"、"应急救护"。

锌缺乏症
xīn quēfázhèng

锌缺乏症是指由于身体无法提供充足的锌元素，造成锌元素缺乏而引起的各种症状，如：味觉减退、厌食、异食癖、咬指甲、消瘦、精神淡漠、皮肤出现湿疹及水沟或溃疡及生长发育缓慢等。产生锌缺乏症的原因：1. 由于各种原因，如挑食、偏食等造成的锌摄入量不足；2. 由于妊娠、哺乳期或生长发育等原因造成的锌元素需要量增加；3. 锌元素的吸收利用障碍；4. 因外伤、失血或其他疾病造成的锌丢失增多等。参见"营养干预"。

胸外心脏按压
xiōngwài xīnzàngànyā

胸外心脏按压也称闭式心脏按压，是病人心跳骤停后紧急建立人工循环的首选措施。实施过程中，胸外心脏按压常与口对口人工呼吸配合作为现场急救的方法。其具体操作是使病人仰卧在硬垫上，以每分钟不少于 60 次的数率按压胸骨中、下 1/3 交界处，使胸骨下陷 3～5cm，以形成暂时人工循环，并促使心脏恢复跳动；如果有第二个人参加抢救，另一人则对病人进行口对口呼吸，按压 5～6 次吹气一次。有效的心脏按压指征包括：按压时触到病人脉搏，病人瞳孔缩小、口唇转红以至开始自主呼吸等。参见"人工呼吸"、"心肺复苏术"、"应急救护"。

袖珍血糖仪
xiùzhēn xuètángyí

袖珍血糖仪是通过测量手指毛细血管血液，帮助糖尿病人监测血糖的仪器。常见的袖珍血糖仪的操作方式是：首先，从患者手指处采取血样并滴至一次性测试条中；然后，通过血糖仪检验和计算获得血糖含量，其单位通常是毫克/分升（dl/mL）或毫摩尔/升（mmol/L）。

血压测量
xuèyā cèliáng

血压测量是高血压诊断及评价其

严重程度的主要手段。平时测量的血压是检测血流作用于动脉管壁的压力，通常取肘动脉测量。动脉血压分为收缩压（高压）及舒张压（低压）两个数值，前者反映左心室收缩时推动血液前进的压力，后者反映血管壁的弹性（紧张度）。测量血压时，将一带状气囊带缚裹于上肢，向囊内注气，直至听诊器听不到动脉搏动音时为止，然后再缓慢放气，当听到第1个搏动音响时即为收缩压，其数值由水银柱表示出来；当搏动音随着继续放气而消失时即为舒张压，记录此水平的水银柱数值。正常动脉血压为收缩压 90～140 毫米汞柱，舒张压 60～90 毫米汞柱。由于血压有明显的波动性，随着体位变换、体力活动程度及情绪变化而时时上下波动，因此需要在不同的时间多次反复测量，才能判断血压升高是否为持续性。

亚健康
yàjiànkāng

亚健康又称"次健康状态"、"第三状态"，"潜病状态"、"慢性疲劳综合征"等，目前医学界还没有一个规范的定义。亚健康一般是指处于健康与疾病之间的一种状态，无器质性病变的一些功能性改变，在身体上、心理上没有疾病，但主观上却有许多不适的症状表现和心理体验，对于社会环境的适应能力降低。亚健康在全世界发病率很高，它主要是由于心理社会环境的压力而造成人体的一种不适状态。一般认为，亚健康可通过调整饮食和作息习惯、加强运动、调节心理和精神状态等方式加以改善。

药品保管
yàopǐn bǎoguǎn

药品保管指的是为了保证药品质量、药品安全和药品经营，根据药品的不同性质及剂型等特点在适当条件下的保存和管理方法。日常药品管理应遵循以下原则：1. 储存的药物数量不可过多，并定期检查所存的药物，防止过期、失效。2. 仔细阅读药品说明书，按所要求的贮存方法分别保存，内服药与外用药应严格分开。3. 对易受潮、易挥发的药品需要用玻璃瓶密封贮存，如复方甘草片、苯妥英钠片、颠茄浸膏、氨茶碱等。易因受热而变质或易燃、易爆、易挥发的药品，需在 4～8℃低温保存，如胰岛素、金霉素滴眼剂等。遇光可变质的药物需用有色避光瓶保存，如维生素 C、氨茶碱等。中草药才应根据其特性进行保存，重点为防止霉变和虫蛀。4. 原包装完好的药物，可以原封不动地保存；散装药应贴上醒目的标签，标清名称、用法、用量及有效日期。5. 药品应放在固定位置，以便于取用。

噎食
yēshí

噎食是指进食时食物进入气管和支气管，堵塞呼吸道的紧急情况，如不及时抢救可能导致死亡。其易发人群为高龄老人、儿童及脑干和颈髓中枢受损导致进食反射功能下降或缺失者等。噎食救护的关键点在于及时诊断和抢救。噎食发生的症状表现为：吞咽困难、突然不能说话、剧烈咳嗽、甚至出现呼吸困难、面色铁青、神志不清等。噎食救护应首先设法疏通呼吸道，迅速用筷子、牙刷、压舌板等分开口腔，并用上述物品或手指取出口内食物；然后，可使用海姆立克急救法急救。参见"海姆立克急救法"。

乙肝疫苗
yǐgān yìmiáo

乙肝疫苗是预防慢性乙型肝炎的特殊药物，分为血源乙肝疫苗及基因重组（转基因）乙肝疫苗两种。乙肝患病的高危人群为新生儿、接触血液的医务工作者、血液透析者、乙肝病毒携带者的家庭成员等。在我国乙型肝炎疫苗全程接种共3针，按照0、1、6个月程序，即接种第1针疫苗后，间隔1及6个月注射第2及第3针疫苗。乙肝疫苗接种具有一定禁忌，传染病及其他慢性疾病患者，发热病人，免疫缺陷或正在接受免疫抑制药治疗的病人，低体重、早产、剖腹产等非正常出生的新生儿，妊娠期妇女等人群不宜接种乙肝疫苗。乙肝疫苗的抗体一般可维持十二年，但具体维持时间因人而异。

乙脑疫苗
yǐnǎo yìmiáo

乙脑疫苗是一种预防流行性乙型脑炎的疫苗。目前，我国广泛应用的乙脑疫苗是地鼠肾细胞组织培养所得。注射乙脑疫苗是保护易感人群的有效措施之一。

疫苗
yìmiáo

疫苗是指用病毒、立克次体、细菌或其他病原微生物所制造的生物制品，注射于机体可产生免疫力，从而对有关的疾病起预防和治疗作用。用细菌制成的为菌苗，用病毒、立克次氏体制成的为疫苗。疫苗有死疫苗、活疫苗之分。常用于儿科免疫的疫苗通常包括：百白破疫苗、麻腮风疫苗、脊髓灰质炎疫苗和B型流感嗜血杆菌疫苗等。此外，乙肝、狂犬病、流感、脑膜炎球菌、肺炎球菌、卡介苗、鼠疫、炭疽、伤寒、霍乱、黄热病等疫苗，则主要用于有特定风险的人。

硬膏
yìnggāo

硬膏是一种黏柔、带韧性的固体外用药剂，是由药物溶解或混合于基质后涂于布基或其他裱褙材料制成。硬膏适用于慢性、局限性及浸润肥厚性皮肤病，但不可用于急性或亚急性皮炎及糜烂渗出性皮肤病；此外，一些硬膏也可用于治疗跌打损伤、关节炎等病况。常见的硬膏包括：氧化锌皮膏、万应膏、狗皮膏等。参见"软膏"。

油剂
yóujì

油剂是指用植物油溶解药物或混入固体药物中做成的外用制剂。油剂具有清洁、保护和润滑作用，适用于亚急性皮炎和湿疹。常见的油剂包括氧化锌软膏、中耳炎油剂、芸香油、谷糠油等。

瑜伽
yújiā

瑜伽是一种由印度的宗教活动产

生、发展起来的修身术。一般分为瑜伽静坐（修炼内功）、瑜伽硬功（类似中国气功导气法）、瑜伽体操等几种。瑜伽是一种有效的健身方式，但在进行瑜伽实践时，应依据自身情况适量练习。

晕厥
yūnjué

晕厥是指由于脑血液供应突然减少而引起的短暂意识丧失。晕厥多发生在大脑从供氧丰富的情况突然陷入缺氧状态时，意识障碍时间较短。晕厥可以是一种仅需对症处理的暂时性功能紊乱，也可以是进行性和威胁生命的疾病的一种表现。低血压、失血、体位性、咳嗽性以及其他因素可导致晕厥。晕厥前，患者通常会感觉到头晕、视力模糊或两眼发黑、四肢无力的晕厥前兆，随后意识丧失，之后患者通常会在较短时间（如：数秒或数分钟）内恢复知觉，部分患者在恢复知觉后可能仍会有头痛、头晕或乏力等症状。一旦发生晕厥，应立即通知医生，并将患者平卧，抬高下肢，解开衣领，保持呼吸道通畅。此外还需防止其他人员围观，以保持患者周围空气流通。

针灸
zhēnjiǔ

针灸是针灸疗法的简称，是一种中国传统医学的治病方法，由针刺法和艾灸法组成。针刺法是用金属制成的针，运用手法，刺入身体一定穴位。灸法是用艾绒搓成艾条或艾炷，点燃以温灼穴位的皮肤表面。两者均是通过刺激经络穴位，达到防病治病的目的。针刺法和艾灸法在治疗中常互相配合使用，故合称为针灸。

正经
zhèngjīng

正经是人体经脉的一类，是体内气血运行的主要通路，其中包括手太阴肺经、手阳明大肠经、足阳明胃经、足太阴脾经、手少阴心经、手太阳小肠经、足太阳膀胱经、足少阴肾经、手厥阴心包经、手少阳三焦经、足少阳胆经、足厥阴肝经等十二经，称为十二经脉。每一经脉都和体内一定的脏腑直接联系，而在各经脉相互之间又有表里配合的关系。

中暑
zhòngshǔ

中暑是由于长时间处于高温环境中而导致的人体体温调节功能失调。通常，中暑可以根据发病机制和临床表现分为热失神、热疲劳、热痉挛和热射病。中暑者常常出现头痛、头晕、口渴、多汗等症状，重度中暑者极有可能虚脱晕倒。发现人员中暑后应立即采取措施，将其带至阴凉处，并帮助其降温（如：利用冷水或冰块降温），当中暑程度较重时，要及时送往医院处理抢救。对中暑人员日常护理时，应多让他们饮用清凉饮料或淡盐水，并配合专业人员（如：医生，护士等）观察病人身体情况（例如：观察记录血压、脉搏、呼吸情况，及病人的出水量和体温）。

足罐
zúguàn

足罐是拔罐的一种辅助施术方式，

其目的是通过对经络学说中双足底部的脏腑器官反射区刺激而促进足部血液流动，进而带动脏腑的新陈代谢，改善脏腑的状况。由于足底部皮肤较厚，肌肉不如人体其他部位丰满。因此，常需要使用罐口较小的罐器。足罐所使用的罐器通常可以分为罐口直径2cm，长度4cm的足部火罐和罐口直径1.5cm，长度4cm的指压式气罐。

五、家庭管理

安保标准
ānbǎo biāozhǔn

在家政服务行业中，安全和保护标准是指通过监控支持体系对服务环境内的所有人员和物品进行安全和保护方面的设计与规划，一般常见于物业管理。在制定安保体系标准时，一般需要考虑到报警体系、安检体系、门禁体系、门卫、围墙、消防、保险室、安保人员、礼仪、着装、员工背景调查、个人隐私和保密机制等。

安防管理
ānfáng guǎnlǐ

安防管理是对涉及客户家庭生活设施、设备及人身安全进行的有限度的管理。主要包括防火、防盗、突发性意外事件的应对。

安全管理
ānquán guǎnlǐ

见"安防管理"。

安全疏散计划
ānquán shūsàn jìhuà

安全疏散计划是人们为了应对突发灾害（如火灾、地震、恐怖袭击等）、使群众安全地撤离危险区域而事先制定的疏散计划。安全疏散计划的制定除了需要考虑到撤离时的途径、走道、楼梯等因素外，还需要确定从建筑物内某点至安全出口的时间和距离以及被疏散人群的性别和年龄结构。家政服务业中，安全疏散计划可以理解为以家庭为单位，由管理社区或者家庭的物业管理团队以及家政服务公司所制定、执行的疏散计划，属于安全预案的一部分。对于普通的家政服务人员而言，学习了解顾客所在社区或物业的安全疏散计划也非常重要，以备在紧急情况下帮助疏散其所服务的家庭成员。参见"安全应急保障体系"、"安全预案"。

安全应急保障体系
ānquányìngjí bǎozhàngtǐxì

安全应急保障体系是家政服务机构为达到有效地应对突发事件，确保应急效率最大化，意外伤害和损失最小化的目的所制定的预案或防护措施。提供家政服务时，一个设计缜密、措施得当的安全应急保障体系应能够有效地应对意外或者突发事件，如家人生病、孩子或老人走失等等。参见"安全预案"。

安全预案
ānquán yùàn

安全预案一般是指事先制定的应对突发事件的程序和措施。在制定实施安全预案时，需要考虑和必须贯彻以下这些原则：1. 客人安全永远第一；2. 统一指挥、协调配合；3. 依法办事。

制订安全预案的阶段一般包括：1. 建立处置意外事件的指挥机构；2. 建立统一的报警和信息传递程序；3. 处置力量的部署和具体任务。在家政服务中，安全预案也是非常重要的。家政服务公司应该以客户家庭为基础，制定一套完整可行的安全预案，以防意外或者紧急情况发生，确保客户安全。参见"安全应急保障体系"、"安全疏散计划"。

搬家服务
bānjiā fúwù

搬家服务是指用专用的包装、卸载和运输设备为家庭或单位企业搬迁提供运输和搬运装卸服务的过程，不包括危险物品的搬运。搬家服务主要由受过专业训练并获得政府批准具有相应资质的搬家专业公司来提供。这些专业公司应具有专用的设备和器械，例如高空吊车，叉车，铲车等。搬家服务的一般流程包括：1. 搬家服务预约和评估报价；2. 搬运人员、车辆、工具准备；3. 入户装卸和搬运；4. 货物运输；5. 消费者验收。参见"物品搬运"。

保姆
bǎomǔ

在家政服务领域，保姆通常是对从事传统家政工作的服务人员的统称，在有些地方也被称为"阿姨"。这个称呼所涵盖的家政岗位包括：家政服务员、养老护理员、育婴员、母婴护理员等。一些家政管理及近年出现的新型家庭服务岗位，如家庭教师、家庭医生、管家等，则不能被称为"保姆"。

此外，保姆还是保育员的旧称。参见"保育员"。

宾客用供应品
bīnkèyòng gòngyīngpǐn

宾客用供应品是指在宾客来访时，为满足宾客需求、适应宾客住宿习惯，而向其提供的各种供应品与方便用品。宾客用供应品一般包括牙刷、毛巾、浴皂、海面皂、马桶坐圈带、卫生纸、面巾纸及衣架。其他供应品还包括眼镜、塑料盘、水罐、冰桶、火柴、烟灰缸与废纸篓等。

补充性医疗保险
bǔchōngxìng yīliáobǎoxiǎn

补充性医疗保险是指相对于基本医疗保险或主要医疗保险而言的医疗保险模式，其具体模式受到不同国家国情的影响。目前，世界各国的医疗保险模式按资金筹集方式可主要分为四类：1. 政府（国家）医疗保险；2. 社会医疗保险；3. 商业医疗保险；4. 其他医疗保险（如：储蓄医疗保险、社区医疗保险等）。就一个国家或地区而言，可能同时存在几种医疗保险模式，但通常均有一种主导模式，可作为该国或该地区具有代表性的医疗保险模式，为该国或该地区居民提供大部分或基本的医疗保险服务，而其他类型的医疗保险模式则作为主导模式的一种补充，称为补充性医疗保险，以满足投保人对医疗保险的不同需求。目前，我国主要以政府医疗保险或社会医疗保险作为主导模式，而将商业医疗保险或社区医疗保险等作为政府或社会医疗保险的一种补充形式。

茶艺
cháyì

茶艺指的是茶叶冲泡和品饮的礼俗。是中华民族传统文化的重要组成部分。茶艺已形成一整套茶艺礼节。如迎宾、赏茶、泡茶、奉茶、品饮等。我国不同地区和民族具有不同的煮泡茶和饮茶习俗。如白族三道茶；广西北部、湖南西部的打油茶；蒙古族的奶茶；藏族的酥油茶以及许多地区的客来敬茶和台湾泡茶、品饮艺术等都属茶艺。茶艺室（馆）应布置洁净、舒适，并根据功能不同设立如：挂书画处、插花处、主泡席、助泡席、主宾席等区间。表演茶艺的泡茶用具有 5 类 30 多件，泡茶时应按茶叶品质高低选用不同质地的茶具，控制不同水温，使茶叶充分发挥其品质特点和饮用价值。此外，人们还可随泡茶程序结合欣赏茶叶形状、色泽、三香（即干茶香、汤面香、叶底香）、汤色、汤味和叶底等，综合判断茶叶品质风格。

出行策划
chūxíng cèhuà

见"出行服务"。

出行服务
chūxíng fúwù

出行服务，有时也被称为"出行策划"，即对客户的商务出行或家庭旅行拟定出具体的出行方案，递交给客户审核确定后，按出行方案步骤执行实施的服务。在为客户制定出行计划时，应考虑以下标准：1. 行程安排，即客户采用的食宿、交通标准，以及娱乐的种类；2. 人员安排，如是否配备专车司机，是否选择旅行社等；3. 非生活必需品的准备，如提醒携带文件、备用药品、孩童玩具等；4. 订单整理记录等。需要注意的是，由于出行策划是一种需要得到客户授权的订制服务，因此，在制定出行策划的标准时需要与客户进行大量细致的沟通，并取得他们的同意。

代驾服务
dàijià fúwù

代驾服务指的是替因饮酒或其他原因而不能开车的司机开车的服务。提供代驾服务的机构应依法获得代驾服务的资质，掌握代驾服务人员的健康证明及安全驾驶记录，并定期对代驾服务人员定期进行安全驾驶培训，帮助他们了解相关的法律法规，确保客户的安全。

法定监护人
fǎdìng jiānhùrén

法定监护人是指依照法律的直接规定担任无民事行为能力人和限制民事行为能力人的监护人，即履行监护职责的人。根据民法通则的规定，法定监护人包括未成年人的法定监护人和精神病人的法定监护人。未成年人的法定监护人包括三种：一是未成年人的父母；二是未成年人的祖父母、外祖父母，关系密切的其他亲属、朋友；三是未成年人的父母所在单位或者未成年人住所地的居民委员会、村民委员会或民政部门等法人组织。担任监护人的顺序依血缘关系和组织关系的远近而确定，顺序在前者排斥顺序在后者。精神病人的法定监护人包括四种：一是配偶、父母、成年子女；二是其他近亲属，如有监护能力的祖父母、外祖父母、兄弟姐妹；三是关系密切的其他亲属及朋友；四是精神病人的所在单位或住所地的居民委员会和村民委员会、当地的民政部门。确定监护人也依上列顺序进行。担任法定监护人应有监护能力。认定监护人的监护能力主要根据监护人的身体健康状况、经济条件，以及与被监护人在生活上的联系状况等因素确定。

服务环境
fúwù huánjìng

服务环境是提供家政服务的场所，包括家庭、单位等。家政服务提供方通常需要了解服务环境的所处位置、面积、建筑结构等信息，以更好地安排任务、协调工作。

供应商
gòngyìng shāng

家政服务业中，供应商是指为客户家庭提供支持性商品或服务的企业和个人，可包括：家庭供水、供电、网络运营商、清洁用品供应商、餐饮服务供应商等。

管家
guǎnjiā

管家是家政服务行业中从事家庭事务的管理人员，需要同时具备家政服务专业技能及管理能力。管家的主要职责是在雇主的安排指导下负责管理家庭中的各类事务，如日常起居、合理消费、投资理财、子女教育、赡养父母、营养膳食、美化环境、身心健康、休闲娱乐、家庭和谐、邻里友善、迎来送往等，以保证雇主及其家庭成员的生活更加安全舒适。一个管家有时会管理一支包括家庭教师、厨师、保安、花匠、裁缝、保姆以及其他服务人员的团队。

盥洗空间
guànxǐ kōngjiān

盥洗空间是室内功能区之一，一般指客户家庭中的卫生间，其主要生活功能包括盥洗、淋浴或沐浴及大小便，含有浴缸、坐便器、洗脸盆等设备。参见"室内功能区"。

红木家具
hóngmù jiājù

红木家具是指用酸枝、花梨木等古典红木制作而成的家具，是明清以来对稀有硬木优质家具的统称。红木家具一般都属于高档家具。其木质呈暗红色、质地坚硬。用生漆揩涂后的红木家具表面细腻、色泽鲜艳、光亮如镜、经久耐用，具有独特的抗腐性、抗霉蛀、耐化学腐蚀、耐高温、耐水等优良性能，并有相当的坚固性。红木家具通常都雕刻有很多美丽的花纹和图案。中国传统古典红木家具流派主要有京作、苏作、东作、广作、仙作、晋作和宁式家具。

户式中央空调
hùshì zhōngyāngkōng tiáo

户式中央空调，又称为家用中央空调或家庭中央空调，是一种小型中央空调系统。它由一台主机通过通风管或冷热水管连接多个末端出口，将冷暖气送到不同区域，实现对多个房间进行温度调节的目的。户式中央空调机组的容量一般在 7～80 千瓦之间，适合于单元住房面积在 80～600 平方米的住宅或别墅使用，它兼具传统中央空调和房间空调器两者的优点，具有舒适、节能、容量调节方便、保证全居室所有房间的空调效果、不破坏建筑外观、物业管理方便、随用随开等突出的优点。

环境设计
huánjìng shèjì

环境设计是对于建筑室内外的空间环境进行艺术设计和整合的一门实用艺术。环境设计通过一定的组合手段、对空间界面（室内外墙柱面、地面、顶棚、门窗等）进行艺术处理，并运用自然光、人工照明、家具、饰物的布置、造型等设计因素，使建筑物的室内外空间环境体现出特定的氛围和风格，以满足人们的功能使用及视觉审美上的需要。

婚礼策划服务
hūnlǐ cèhuà fúwù

见"婚庆服务"。

婚庆服务
hūnqìng fúwù

婚庆服务是为婚姻庆典活动提供的全过程服务。婚庆服务一般包括婚礼策划、日程安排、婚礼场地布置、邀请嘉宾、迎宾活动、婚礼仪式、婚礼主持、礼仪、婚礼花仪、婚礼摄影、婚车租赁、婚宴、婚纱照等项活动安排。婚庆服务通常由婚庆公司负责策划、组织、提供。

婚姻家庭咨询师
hūnyīn jiātíng zīxúnshī

婚姻家庭咨询师是为在恋爱、婚姻、家庭生活中遇到各种问题的求助者提供咨询服务的人员。婚姻家庭咨询师的主要工作内容：1. 帮助有情感困惑的单身男女解答其困扰，帮助未婚者减轻婚前恐惧，并对其婚后生活问题预防指导；2. 进行专业的婚姻及家庭心理测试；3. 帮助夫妻调节婚姻关系，对婚姻面临破裂者提供辅导与咨询；4. 帮助调节其他不融洽的家庭关系；5. 指导儿童的家庭教育等。

家电维修与保养服务
jiādiànwéixiū yǔ bǎoyǎngfúwù

家电维修与保养服务通常指对电视机、空调、微波炉、电脑、电饭煲、煤气灶、消毒柜、冰箱、洗衣机、热水器、音响设备以及其他家用电器的维修与保养服务。这类服务一般分成两种类型：一是维修，二是日常保养。维修服务往往是在某个家用电器出现功能性障碍、停止工作的情况下，由专业维修公司派出的技术人员提供的服务。家电维修服务需要一定的专业技能、安全知识以及特殊工具。因此，只有那些受过专业训练的技术人员才能提供电器维修服务。保养服务则一般指对家电进行定期的保养，以确保其功能的正常运行和延续。家电的保养应该由熟悉电器的专业人员来进行。在确保安全的情况下，服务人员可以进行一些简单的保养服务。值得注意的是，在保养家用电器之前，必须切断电源，以免触电危及生命。

家居结构
jiājū jiégòu

家居结构即家庭居室的基本构成，由地面、墙面、卧室、客厅、餐厅、厨房、卫生间、阳台等基本元素组成。每个构成元素可以摆放相同或不同的家具设施等，不同的构成元素实现不同的功能，组合起来形成完整的一套家居功能。参见"室内功能区"。

家居美化
jiājū měihuà

家居美化是指家政服务人员根据舒适性、合理性和艺术性的原则，对客户家庭进行布置和装点作业的过程，通常需要家政服务人员具备相关的知识与经验。家居美化的工作一般包括：居室布置、居室装饰、室外环境美化等。家居美化前，家政服务人员最好先将美化内容以建议的形式向客户提出，并获得其许可。参见"居室布置"、"居室装饰"、"室外环境美化"。

家具
jiājù

家具是指日常生活中为了便于起居坐卧和放置物品而制造的器具，如桌、椅、床、凳、箱、柜等。古代多以木材为原料加工制作。家具以人的实际需要为依据，形成了特定的几大类型，并且有各自的尺度，如床的长度，椅的高度等。家具的种类繁多，按照制造材料不同可分为：1. 以优质硬木材制成的硬木家具；2. 以普通木材制

成的板式家具及框架家具；3. 以钢筋、钢管、铝合金等金属制成的家具；4. 以现代材料制作的塑料家具；5. 以其他植物材料制作的竹家具和藤家具；6. 以陶土烧制的适于室外应用的陶家具；7. 用石头加工出来的石家具等。在对不同材料制成的家具保洁时，应采用相应的清洁用品和方法，以防损害家具。

家谱
jiāpǔ

家谱又称族谱、宗谱等，是一种以表谱形式，记载一个家族的世系繁衍及重要人物事迹的记录或者书本。家谱通常以记载父系家族世系、人物为中心，由正史中的帝王本纪及王侯列传、年表等演变而来。家谱是一种特殊的文献。就其内容而言，是中国五千年文明史中具有平民特色的文献，记载的是同宗共祖血缘集团世系人物和事迹等方面情况的历史图籍。

家庭办公设备
jiātíng bàngōngshèbèi

家庭办公设备是指客户家庭中用于办公的家具、设备和器具。家庭办公设备的种类和用途与一般普通办公设备一致，但因使用环境不同，一些家庭办公设备在设计上做出了适当调整，使其体积和功能更为紧凑。常见的家庭办公设备包括：个人计算机、一体化办公桌、多功能打印机、投影仪等。定期清洗和维护这些设备不仅可以延长使用寿命，还可以发现、减少，甚至消除一些由于设备陈旧所带来的安全隐患。对那些由电源驱动的

办公室设备，清洗时必须要切断电源，做好安全防护措施。

家庭办公室
jiātíng bàngōngshì

家庭办公室又称 SOHO（small office/home office），是随着传真机、互联网及一系列远程通信技术的普及而出现的一种居家办公的场所。它将家具、家庭办公设备、室内装饰、空间利用等因素有机地结合起来，营造出一个温馨、舒适的家庭办公环境。家庭办公室自 20 世纪 80 年代在欧美国家兴起以来，受到众多专业人士的推崇（如行业顾问、律师、房地产商等）。在我国，目前也有越来越多的家庭在买房装修时考虑到了居室的办公功能，并为此专门选购特定的家具和设施，以打造适合于自己的家庭办公室。参见"家庭办公设备"。

家庭保姆
jiātíng bǎomǔ

见"保姆"。

家庭采购经费记录
jiātíngcǎigòu jīngfèijìlù

家庭采购经费记录是指家政服务人员在为客户家庭采购时，从客户处获得采购经费，并对采购开支记录的过程。不同的客户家庭会对家庭采购作出不同的经费安排。例如，经费安排可分为预支经费或采购后报销等。如何处理及对待家庭采购经费能够体现出家政服务人员的职业道德修养和个人信用。在家庭采购时，家政服务人员应注意：1. 一定要做好详细的采购记录，并保留相应的采购单据；2. 在充分了解客户需求和市场行情后，同客户沟通商定日常采购开支的最大额度，并遵照这个最大额度采购；3. 时刻了解自己采购预算的余额；4. 在采购时应在注重质量的基础上，为客户节省开支，避免过度消费；5. 采购时避免泄漏客户个人信息。参见"月采买计划"。

家庭藏品
jiātíng cángpǐn

家庭藏品是指家庭中收藏保管的、具有情感或经济价值的特殊物品，常见的家庭藏品包括：艺术品、瓷器、水晶制品、银器、古董家具、古币、邮票、模型、汽车等。家庭藏品的养护往往比较复杂，通常需要使用专门的工具，并在一定的环境下进行。家政服务人员在家庭藏品护理前应先经过相关的培训，并需征得客户同意。

家庭策划管理
jiātíng cèhuà guǎnlǐ

家庭策划管理是指制定家庭事务活动方案的计划。家庭策划管理通常包括家庭事务总体策划和家庭事务具体策划两个部分。例如，家庭事务具体策划可以包括日常家务的安排，出行策划，宴会策划，家庭成员健康、娱乐、休闲、教育计划等。

家庭防火
jiātíng fánghuǒ

家庭防火是社会消防工作的重要组成部分，也是自我保护生命财产的一种手段。家庭防火措施：1. 正确使用各种炉灶，加强对炉灶的安全管理。炉灶安装的位置应与可燃物保持一定的距离；2. 加强对火源的管理。灯烛一定要使用得当放置安稳，外出、睡前应将灯烛熄灭；应将燃着的各种驱蚊、蝇药物等放在安全地点；不要卧床吸烟、不要乱扔烟头、火柴梗；使用明火做饭时不能离人；3. 加强对电源的管理，不要超负荷使用大功率的电器，不能随意乱拉乱接电线；4. 教育儿童不要玩火；5. 掌握各类火灾事故的扑灭技巧，有效地减少火灾的损失；6. 学习消防知识，配备家用灭火器，以便有效扑救初期火灾。

家庭服务管理人员
jiātíngfúwù guǎnlǐrényuán

见"管家"。

家庭顾问
jiātíng gùwèn

家庭顾问一般是指那些为家庭提供法律、教育、理财、健康、营养、婚姻、情感等咨询服务并获取服务报酬的专业服务人员。

家庭管家
jiātíng guǎnjiā

见"管家"。

家庭管理
jiātíng guǎnlǐ

家庭管理是指家庭内部对家庭生活的安排和管理。其主要内容包括管理好人、财、物三个方面：1. 管好人，是指安排好衣、食、住、行、使家庭成员身体健康；进行家庭关系的调适，

使一家人和睦、团结；对家庭成员加强教育，使大家积极向上。2. 管好财，指掌握好家庭经济开支，提高消费效益。3. 管好物，指对家庭的住房、家具、衣被、用品等各项物资加强保管，以延长其使用寿命，并且充分发挥他们的作用。家庭管理的目的是要充分发挥家庭的各项职能，建立一种文明的、健康的、科学的生活方式。家庭生活的管理，要建立在婚姻关系和睦、融洽的基础上，同时还要有科学的管理方法。由于各个家庭情况不同，家庭结构不同，因此应采用不同的家庭管理方法，以达到提升家庭幸福指数、实现社会和谐的目的。

家庭管理学
jiātíng guǎnlǐxué

家庭管理学是一门研究家庭管理规律，以处理家庭关系和家庭问题的科学化的学科，为管理科学的一个分支。其基本内容包括：家庭结构、家庭职能、家庭关系、家庭管理、家务劳动、家庭立法、家庭教育和家庭生活等。

家庭结构
jiātíng jiégòu

家庭结构指的是家庭成员的组合状况及成员之间的相互关系。家庭成员之间的关系包括姻亲关系、血缘关系及收养关系等。通常可根据家庭成员之间关系的不同，将家庭结构划分为多种类型。常见的家庭结构类型包括以下几类：1. 核心家庭，即夫妻或夫妻与未婚子女组成的家庭；2. 直系家庭，即几代同堂，但每代仅有一对夫妻；3. 联合家庭，由多代多对配偶

组成的大家庭；4. 残缺家庭，指夫妻双方离婚、丧偶后仅有一方与未婚子女生活在一起的家庭；5. 单身家庭，指一个人终身不婚或丧偶和离婚后单身独居的状态。

家庭理财
jiātíng lǐcái

家庭理财即管理家庭的财富，其目的是通过合理有效的方法管理家庭的收入和支出，逐步增加或积累家庭财富。家庭理财的步骤通常包括：1. 制定理财目标；2. 分析财务状况；3. 制定切实可行的理财计划；4. 实施理财计划；5. 实施过程中修正和完善理财计划。

家庭旅游服务
jiātíng lǚyóufúwù

见"出行服务"。

家庭秘书
jiātíng mìshū

家庭秘书是一种近年来兴起的为家庭客户提供的定制化服务。该服务一般提供家庭账单管理，为在家庭办公的客户提供抄写、打字、收发稿件、搜集文字资料、安排家庭会议等服务。家庭秘书还可以为客户家庭提供各种有益于生活、健康方面的建议，涵盖衣、食、住、行等领域。参见"私人秘书"。

家庭人际关系
jiātíng rénjìguānxì

家庭人际关系通常也称家庭关系，指家庭成员间的关系，包括姻亲关系，如夫妻关系、婆媳、姑嫂、叔嫂、妯娌等关系；血亲关系，如父母子女、兄弟姐妹关系等；收养关系，如养父母和养子女的关系。家庭人际关系的特点包括：1. 家庭是以婚姻关系和血缘关系为根据而组织起来的小群体，因此家庭人际关系最为密切，相互影响最为深刻。2. 家庭人际关系表现了家庭成员之间特殊的互助关系，它既包括物质方面，也包括精神方面。3. 家庭人际关系以代际关系为层次。代际关系包括家庭中同代人或几代人之间的传递和交往。家庭关系表现了一种其他社会关系不易有的连续性和承前启后性。4. 家庭成员的数目越大，家庭规模越大，从而家庭关系也就越复杂；家庭成员的数目越少，家庭规模越小，家庭关系也就越简单。5. 家庭人际关系是一种特殊的社会关系，受社会关系发展变化的影响与制约。家庭人际关系的好坏和健全与否，是决定家庭安定团结，生活快乐的重要前提。

家庭生活技术
jiātíng shēnghuójìshù

家庭生活技术是指应用于家庭生活的各种工艺操作方法与技能，以及相应的劳动工具、物质设备和作业程序方法等。

家庭生活艺术
jiātíng shēnghuóyìshù

家庭生活艺术是指人们在家庭生活中的情绪和情感的反映，是人们对家庭生活的情感体验和评价。它表现为一种超实用功利的精神性活动，强调在家庭中实现对高尚人格的培养。

家庭物品搬运服务基价
jiātíngwùpǐn bānyùn fúwù jījià

家庭物品搬运基价是家庭在雇佣搬运公司搬运物品时需要考虑支付的基本费用，由起价、楼层服务费、水平距离服务费、附加费等项费用构成。起价是每单位车辆出车后，单次运输时所收取的费用。楼层服务费是在需要人工搬运上下楼层时所收取的费用。水平距离服务费是在当搬运车辆不能直接到达搬出搬入地址的楼道下面或电梯门口时，需人工搬运一定水平距离时所收取的费用。附加费是搬运车辆在停车、过路、过桥、过隧道、摆渡等时所缴纳的费用。

家庭物品管理
jiātíngwùpǐn guǎnlǐ

家庭物品管理是对家庭内所有物品的管理流程和方式，包括对房屋的维护、屋内物品的分类、登记、采购、保管、储藏、使用及保养等。

家庭消费
jiātíng xiāofèi

家庭消费也称为"个体消费"，是以家庭为单位所进行的消费活动，是社会消费的基础。可分为家庭成员的个人消费和家庭共同消费。其主要内容包括家庭成员的物质生活消耗、文化生活消费、劳务消费等。影响家庭消费层次、状况的因素包括：1. 家庭成员的总收入水平，消费的支付能力；2. 家庭组成的规模和年龄结构；3. 主持家庭消费人员的消费观念；4. 家庭

生活所处的社会环境。目前，家庭消费是消费的主要形式，集体消费是一种辅助形式。随着劳动生产力的发展，消费社会化程度的提高，家庭消费的比重会降低，集体消费的比重会上升。

家务操持
jiāwù cāochí

家务操持是指家政服务人员对家庭日常事务的操办与管理，也可以理解为家庭性日常劳动。家务操持主要包括：1. 居家保洁；2. 家常菜烹饪；3. 衣物洗熨与储存；4. 照顾老人与儿童；5. 采买购物；6. 家庭教育等方面。

家用办公设备
jiāyòng bàngōngshèbèi

见"家庭办公设备"。

家用电器
jiāyòng diànqì

家用电器主要指在家庭及类似场所中使用的各种电气和电子器具，又称民用电器、日用电器。家用电器通常按产品的功能或者用途进行分类，大致有 8 类：1. 制冷电器，包括家用冰箱、冷饮机等。2. 空调器，包括房间空调器、电扇、换气扇、冷热风器、空气去湿器等。3. 清洁电器，包括洗衣机、干衣机、电熨斗、吸尘器、地板打蜡机等。4. 厨房电器，包括电灶、微波炉、电磁灶、电烤箱、电饭锅、洗碟机、电热水器、食物加工机等。5. 电暖器具，包括电热毯、电热被、水热毯、电热服、空间加热器。6. 整容保

健电器，包括电动剃须刀、电吹风、整发器、超声波洗面器、电动按摩器。7. 声像电器，包括微型投影仪、电视机、收音机、录音机、录像机、摄像机、组合音响等。8. 其他电器，如烟火报警器、电铃等。

家政服务个人安全防护
jiāzhèngfúwù gèrénānquán fánghù

家政服务个人安全防护是指在家政服务时，家政服务人员需了解和采用的防护措施。在服务前，家政服务人员需要具备一定的急救知识并接受相关的培训。家政服务时，需要记住家庭急救箱及相关灭火器材的放置位置，以备不时之需。其他的家务安全细则包括：1. 在对顶棚、屋顶等高处清洁打扫时，一定要确保椅子的安全性，在工具没有到位的情况下不要进行高处清洁；2. 喷洒清洁剂时不要将喷嘴对准自己，当眼睛不慎沾染到清洁剂时，要马上用大量清水冲洗，必要时请医生进行护理；3. 当膝盖不能蹲伏过久时，可佩戴护膝保护；4. 在使用刺激性清洁剂对卫生间保洁消毒时需注意通风，如把门打开或使用抽风机；5. 被烧伤后要立即用冷水冲洗伤口，情况严重时立即应就医；6. 在重物搬运时，注意保护自己的膝盖和脊背，必要时可请人帮助；7. 当家务工作太过繁重时，家政服务人员可能因为慌乱而导致意外受伤，在这时，应先确定需优先完成的工作，再调整安排其他的工作时间；8. 在开荒保洁或大扫除时，应佩戴口罩。参见"安防管理"。

家政管理学
jiāzhèng guǎnlǐxué

见"家庭管理学"。

接待服务
jiēdài fúwù

见"迎宾服务"。

接送服务
jiēsòng fúwù

接送服务指对家庭的小孩、客人的接送服务，可分为临时接送和定期接送。临时接送一般是事前没有计划的接送活动；而定期接送则是事先安排好的接送。提供接送服务时，特别是使用交通工具的时候，安全始终是第一重要的。

居家美化管理
jūjiā měihuàguǎnlǐ

居家美化管理的工作内容包括物品摆放位置设计、鲜花绿植养护、实施客户对居家美化的具体要求。

居室
jūshì

居室是指一户住宅内最主要的房间，包括起居室、卧室、工作室等，也可特指起居室，为居民生活起居的场所。居室内能满足团聚、娱乐、会客、进餐、学习、睡眠等方面的要求。

居室布置
jūshì bùzhì

居室布置是美化家居的工作之一，其内容主要为：根据居室功能及使用对象的不同，对家居环境进行个性化的规划和布置。需要布置的居室通常包括：1. 卧室、客厅、书房；2. 婴儿房；3. 老年人居室；4. 孕妇居室；5. 厨房；6. 卫生间等。居室布置工作需要相关的专业知识；在布置居室前，应对客户说明布置方案，以取得其理解和支持。参见"家居美化"。

居室装饰
jūshì zhuāngshì

居室装饰是美化家居的工作之一，内容包括：1. 地面装饰；2. 墙面装饰；3. 屋顶装饰；4. 灯具装饰；5. 阳台装饰；6. 物品器具摆放等。居室装饰需要具备一定的审美意识，将艺术融入生活中，为客户创造出优美的家居环境。参见"家居美化"。

居所改造
jūsuǒ gǎizào

居所改造是指在一个住家环境内对房屋内部的原有设计或结构进行改造，使之变得对住户更加安全、更方便使用、更易于进出，以满足住户不断变化的需求。例如，为适应老年人或残疾人的需要，在浴缸和马桶边安装扶手、为使用轮椅的住户拓宽门道、安装轮椅专用坡道等。参见"安全辅助扶手"、"独居老人辅助设备"。

咖啡端盘
kāfēi duānpán

咖啡端盘是一种用托盘将已冲泡好的咖啡送至客户或雇主房间，并为其斟倒的服务。在进行咖啡端盘时，要注意保持托盘的平衡，将咖啡容器的杯柄朝向客户，并连同咖啡勺等器具一起摆放在客户右手侧，方便客户取用。摆放好相关器皿后再斟倒咖啡。在早晨进行咖啡端盘时，通常还会将报纸放在托盘中，与咖啡一并拿给客户。参见"卧室端盘服务"。

空调
kōngtiáo

空调是一种空气调节的装置。通过改善空气特性，如温度、湿度、洁净度等，来创造舒适的生活、工作或居住条件；经过调节后的空气会被导入特定的室内空间，如房屋、汽车、车厢、船舱中，以提升热舒适性及室内空气质量。

礼貌用语
lǐmào yòngyǔ

礼貌用语是指家政服务人员在日常工作中所使用的文明用语，包括：称呼、问候语、辞别语、答谢语、请托语、道歉语、慰问语、祝贺语等。恰当地使用礼貌用语能够表达对客户的尊敬并展现自身的修养。使用礼貌用语可以帮助提高服务质量，改善与客户的关系。

每日一善
měirì yīshàn

每日一善是一个引自国外家政服务业的理念，通常是指家政服务人员在完成了规定的家务操持、家居保洁等服务之外所做的一些额外的贴心服务，例如：每天早晨起床后为所服务的家庭开窗换气，每天晚间将一天的生活垃圾带去倾倒等。每日一善所强调的是培养家政服务人员的服务态度及服务意识，并期望通过这些细节为客户创造一个温馨体贴的家庭环境，提升他们对服务的满意程度。

门卫
ménwèi

门卫即守卫在居住小区、商业大厦、政府机关等场所出入口处的安保人员，其主要职责包括：1. 控制人员和车辆进出；2. 对来访人员进行登记；3. 维护附近区域秩序；4. 对突发事件做出应对等。门卫一般实行 24 小时值班制。

器皿
qìmǐn

器皿是用来盛装食品或作为摆设的物件的总称，可分为食器和用器两部分。器皿一般泛指杯、盘、罐、碗、杯、碟等日常用器。器皿可使用不同材质制成，如陶瓷、金属、玻璃等，并做成各种形状，以满足不同的需求。参见"玻璃器皿"、"陶瓷器皿"、"金属器皿"。

签收
qiānshōu

签收是在产品送达后验收产品并在有效单据上签字的行为，包括电子签名。签收是客户收到并验收产品的证明和证据。参见"代办代购服务"。

墙面
qiángmiàn

墙面指的是墙体的竖向外露表面，在房屋建筑中依位置不同，可分为内墙面和外墙面。内墙面处于建筑内部，外墙面直接接触外界，处于建筑外部。

墙面装修
qiángmiàn zhuāngxiū

墙面装修是指对墙体表面装修的过程，也是室内装饰的一项重要内容。墙面装修可提高墙体防风化、防潮的能力，从而加强墙体的坚固性和耐久性。装修墙面的方法很多：1. 涂刷涂料，如石灰浆水、钛白粉（水老粉）、可赛银（墙粉）、聚乙烯醇水玻璃、聚乙烯醇缩甲醛、油漆等；2. 裱贴墙布、壁纸；3. 安装护墙板；4. 粘贴贴面，如瓷砖、陶瓷马赛克、面砖、马赛克等。家庭墙面的装饰需要充分考虑房间的用途、大小、光线、家具的式样与色调等因素，根据使用功能的不同选择装饰材料和装修方法。

燃气用具
ránqì yòngjù

燃气用具指的是使用如煤气、天然气、液化石油气等燃气作为燃料的民用或工业器具，其主要功能是为加热或采暖提供热能。按照其用途不同可区分为以下五种主要类型：1. 燃气热水器用具类：包括热水炉、热水器、燃气锅炉三种。2. 燃气炊事用具类：包括燃气灶具、燃气饭煲（锅）、燃气烤箱、燃气保温器等。3. 燃气冷藏用具类：包括燃气冰箱和燃气冷柜两种。4. 燃气采暖、供冷用具类：包括燃气采暖器（取暖器）、燃气空调机等。5. 燃气洗涤、干燥用具类：包括热水洗衣机、洗涤烘干器、熨烫设备等。

日常生活活动
rìcháng shēnghuó huódòng

日常生活活动是指人们为了维持

生存及适应生存环境而每天必须反复进行的、最基本的、最具有共性的活动，主要包括洗澡、吃饭、穿衣、大小便控制、厕所使用、步行及上下台阶等。在国外，有时也将日常生活活动分为"基本日常生活活动"和"工具性日常生活活动"两类。

奢侈品
shēchǐpǐn

奢侈品亦称为"非生活必需品"，是指超出人们基本生存与发展需要范围，并具有独特、稀缺、珍奇等特点的有形产品。奢侈品一般价格比较昂贵，并具有个性化的特性，能够满足人们炫耀性或象征性的消费需求。家政服务人员有时可能需要为客户收藏的奢侈品护理保养。参见"家庭藏品"。

社会福利
shèhuì fúlì

社会福利是指国家和社会为增进和完善社会成员（尤其是困难人员）的生活而设立的一种社会制度。社会福利有广义和狭义之分。广义的社会福利是指提高广大社会成员生活水平的各种政策和社会服务，旨在进一步改善和丰富人民的物质和精神文化生活；其服务内容及设施可涵盖：生活、教育、医疗、交通、文娱、体育等领域。狭义的社会福利是指为特定对象（如：老年人、孤儿、残疾人等）提供的社会照顾和社会服务，常见的相关服务设施包括：社会福利院、养老院、孤儿院、儿童村、康复中心等。

社区保健中心
shèqū bǎojiàn zhōngxīn

社区保健中心是指设立在居民中间，并为居民服务，规模较小的卫生保健机构。其职责包括：1. 为个人、家庭与社会团体提供初级卫生保健；2. 协调初级卫生保健组织与其他层次的医疗机构或服务部门的关系；3. 培训保健人员；4. 执行并完善基本卫生规划等。其工作方向包括：1. 改善环境卫生；2. 提升居民健康水平；3. 开展妇女保健（包括计划生育）；4. 控制接触性传染病；5. 提升居民营养水平；6. 开展医疗护理；7. 基本卫生统计等。

社区服务
shèqū fúwù

社区服务是在社区范围内实施的具有福利性和公益性的各种社会服务活动，其主要目的是帮助社区居民解决日常生活问题，并丰富居民的业余文化生活。在我国，社区服务的内容和范围随着经济发展形式、服务对象等因素不断变化。现阶段我国的社区服务可大致包括：1. 针对老年人、残疾人、少年儿童、优抚对象和困难户的社区福利服务；2. 面向普通居民的便民利民的日常生活服务；3. 面向辖区企事业单位和机关团体的后勤服务等。参见"社区福利服务"。

社区服务站
shèqū fúwùzhàn

社区服务站通常指政府公共服务延伸到社区的公共服务工作平台，其主要职责包括：社区劳动就业、社会保障、社会事务管理、社区法律服务、社区卫生服务等。社区服务站，也被称为社区服务中心。

社区物业管理服务
shèqūwùyè guǎnlǐfúwù

见"小区物业管理"。

生活顾问
shēnghuó gùwèn

家庭生活顾问是指家政服务组织和家政服务人员为了提升客户的生活品质，丰富健康的生活情趣，而为其提供的咨询参考服务。此项服务的最终目的是促进家庭与个人、家庭与社区、家庭与社会及家庭与环境的关系更加和谐。

室内功能区
shìnèi gōngnéngqū

室内功能区是指按家居功能划分的区域，通常包括玄关、客厅、饭厅、厨房、主卫、主卧室、次卫、儿童房、书房、客卧室、阳台等。

室外环境美化
shìwài huánjìng měihuà

室外环境美化指的对客户的家庭室外环境（主要为庭院和阳台）整理布置，以使之具有艺术观赏性的工作。室外环境美化工作通常包括购买、摆设、养护花草，及添置其他装饰物，以使室外环境成为一个艺术整体。参见"园丁"、"居室装饰设计"、"盆栽"、"家居美化"。

书写空间
shūxiě kōngjiān

书写空间是居住环境中基本的功能区间之一，供居住者阅读、书写和学习用。书写空间通常包括书房等，其主要家具设备一般有桌椅、台灯、书柜等等。

睡眠空间
shuìmián kōngjiān

睡眠空间是居住环境中最基本的功能区间之一，供居住者睡眠、休息使用。在家庭中，睡眠空间一般是指卧室，其主要家具一般包括床、床头柜、衣柜、桌椅等。

私人秘书
sīrén mìshū

私人秘书通常也称为个人秘书，一般是指由企业或从事商业活动的个人雇佣的，旨在协助雇主处理工作及生活事务的雇员。私人秘书的工作范围通常包括：1. 处理信件；2. 根据日程表落实当天工作；3. 接受口授任务；4. 向雇主汇报信息；5. 归档文件；6. 组织安排会议及其他各类活动；7. 布置雇主办公室；8. 协助雇主安排商务出行等事宜。私人秘书具备的素质和技能包括：1. 秘书技能；2. 组织能力；3. 责任心；4. 社交技能等。参见"私人助理"、"家庭秘书"。

私人助理
sīrén zhùlǐ

私人助理指的是一系列为他人的生活工作提供辅助或助理服务的职业，

通常包括私人秘书、私人教练、私人营养师、私人衣橱顾问、私人律师、私人理发师、私人理财顾问、私人医生、私人厨师、私人保镖、私人摄影师等。这些职业一般由私人选聘，并仅为选聘者（雇主）提供服务。参见"私人秘书"。

送客服务
sòngkè fúwù

送客服务通常指的是在客户的家庭宴会结束后、宾客即将离开时，服务人员提醒宾客带好随身的物品，热情礼貌地向宾客告别，并欢迎其再次光临的服务行为。参见"迎宾服务"。

送水服务
sòngshuǐ fúwù

送水服务是指为社区内居民运送、更换桶装饮用水的服务。送水服务通常需要收取一定的费用。提供送水服务的机构需要达到卫生及饮用水质量的标准。

物品清点
wùpǐn qīngdiǎn

物品清点是指家政服务人员对服务环境内的物品逐条逐件清点并登记造册的过程。清点登记的物品可包括家居用品、保洁用品、食物、收藏品（如艺术品、瓷器、银器等）等。进行物品清点可以使家政服务人员了解各类物品的消耗，并对消耗的物品及时采购、补充。但是，物品清点，特别是贵重物品清点时，家政服务人员必须获得客户的同意才能进行物品清点的工作。完成物品清点后，必须将物品清单备份给客户。

西式晚宴
xīshì wǎnyàn

西式晚宴是指礼仪正式、庄重优雅、精心策划的西式正餐活动，通常要着正装出席（女士着晚礼服，男士打黑领结）。西式晚宴的服务人员都应经过正式培训。西式晚宴的餐桌摆设非常严格，并使用高级的瓷器、银器及装饰品。参见"西式正餐"。

西式晚宴餐桌布置
xīshìwǎnyàn cānzhuōbùzhì

西式晚宴餐桌布置是指在西式晚宴开始前，对饭厅及餐桌设计与布置的工作。西式晚宴的餐桌布置强调均匀、对称地放置餐具，餐具到桌边及桌子中心的距离都应精确量出，并保持一致。通常，西式晚宴的餐桌布置还需准备席次牌、银制餐具、装饰花卉、蜡烛等物品。参见"西式晚宴"、"西式午宴餐桌布置"。

西式午宴餐桌布置
xīshìwǔyàn cānzhuōbùzhì

西式午宴餐桌布置是指在西式午宴开始前对饭厅及餐桌设计与布置工作。西式午宴与正式晚宴相比，菜肴的种类比较少（一般为三道至四道），布置更为简洁。布置时，可以将精致的花瓶及花卉放置于餐桌中央。蜡烛一般无需使用，但使用蜡烛时需要将窗帘拉起。拥有光亮、美观桌面的餐桌可以不用铺置桌布。总而言之，西式午宴餐桌布置追求的是简洁、美观及大方。参见"西式晚宴餐桌布置"。

消防安全
xiāofáng ānquán

消防安全指消除预防人为、自然和偶然灾害，保障人员、财产安全的举措。消防安全应以预防为主，防消结合，其主要措施有：1. 实行消防安全责任制；2. 配置消防设施和器材、设置消防安全标志，并定期组织检验、维修，确保消防设施和器材完好有效，保障安全通道畅通；3. 定期检查消防安全以消除安全隐患，合理堆放物资，做好清扫和垃圾处理工作；4. 建立火情应急机制，在发现火情时能及时报警、有效控制火情和安全撤离人员；5. 宣传及普及安全用火、用电知识，灭火和火灾自救等消防安全基本知识。参见"家庭防火"。

小区物业管理
xiǎoqūwùyè guǎnlǐ

小区物业管理指的是物业服务企业为保障社区安全和维持居住水平，按照物业服务合同约定，向小区业主提供的一系列服务的统称。其主要内容：1. 物业维修管理：物业管理公司应对其经营管理的物业进行维修和技术管理，包括对房屋安全与质量的管理、对房屋维修技术的管理以及对房屋维修施工的管理；2. 物业设备的管理。主要是给排水设备、燃气设备、供暖设备和通风设备、电气设备等的维护和维修等；3. 物业环境管理：物业管理公司应对小区的环境进行管理，具体包括污染防治、环境保洁、环境绿化等；4. 物业管理安全：为保障业主和房屋使用者的人身财产安全，对小区的治安进行管理，物业服务企业对小区的消防安全进行管理以及对出入小区的车辆与人员进行管理等。

雪茄
xuějiā

雪茄是一种由干燥并经过发酵的烟叶卷成的烟草制品。制作雪茄所使用的烟叶在非洲及中南美洲各国都有广泛的种植。雪茄由茄衣、茄套、茄心组成；其中，茄衣是雪茄的最外层，是雪茄中最昂贵的部分，对原料、工艺的要求最高；茄套是雪茄的第二层，其功能是包卷茄心，使被束缚的茄心成型；茄心是雪茄的最内层，是由几片烟叶卷或撕碎的烟叶折叠而成，以手工折叠的烟叶效果最佳。雪茄在几个世纪的发展中已经形成了一套完善的生产、制造、储存与吸食的规范与流程，并演变出独特的"雪茄文化"。参见"雪茄礼仪"。

宴会策划
yànhuì cèhuà

宴会策划是指为客户组织筹备宴会的服务过程。宴会策划人员通常需要与客户进行大量的沟通，以了解客户对宴会的期望，并设定相应的服务标准以使宴会达到特定的效果。参见"家宴标准"。

医疗保健咨询
yīliáobǎojiàn zīxún

. 医疗保健咨询是指以预防为目的，为帮助顾客改善生命与生活质量所提供的疾病治疗和健康养生相关的咨询等服务。

医疗保险制度
yīliáobǎoxiǎn zhìdù

医疗保险制度是指一个国家或地区按照保险原则为解决居民防病治病问题而筹集、分配和使用医疗保险基金的制度。它是居民医疗保健事业的有效筹资机制，是构成社会保险制度的一种制度，也是目前世界上应用相当普遍的一种卫生保健费用管理模式。长期以来，我国的医疗保险制度主要分为三种：一是适用于企业职工的劳保医疗制度；二是适用于机关事业单位工作人员的公费医疗制度；三是适用于农村居民的合作医疗制度。

音像设备
yīnxiàng shèbèi

音像设备可以指：1. 播放音像制品（如：唱片、磁带、激光唱片、录像带和激光视盘等）的设备；2. 录制音像制品的设备，常见的家庭用音像设备包括：CD 唱机、DVD 影碟机、MP3 播放器、DV 摄录像机、卡拉 OK 设备等。家政服务人员可学习掌握相关家用音像设备的使用方法，为客户创造出和谐、愉悦的家庭气氛。

迎宾服务
yíngbīn fúwù

在家政服务业中，迎宾服务是指在正式家庭宴请开始前，家政服务人员提前在宴会场所门口迎候客人并提供的一系列服务，服务内容可包括引导客人进入休息室、主动接过衣帽或其他物品、引领客人参观并回答客人问题等。迎宾服务过程中，家政服务人员应在言行举止、仪容仪表等方面注意相应的礼仪，为宾客提供优质的服务。参见"迎送礼仪"。

应变处置权
yīngbiàn chùzhìquán

应变处置权指的是部分家政服务人员（如：管家等）在日常工作中能够代表客户或雇主家庭对某些家庭事务做出决定或开支的权限范围及程度，常见于美国等西方国家。应变处置权通常需要经过客户授权。获得应变处置权的家政服务人员通常可以对客户家庭的日常生活做出积极主动的干预（如：事先预见到酒水或食物存量不足而前往采购补充等）。但需要注意的是，获得应变处置权的家政服务人员应当具备丰富的经验和较高的职业操守，否则应变处置权可能会因经验不足或道德缺失而遭到滥用。

油漆
yóuqī

油漆通常是指含有干性油、颜料或者兼含有树脂的黏稠液体涂料，属于人造漆。油漆涂于物体表面，经氧化、聚合凝结、烘干或自干后可形成坚韧的保护薄膜。漆膜不易剥落，且对溶剂稳定，能起到防水、防腐、防锈、增加美观等作用。油漆品种包括调和漆、磁漆、防锈漆等。油漆被广泛应用于建筑物、交通工具、机器设备、日用品、绝缘材料等的涂装上。

游艇
yóutǐng

游艇是一种专供水上游览观光、

休闲度假、家庭娱乐用的小型艇只，于 20 世纪 70 年代后期兴起。通常分两类：1. 水上娱乐场公共游览艇，航速 20～40km，运载 10 人左右；2. 家庭用的私人游艇。游艇依规格标准（国际标准单位为英尺计算），可分为三种类型，36 英尺以下为小型游艇、36～60 英尺为中型游艇、60 英尺以上为大型豪华游艇。船员 2～30 人不等，容客量一般根据游艇尺寸而定。游艇可通过购置或租用两种方式获得。

原木家具
yuánmù jiājù

原木家具即采用自然的树木作为原料的全实木家具。此类家具一般在设计构造和制作上讲究古朴，在使用上结实、耐用。原木家具的表面加工和防护比较简单，如刷清漆、打蜡保护等，力求保持原始木料被纵横剖切后所显露出的真实纹路，体现木质的原始风貌。人们可以根据木材的稀有程度和珍贵等级，把原木家具分为高档原木家具和中低档原木家具。比如，用红木、柚木、橡木、胡桃木等制作的原木家具，就是比较高档的原木家具。原木家具和采用复合木制作的实木家具在选材上有所不同，价格上也有所差异。参见"红木家具"、"木质家具"。

月采买计划
yuècǎimǎi jìhuà

月采买计划也称为月度采购计划，是家政服务人员根据客户家庭的实际需要而制定的日常生活用品和食品的月开支计划。在制定月采买计划时，通常需要考虑到客户的家庭生活经济水平及其意愿，并能够满足客户家庭生活的基本需要。当客户家庭中有需要特殊照顾的人员（如：老人、病人、孕妇、婴幼儿或残疾人等）时，还应当考虑到这些人群的特殊要求。月采买计划应具有可操作性（如：计划采购水果时应选择当季水果，采购费用应在采购预算范围内等）。

中央空调
zhōngyāng kōngtiáo

中央空调由空气处理设备（如：组合式空调机组、风机盘管）、热湿处理设备（即：冷热源或空调主机）、送风及回风管道和各个末端出风口单元（即：风机盘管或室内机等）组成。中央空调可以根据不同的性质分类：按吸热介质种类的不同，中央空调可以分为全空气系统、全水系统、空气水系统和制冷剂系统；按空气处理设备的设置情况不同，中央空调可以分为集中系统和半集中系统；按处理空气来源，可以分为封闭式系统、直流式系统和混合式系统；按中央空调的使用场合和作用范围的不同，可以分为家用中央空调（或户式中央空调）和大型商用中央空调。中央空调处理的空气量大，操作简便。参见"户式中央空调"。

贮存空间
zhùcún kōngjiān

贮存空间是指居室中用于存放物品的空间，常见的贮存空间包括衣帽间、壁橱、书柜、挂架、橱柜、酒柜等。掌握并了解居室内的贮存空间有助于家政服务人员在家居保洁或杂物清理过程中准确地将物品整理归类存放。需要注意的是，由于一些贮存空间具有私密性（如衣帽间等），因此在对相应的贮存空间清洁整理时，一定要事先询问客户，并取得他们同意后再开展工作。

专职司机
zhuānzhí sījī

与代驾服务不同，专职司机是指为特定客户驾车、为其提供关照、并以此获得应有劳动报酬的服务人员。专职司机必须持有相应等级的驾照，并经过安全驾驶培训。专职司机应懂得车辆的保养与清洁、注意细节、懂得专业的服务礼仪，并严格遵守职业道德，保护客户的个人信息及个人安全。参见"代驾服务"。

字画护理
zìhuà hùlǐ

字画是客户家庭中重要的装饰物，同时也具有一定的收藏价值。常见的字画工艺品包括装裱在画框中的油画、水彩画及展开或卷起收藏的国画及书法卷轴等。在对有玻璃画框保护的绘画工艺品清洁养护时，需要除尘（通常为每星期一次）、擦拭（每季度或每半年一次）等工作。需要注意的是，擦拭玻璃时，不可用喷壶直接对着玻璃喷清洁剂，因为这可能会导致玻璃框内侧的画作接触到清洁剂，从而造成破坏；应采用蘸了清洁剂的抹布对画框上的玻璃直接擦拭。当画作没有玻璃保护时，应根据情况（通常为半年或一年）用品质良好的软刷从上往下地除尘；同时，在画作下铺垫上一块中性色（黑、白或灰色）的干净抹布，以检查是否有颜料脱落。对于传统的国画和书法而言，应注意避免在炎热潮湿的天气时挂画。冬天挂画时，应做好保暖措施。由于字画的收藏价值较高，因此应经常检查是否有损伤。当发现画作有撕裂、褪色、颜料脱落时，应立即联系专业人员进行保护处理。

坐便器疏通
zuòbiànqì shūtōng

坐便器疏通是一种家庭下水管道疏通服务，是为客户排除坐便器堵塞的服务。服务人员需要具备管道结构、疏通技巧及设备使用的知识。

座位卡
zuòwèikǎ

座位卡是宴请、会议时用于指示宾客或参会人员就座的卡片。座位卡通常包含宾客的姓名和称谓等信息，在制作座位卡时，可以对其外形精心设计，以创造并展示出客户的个性和风格。除了指示客人就座外，座位卡的另一重要用途是引荐不相识的宾客，因此在正式宴请活动时，座位卡上的称谓必须严谨、准确，与来宾的职业与地位相符。参见"称呼"。

六、家庭教育

独立性
dúlìxìng

独立性是指一个人能够独自料理个人生活、独立处理问题、做出决定的能力。从 2、3 岁起儿童就有了独立意识的萌芽，应从这个阶段便开始培养儿童的独立性：1. 应从小把孩子看作是一个独立的人，鼓励孩子自己学会站，学会走，学会判断问题、处理事情；2. 通过儿童生活自理能力的训练、各种实践活动的探索，发展幼儿的独立性；3. 对于儿童在独立操作、行动中出现的错误，父母要采取宽容、谅解的态度，鼓励、指导孩子战胜困难，学会正确的方法；4. 随着幼儿年龄的增长，父母除了批准孩子越来越多的行动自由外，还要有意识地锻炼儿童独立思考和判断选择的能力。

放任型家庭教育
fàngrènxíng jiātíngjiàoyù

放任型家庭教育是指家长在对待子女教育的问题上采取不闻不问、放任自流的一种不良教育方式。一些放任型家庭教育的家长通常以自己工作忙，无暇顾及孩子为借口，把教育子女的一切责任推给学校；此外，一些家长则认为孩子现在年龄小、不懂事，但"树大自然直"。因此，对孩子的言行从来不过问、不观察，也没有一定的要求和约束。放任型家长一般很少关心子女的学业进步、身心发展状况，对于子女的品德操行更是所知甚少。当孩子做了错事的时候，放任型家长也只是轻描淡写地一带而过，既不及时给予正确引导，也不追究犯错误的原因。放任型家庭教育基本等于无教育。在这样的家庭里，孩子容易养成自由散漫、随心所欲、胆大妄为等恶习；同时，情感淡漠，容易为社会不良风气所左右。参见"溺爱型家庭教育"、"专制型家庭教育"、"民主型家庭教育"。

家风
jiāfēng

家风是指一个家庭在日常生活中逐步形成的较为稳定的生活作风、行为习惯、情趣教养和为人处事之道等。家风通常在家庭成员相互影响、相互渗透、潜移默化的过程中形成，具体体现在家庭成员的文化修养、人格品质及相互关系中。家风形成后，可以成为一种强大的教育力量，也可成为指导家庭成员行为的调节器。此外，家风往往还可以代代相沿，影响后代。家风对于一个人个性、习惯、品质具有相当深刻的影响。因此，形成良好的"家风"对于家庭教育具有重大意义。所有家庭成员，尤其是家长，应从我做起，努力创造和谐、愉快的家庭生活环境。

家庭德育
jiātíng déyù

家庭德育是指家长对孩子进行的思想道德教育,是家庭教育的一个重要内容。家庭德育根据儿童身心发展的特点和实际情况,通常包含以下内容:1. 培养儿童良好的行为习惯,使儿童学会尊敬长辈,礼貌待人,勤劳节俭,助人为乐,遵守纪律,讲究卫生。2. 培养儿童诚实、坚强、勇敢的品质;家长应以身作则,在日常生活中教育孩子正直,诚实,不说谎话,并经常鼓励、引导孩子积极参加各种活动,勇敢地战胜困难,增强自信心。3. 培养孩子热爱生活和大自然的情感;家长可以通过带领孩子出去领略祖国大好风光,接近社会生活,来培养孩子对家乡和社会生活的感情。4. 培养儿童的独立意识、主动性和毅力;家长应从小培养孩子认真地完成每一件事情,善于控制自己,独立地完成任务,努力克服困难,树立自信。5. 培养儿童乐观、开朗、活泼的性格;家长在教育子女的过程应避免压抑儿童天真、活泼的本性,对子女过分冷淡或过分严格,应使孩子充满快乐的情绪体验。家庭德育的具体实施应以正面教育为主,针对儿童模仿性强的特点,家长应给他们树立良好的榜样,并充分利用日常生活的具体事件,生动、灵活地对子女进行教育。

家庭教师
jiātíng jiàoshī

家庭教师是指受聘在家中授课的教师,通常为不同学龄阶段的学生或有专业理论与专业技能学习需求的客户进行家庭培训辅导,并按照服务约定收取一定的报酬。根据不同的辅导对象,家庭教师可分为学前儿童家庭教师、小学生家庭教师、考前辅导家庭教师、各种技艺的家庭教师以及对外籍人士的汉语家庭教师等等。

家庭教育
jiātíng jiàoyù

家庭教育是指在家庭中家长自觉地、有意识地对其子女实施的教育,以品行教育和知识技能教育两方面为主。其中,品行教育指父母在日常生活、人际交往、言行举止中潜移默化地影响或有意识的教导子女,以助其思想品德、感情意识、兴趣爱好、行为习惯和性格特征的形成;知识技能教育则侧重于智力开放、知识学习和技能训练方面的引导和教育。家庭教育为个性化教育,其内容、传统和方式根据阶层、民族、家庭特征、受教育人个体特点不同而有所差异。家庭作为未成年人生活的第一环境,父母作为其接触的第一任教师,家庭教育对未成年子女的身心健康、智力发展方面有重要作用,不可为学校教育或其他教育形式所取代。

家庭教育功能
jiātíng jiàoyù gōngnéng

家庭教育功能是指家庭中父母对未成年子女的抚养和教育所产生的作用。日常生活中,家庭教育功能通常表现为父母的言行举止所产生的潜移默化的影响。随着现代社会生产力水平的提高,学校教育和社会教育的发展，家庭教育的部分功能出现外移，如科学文化知识、劳动技能等。但是，家庭教育功能仍不会完全由社会所取代。现代家庭教育的功能更多地体现于塑造人的个性品质及其他各方面能力上。参见"家庭教育"。

家庭教育学
jiātíng jiàoyùxué

家庭教育学是一门研究家庭教育现象、揭示家庭教育规律的社会科学，是教育学的分支学科。家庭教育学吸收了优生学、人口学、营养学、教育学、家庭学和美学等学科的研究成果，具有较强的综合性。其主要研究对象，包括儿童青少年的成长及发展、父母的教育艺术等；其主要研究内容：1. 研究揭示家庭教育的一般原理，如家庭教育的本质，家庭教育的目的等；2. 研究家庭教育的一般原则、过程和内容；3. 研究家庭教育中所采用的方法和手段。参见"家庭教育"。

家庭教育咨询
jiātíng jiàoyùzīxún

家庭教育咨询是指一种由教育机构或社会团体组织专家、学者和科研人员解答家长在家庭教育实践中遇到的难题、疑问的咨询形式。家庭教育咨询活动可以将科学育人的知识广泛深入地传播到每个家庭，及时地帮助家长解决家教中的实际问题，宣传正确的家庭教育思想，推动家庭教育工作适应社会和民族的需要，促进儿童在家庭中受到良好的教育影响、健康、正常地成长。家庭教育咨询内容丰富广泛，一般包括儿童教育的培养目标

指导、家庭教育的方式方法、优生优育知识以及家长个人修养等。咨询的方式有电话咨询、门诊咨询、追踪咨询等，是普及、推动群众性家庭教育工作的良好途径。

家庭劳动教育
jiātíng láodòngjiàoyù

家庭劳动教育指的是根据孩子的年龄特点，对孩子实施劳动、生产、技术和劳动素养方面的教育，其内容包括：1. 培养正确的劳动观点。使孩子懂得劳动，热爱劳动，尊重劳动人民；2. 培养正确的劳动态度。通过劳动，不但可以创造物质财富，而且还能创造精神财富。少年儿童正是长身体、长知识的关键时期，对他们进行劳动教育，让他们参加一些力所能及的劳动，既可以锻炼他们的意志，增强体质，促进身体的发育；又可以使他们树立正确的劳动观点，形成热爱劳动、热爱劳动人民的思想。家庭劳动教育的形式可包括家务劳动、生产劳动、养殖劳动、公益劳动等。

家庭美育
jiātíng měiyù

家庭美育是指在家庭中对家庭成员（特别是子女）实施的审美教育。家庭美育不像学校美育那样具有系统性，也不像社会美育那样具有广泛性，但它具有长期性、连续性的特点。家庭美育的要素包括家庭的环境、格调、气氛、物质和精神生活等，这些要素可以潜移默化地影响家庭成员的思想、性格和情绪。此外，家庭环境的清洁、美化，家庭生活良好的秩序和作风，

也会使人们养成高尚的审美情趣和气质。家庭美育对孩子的志向和健康的成长具有重大的影响，良好的家庭美育会使人养成健康的审美观和审美情趣，增强对丑恶事物的免疫力。家庭美育的关键在于提高父母的审美水平，父母应以身作则，培养一些能够提升个人审美水平的兴趣和爱好（如阅读、摄影等），并以此影响子女的审美水平。

家庭体育教育
jiātíng tǐyùjiàoyù

家庭体育教育是指家长根据孩子年龄及身体的特点，有计划、有目的地指导孩子进行身体锻炼，养成自觉锻炼身体习惯的教育行为。家庭体育教育是儿童青少年素质全面发展的重要方面，其基本任务包括：1. 根据孩子特点，督促他们锻炼身体，以促进身体各部位的正常发育和机能发展，全面提高身体素质；2. 配合学校教育，使他们所掌握的体育基本知识、技能、技巧得到巩固和提高；3. 鼓励孩子克服困难，锻炼出不怕挫折和失败、坚持到底的思想品质。

家庭智育
jiātíng zhìyù

家庭智育是指父母为培养提升子女智力发展水平而采取的教育行为。家庭智育的一般内容包括：1. 开阔孩子的知识领域，发展他们的智力；2. 激发学习兴趣，调动学习的积极性；3. 掌握学习方法，培养良好的学习习惯；4. 配合学校对课本知识的学习适当地给予指导或辅导等。根据儿童成长阶段的不同，家庭智育可分为学龄前阶段家庭智育和入学后家庭智育。在入学前，家庭智育主要是帮助孩子做好入学准备，但不应把学龄前智育"小学化"。学龄前阶段家庭智育的内容通常包括：1. 发展孩子各种感官的能力，如视觉能力、听觉能力、口头表达能力等；2. 带孩子接触社会和自然界，开阔视野，丰富知识；3. 在游戏中注意发展观察力、想象力和创造力；4. 通过讲故事、唱儿歌、看书画、参观、旅游等活动，激发求知的欲望；5. 做好入学前的学习准备。入学后的家庭智育是学校智育的补充，但不应代替学校智育，不应任意加重孩子的学习负担。在入学后家庭智育的主要内容通常包括：帮助孩子明确学习目的，调动学习积极性，培养良好的学习习惯，创造良好的学习环境和学习条件，培养善于独立思考、勇于克服学习中的困难等品质。有能力的家长可以对子女的文化学习加以辅导。

考前家教
kǎoqián jiā jiào

考前家教指的是考试前的家庭辅导服务。在我国，一般的考前家教客户为中考和高考考生。考前辅导应注意：1. 考前辅导应有明确的针对性，缩小辅导的内容范围，应针对特定的考试内容准备辅导材料，对常规考试可参考历年考题；2. 考前辅导具有很强的目的性，须全面分析学生学习情况，找出强项和弱点，并依此制定辅导计划。3. 考前辅导应注意学生心理的疏导，减轻其心理压力。参见"家庭教师"。

良好生活习惯
liánghǎo shēnghuóxíguàn

良好生活习惯培养指的是建立合理的作息制度，即根据孩子的年龄特征、个人实际情况，妥善安排学习、游戏、锻炼、饮食、睡眠时间，使其生活规律化，促进身心健康发展。良好生活习惯的培养要从小抓起，尤其对于儿童，及早形成科学、合理的作息规律，不仅有益于儿童身体的健康发育成长，而且能够形成"动力定型"，受益终身。在培养、训练孩子的生活习惯时，要以孩子的年龄、身心特点为依据，培养孩子以下习惯：1. 按时睡觉，按时起床，定时定点就餐；2. 睡觉、吃饭前后不做运动量大的游戏，平常游戏、娱乐动静结合，有张有弛；3. 讲究卫生、爱清洁；4. 保持充足睡眠，特别是年龄较小的儿童。一般 1～3 岁的孩子，需 12～15 个小时的睡眠，3～6 岁儿童需 10～12 个小时的睡眠，而且儿童身体、大脑发育尚未完善，每天需午睡 1～2 小时，能够缓解疲劳，振作精神。良好生活习惯对于孩子身体健康发展、良好行为习惯的养成都颇有益处。

良好卫生习惯
liánghǎo wèishēngxíguàn

良好卫生习惯是保证儿童身心健康、预防疾病的重要环节，养成良好的卫生习惯不仅有益于他们身体的发育、成长，而且有益于从小形成文明清洁的精神面貌。培养儿童良好卫生习惯包括以下几方面的内容：1. 可从小让婴儿在轻松愉快的气氛中洗浴，以利于养成经常洗澡的习惯。2. 让孩子单独使用一套洗浴用具，保证手脸每日各洗一次，晚上睡觉前要洗脚，随脏随洗，灵活掌握；3. 让孩子定期理发、剪指甲。4. 教会孩子保持牙齿卫生，较小的孩子可以先从漱口开始，然后逐步做到早晚刷牙，饭后漱口，睡前不吃甜食等。在卫生习惯的训练方面，父母或家政服务人员应以身作则。

良好饮食习惯
liánghǎo yǐnshíxíguàn

良好饮食习惯培养指的是建立一种良好的对饮食条件的"反射性"行动，并能在日常生活中无意识地反复进行。儿童期是人身体生长发育最快的时期，需要大量的营养供给，合理的饮食结构和良好的饮食习惯是儿童身体健康成长的重要保证。父母或家政服务人员应帮助儿童养成以下良好饮食习惯：1. 饮食应定时定量。从婴儿起，就要定时喂奶。随着儿童年龄的增长，应逐渐了解掌握了其饮食的特点，适当减少吃饭次数，从小培养饮食适量，稳定在九分饱上下，为以后防止贪食、吃零食、暴饮暴食打下好的基础。2. 营养应全面。父母或家政服务人员应以身作则，不挑食、偏食。各种食品、蔬菜、瓜果、蛋乳合理搭配食用，以利于儿童全面地摄取营养。3. 克服吃零食的坏习惯。家长可以因儿童消化量小、吸收快，每天定时、定量地让其吃一些点心，逐渐形成吃午点的习惯，就可以节制孩子吃零食，养成良好的饮食习惯。4. 注意饮食卫生。一般应注意吃饭前必须洗手，吃饭时要细嚼慢咽，不要大量喝汤或饮水；不吃不干净的瓜果食品，睡前不要吃东西，饭后不能做剧烈的活动等。

民主型家庭教育
mínzhǔxíng jiātíng jiàoyù

民主型家庭教育是指家长充分尊重爱护子女，并采取民主的、平等的方式，对子女进行教育的行为。在民主型家庭中，家庭气氛通常和谐、愉快，幼儿与父母关系密切；家长经常积极主动地与孩子一起游戏，关心孩子的进步，与孩子交流思想，沟通感情，并对于孩子的喜怒哀乐都很关心。在和谐、欢乐的家庭生活中，家长自身的一言一行、一举一动常常已经影响并教育了孩子。民主型家庭教育通常要求较高的文化修养。一方面，家长应有一定的文化知识，掌握儿童心理发展的特点和规律，还应具备一定的教育技巧，能够以爱而不娇，严而不苟，既讲情感又讲理智的态度对待孩子，并注重孩子成长发展的全面性和主动性；另一方面，父母还要特别注意以身作则，处处严格要求自己，对子女的要求，自己应先达到标准。对于自己所犯的错误应承认并改正。民主型家庭教育可以使孩子个性坚强、自信，性格活泼开朗，富有同情心和创造精神。民主型家庭教育效果一般较理想，有利于孩子身心的健康发展。参见"溺爱型家庭教育"、"放任型家庭教育"、"专制型家庭教育"。

溺爱型家庭教育
nìàixíng jiātíngjiàoyù

溺爱型家庭教育是指家长宠爱、迁就、祖护子女错误行为的一种不良家庭教育。溺爱型家庭教育的主要表现通常包括：1. 把子女作为赞美和怜爱的对象；2. 迁就、祖护其不良行为；3. 无原则地满足孩子的要求，使用亲昵的词句模仿孩子的话等。溺爱的直接后果包括：1. 孩子在家中俨然高人一等；2. 孩子任性、自私、贪婪、霸道和好逸恶劳，不能克服生活中的任何障碍和困难；3. 孩子感情冲动，易与他人发生冲突。此外，家长对子女的溺爱，也往往会生成"恨铁不成钢"的情感，由宠爱变成惩戒，驱使子女的心理形成反差。在溺爱中长大的子女，承受挫折的能力很低，稍不顺心就会大吵大闹，做出种种不符合社会规范的行为；而当家长施加惩罚时，就会无法忍受，我行我素，对家庭及社会产生负面影响。参见"放任型家庭教育"、"专制型家庭教育"、"民主型家庭教育"。

青春期
qīngchūnqī

青春期也称青春发育期，即第二性征开始出现到生殖功能基本发育成熟、身高停止增长的时期。青春期的起始与结束时间会受到种族、地区、营养差异的影响，但一般会于 10～12 岁开始，至 17～19 岁结束。在生活条件相似的情况下，女性青春期的起始与结束时间通常早于男性。

青春期的生理特点包括：1. 体格加速生长、体型及面形发生改变；2. 生殖腺、内外生殖器官及第二性征发育成熟；3. 开始具备生殖能力。男性在青春期时肩部变宽、肌肉发达、声音变粗、长胡子；女性骨盆变宽、脂肪丰满，在青春期早期平均身高及体重较同年龄男性领先，在青春期后期则被同龄男性超过。经过青春期后，少男少女的心理发育可达到自立的水平，有能力接受高等教育及参加社会交往，富有朝气，但易有情绪波动。参见"学龄期"。

涉外汉语家教
shèwài hànyǔjiā jiào

涉外汉语家教是指对涉外家庭中不会说中文的外籍成员提供的汉语家庭教育服务。提供服务的家庭教师应能流利地使用英语或其他外语对客户进行汉语教学和辅导；当教学对象为外籍儿童时，还应能对其进行一些其他学科（如：数学、物理、音乐等）的辅导和教育。在汉语辅导时，家庭教师应该做好课前准备，了解外籍人员的汉语水平，并针对其特点制订适宜的教学计划和准备辅导材料。参见"家庭教师"。

生活自理能力
shēnghuó zìlǐnénglì

生活自理能力指的是孩子适应自然、适应社会的能力，是神经系统发育水平的标志，也是独立性的重要方面。生活自理能力的培养，应从小抓起。儿童在婴儿时期，都有学习做事的愿望和积极性，也具有做事的身体条件，此时父母或家政服务人员应注意根据婴儿的发育水平和心理特点，培养孩子的生活自理能力，如培养儿童自己洗脸、洗手、喝水、吃饭等的能力。良好的生活自理能力对儿童积累生活经验、处理人际关系、适应环境变化等都有重要意义。

学龄儿童教育
xuélíngértóng jiàoyù

学龄儿童教育是指对处于学龄期的儿童所进行的家庭教育活动，包括言行习惯培养、社会交往培养及学业辅导等。根据《家政服务员国家职业标准（2006年修订）》规定，学龄儿童教育服务由高级家政服务员实施。为此，高级家政服务员应掌握学龄儿童的身心发展基本规律、社会交往特点和基本学习方法等知识。参见"家庭教师"、"学龄期"。

学龄期
xuélíngqī

学龄期是儿童在学龄前期之后，青春期之前所经历的一段成长时期。对学龄期的界定有多个，较常见的界定为从6~7岁开始，到12~14岁进入青春期止（即从进入小学起到小学毕业为止）。在此期间，儿童的乳牙将全部更换为恒牙。因此，需注意预防龋齿；此外，由于学龄期儿童淋巴系统发育加速，易患扁桃体炎，也需注意防治。在学龄期期末，儿童在身体发育方面除生殖系统外其他器官的发育将接近成人水平，大脑形态发育基本完成，智能发育进一步成熟，认知能力增强，理解、分析和综合能力逐步完善。参见"学龄前期"、"青春期"。

学龄前期
xuélíng qiánqī

学龄前期是指儿童3~7岁的时期，这一时期是儿童在幼儿园接受教育的时期，故称学龄前期。处于学龄前期的儿童体格生长发育处于稳步增长状态，智力发育较幼儿期更加迅速；同时，神经纤维对各种刺激的传导更迅速、精确，大脑皮质兴奋、抑制机能不断增强。应注意这一时期儿童的智力开发和生理卫生，使其在与同龄儿童和社会事物的初步接触中得到锻炼，并培养良好的个性品质，为顺利升入小学作好准备。参见"幼儿期"、"学龄期"。

学业辅导服务
xuéyè fǔdǎofúwù

学业辅导服务指在家庭中对学生的文化、专业技能、品德教育等方面进行的辅导和教育服务，通常由家庭聘请的家庭教师提供，辅导形式多采取一对一或小组授课。参见"家庭教师"。

言传身教
yánchuánshēnjiào

言传身教是指家庭教育中通过自身的言行举止及循循善诱的说服、讲解，对子女进行有形或无形的教育，特别体现在父母对子女的教育中。儿童由于长期与父母相处，对父母存在依赖性，尤其是未成年人，他们的依恋性最强；同时，儿童还具有较强的模仿性，家长是他们最直接、最经常的模仿对象，同时也是他们学习的榜样。家长的行为对孩子有极大的影响，再加上天然的亲情、血缘关系，更加强了父母的言行在子女身上的巨大作用。因此，家长在日常生活中要严格要求自己，应注意自己的一言一行对子女的影响，要言行一致，表里如一。此外，父母在注意身教的同时，也要

根据子女的特点，进行说服教育，给他们讲清道理、原因，使言教与身教相结合，引导子女自觉的行动，养成良好的习惯与品质，在德、智、体、美诸方面健康发展。

养成教育
yǎngchéng jiàoyù

养成教育是指培养学生良好的行为、语言、思维习惯的教育，其涵盖的内容十分广泛，目的在于通过良好行为习惯的培养促进学生健康的人格的形成。养成教育是人的社会活动过程中最基本的教育，是德育的根基。其主要内容有：尊老爱幼、为人诚信、礼貌待人、勤俭节约、遵纪守法以及其他良好的社会道德行为要求。养成教育的方式多样化，注重因材施教、个性化教育，需要家庭、学校和社会三方面的共同协作。

艺术启蒙
yìshù qǐméng

艺术启蒙是指为启迪和开发顾客的艺术潜质、提升审美修养和艺术欣赏能力所提供的服务。

专制型家庭教育
zhuānzhìxíng jiātíng jiàoyù

专制型家庭教育是指在家庭教育实践中家长采取简单粗暴的态度，过分严厉地对待子女的错误做法。专制型家长一般"望子成龙"心切，笃信"不打不成器"的教育方法。专制型家庭教育的特征主要表现在：家长对子女提出不切实际的要求，完全不考虑他们身心发展的年龄特征和一般规律，

强迫幼儿按照父母的要求去做。如剥夺子女游戏、娱乐的权利，命令孩子在课余时间参加各类教育辅导；又如，动辄对孩子羞辱、打骂，要求孩子绝对服从自己的意见。专制型教育可以产生严重的后果，生活在这样的家庭氛围中，子女没有安全感，整日处在提心吊胆的状态中，极易萌生对立情绪。长大后可能变得唯唯诺诺，无主动性，情绪不安甚至神经质。此外，为逃避父母的过度惩罚，孩子还会养成说谎话、表里不一的不良品格。对子女严格要求是必要的，但应严而有格，并以尊重、爱护为前提。参见"溺爱型家庭教育"、"放任型家庭教育"、"民主型家庭教育"。

七、家政机构

OTO 家政服务业务模式
OTO jiāzhèngfúwù yèwùmóshì

OTO 是 "Online to Offline" 的简写，即 "线上到线下"。OTO 商业模式是一种电子商务模式，它的核心是把线上的消费者带到现实的商店中去，在线支付购买线下的商品和服务，再到线下去享受服务。这种模式在一定程度上缩短了消费者的决策时间。OTO 家政服务模式则是指 OTO 模式在家政服务业当中的实际应用。

按项目收费
ànxiàngmù shōufèi

按项目收费是一种服务提供商按照其所提供的每一个服务项目来收取费用的方式。这种方式一般将服务内容分为不同种类的项目，并逐项收费。这种模式是根据服务项目的数量多少而非质量优劣或时间长短收费。

按月付费制
ànyuè fùfèizhì

在家政服务业中，按月付费制指客户是以月为单位向家政服务人员支付费用的方式。参见 "计时付费制"。

包月钟点工
bāoyuè zhōngdiǎngōng

包月钟点工是根据协议事先安排好服务人员每月固定几次上门提供服务。

包月钟点工的月薪一般是固定的，收费相对临时钟点工比较优惠。参见 "钟点工"。

标准化服务
biāozhǔnhuà fúwù

标准化服务指的是服务提供者在规定的时间内按统一的标准提供的服务。服务的标准通常由国家和行业主管部门制定并发布，内容包括服务时间、服务工作量、服务质量、服务价格、质量保证、服务管理、服务监督、服务投诉等。服务提供者通过标准化或规范化的管理制度、统一的技术标准、工作岗位和预定目标的设计及人员培训，向消费者提供统一、可追溯和可检验的重复性服务。

仓储服务
cāngchǔ fúwù

仓储服务是代办代购家庭服务机构接受客户订单并为客户采购好所需商品之后，在运送商品之前，为客户提供的暂时保管存放商品的服务。仓储服务的流程必须严格遵守国家相关法规和企业制定的规章制度，将客户采购的商品存放在具有防火防盗设施，并满足通风、防水、卫生等基本条件的场所中，以确保客户财产安全。

产学研一体化
chǎnxuéyán yītǐhuà

产学研一体化，即产业、学校、科

研机构相互配合，发挥各自优势，形成强大的研究、开发、生产一体化的先进系统并在运行过程中体现出综合优势。产学研一体化是境外各类高校家政专业的主要办学方式和特点。例如在菲律宾，很多高校的家政院系都有自己的研究机构，有固定的校外实训基地，有的还拥有校企合作建立起来的实体，包括养老院、幼儿园、医院、酒店、餐厅、食品加工厂等。

程序化管理
chéngxùhuà guǎnlǐ

程序化管理，又称为流程再设计，是指企业根据其运营、岗位流程，对其管理模式进行流程化调整，以达到工作流程和生产率最优化的目的。企业的管理流程再造需要对战略、增值运营流程，以及系统、政策、组织结构的快速、彻底、急剧地重塑，并通过这种反复重塑的流程再造，把工作失误降到最低限度。程序化管理强调岗位工作者必须严格按流程操作，不能有随意性。参见"标准化服务"。

持续改进
chíxù gǎijìn

持续改进是一种提升企业满足客户需求的能力的活动，具有循环往复的性质。

初级家政服务员
chūjíjiāzhèng fúwùyuán

初级家政服务员是家政服务员国家职业标准所划分的三个职业等级之一，等同于国家职业资格五级。初级家政服务员的基本工作范围包括制作主食、烹饪菜肴、清洁家居、清洁家具及用品、洗涤衣物、衣物摆放、照料孕妇、照料产妇、照料婴幼儿、照料老年人、护理病人。由我国人力资源和社会保障部所制定的《家政服务员国家职业标准（2006 年修订）》对上述服务的标准作了明确的规定。

从业资格
cóngyè zīgé

从业资格是指由政府相关部门对于从事某些职业的机构或者人员的相关能力水平的认定。例如，国家标准委员会于 2015 年发布的《家政服务母婴生活护理服务质量规范》GB/T 31771—2015 将母婴护理服务划分为六个等级，并对不同等级的母婴护理员规定从业资格，以保证母婴护理服务的质量。

代办代购服务
dàibàndàigòu fúwù

代办代购服务是指家庭服务机构根据客户授权所提供的事项代办、商品代购等个性化服务。

代办代购服务合同
dàibàndàigòu fúwùhétóng

代办代购服务是代办代购服务机构与客户或家政服务人员之间经依法协商达成的约定；代购代办合同明确规定了服务内容、服务范围、服务期限、收费标准、赔偿条例等条款，能够为未来可能产生的突发事件或纠纷提供处理依据。参见"代办代购服务"、"代办代购家庭服务机构"。

代办代购家庭服务机构
dàibàndàigòu jiātíngfúwùjīgòu

　　代办代购服务机构指依法设立的从事提供代办代购服务的企业或者个体经营组织。参见"代办代购服务"。

定制式服务
dìngzhìshì fúwù

　　定制式服务指家政服务机构或人员按照家政服务事项的合同约定，根据顾客需求提供的个性化家政服务的行为。

多元化经营
duōyuánhuà jīngyíng

　　多元化经营又称"多角经营"、"多元化发展"，是指企业在继续以现有产品面向现有顾客开展经营的同时，进一步介入其他新业务领域的经营方式。通过开发自己此前不曾生产或提供的新产品，去满足某些自己此前不曾经营的新市场的需要。如果运用得当，多元化经营可以帮助家政服务企业良性发展。

非营利组织
fēiyínglì zǔzhī

　　非营利组织通常是指不以营利为目的而关注于特定的或普遍的公众、公益事业的民间团体。非营利组织的基本特点包括：1. 组织性；2. 民间性；3. 非营利性；4. 自治性；5. 志愿性等。

菲佣
fēiyòng

　　菲佣的全称是"菲律宾女佣"，通常是指从菲律宾赴海外务工的家政服务人员。在家政行业中，"菲佣"可以算得上是一个知名品牌。在家政劳务市场上，菲佣的竞争优势体现于：1. 会说英语；2. 性格温顺、易于适应异域文化；3. 受到过良好的家政服务训练，服务比较专业。

夫妻家政
fūqī jiāzhèng

　　夫妻家政是指由一对夫妇组成的家政服务团队，丈夫和妻子分别在这个团队中承担不同角色。夫妻家政团队一般居住在客户物业中，并承担不同的工作岗位或职责，如：物业经理、护理员、保洁员、司机、厨师等；也可居住在客户物业之外，共同管理经营一个服务团队，并为客户提供家庭保洁或其他种类的家政服务。

服务保证
fúwù bǎozhèng

　　服务保证是服务提供者就自身服务质量向客户做出的服务承诺，其内容通常包括：1. 服务内容，2. 服务范围，3. 服务效果等。当服务达不到承诺的标准时，服务公司需要做出的相应补偿或赔偿。服务保证是一种有效的促销手段。此外，服务保证还可以增加透明度，并帮助降低顾客在购买服务项目时的风险。

服务标准化
fúwù biāozhǔnhuà

　　见"标准化服务"。

服务补救
fúwù bǔjiù

　　服务补救是指服务提供方在服务出

现失误或错误的情况下，对顾客的不满和抱怨所采取的补救性或应对性措施。服务补救的目的是通过这些措施，重新建立起顾客的信任感和忠诚度。

服务档案管理
fúwù dàngànguǎnlǐ

服务档案管理是家政服务管理人员将服务过程中形成的文件、记录、协议或合同等汇总、分类归档。需要注意的是，服务档案可能会涉及客户隐私，应制定并遵守客户隐私保密规章制度。

服务跟踪管理
fúwù gēnzōngguǎnlǐ

服务跟踪管理是家政服务机构为保证其服务质量，对其服务所做进一步的跟进和回访。服务跟踪管理的主要内容包括：1. 建立完善的客户信息档案；2. 建立完善的家政服务人员信息档案；3. 确定跟踪服务时间：第一次回访时间在 10 天以内，以后每 30 天回访一次；4. 采取电话、社交媒体、书面、面谈等多种方式进行跟踪；5. 在 3 天内应回复客户有关服务方面的问题；6. 记录消费者信息反馈及跟踪处理情况，并将相关信息及时通报客户；7. 在与客户沟通时，不仅需要迅速、准确、可靠，而且还应当注意保护客户的隐私。参见"服务回访"。

服务关系
fúwù guānxì

服务关系是由服务的提供方与接受方构成，即家政服务机构或服务人员与客户之间建立的关系。服务关系直接影响到服务的过程与质量。因此，家政服务人员与客户之间建立一个良好、真挚的服务关系是非常重要的。在服务关系中，服务双方必须定位正确，以免出现各种误会。参见"客户关系管理"。

服务管理记录
fúwù guǎnlǐjìlù

服务管理记录是家政服务公司用于记录并管理其服务项目的原始委托信息及服务约定的文件。保存好一定时期内的服务管理记录不仅有助于记录相关的服务过程和客户信息，还可以帮助解决与客户之间可能产生的疑问和纠纷。服务管理记录包括：客户资料记录、客户意见反馈记录、客户投诉处理意见、服务派工单等。

服务回访
fúwù huífǎng

服务回访是家政服务企业或机构按家政服务合同的要求，对顾客和家政服务人员进行定期或不定期的走访。回访的目的是更好地了解顾客满意度以及家政服务人员的工作情况，为改善和提高服务质量收集信息。参见"服务跟踪管理"。

服务技能矩阵
fúwùjìnéng jǔzhèn

服务技能矩阵是美国斯塔基国际家政学院创造的对服务技能进行评估的一种方式。具体做法是通过使用合理排序组合的矩阵，来识别并评估整个服务团队的技能和每个服务标准的特定资格。服务技能矩阵可以有效地展示整个团队的技能，帮助每个成员了解其团队需要多少不同的技能、专业知识以及如何协同合作。服务技能矩阵通常以表格形式来体现。

服务接口
fúwù jiēkǒu

服务接口是按照一定的规范和标准，支持不同家政服务信息平台或者系统之间进行业务交互的信息技术。

服务结构
fúwù jiégòu

服务结构通常是指在家政服务中，家政服务机构、服务团队与客户家庭共同建立的长期而默契的服务执行体系。服务结构可以帮助制定恰当的服务标准和流程，以便更好地满足客户对于服务的期望。家政服务机构需要不断与客户及其服务团队交换意见、了解客户的家庭历史和喜好，并通过这些工作让家政服务的各个领域，例如膳食制作、家务操持等变得更加有序、流畅，达到客户的预期。

服务界限
fúwù jièxiàn

服务界限是指家政服务人员在为客户家庭提供服务时，所确定的不能或者不应该涉及的领域，常见于国外家政行业。服务界限主要包括：1. 不要与客户的家庭发展过于亲密的关系；2. 不去窥探、传播客户的个人隐私；3. 不干涉客户的家庭事务；4. 不要利用客户的资源为自己谋利等。明确服务的界限对建立、维持一个和谐、稳定的服务关系十分重要，同时这也会为家政服务提供方树立良好的口碑。

服务量化
fúwù liànghuà

服务量化是家政服务的量化标准，即家政服务人员所需提供的服务的次数或频率。例如，服务人员每日制作家庭餐的次数、每日家庭保洁所需清洁的面积、家庭采购的频率、每周工作的天数、每天工作的时间等。服务量化一般是在与客户进行沟通协商确定后，通过服务合同加以确认。服务量化是衡量家政服务质量的重要指标之一。

服务流程
fúwù liúchéng

服务流程是指服务人员在为家庭提供家政服务时所制定的一种有助于提高工作效率的计划，通常包含多个服务步骤，并涉及人与物品两大类因素。服务流程的制定需要家政服务人员充分了解客户住宅的整体情况，例如，房屋的实体结构、清洁分区、相关工具的存放位置、家庭成员的日程安排等，并通过合理地规划服务执行流程，使服务能够一次到位。家政服务人员可以通过了解客户家庭来进一步优化服务流程。合理的服务流程规划可以有效地避免重复劳动或打扰客户家庭。在服务流程中发生的服务活动行为可以是有形的，也可以是无形的。参见"分区"、"家务工作计划"。

服务派工单
fúwù pàigōngdān

服务派工单是家政服务机构向家政服务人员派发的服务指令凭据。服务派工单是最基本的家政服务凭证，可以帮助企业检查服务进度、控制服务质量。服务派工单的内容一般包括：1. 家政服务人员的姓名或工号；2. 服务人员进出客户家庭的时间；3. 客户家庭的地址和联系方式；4. 服务的内容；5. 客户的要求、反馈意见及签名等。参见"服务管理记录"。

服务期望
fúwù qīwàng

服务期望是指顾客对其所受到的服务水平的满意度或者期望值。

服务人员管理
fúwùrényuán guǎnlǐ

服务人员管理包括制定服务人员管理制度，按管理制度对服务人员进行工作分工、质量监督、业务培训、后期奖惩、心理沟通等。

服务人员信息登记
fúwùrényuán xìnxīdēngjì

服务人员信息登记是服务机构对其服务人员进行个人信息登记的过程。家政服务人员一般需在上岗前提交完整真实的个人资料。登记所需材料主要包括身份证、个人近期照片、健康证明、联络信息、介绍人信息、工作经验证明、相关技能证书及材料的复印件等。

服务时长标准
fúwùshícháng biāozhǔn

服务时长标准是一套衡量家政服务时长的标准，即根据家政从业者普遍经验得出的在服务人员人数确定的情况下完成某一项家政服务所需的服务时长。例如，一名家政服务人员为一个四口之家准备家庭餐的所需时间（包括前期准备、烹饪、餐后清洁）约为两小时；又如，在有洗衣机、烘干机的情况下，完成一次洗衣、烘干工作的时间约为 1 小时 40 分钟，烫熨一件男士衬衫的时间约为 15 分钟等。了解家政服务时长标准可以帮助家政服务人员合理安排家务工作计划，并有效地管理时间。由于家政服务时长标准一般由个人长期的服务经验得出。因此，并不是一个明确的时间数值，而是一个大致的时间预计。

服务文化
fúwù wénhuà

服务文化是指家政服务企业在服务过程中所形成的体现企业的服务特色、服务水平和服务质量的各种服务理念、服务观念的总和。形成良好的服务文化对于家政企业的经营和发展具有导向功能，有助于提升企业竞争力，激励员工。服务文化具有人本性、开放性、创新性、稳定性、社会性等特征。

服务项目
fúwù xiàngmù

服务项目是指家政服务人员或家政服务企业为客户提供的服务产品，通常包括保洁服务、家庭烹饪、衣物洗熨、家庭护理等。服务项目的多样化、系列化、多层次化已成为现代化服务企业的重要特点之一。服务项目的创新、增加或减少，受制于企业自身物质条件的具体状况。因此，服务企业应从市场竞争及自身物质条件特点出发，选择并改进服务项目。

服务效率
fúwù xiàolù

服务效率是衡量服务水平高低的标准之一，能够帮助服务人员把握服务节奏。评估服务效率时，应该充分考虑服务资源的投入、服务效果产出的比率以及服务资源分配的有效性。在强调服务效率的同时，也应该考虑到客户的利益及实际需求。

服务意识
fúwù yìshí

服务意识通常指服务人员在与客户交往中所体现的为其提供热情、周到、主动的服务的意愿和意识。理想的服务意识是发自服务人员内心的，甚至是一种本能和习惯。服务意识可以通过培养、教育训练形成。

服务质量
fúwù zhìliàng

服务质量是家政服务机构和个人根据合同约定，能够满足顾客需求的一种固有特性。服务质量也可以被用来描述其满足顾客特定需求的某种程度。

服务质量标准
fúwù zhìliàngbiāozhǔn

服务质量标准是家政服务人员服务时所需达到的最低质量水平，一般由家政服务提供方制定。在制定服务质量标准时一般要考虑到客户的要求及个性喜好，以及服务的完成时间和完成方式。家政服务提供方可根据服务内容的不同制订相应的服务质量标准，如家庭管理、家务操持、保洁、膳食烹饪、衣物洗熨、家宴、家庭园艺、物业维护、出行策划、家庭护理、家庭宠物饲养服务质量标准等。参见"服务质量标准调整"。

服务质量标准调整
fúwùzhìliàng biāozhǔntiáozhěng

服务质量标准的调整是指在客户使用服务一段时间后，服务提供方通过与客户及服务人员沟通，重新商定并达成新的服务质量标准的过程。参见"服务质量标准"。

服务专业术语
fúwù zhuānyèshùyǔ

服务专用术语是指对在服务项目、服务内容以及各类服务专业中出现的各种名称的习惯性称谓或通常叫法。熟练掌握应用服务专业术语可以体现出家政服务人员的业务水平和专业知识，并且可帮助他们与客户有效地沟通。

岗前培训
gǎngqián péixùn

岗前培训是指家政服务人员在上岗工作前所接受的培训。培训内容应主要包括家政服务人员的职业道德、行为规范，基本的法律法规、安全、卫生知识，以及家政服务所需的知识和技能等。参见"岗中培训"。

岗前资料核实
gǎngqián zīliàohéshí

岗前资料核实指的是家政服务机

构在派遣服务人员提供上门服务时，分析其技能、特征及工作态度，再根据客户的服务需求和特征确定合适的人选并将其个人信息交由客户审核的过程，目的是确保客户放心和满意。需要核实的服务人员信息主要包括：1. 家政服务人员的身份证明材料；2. 家政服务人员上岗前经过系统培训的合格证书；3. 家政服务人员上岗前体检并取得的健康证明等。参见"服务人员信息登记"。

岗中培训
gǎngzhōng péixùn

岗中培训指的是家政服务人员在岗期间所接受的培训，其目的是提高并改善服务质量。岗中培训的内容包括：1. 对现有服务人员的业绩和服务质量进行分析、比较和诊断；2. 找出其中的问题；3. 找出解决问题的方法。参见"岗前培训"。

个性化服务
gèxìnghuà fúwù

见"定制式服务"。

公共服务
gōnggòng fúwù

公共服务是通过国家权力介入或公共资源投入，为公众提供的服务。公共服务可以根据其内容和形式分为基础公共服务，经济公共服务，公共安全服务和社会公共服务。基础公共服务是指为公民及其组织（如：企业等）提供从事生产、生活、发展和娱乐等活动所需的基础性服务，如水、电、气，交通与通讯基础设施，邮电与气象服务等。经济公共服务是指为公民及其组织从事经济发展活动所提供的各种服务；如科技推广、咨询服务及政策性信贷等。公共安全服务是为公民提供的安全服务；如军队、警察和消防等服务。社会公共服务则是指为满足公民的社会发展需要所提供的服务，其领域涵盖了教育、科学普及、医疗卫生、社会保障以及环境保护等。社会公共服务包括公办教育、公办医疗、公办社会福利等。

供需对接
gòngxū duìjiē

供需对接是指产品或者服务的供应方和需求方通过某种平台和方式进行信息交流与互动，帮助满足供需双方各自的需要。

顾客
gùkè

接受服务的对象通常被称为顾客，与客户不同，顾客不一定购买商品，但有可能成为潜在的客户。

顾客满意度
gùkè mǎnyìdù

顾客满意度一般指顾客期望值与顾客体验的匹配程度，即顾客通过对家政服务效果的体验与其期望值相比较后得出的指数。

顾客面谈
gùkè miàntán

顾客面谈是指家政服务组织安排其推荐的家政服务人员与顾客见面，并通过面对面交流，相互了解后，由双方决定是否签约的过程。顾客面谈是当前广泛采用的家政服务流程之一。

雇主
gùzhǔ

雇主是指以支付工资或者一定费用的形式雇用其他人为其工作的人。

管理标准
guǎnlǐ biāozhǔn

管理标准是家政服务质量标准中的一个重要部分，一般由家政服务管理人员根据客户家庭的需求制定而成，用于订制式服务中。设定管理标准的内容，通常包括建立合适的服务结构及服务流程、监督家政服务团队的工作、与客户沟通从而满足他们对服务的期望，在允许的范围内选择并管理供应商等。参见"服务质量标准"、"服务结构"、"服务流程"。

管理职能
guǎnlǐ zhínéng

管理职能，亦称管理功能，是指管理人员在管理活动中应当承担和可能完成的基本任务。一般来说，管理必须履行五种职能，即计划、组织、指挥、协调和控制。家政服务机构管理人员的管理职能可分为：1. 行政管理职能，如公文处理、印章管理等；2. 人力资源管理职能，如员工招聘、员工培训等；3. 家政服务管理职能，如服务人员派遣、服务合同签订等。

规章制度
guīzhāng zhìdù

见"企业管理制度"。

国家职业资格证书制度
guójiāzhíyè zīgézhèngshū zhìdù

见"职业资格证书制度"。

行业标准
hángyè biāozhǔn

行业标准是政府相关部门根据不同的行业所制定的标准，以利于行业的发展和管理。根据《中华人民共和国标准化法》的规定：由我国各主管部、委（局）批准发布，在该部门范围内统一使用的标准，称为行业标准。例如：机械、电子、建筑、化工、冶金、轻工、纺织、交通、能源、农业、林业、水利等，都制定有行业标准。对没有国家标准而又需要在全国行业范围内统一的技术要求，可以由企业制定行业标准，作为制定行业标准的核心力量，企业自身的实力到头重要，一方面，企业要有核心技术的研发能力，另一方面企业自身在整个行业内的领先优势以及影响力也至关重要。

呼叫中心
hūjiào zhōngxīn

呼叫中心是一种基于计算机电话集成技术，应用语音系统为客户提供即时响应的综合信息服务系统。

会员制管理
huìyuánzhì guǎnlǐ

会员制管理是目前我国家政服务企业常见的三种运营模式之一，其他两种分别为员工制和中介制。会员制的服务合同是由服务人员和客户签订，约定双方权利、义务，家政服务企业不是服务合同的主体，只起见证人的作用。其管理方式为：1. 服务人员在家政服务企业登记注册为会员后，由家政服务企业负责为其介绍工作，会员每年交纳一定数额的会员费；2. 会员在原雇主家服务期满或终止服务后，由家政服务企业为其重新安排工作；3. 会员的工资由客户直接付给会员，家政服务企业不再另外收取费用；4. 家政服务企业不承担任何由会员给客户造成的损失，客户与会员之间的纠纷由其自主解决，家政服务企业可予以协助；5. 家政服务企业不承担保险责任，由客户决定是否为会员购买商业保险。参见"员工制管理"、"中介制管理"。

婚姻家庭咨询师
hūnyīn jiātíngzīxúnshī

婚姻家庭咨询师是为在恋爱、婚姻、家庭生活中遇到各种问题的求助者提供咨询服务的人员。婚姻家庭咨询师的主要工作内容为：1. 帮助有情感困惑的单身男女解答其困扰，帮助未婚者减轻婚前恐惧，并对其婚后生活问题进行预防指导；2. 专业的婚姻及家庭心理测试；3. 帮助夫妻调节婚姻关系，对婚姻面临破裂者提供辅导与咨询；4. 帮助调节其他不融洽的家庭关系；5. 指导儿童的家庭教育等。

计时工
jìshígōng

见"钟点工"。

计时制
jìshízhì

计时制是一种按照服务时间多少来收取报酬的雇工方式。参见"家庭钟点工"、"钟点工"。

计算机文字录入
jìsuànjī wénzìlùrù

计算机文字录入是指通过使用计算机相关的应用软件（如即时通讯软件、文字处理软件等）和输入法录入文字的过程。根据《家政服务员国家职业标准（2006 年修订）》规定，高级家政服务员应懂得使用相关家庭办公设备，并能够使用计算机进行简单的文字录入工作。参见"文本编辑"。

家庭服务行业
jiātíng fúwùhángyè

见"家庭服务业"。

家庭服务机构
jiātíng fúwùjīgòu

家庭服务机构是指依法设立的从事家庭服务经营活动的企业、事业、民办非企业单位和个体经济组织等；不包括政府部门、非政府组织设立的非营利目的的家庭服务组织。

家庭服务业
jiātíng fúwùyè

家庭服务业是以家庭为服务对象，向家庭提供各类劳务，满足家庭生活需求的服务行业。家庭服务业的服务范围可包括：家政服务、病患陪护服务、养老服务、部分社区服务、家庭外派委托服务、家庭特色专业服务等。

家庭特色服务
jiātíng tèsèfúwù

家庭特色服务是指应用专门知识、技能或专业化的实践经验，根据家庭需求向其提供在某一领域内的特殊服务，知识含量、科技含量和智力密集型程度较高。家庭特色服务的提供者是少数专业人士，往往具有较高学历或丰富的培训、工作经历，是某领域的专门人才。如月嫂、育婴师、家庭教师、家庭医生、家庭顾问、专业陪聊、家政咨询师等。

家庭钟点工
jiātíng zhōngdiǎngōng

家庭钟点工是进入家庭的按小时收取报酬的家政服务人员，有时也被称为小时工。见"钟点工"。

家政
jiāzhèng

家政是指服务组织与家庭之间以良性互动为纽带，以改善或提高家庭生活质量为目标，按照服务提供方与服务接受方约定的事项，综合运用相关知识和业务技能对家庭生活进行科学的规划与管理，采取相应的措施与方法保证目标的实现。参见"家政服务"。

家政保险
jiāzhèng bǎoxiǎn

家政保险也称作家政服务保险，家政服务综合保险。该保险目的是为了化解雇主和家政服务人员在家政服务过程中发生意外伤害事故的风险。

家政服务
jiāzhèng fúwù

家政服务是以家庭为服务对象，按照与顾客约定的服务事项，满足顾客服务需求的行为过程。家政服务是将部分家庭事务社会化、职业化、市场化，属于民生范畴，一般由社会专业机构、社区机构、家政服务公司、专业家政服务人员等来承担。家政服务的范围包括一般家务、看护婴幼儿、护理产妇与新生儿、护理老年人、照顾病人、家庭教育、家庭理财、家庭助手、家庭维修、家庭保安、陪伴、管家等，其目的是提高家庭生活质量并以此促进家庭在整个社会中的和谐发展。

家政服务标准体系
jiāzhèngfúwù biāozhǔntǐxì

家政服务标准体系是家政服务相关标准按其内在联系形成的科学有机整体，也是家政服务业中针对各种家政服务所设立的标准。制定家政服务标准是以为各类家政服务公司及服务人员提供有章可循的规范，最终实现改善或者提高服务质量为目的。

家政服务工程
jiāzhèngfúwù gōngchéng

家政服务工程是为了贯彻落实《国务院关于做好当前形势下就业工作的通知》（国发〔2009〕4号）和《国务院办公厅关于搞活流通扩大消费的意见》（国办发〔2008〕134号）精神，进一步促进家政服务就业，扩大家政服务消费，由商务部、财政部、全国总工会于 2009 年开始实施的一项工程。其主要内容为：运用财政资金支持开展家政服务人员培训、供需对接、从业保障等工作，扶持城镇下岗失业人员、农民工从事家政服务。"家政服务工程"是一项服务民生、扩大消费、促进就业的工程，它可以缓解当前严峻的就业形势，同时也可以解决目前家政服务队伍素质不高，服务不规范、不到位，适合市场需求的服务人员不足等问题。

家政服务顾客数据
jiāzhèngfúwù gùkèshùjù

家政服务顾客数据是描述顾客基本情况、信用记录及兴趣爱好等基本情况的信息单元。参见"客户个人喜好"。

家政服务管理系统
jiāzhèngfúwù guǎnlǐxìtǒng

家政服务管理系统是家政服务公司用于管理公司业务（如派工，服务标准及员工、客户和供应商信息等）的各个方面而使用的一套信息管理系统。其功能通常包括信息录入及管理、派发任务、预警提醒等。家政服务管理系统能够有效地整合各地区、各部门的资源，帮助家政服务企业优化服务管理流程，统一服务标准，提高工作效率，并降低服务管理成本。

家政服务合同
jiāzhèngfúwù hétóng

家政服务合同是顾客与家政服务机构或服务人员之间，经协商一致达成的关于权利和义务的协议。

家政服务基础数据
jiāzhèngfúwù jīchǔshùjù

家政服务基础数据是描述家政服务组织内设机构职能职责、工作人员以及所在社区的人口、民风民俗、服务网点等基本情况的信息单元。

家政服务流程
jiāzhèngfúwù liúchéng

家政服务流程是家政服务行为过程中的方法和程序。参见"业务流程"。

家政服务人员上岗程序
jiāzhèngfúwù rényuán shànggǎng chéngxù

家政服务人员上岗程序是家政公司在为确保向客户提供安全可靠的服务的基础上建立的服务人员上岗流程和规则，其主要内容包括上岗前的资料核实、上门服务的安排、各类服务（住家服务、钟点服务、客户保洁等）的管理、服务质量的跟踪管理等。参见"岗前资料核实"、"服务跟踪管理"。

家政服务体系
jiāzhèngfúwù tǐxì

家政服务体系是由家政服务业相关的组织、服务与人员按市场规律构成的科学有机整体。

家政服务信息平台
jiāzhèngfúwù xìnxīpíngtái

家政服务信息平台是指支持不同家政服务组织业务信息系统数据交换与资源共享的网络系统。

家政服务业
jiāzhèng fúwùyè

家政服务业是指以家庭为服务对象，按照与顾客约定的服务事项，满足顾客需求的服务行业。

家政服务业通用术语
jiāzhèngfúwùyè tōngyòngshùyǔ

《家政服务业通用术语》是由中华人民共和国商务部发布的一项国内贸易行业标准，该标准对家政服务行业的服务流程、服务方式、服务项目、服务组织和从业人员等方面作了一定的规范。

家政服务业务数据
jiāzhèngfúwù yèwùshùjù

家政服务业务数据是指描述客户需求、家政服务员派遣、家政服务内容与流程、客户满意度反馈与整改等基本情况的信息单元。

家政服务员
jiāzhèn fúwùyuán

家政服务员是指取得相关资质，可直接为顾客提供家政服务的人员。

家政服务员国家职业标准
jiāzhèngfúwùyuán guójiā zhíyè biāozhǔn

《家政服务员国家职业标准》是为了规范我国家家政从业者活动范围、工作内容、技能要求和知识水平的标准性文件，于 2000 年 8 月由劳动和社会保障部首次颁布，2006 年、2013 年又在其基础性上修订了两次。此标准将家政从业者分为初、中、高三个等级，并从职业概述（职业名称、职业定义、职业等级、职业环境条件、职业能力特征、基本文化程度、培训要求、鉴定要求）、基本要求（职业道德、基础知识、安全知识）、工作内容（初级、中级、高级）和鉴定比重四个方面对每个等级都提出了要求。

家政服务职业经理人
jiāzhèngfúwù zhíyè jīnglǐrén

家政服务职业经理人是家政服务企业或机构中的主要管理人员，其主要任务为执行公司高层的指示，管理、运作公司。其工作内容以管理为主，包括人员管理、业务管理、投诉管理、合同管理、财务管理等。管理能力、沟通能力和执行能力为家政服务职业经理人的必备素质。

家政服务质量监督
jiāzhèngfúwù zhìliàngjiāndū

家政服务质量监督是家政服务企业对其所提供服务质量的售后监督，以达到提升服务水平，改善与客户关系的目的。家政服务质量监督的主要内容包括：服务人员自我评定、客户跟踪回访、服务评价、绩效考核等。家政服务质量监督体系的构建须以服务鉴定、考核标准的制定和信息化管理系统建设为基础，并需要获得消费者的配合。参见"服务跟踪管理"、"服务回访"。

家政服务中介机构
jiāzhèngfúwù zhōngjièjīgòu

家政服务中介机构是指依法取得

从业资质，向顾客提供家政中间代理服务的机构。参见"中介制管理"。

家政服务组织
jiāzhèngfúwù zǔzhī

家政服务组织是指依法设立的从事家政服务经营活动的企业、事业、民办非企业单位和个体经济组织等。

家政高等教育
jiāzhèng gāoděng jiàoyù

家政高等教育是指在高等教育机构中开设的与家政相关的专修科、本科和研究生专业教育课程。2012 年，教育部首次把家政学专业作为特设专业列入我国普通高等学校本科专业新目录。参见"家政学"。

家政经理
jiāzhèng jīnglǐ

见"家政服务职业经理人"。

家政连锁加盟
jiāzhèng liánsuǒjiāméng

见"特许经营"。

家政学
jiāzhèngxué

家政学的研究对象是家庭生活，其目的是改善家庭物质生活、文化生活和伦理生活。家政学着重研究现代家庭生活各方面的经营和管理，指导家庭生活科学化。狭义上说，家政学可以称为家庭管理学或家庭生活学。广义上说，它包括许多专门学科和技艺：家政学原理、家庭经营、家庭关系、家庭经济学、消费者心理、社会福利、簿记、生活科学、农村问题、被服材料学、被服构成学、服饰美学、色彩学、染色加工学、营养学、食品学、家庭机械学、育儿学、家庭看护学、家庭教育学、秘书事务学、家庭园艺、家庭交往等。

家政职业教育
jiāzhèng zhíyèjiāoyù

见"职业培训"。

家政专业课程体系
jiāzhèngzhuānyè kèchéngtǐxì

家政本科专业课程体系基本包括四大板块：公共通识课程、学科通识课程、专业教育课程、实践训练课程。公共通识课程包括由国家指定统一开设的课程，也包括学校根据自身办学定位确定的具有学校特色的素质教育课程；其内容通常包括思想素质课程、身体素质课程、文化素质课程和学校特色课程。学科通识课程是针对学科门类开设的旨在奠定基本基础的课程，一般包括：1. 学科基础课程，如计算机、社会学；2. 学科大类通识课程，如社会调查方法、社会心理学、统计学。专业教育课程是体现家政学专业特点的课程，如消费科学、营养学、食品加工、家庭经济、室内设计、服装设计、管理学、心理学、家庭生活实用技能等。实践训练课程则包括课程实习、专业见习、毕业实习等几种类型，以培养学生所需的相关技术技能。

建档保存
jiàndàng bǎocún

建档保存是指家政服务组织将

管理及服务过程中形成的文件（如：协议、合同、记录等）及时分类、汇总并建档保存的过程。家政服务组织应建立专门的部门或指定专人负责建立客户及员工档案，并汇总资料。记录的客户资料可包括姓名、相关证件类型及号码、工作单位、家庭住址、联系方式、身体状况、生活习惯等信息。家政服务人员档案可包括姓名、性别、年龄、身体状况、联系方式、管辖派出所、身份证号码、相关家政服务从业经验、家政服务相关培训情况、家庭主要成员、紧急联系人等信息。

健康证
jiànkāngzhèng

健康证即健康检查证明，按照我国《食品安全法》、《公共场所卫生管理条例》等法规，从事食品生产经营，公共场所服务，化妆品、一次性医疗卫生用品等专业生产，有毒、有害、放射性作业，幼托机构保育这五大行业的相关人员必须拥有健康证。主要涉及痢疾、伤寒、活动期肺结核、传染性皮肤病和其他有传染性的疾病的检查。目的是为了防止传染病传播，维护公共健康。

精细化管理
jīngxìhuà guǎnlǐ

精细化管理是对战略和目标分解细化为具体的数字、程序和责任并加以落实的管理过程。家政服务机构的精细化管理主要通过管理制度化、人员分工细致化、业务流程化和作业标准化来达到。

客户个人喜好
kèhù gèrénxǐhǎo

客户个人喜好是客户及其家庭中的成员对生活中的各个事物和活动在个人情感上的喜欢及厌恶，包括饮食及休闲娱乐活动的喜好等。通过了解客户的个人喜好，家政服务人员可以更好地掌握客户的生活方式和实际需要，并据此对家务工作设定适当的标准，做出合理的安排，以构建一个令客户满意的生活环境。需要注意的是，观察及了解客户的个人喜好并对服务做出改善需要花费较长时间。因此，客户个人喜好的概念更适用于长期的服务关系。在短期的服务关系中（如钟点工），客户个人喜好通常以"客户要求"的形式在服务派工单中呈现。

客户关系管理
kèhù guānxìguǎnlǐ

客户关系管理是一种以关系营销理论为基础，以现代信息技术为手段，针对不同类别的客户进行有针对性的整合营销沟通的管理策略及活动。客户关系管理的核心思想是将客户作为重要的企业资源，其目标是满足客户各自的个性化需求，从而提高客户的满意度与忠诚度，并以此提升企业的可持续盈利能力。

客户投诉
kèhù tóusù

客户投诉是客户为维护自身合法权益而对产品或服务质量提出的负面反馈。客户投诉可以通过随机提交的方式，也可以根据公司规定的程序来完成。当产生纠纷时，客户可能会向服务提供方或相关管理部门反映或投诉，其目的在于维护其自身合法权益。对服务提供方而言，科学有效地管理和处理客户投诉是提升服务质量和消费者满意程度的重要方法之一。

客户投诉处理
kèhù tóusùchùlǐ

客户投诉处理指的是服务提供方的管理人员在接到客户意见反馈或投诉之后，针对客户提出的问题，基于事实调查和本企业运营的具体情况，解决纠纷、切实处理问题的过程。客户投诉处理为家政服务业常见的服务管理内容之一。参见"客户投诉"。

客户意见反馈表
kèhùyìjiàn fǎnkuìbiǎo

客户意见反馈表是客户对服务质量进行反馈的一种表格，通常由服务机构提供。客户意见反馈表包括对服务各方面的质量评估，评估内容一般以选项形式列出，供客户勾选，并留出空间以便客户阐述其他意见或建议。客户意见反馈表为家政服务机构常见的服务记录之一。

客户资料登记表
kèhùzīliào dēngjìbiǎo

客户资料登记表指的是家政服务机构对客户的信息进行登记录入时所使用的表格，主要包括客户基本信息，例如，客户编号、客户姓名、性别、年龄、家庭人口和关系、家庭地址、联系电话等；以及客户的需求，如客户所需服务类型、服务要求及其他定制服务需求等。客户资料登记表为家政服务机构常见的服务记录之一。

劳动保护
láodòng bǎohù

广义的劳动保护是对劳动者在劳动法律关系中所应享有的权利和利益的保护。主要包括劳动权的保护、劳动报酬的保障、劳动安全与卫生、保险福利待遇等法律规范。狭义的劳动保护是对劳动者在生产（工作）过程中的安全和健康的保护。主要包括改善劳动条件、预防工伤事故和职业病、保证休息时间和休假、对女职工和未成年人的特殊保护、劳动保护的管理与监察等法律规范。劳动法中的劳动保护是基于劳动法律关系而产生的劳动保护关系，不同于社会上一般的安全、防病及卫生保健工作。

劳动合同
láodòng hétóng

劳动合同，又称"劳动契约"、"劳动协议"，指的是劳动者和用人单位之间确立劳动关系、明确双方责任、义务和权利的协议。依照国家政策、法规和平等自愿协商一致的原则，劳动者与用人单位订立劳动合同，成为用人单位的成员，承担某一工作或者职务，遵守单位内部的劳动规则；用人单位则向劳动者支付劳动报酬，并根据劳动法规和双方协议提供各种劳动条件和保险、福利待遇。劳动合同的内容应包括：劳动者的职责和工作指标要求；工作生产条件；劳动报酬、福利待遇及保险；试用期期限和合同期限；劳动纪律及违反劳动合同应当承担的责任等。劳动合同的几种常见的形式有：合同制工人劳动合同、临时工劳动合同、季节工劳动合同等。

劳动争议
láodòng zhēngyì

劳动争议，又称"劳动纠纷"，指的是劳动者和雇主之间因劳动的权利和义务问题引发的争议，主要包括以下几类：1. 因确认劳动关系发生的争议；2. 因订立、履行、变更、解除和终止劳动合同发生的争议；3. 因除名、辞退和辞职、离职发生的争议；4. 因工作时间、休息休假、社会保险、福利、培训以及劳动保护发生的争议；5. 因劳动报酬、工伤医疗费、经济补偿或者赔偿金等发生的争议；6. 法律、法规规定的其他劳动争议。劳动争议处理机构有劳动争议调解委员会、劳动争议仲裁委员会、人民法院。解决劳动争议的程序为协商、调解、仲裁和法院审判。

劳动争议调解委员会
láodòngzhēngyì tiáojiě wěiyuánhuì

劳动争议调解委员会指的是企业内部依法设立的独立调解本单位劳动争议的群众性组织。劳动法规定，在用人单位内，可以设立劳动争议调解委员会。劳动争议调解委员会由职工代表、用人单位代表和工会代表组成，主任由工会代表担任。在劳动争议发生时，劳动者可首先与用人单位协商。如无结果，可向劳动争议调解委员会寻求调解。若调解无效，则应向劳动争议仲裁委员会及法院寻求仲裁和法

院审判。参见"劳动争议"、"劳动争议仲裁委员会"。

劳动争议仲裁委员会
láodòngzhēngyì zhòngcái wěiyuánhuì

劳动争议仲裁委员会是根据国家有关法律法规建立的以仲裁方式解决劳动争议的机构，由劳动行政机关、工会组织、主管机关或者有关部门派出代表担任仲裁委员会委员，由劳动行政机关派出的委员担任主任。劳动争议仲裁委员会受理劳动争议当事人申请仲裁的案件。仲裁裁决后，制作仲裁决定书。如果争议一方对仲裁决定不服，可在法定期限内向人民法院提起诉讼，否则仲裁决定即发生法律效力。参见"劳动争议"、"劳动争议调解委员会"。

劳务派遣
láowù pàiqiǎn

劳务派遣也称"人才派遣"、"人才租赁"，是指由劳务派遣机构与被派遣的劳务人员订立劳动合同，并支付报酬，把劳务人员派向其他用工单位，再由用工单位向劳务派遣机构支付相关费用的一种用工形式。劳务派遣涉及派遣机构、被派遣的劳务人员和用工单位三方主体，其最显著的法律特征是劳动力的雇佣与使用相分离，即用人单位与租赁人员不发生人事隶属关系。

劳务输送
láowù shūsòng

见"劳务派遣"。

连锁经营
liánsuǒ jīngyíng

连锁经营是指在零售、餐饮及服务等行业中由两个或更多的零售商店或分店联合的经营活动。连锁经营店一般分为团体连锁店与自愿连锁店。团体连锁店是由同一个资本系统拥有和统一管理的两个或两个以上的零售商店构成的。它们在经营管理上实行统一化和标准化，在店铺装饰上也基本统一。团体连锁店的经营具有很多优势，较大的规模使它们能够以较低的价格购进大批量商品，并且可以雇用优秀管理人员来从事定价、促销、存货控制、销售量预测等方面的管理。团体连锁店制作广告的费用通过高销售量得到抵偿，并由各分店分摊。自愿连锁店是由批发商牵头组成的独立零售商店联盟，从事大量采购和共同销售业务。此外还有一种零售合作社，它是由一群独立的零售店自愿组成的集中采购组织，采取联合促销行动。参见"直营连锁"、"特许经营"。

评估
pínggū

评估是指家政服务机构在详细了解客户需求后，决定是否与客户签约的过程，属于家政服务流程之一。

企业管理制度
qǐyè guǎnlǐ zhìdù

企业管理制度是以文字的形式对企业各项管理工作和劳动操作要求所作的规定，是企业全体职工行动的规范和准则，其目的是规范企业自身建设、加强企业成本控制、维护工作秩序、提高工作效率、增加公司利润、增强企业品牌影响力。家政服务企业的管理制度大体可以划分为三类：1. 基本制度，即企业各层次、各系统、各部门、各岗位都要贯彻执行的一般制度，如：考勤制度、薪金管理制度等。2. 工作制度，即企业有关服务、经营等方面的各种管理工作制度，如计划管理制度、服务管理制度、质量管理制度等。3. 责任制度，即企业各级组织、各类人员的工作范围、标准、责任、权力及其报酬和奖惩等方面的制度，如岗位责任制、专业责任制等。

签约
qiānyuē

签约指的是家政服务组织、家政服务员和顾客达成一致后，签订家政服务合同的行为，签约完成后则从法律上确立服务关系和各方的权利和义务。

清洁专业培训
qīngjiézhuānyè péixùn

清洁专业培训是指家政服务组织或其他培训机构为规范居家保洁服务及其流程而提供的相应培训；一个完整的清洁培训体系，通常包括培训大纲、培训计划、培训教材及实操训练等。

人身意外伤害保险
rénshēnyìwài shānghàibǎoxiǎn

人身意外伤害保险简称"意外伤害保险"，是以被保险人的健康为标的，当被保险人在保险期间内遭受意外伤害，或因意外伤害而导致残疾或死亡时，保险人依保险合同的约定给付保险金的保险。

人员流动率
rényuán liúdònglù

人员流动率指的是一个组织在一定时间内某种人力资源变动人数与员工总数的比例，其类型包括向上流动（如晋升、越级晋升）、平行移动（如轮岗、平级调动）、人员流入（如人员招募）、人员流出（如人员损耗、离职、免职、资遣）等。一定的人员流动可促进人力资源的优化配置和受雇佣者个人价值的实现，形成社会竞争，激励企业优化和完善人事政策、分配制度、工作环境建设及企业管理水平，但过多的人员流动会对企业人才的稳定性、产品质量服务水平、企业风气和企业经济利益产生不利影响。

上岗证书
shànggǎng zhèngshū

上岗证书指的是专门从事某项工作的资格证明。随着经济的发展和社会的进步，社会对产品质量、服务质量、劳动者的素质和技能也提出了更高的要求。同时，为了保证生产经营活动的顺利进行，必须对准备上岗的劳动者进行专门的资格考试，从中遴选出合格者，并对其发给上岗证书。持有上岗证书的劳动者才有资格从事相应的工作。

涉外家庭
shèwài jiātíng

涉外家庭是指由外籍人员组成或家庭成员中含有外籍人员的单人或多人组成的在中国境内合法居留的家庭。

涉外家政服务
shèwài jiāzhèngfúwù

涉外家政服务是指由家政服务经营者提供的，以涉外家庭为服务对象的营利性服务活动。其内容包括家庭保洁、衣物洗涤、家庭餐制作、生活护理、育婴服务等家庭日常生活事务为主要服务内容。涉外家政服务人员应掌握的知识和技能包括：1. 英语或客户家庭所使用的外语；2. 客户家庭的文化传统和生活习俗；3. 相关涉外法律法规的知识；4. 常规家政服务技能，如家务操持、家庭餐制作、衣物洗涤、护理服务等；5. 应急救护知识等。在此基础之上，涉外家政服务人员还可掌握如茶艺、插花、汉语教学、营养学、心理学等更高层次的知识，为涉外家庭客户提供更优质的服务。参见"涉外家庭"。

身份认证
shēnfèn rènzhèng

身份认证是一种保证家政信息平台的使用安全和客户信息安全的技术措施，其方法是对进入和使用家政服务信息平台的人员进行身份确认。

数据接口
shùjù jiēkǒu

数据接口是指按照一定的规范和标准，使家政服务相关数据能够便捷交换与资源整合的信息技术。

送岗
sònggǎng

送岗是指家政服务组织指派家政

服务工作人员将签约家政服务员送到顾客指定的地点，就服务范围、内容流程以及标准对双方进行交代确认，并对家政服务员现场示范指导的过程。

搜索引擎
sōusuǒ yǐnqíng

搜索引擎是一种帮助互联网用户查询信息的工具。它以一定的规则在互联网上搜集、发现信息，对信息理解、提取、组织和处理，并为用户提供检索服务。根据《家政服务员国家职业标准（2006年版）》规定，高级家政服务员应能掌握上网搜索并下载相关文件的工作技能。

特许经营
tèxǔ jīngyíng

特许经营是一种以品牌、管理体系为核心，按契约规定运作的营销模式。在这种模式中，特许者将自己所拥有的商标、产品、专利、专有技术、经营模式等通过特许经营合同的形式授予被特许者在约定的期限内使用。被特许者需要按合同规定，在特许者统一的业务模式下从事经营活动并缴纳相关的费用，如启动费、特许权费用、销售分成等。特许经营的优势在于：首先，特许者可在不需要大量资金的情况下快速拓展自己的业务体系；其次，被特许者可在没有自身品牌和缺少行业经验的情况下，以相对较低的风险和投资解决创业初期遇到的问题，并获得特许者完善的市场营销和日常运营系统，如：广告、统一的形象设计、员工培训、质量和价格标准等，能够以成熟的面貌开始经营业务。

参见"连锁经营"。

推荐
tuījiàn

推荐是指家政服务组织根据评估结果，按照顾客要求，为其介绍合适的家政服务项目和家政服务人员的过程。

微信家政平台
wēixìn jiāzhèngpíngtái

微信家政平台是一种基于微信的公众平台功能而开发的家政服务信息平台，旨在与特定群体（如客户、其他组织、家政企业内部员工等）全方位的沟通和互动。根据微信公众平台的分类，微信家政平台也可以分为订阅号、服务号和企业号三类平台。其中，订阅号是一种面向媒体和个人的信息传播平台，每天可以群发一条信息。因此，可以用于推广产品、提高知名度；服务号面向企业、政府或组织，是用于对客户服务的平台，每月信息发送量不超过4条，但可以开通微信支付功能，并能通过微信客户端完成对会员的部分服务；而企业号则面向企业、政府、事业单位和非政府组织，是一个用于管理企业内部员工、供应商和客户的移动管理平台，可以根据需要定制应用。微信家政平台具有便捷高效的优点，相信在不久的将来，会有越来越多的家政企业开发出适合自身情况的微信家政信息服务平台。

委托代办
wěituō dàibàn

委托代办是指服务人员受顾客委托，承办顾客不能亲自到现场办理的事项的服务。

文本编辑
wénběn biānjí

　　文本编辑是指通过使用特定的应用软件对存贮在电子计算机内的文本编排整理的过程，其内容包括文字的录入、删除和更改，段落的移位，及文本的复制、剪切和粘贴等。文本编辑的目的是使原始文本经加工处理后转换成所需的内容或格式。根据《家政服务员国家职业标准（2006年修订）》规定，高级家政服务员应懂得使用相关家庭办公设备，并能够使用相关的计算机文本编辑软件（如：Word、WPS等）进行简单的文本编辑。参见"计算机文字录入"。

卧室端盘服务
wòshì duānpánfúwù

　　卧室端盘服务是一种始自西方家政服务业的服务内容，即家政服务人员为客户准备好早餐，并使用托盘将之送至客户卧室中的服务。在进行卧室端盘服务时，家政服务人员通常需在服务前一晚准备好第二天早晨需使用用具，如餐布、咖啡杯/茶杯、报纸、调料瓶、饮料杯及其他餐具等。同时，家政服务人员必须遵循相关的礼仪，保持礼貌。例如，在进入客户卧室前，家政服务人员必须先敲门询问客户是否可以进入；又如，在打招呼问候客户后，家政服务人员不应参与到与客户的交谈中，除非客户主动向其搭话；在完成服务后，家政服务人员应礼貌地离开客户的房间。在卧室端盘服务时，家政服务人员应尊重客户的隐私，

对卧室中的情况做到不过目、不听闻、不外谈。参见"服务界限"、"咖啡端盘服务"。

小时工
xiǎoshígōng

　　见"钟点工"

学徒期
xuétúqī

　　学徒期是指让新招收的员工熟悉业务、提高工作技能的学习培训期限。学徒期的长短一般根据工作岗位和技术等级要求确定。在学徒期内，用人单位应当按照劳动合同的约定，安排工作岗位并支付劳动报酬，为学徒工缴纳社会保险金。参见"学徒制"。

学徒制
xuétúzhì

　　学徒制是一种传统的职业训练方法，是指在职业活动中，通过师傅的传帮带，使学徒获得职业技术和技能的方法。学徒制多用于工艺操作性行业，培训时间较长。现在，学徒制已有很大的改进，主要是在师傅或专家的指导下掌握所学手艺或工艺的背景知识并取得实际工作的经验。与传统的学徒制比，现代的学徒制更加注重职业知识的传授。参见"学徒期"。

业务流程
yèwù liúchéng

　　业务流程是指企业业务活动的流向顺序，包括从业务承接到验收过程中的各个工作环节、步骤和程序。常见的业务流程包括：下单/签订服务协

议、服务准备、服务实施、验收、服务记录、回访等环节。各环节的工作通常由企业内的不同部门完成。参见"业务流程化"。

业务流程化
yèwù liúchénghuà

业务流程化是指企业为了更有效率地完成某项业务，而对企业内的各个单位、部门或岗位的工作整合，使之能有效地与其他部门的工作对接，并最终将企业的经营活动衔接成为一整套业务流程的过程。业务流程化的具体要求有以下七方面：1. 企业的所有业务都要尽可能以流程的方式进行组织；2. 企业员工应有流程意识；3. 跨单位、部门和岗位的工作，必须通过业务流程来管理；4. 企业主管人员直接对流程和流程结果负责；5. 按照业务流程设置岗位；6. 按照业务流程制定奖惩措施；7. 最大限度消除等级控制，保证流程顺利运转。

应急管理
yìngjí guǎnlǐ

应急管理是指家政服务机构为有效应对突发事件，确保应急效率最大化，意外伤害和损失最小化，而采取的一系列管理行为。应急管理行为可包括：建立安全应急保障体系、制订安全预案、有效组织实施预案等。参见"应急快速反应"。

应急快速反应
yìngjí kuàisùfǎnyīng

应急快速反应是指家政服务机构和家政服务人员在对顾客提供服务过程中，遇到各种危及顾客和自身生命及财产安全的突发事件时，所采取的最大限度地避免或减少突发事件对顾客和自身生命及财产带来损伤的措施。参见"安全应急保障体系"、"安全预案"、"应急管理"。

员工制管理
yuángōngzhì guǎnlǐ

员工制管理是家政服务企业所采用的一种管理模式，是指家政服务企业招聘家政服务人员作为其员工，并由企业对其培训、管理、制订工资标准。同时，企业还需要按规定给员工上保险。当派遣家政服务人员到客户家中时，客户支付的费用先交给企业，由企业扣除管理费用后再付给家政服务人员。家政服务人员在转换工作或待工期间，企业通常需为其提供免费住宿。总体说来，员工制管理通常更加规范，但管理运作的成本相对较高。参见"会员制管理"、"中介制管理"。

政产学研融合
zhèngchǎnxuéyán rónghé

政产学研融合是指把与家庭服务业相关的部门、协会、企业、研究机构等，在政府的牵头下联合起来，共同探索建立高等教育与家庭服务行业有效对接、合作育人、互利共赢的机制。

直营连锁
zhíyíng liánsuǒ

直营连锁是指由公司总部直接投资、经营、管理各网点店面的经营形态。其采用纵深式的管理方式，由总部直接掌管所有的网点店面，而各网点店面也必须完全接受总部的指挥。直营连锁主要是渠道经营，通过拓展经营网络而获得更多客户，并从中获取利润。参见"连锁经营"。

职业道德
zhíyè dàodé

职业道德是家政服务组织和家政服务人员应遵守和承担的社会道德责任和义务，也是一切符合职业要求的心理意识和行为规范的总和。家政服务业中的职业道德，通常包括诚实守信、敬业精神、良好的职业技能和正确的服务态度等内容。

职业技能鉴定服务
zhíyèjìnéng jiàndìngfúwù

职业技能鉴定服务是指国家各级职业技能鉴定指导中心、职业技能鉴定所（站）和其他职业技能鉴定工作组织对某一行业从业者提供的职称和职业技能认证服务。其核心内容为落实高技能人才的评价工作（包括技师考评工作、企业技能人才评价工作、院校学生资格考核认证工作等），以规范职业技能鉴定管理和提高鉴定质量工作为主线，加快完善技能人才多元评价机制。职业技能鉴定工作组织就其特定的服务内容提供鉴定工作计划，包括：鉴定人员和职业/工种预测；鉴定范围（职业/工种的名称、职业/工种的定义和适用范围）；鉴定标准（鉴定范围所列的职业/工种在实施鉴定时所依据的国家职业标准、职业技能鉴定规范，实施工作中采用的主要鉴定考核方式）；鉴定工作日程总体安排；工作事项说明包括工作程序和重要事项的说明等。

职业培训
zhíyè péixùn

职业培训是指针对家政服务人员的培训工作，一般是高级家政服务人员及相关专业讲师对初、中级家政服务人员的培训。其目的是通过培训使接受培训的人员掌握家政服务的基本理论知识和服务本领，使其胜任于家政服务业。培训内容一般包括：1. 基础知识（职业道德常识、安全与卫生常识、礼仪常识、法律常识等）；2. 家务操持（制作家庭餐、家居清洁、洗涤摆放衣物）；3. 照料护理（照料孕、产妇；照料婴幼儿；照料老年人；护理病人）；4. 家庭教育和家庭休闲娱乐等。

职业评估报告
zhíyèpínggū bàogào

职业评估报告是指对参与家政职业培训的人员所进行的综合性评估报告，通常由培训教员编写。编写职业评估报告的目的是给受评估对象一个择业发展方向的指引。因此，职业评估报告的内容必须全面、真实、结构合理，具有可操作性。职业评估报告的内容包括：1. 受评估者的个人信息（即：姓名、性别、健康状况、身高、体重、照片等）；2. 教育和从业经历；3. 技术能力；4. 对其身体和心理素质的评估描述；5. 对其思想素质（如职业观念、职业道德等）的评估描述等内容。最后，职业评估报告应综合这些信息并给出完整、科学的分析和评估结论。

职业资格证书制度
zhíyèzīgé zhèngshūzhìdù

职业资格证书制度是一种特殊形式的国家考试制度，也是劳动就业制度的一项重要内容。中华人民共和国1995年1月17日颁发的《职业资格证书制度暂行办法》规定：职业资格包括从业资格和执业资格。该制度按照国家制定的职业技能标准或任职资格条件，通过政府认定的考核鉴定机构，对劳动者的技能水平或职业资格进行客观公正、科学规范的评价和鉴定，并对合格者授予相应的国家职业资格证书。推行国家职业资格证书制度，是落实党中央、国务院提出的"科教兴国"战略方针的重要举措，也是我国人力资源开发的一项战略措施，对于提高劳动者素质，促进劳动力市场的建设以及深化国有企业改革、促进经济发展都具有重要意义。

制度化管理
zhìdùhuà guǎnlǐ

制度化管理是一种以制度作为管理标准的管理方式。在这种管理方式中，员工通过学习相关的规章制度了解企业的需求；同时管理人员根据相关的制度，对员工的工作进行管理和监督。制度化管理具有以下一些优点：1. 利于企业和行业运行的规范化和标准化；2. 利于通过程序化、标准化和透明化提高工作效率；3. 制度健全规范能够让企业更容易吸引优秀的人才；4. 制度化管理可以在很大程度上减少决策失误；5. 制度化管理能够增强企业的竞争力。家政企业在制度化管理时，应注意与公司的实际情况相适应，避免出现由于制度僵化或制度泛滥而引起的相关负面影响。参见"程序化管理"。

中国家庭服务业协会
zhōngguó jiātíngfúwùyè xiéhuì

中国家庭服务业协会是经国家民政部批准，于1994年6月在北京成立的全国家庭服务业的行业性组织，为全国性非营利性社团组织，具有社会团体的法人资格。业务范围主要包括家政服务行业管理、信息交流、业务培训、刊物编辑、国际合作、法律咨询服务等。协会的成立致力于促进家庭服务（即：家政服务、家居保洁、家庭病患护理、家庭医生、家庭餐饮、家庭教育、婚庆礼仪、家庭园艺、搬家物流、家庭旧货收购、家庭养老服务、家庭装饰维修、家庭儿童接送服务和家庭钟点工等以家庭为服务对象的有偿服务）向规范化、职业化、专业化、标准化发展，并提升行业社会化、产业化、科学化、现代化水平。

中介制管理
zhōngjièzhì guǎnlǐ

中介制是家政服务企业的运营模式之一，即由家政服务企业作为中间人，为前来找工作的家政服务人员联系客户，并由客户与服务员签订家政服务合同。在这一过程中，企业收通常收取家政服务人员单月工资的10%~30%作介绍费，同时不承担其他任何责任。由于中介制经营模式对于企业的要求低，不用企业负责家政服务人员的培训费用及社保。因此，受到家政行业中占绝大多数的中小企业的认同，是当下我国家政服务业中最主流的运营模式。

中年期
zhōngniánqī

中年期是指处于青壮年期之后，老年期之前的时期，是人生中相当长的一段岁月。对于中年期的期限有多种定义，包括 35～60 岁、40～60 岁、45～60 岁、40～65 岁等多个范围，其中以 40～60 岁的范围使用得比较广泛。处于中年期阶段的人群在心理及生理上都会发生一定程度的变化。例如，对饮食、压力及休息等变得更加敏感；同时，女性在中年期期末会因绝经而进入到更年期，男性也会经历生殖器官上的一系列不明显的变化；在中年期期末，人们常会体验到莫名的失落和悲伤等情感。因此，在为中年期的客户群体提供家政服务时（如：保健护理、饮食烹饪等），应适当考虑到他们的身体及心理变化，让服务变得更加体贴周到。

钟点工
zhōngdiǎngōng

钟点工是指以小时计算劳动报酬，提供服务的家政服务人员。

钟点式服务
zhōngdiǎnshì fúwù

钟点式服务是家政服务组织或人员按照家政服务事项的合同约定，以小时为计费单位的家政服务行为。

住家服务管理
zhùjiā fúwùguǎnlǐ

住家服务管理指家政服务机构对住家业务的管理过程，根据服务阶段和管理内容的不同，可以分为：前期管理、服务过程评估管理和服务提高管理。其中，前期管理的内容主要包括：1. 全面了解客户的基本情况、需求条件；2. 根据客户的要求配置合适的家政服务人员；3. 在双方达成协议的情况下，确定家政服务人员上门时所使用的交通方式，如由企业负责人引荐上门或由客户直接接送。服务过程评估管理的内容包括：1. 每半个月从客户处了解家政服务人员的上岗服务情况；2. 家政服务人员定期报告自身的工作情况，以评估服务风险，如客户是否按照合同办事，有无居住条件，是否能正常提供一日三餐，是否受欺辱虐待，是否有言行不端的行为，是否有拖欠工资的现象等。服务提高管理的内容包括：家政服务机构定期组织住家型家政服务人员回公司集中学习和培训，以提高服务质量，进行学习培训前应提前一周通知客户。

住家式服务
zhùjiāshì fúwù

住家式服务指家政服务机构或人员按照家政服务事项的合同约定，入住顾客家中为顾客提供家政服务的行为。

宗教信仰
zōngjiào xìnyǎng

宗教信仰是指人们对某种特定宗

教或其中的神圣对象（如：特定宗教的教理、教义等）所产生的坚定不移的信念及全身心的皈依。在日常生活中，宗教信仰也可以简单地理解为人们所选择信奉的宗教及其理念。了解客户的宗教信仰有时可以为客户提供更好的服务，避免触犯相关禁忌。

作业指导书
zuòyè zhǐdǎoshū

作业指导书是为了确保满足某个指定的岗位、工作或大型活动的要求，而对从事该岗位或完成此项工作的员工的行为标准做出相关规定的文件，通常由企业制定。作业指导书主要包括以下几个方面的内容：1. 描述和定义相关工作或活动，并解释其目的；2. 规定作业指导书的使用范围；3. 安排作业人员及各自职责；4. 对穿着及礼仪提出要求；5. 设定作业时间和地点；6. 明确作业内容和作业方式；7. 明确相关作业负责人；8. 明确具体的作业细则等。

八、居家保洁

84 消毒液
84 xiāodúyè

84 消毒液是一种以次氯酸钠为主的高效消毒剂，为无色或淡黄色液体，且具有刺激性气味。84 消毒液被广泛用于宾馆、旅游、医院、食品加工行业、家庭等的卫生清洁消毒。在使用过程中需要注意：1. 有一定的刺激性与腐蚀性，必须稀释以后才能使用；2. 漂白作用与腐蚀性较强，不适合用于衣物的消毒；3. 不可与其他洗涤剂或消毒液混合使用，否则会加大空气中氯气的浓度而导致中毒；4. 有效期较短（一般为 1 年），在购买与使用时要注意生产日期；5. 必须安全存放，远离儿童可触碰的范围；6. 只能用塑料瓶盛装，不能用铁、铝、铜类包装物保存。

办公室清洁
bàngōngshì qīngjié

办公室清洁是指保洁人员使用清洁设备、工具和清洁剂，针对办公环境的地面、墙面、顶棚、门窗、卫生间、办公用品等区域或设施进行清洁处理，以达到环境清洁、杀菌防腐、物品保养的目的。在现代社会中，一些家庭设有专门或者兼用的办公区域。因此，家政人员需要对一些家庭里的这些用作办公的地方卫生清洁工作。在清洁家庭办公室时，需要了解各种化学清净剂的性能和作用，并注意安全，防止因操作不当对办公用品以及人体造成损坏和损伤。

保洁
bǎojié

保洁，即保持环境的整洁，是一种为建筑物内部及其周边环境提供的清洁卫生服务。在家政服务业中，主要指家庭保洁和社区保洁两部分。参见"居家保洁"、"社区保洁"。

保洁分区
bǎojié fēnqū

保洁分区是指划分客户物业内的不同区域，并以此制定相应的清洁计划、设定清洁时间、安排清洁人选的保洁工作。保洁分区常被运用于较大物业的保洁工作中。在保洁分区设定前，最好能够获得客户物业的设计图。在保洁分区设定时，需要考虑以下因素：1. 应将功能相近的区域划分在一起，如主卧和次卧；2. 分区的面积应适宜、合理；3. 如果室内不同区域的清洁方式有差别，则应将其划入不同的分区中，例如，卫生间与书房所需的清洁工具和清洁产品略有不同，应将其划入不同分区；4. 分区的清洁时间安排不应与客户的活动安排起冲突；5. 便于服务人员完成保洁工作。

保洁管理
bǎojié guǎnlǐ

保洁管理是物业管理的一部分，主要是指对于物业管理范围内，环境、办公、居住等卫生环境的管理和维护工作的计划、执行、跟踪，对于相关人力、资源、物资和时间的有效管理和支配。参见"社区保洁"。

保洁验收
bǎojié yànshōu

保洁验收是指在完成清洁后，家政服务人员请客户验收并提交验收合格单的工作流程。参见"业务流程"。

保洁员
bǎojiéyuán

保洁员是指使用保洁养护专用工具，从事街道、广场、大型室内集会场所等公共场所和区域的废弃物清除、垃圾清理，河岸设施养护，以及城市环境保护工作的人员。在国家人力资源和社会保障部的职业资格管理标准的目录中，保洁员包含的工种为：公共区域保洁员、道路清扫工以及公厕保洁工。

保洁钟点工
bǎojié zhōngdiǎngōng

保洁钟点工，相对于包月或者全职保洁工，是一种按钟点或者小时收取报酬的保洁工作岗位。其主要工作内容与一般的保洁员基本相同，包括：居室保洁、门窗保洁、地面保洁、墙面保洁、器皿保洁、厨房保洁、卫生间保洁和衣物洗涤等。参见"保洁员"、"钟点工"。

冰箱除霜
bīngxiāng chúshuāng

冰箱除霜是指将电冰箱中因水汽遇冷结成的冰霜清除掉的操作。冰箱除霜服务是家政服务人员清洁电冰箱的工作之一（其他工作还包括消除冰箱异味和污渍等）。定期清除电冰箱内的霜冻可以扩大冰箱使用空间，恢复和维持其制冷效果，延长使用寿命。冰箱除霜的具体操作步骤包括：1. 拔掉电源插头，打开冰箱门，取出所有物品及保鲜盒、冷藏盒、隔板等物件，等候 2 小时左右，让冰自然溶化。可冰箱底下垫几条毛巾，防止化冻的水溢出；2. 用浸有温水（水温不超过 25℃）的软布擦洗箱体内胆及食品搁板、盛器等附件，必要时用洗涤剂擦洗干净。注意不要使用硬物铲刮冰霜，以防损坏蒸发器。

冰箱清洁
bīngxiāng qīngjié

冰箱清洁指的是家政服务人员对客户家庭中使用的电冰箱进行清洁养护的工作。清洁冰箱时应先对冰箱的运转情况（如温度是否适宜、运转是否正常等）进行检查，再依照外部—内部的顺序清洁。家政服务人员可使用毛巾将冰箱外部擦拭干净。在清洁冰箱内部时，应切断电源，做好化霜防水准备，取出冰箱内的食物。在清洁冰箱冷藏室时，需将全部附件取出，用中性洗涤剂彻底清洗。在清洁冰箱冷冻室时，应等冰霜化后再清洁冷冻室内壁，切忌使用金属工具铲刮冰箱。

清洁冰箱所需工具包括软布、毛巾或海绵、清水、洗洁精、毛刷等。参见"冰箱除霜"。

玻璃器皿
bōlí qìmǐn

玻璃器皿是玻璃制品的一大类，常指家庭中用玻璃材料制成的容器和食器。常见的玻璃器皿有：杯、盘、瓶、罐等。玻璃器皿的污迹源是主要是灰尘、油污或水迹。因此，在清洗玻璃器皿时，可用水直接冲洗。若有污垢，可滴几滴洗涤液清洗擦拭，然后用清水冲洗干净，再放入消毒柜消毒。由于玻璃器皿具有易碎的特点，因此在清洗过程中要轻拿轻放，并注意安全，以免伤人毁物。

不锈钢制品
búxiùgāng zhìpǐn

不锈钢制品指的是使用一系列在空气、水、盐的水溶液、酸以及其他腐蚀介质中具有高度化学稳定性的钢种制成的物品。不锈钢制品的"不锈"，只是相对的含义。家用不锈钢制品包括不锈钢灶具、不锈钢锅、不锈钢碗、不锈钢杯子、不锈钢餐具等。家政服务人员需要注意经常对不锈钢制品进行保洁，清洗时不宜采用硬物擦拭，因为硬物可刮伤不锈钢制品经过抛光处理或镀金的表面，使之失去光泽；可不定期的使用不锈钢油，以减少不锈钢表层与外界接触的机会，避免产生化学反应；注意防止一些酸碱类的具有腐蚀性作用的液体接触到不锈钢表面；对生锈的不锈钢可以采用钝化除锈剂来处理。

布艺类制品
bùyìlèi zhìpǐn

布艺类制品指的是经过艺术加工的、由棉、麻纤维及其他天然纤维、涤棉纤维和合成纤维等布艺原料制成的产品。布艺类产品的品种多样，按其使用功能分类可包括餐厅类（桌布、桌垫、餐巾、餐椅坐垫等）、厨房类（围裙、袖套、手套等）、卫生间类（毛巾、浴袍等）、装饰与陈设类（门帘、窗帘、灯罩、布艺贴画等）、包装类（书包、购物袋等）、家具类（沙发等）等。布艺类制品的清洁通常可以采用专用或泡沫清洁剂清洗布艺类产品上的污迹。具体做法是用纸巾将污物去除，再用干净的白布蘸少量清洁剂在脏处反复擦拭，直至污迹清除。为避免留下印迹，最好从污渍的外围轻轻抹起。

布艺沙发
bùyì shāfā

布艺沙发是以纺织品为面料做的沙发，具有柔软、透气性好、色彩丰富和容易清洗等特点。布艺沙发清洁一般可先用吸尘器吸净面料表面、靠背和缝隙的尘垢或用八成干的湿毛巾擦拭。污垢较重的地方用干净的抹布蘸少量专用清洁剂擦拭，直至去掉污渍。切勿大量用水擦洗，以免渗入沙发内层，造成印痕，影响美观。沙发的护套可放在兑好洗洁剂的水中清洗干净，晾干即可。若沙发护套是易褪色的织物，在晾晒时，最好将里面朝外晾晒，以避免由于日光暴晒而导致护套外表褪色。参见"布艺类制品"。

擦鞋
cāxié

擦鞋是指对皮鞋的清洁、灭菌、保养、上光、抛光、补色、防霉等一系列的养护工作。擦鞋清除皮鞋表面的污垢、恢复其光泽，延长皮鞋寿命。家政服务人员在对家庭中的皮鞋进行擦拭时，可遵循以下步骤：1. 使用干净的棉布擦净皮鞋上的尘土和污垢（亦可选用合适的皮革清洁剂）；2. 放入鞋楦，使皮鞋处于平整状态，若无鞋楦可使用报纸等填充物替代；3. 使用鞋油或鞋蜡擦拭皮鞋；4. 使用鞋刷对皮鞋进行抛光处理。

餐后清理
cānhòu qīnglǐ

餐后清理是指就餐后的清理工作。包括两种情况：1. 在日常进餐后，家政服务人员对饭厅进行收拾整理，并清洗餐具；2. 在家庭宴请后，家政服务人员一系列收尾工作，包括检查餐桌和地面，看看是否有宾客遗留的物品，是否有尚燃的烟头或其他火苗并及时熄灭；清点餐巾或布巾、撤台、整理桌椅、重新布置、清洗餐具等。

餐具消毒
cānjù xiāodú

餐具消毒是采用高温蒸汽等方式杀灭餐具表面病原体的过程。常用的餐具消毒方法包括：1. 煮沸消毒法，即将洗涤干净的餐具置入沸水中消毒2～5分钟；2. 蒸汽消毒法，即将洗涤干净的餐具置入蒸汽柜或箱中，在温度升到100℃时消毒5～10分钟；

3. 烤箱消毒法，即使用红外消毒柜等设备进行消毒，温度一般在120℃左右，消毒15～20分钟等。

餐桌布艺清洁
cānzhuō bùyì qīngjié

餐桌布艺包括餐桌布、盘垫布、餐巾、杯垫饰巾及其他用于餐桌装饰的布艺制品。由于餐桌布艺比较容易沾染油渍，因此不要将餐桌布艺与其他织物混合清洗。同时，在用餐结束后应尽快处理餐桌布艺，以免时间太久油渍难被清除。在清洁餐桌布艺时，应先处理布艺上的油渍，然后再根据不同材质的布料（如：棉、麻等）采用相应的洗涤方式。在正式餐宴前，还可熨烫处理餐桌布艺，使其更加整洁美观。

虫害防治
chónghài fángzhì

在社区环境卫生管理中，虫害防治是指对危害社区环境卫生的动物和昆虫进行预防和除治的措施。虫害防治一般根据害虫生物学特性及其发生和消长规律，采用生物、化学、诱杀及激素等方法进行防治，使居民健康不受或少受危害，保证社区环境的卫生、洁净。虫害防治工作需要具有专业资质的团队进行操作。此外，在虫害防治过程中，还需特别谨慎使用各种有毒化学药物，以防社区居民（特别是儿童、老年人）及宠物受到伤害。

除尘
chúchén

除尘是家居保洁中最基本的工作

之一，一般是指家政服务人员对家庭服务环境中的各种家庭用品用具，例如家具、器皿、挂饰、画框等物品的清洁除尘工作。对不同的物品除尘时，应当使用恰当的除尘工具。例如，在为画框、书籍除尘工作时，可以使用鸡毛掸子轻抚物品表面后，再将掸子上的灰尘轻轻敲到地面上；在为桌椅等家具除尘时，则可使用抹布。需要注意的是，在使用抹布擦抹器具时，应注意不要弹抖抹布，这是因为有的器具表面（如硬塑料）会在擦抹后产生静电吸附灰尘。由于居室中的灰尘很容易导致人们过敏或引发其他健康问题，所以除尘工作应当经常进行。参见"吸尘"。

厨房保洁
chúfáng bǎojié

　　厨房保洁是对家庭厨房的墙面、桌椅、炊具、电器和地面等进行的清洁及保养的工作，其工作内容可包括：1. 清洗煤气灶灶头，清除出气口堵塞物；2. 清洁排风扇/油烟机；3. 清洁餐具和炊具；4. 清洗冰箱；5. 清洁微波炉；6. 清洗地板上的油污和污渍；7. 去除厨房内的异味等。其清洁顺序一般为由高至低，如橱柜、墙面、微波炉、冰箱、水池、地面及垃圾筒。需要注意的是在清洁厨房电器时，必须切断电源，以保证人身安全。

厨房设备清洗
chúfáng shèbèi qīngxǐ

　　厨房设备清洗是指对厨房内常用的设备进行清洁或清洗的工作。厨房设备包括：抽油烟机、微波炉、燃气灶、橱柜、消毒柜、冰箱、碗柜、水池等等。因为部分厨房设备是带电的。因此，在清洗前必须切断电源，以避免安全事故的发生。此外，在使用清洁用品时，应严格遵守产品说明，以免造成物品损伤和人体伤害。参见"厨房保洁"。

厨房卫生规则
chúfáng wèishēng guīzé

　　厨房卫生规则是针对厨房工作人员所制定的卫生规章制度。在进行高端家政服务时，厨房卫生规则通常会要求从事烹饪的家政服务人员：1. 必须佩戴厨帽及围裙，围裙要保持清洁整齐；2. 在厨房内工作时不得进食任何食物、喝酒或喝含酒精饮料；3. 不得随便使用炉火煮食私人食品；4. 不能在厨房工作台、厨架和地板上坐卧；5. 不能在厨房内存放易燃物体或含有毒性的任何原料；6. 认真做到墩、板、厨刀、冰箱、盛具生熟分开，标记明显，成品半成品分开；7. 餐具、容器应保持清洁，用后注意清洁等。此外，厨房卫生规则还可能要求厨房工作人员保持下水道畅通，做好灭鼠、灭蝇、灭蟑螂工作等。

传染病消毒
chuánrǎnbìng xiāodú

　　见"消毒"。

纯毛地毯
chúnmáo dìtǎn

　　纯毛地毯是指以纯净的动物毛（如：羊毛、兔毛、驼毛、狗毛等）

编织成的地毯。根据编织方式可分为手工编织和机织，其中，手工编织的纯毛地毯更为高档贵重。在清洁纯毛地毯时，先用吸尘器或笤帚将其表面脏物轻轻扫净或拿到室外挂在绳子上晾晒，然后用小木棒轻轻敲打，除去灰尘。若不小心将纯毛毯弄上油渍、奶渍等污物，可用专门用于清洗纯毛毯的去渍剂喷洒到地毯上，再用湿布或海绵擦抹干净。

大理石地砖护理
dàlǐshí dìzhuān hùlǐ

大理石地砖护理通常包括定期清洁、预防性养护和污渍去除等工作。其中，定期清洁是指按一定的时间段对大理石地砖吸尘及清扫，以去除可能划伤地面的灰尘、杂物颗粒或细小垃圾；预防性养护是指使用多种方式保养大理石地面，以延长大理石使用寿命，例如：使用垫子、地毯等纺织品遮盖保护地面，对大理石晶面养护等；污渍去除则是在发现污渍后清理大理石地面的工作。通常在发现污渍后应及时清理。

单位保洁
dānwèi bǎojié

单位保洁是指对一个单位或者部门的内外环境卫生清洁工作。家政公司在提供单位保洁服务前，需要划定保洁范围、确定保洁时间、制定保洁计划、确定收费标准并签订保洁合同。之后应依照合同规定，派出保洁人员及所用设备。

灯具清洁
dēngjù qīngjié

灯具清洁包括：1. 灯罩：对不同质地的灯罩可用不同的方法清洁。丝织品灯罩可用湿洗、干洗或吸尘器清洁。丝绸类或棉麻类灯罩可用软布蘸些专用清洁剂去除污渍。塑料灯罩可直接用水擦洗。2. 灯泡、灯管：擦拭前首先应切断电源，然后用湿布擦去灰尘和污垢。如果油污较厚，可用食醋或剩茶叶水清洁。由于灯具设备通常带电。因此，在清洁时务必要注意安全，在清洁工作开始前一定要切断电源，以防伤害事故发生。

地板革
dìbǎngé

地板革是一种来铺设室内地板的塑料或人造革制品，常印有花纹或图案。清洁地板革时要先整理地面上的脏物，再用潮湿拖布按从里到外的顺序把地面擦干净。在清理时应避免地板与油、化学药品或尖硬物品接触，以避免其受到损毁。参见"塑料地板"。

地板砖
dìbǎnzhuān

地板砖是指用来铺室内地面的地砖，通常用优质土烧制而成，其特点是耐碱、耐磨、耐酸；地板砖大多数不上釉，表面光泽漂亮，形状各异。地板砖地面的清扫方法与大理石、花岗岩和水磨石地面相同。由于地板砖地面的吸水性极差。因此，应用事先晾至半干的拖布擦拭。对高档地砖可以用抹布擦拭或用棉纱蘸专用清洁剂清洁。不能用重物碰撞地板砖，以防破碎。

地漏
dìlòu

地漏是指室内地面上设置的排水孔，与下水道相通，常见于卫生间。由于地漏会被头发等杂物堵塞。因此，家政服务人员在家庭保洁时，应注意地漏的排水情况，如果发现堵塞，应及时处理。

地面保洁
dìmiàn bǎojié

地面保洁是指对物业地面的保洁活动。在地面保洁时，常需要根据地面的材料采用不同的保洁用品和清洁方法。常见的地面材料包括：花岗岩、水磨石、地板砖、实木、复合木、塑料和地毯等。

地毯
dìtǎn

地毯是一种用于铺盖地面用的纺织工艺品，常以棉、麻、毛、丝、草纱线等纤维制成。在对地毯进行清洁时，应根据地毯材料采取适宜的保洁用品和清洁方法。在清洁地毯前，家政服务人员应该通过阅读使用说明的方式了解所使用的清洁剂或清洁材料的性能，以免损坏地毯。参见"地毯干洗"、"地毯湿洗"。

地毯除静电
dìtǎn chújìngdiàn

由于冬季气候干燥，空气湿度小，当人走在地毯上时，容易产生静电。遇到静电时，可以使用湿布在地毯表面轻轻拂拭几遍或者撒点水以帮助消除静电，也可开启室内加湿装置或使用专用的防静电喷剂，以达到更有效的防静电效果。

地毯干洗
dìtǎn gānxǐ

地毯干洗一般包括两种方法：干泡式清洗及干洗粉清洗。干泡式清洗是一种使用泡沫清洁剂和装有打泡箱的擦地机将清洁剂泡沫输送到地毯上清洁的方法，其步骤包括：1. 吸尘；2. 用除渍剂处理局部污渍和斑点；3. 稀释泡沫清洁剂，并注入打泡箱；4. 用装有打泡箱的擦地机刷洗地毯；5. 用地毯梳梳起地毯纤维，令地毯美观并加快干燥速度；6. 等地毯完全干燥后使用直立式吸尘器吸除污垢和泡沫的结晶体。干洗粉清洗则是使用专用地毯干洗粉，吸附水性或油性的污物，然后用吸尘器吸去污物的方法。其清洁步骤包括：1. 采用直立式吸尘器吸净干土、蓬松地毯纤维；2. 分撒干洗粉于地毯上；3. 使用干洗机从各个方向翻洗地毯；4. 用吸尘器吸净附着污物的干洗粉。参见"地毯湿洗"。

地毯清洁保养
dìtǎn qīngjié bǎoyǎng

地毯清洁保养是为保护地毯美观的外形和延长其使用寿命而采取的措施和方法，可分为日常保养和污渍去除。在日常保养时，家政服务人员可以根据地毯的使用情况，例如人流通过量的多少，将地毯分为不同区域并制订相应的吸尘保洁方案。人流通过量多的区域每周清洁一至两次，通过量少的区域适当减少清洁次数。同时，也可通过调换地毯位置的方式保持其磨损均匀。在吸尘处理时，应注意：1. 不要损坏地毯的绒面及附加饰物；2. 应顺着绒面的方向吸尘，并仔细梳理地毯的流苏以保持美观；3. 最好不要使用旋转刷头对高档地毯吸尘。当地毯沾染上污渍时，应及时除渍。其具体步骤为：1. 用白布吸除污渍；2. 针对不同的污渍来源（如：宠物粪便、红酒、血液等）采用不同的清洁剂清理；3. 根据不同的地毯材质可使用不同的干燥方式，例如：晾干、电风扇或电吹风吹干；4. 干燥后用刷子轻轻梳理使地毯恢复原状。地毯的保养也可由专业人士或团队进行，其服务内容一般包括干洗、湿洗、除静电等。参见"地面保洁"、"地毯干洗"、"地毯湿洗"、"地毯除静电"。

地毯湿洗
dìtǎn shīxǐ

　　地毯湿洗一般包括两种方法：湿泡式清洗及抽洗清洗。湿泡式清洗是将泡沫清洁剂直接加入没有打泡箱的擦地机水箱中，并用水箱直接将清洁剂输送到地毯上刷洗的清洗方法。抽洗则是通过压力将热水和洗涤剂喷射到地毯上，再用带有震荡电刷的清洗设备清洁地毯的方法。参见"地毯干洗"。

地毯水洗
dìtǎn shuǐxǐ

　　见"地毯湿洗"。

定制保洁
dìngzhì bǎojié

　　定制保洁是指家政服务人员按照客户或家庭的要求，安排具体的清洁时间，制订好清洁流程，并选择使用特定种类（如气味等）的清洁用品的一种保洁形式。定制保洁的主要目的是满足不同客户的需求。参见"保洁"。

多功能擦地机
duōgōngnéng cādìjī

　　多功能擦地机又被称为多功能洗地机，是一种用于硬质地面清洗，同时吸干、带离污水的清洁设备。按照款式可分为手推式、驾驶式、折叠式等。多功能擦地机适用于水泥、花岗岩、大理石、陶瓷、石板等地面的擦洗工作。

复合地板
fùhé dìbǎn

　　复合地板是由多层不同性能材料复合制作而成的地面材料，一般有2层、3层和5层结构。3层复合地板分表层、中层和底层。表层采用塑料贴面板或珍贵树种薄板，如柞木、山毛榉、青冈、桦木等，厚2～4mm；中层为软杂木或边角料制成的木条，厚7～12mm；底层为旋切单板。5层复合地板由防潮耐火超耐磨表层、装饰层、增强层、高密度纤维板基层、防潮垫层组成。复合地板具有木地板质感、防潮及抗污能力强、不翘曲、不开裂、弹性好、易清扫、抗重压、安装施工方便等特点。复合地板的清洁保养比较简单，正常用半干布拖拖干净即可，污物较多的地方，用抹布蘸清洁剂擦洗，然后用干净的抹布、拖布擦干净即可。

钢琴保洁
gāngqín bǎojié

钢琴保洁的步骤：1. 除尘，除尘时应使用鸡毛掸子，以避免损坏钢琴的釉面，使其变得暗淡或产生划痕；2. 用柔软的抹布沾湿后进一步抹去污渍，在擦抹时应注意顺着钢琴的木纹；3. 用干净的干抹布轻轻擦去湿痕。当钢琴上沾染了油渍需要清洁剂清洁时，应使用专用的清洁剂并遵照说明进行擦拭。在键盘清洁时，重复上述三个步骤，注意使用不同的抹布分别擦拭钢琴的白键和黑键。

钢丝绒
gāngsīróng

钢丝绒又称钢丝棉或钢铁丝绒，是由多根连续的纤维所组成的呈一定宽度的带状制品。钢丝绒一般分为8个等级：4号、3号、2号、1号、0号、00号、000号、0000号，在这个顺序下钢丝绒纤维由粗到细，而纤维越细则钢丝绒越柔软。钢丝绒产品用途广泛，常被用于金属、石材、木材的研磨抛光，家用厨具的清洗，大型商场、酒店宾馆、公共场所等设施的清洁中。

钢制家具保洁
gāngzhì jiājù bǎojié

钢制家具的清洁保养主要需要注意防潮、防碰和除锈，可用干软的布擦去表面灰尘和污物。不能使用砂纸

等硬物擦磨。如果遇到锈迹不严重，可以用软布擦拭，擦不掉时可用钢制品专用清洁剂擦或者醋涂抹，再用温水擦洗。

高温消毒法
gāowēn xiāodúfǎ

高温消毒法是一种常见的家庭卫生消毒方法，具体做法是将家中的炊具、餐具、茶具等器皿放置在高压锅或蒸锅中，用高温蒸煮20～30分钟来杀毒杀菌。有条件的家庭也可使用专业的消毒设备消毒，如高温消毒锅，紫外线消毒柜等。参见"物理消毒法"。

贵金属保养
guìjīnshǔ bǎoyǎng

贵金属保养是指对使用金、银等贵金属制作的贵重金属器具，如银制餐具、奖章和奖杯、贵金属首饰、古代钱币等的收藏及保养活动。由于一些贵重金属在空气中会发生氧化作用（如银制品会与空气中的硫化氢和氧气发生氧化作用而形成黑色的氧化银），在收藏贵重金属器具时，最好将其装在密闭的首饰盒或玻璃展柜中，以便同空气隔离。在有条件的情况下最好将银制品包裹好后再收藏，待需要时再取出。当贵金属器具已经被氧化需要抛光处理时，可以采用相应的贵金属清洗剂擦拭处理。在贵金属抛光处理时，需要注意的是：1. 服务人员需经过相关培训；2. 在进行贵重金属养护前，需要询问征得客户的同意，并了解他们对抛光程度的喜好；3. 寻找合适的抛光场所，以防贵金属清洗剂

沾污服饰及其他物品的表面；4. 穿戴相应的保护服饰，如大围裙、乳胶手套、袖套等；5. 尽量避免抓拿器具的提把，应持握器具的主体抛光清洁，以防提把折断，损害器具；6. 在擦拭时轻轻擦抹即可，不需太过用力；7. 在为一些有刻字、历史悠久的贵重金属器具抛光时，注意不要对刻字上的氧化物抛光，因为如果处理得当的话，这些氧化物可以增添贵金属器具的年代感及韵味。

过氧乙酸
guòyǎngyǐsuān

过氧乙酸又名氧醋酸，是一种无色、具有强烈的挥发性和刺激性气味的强腐蚀剂，在家庭中可用于食具、家具、居室、地面、垃圾、便器、衣物、橡皮类、塑料类等物品的消毒。一般情况下，市场上出售的过氧乙酸产品浓度多为 40% 左右，买回家后必须兑水才能使用，家庭中常用浓度为 0.2%～1%。过氧乙酸一般可采用喷雾、擦拭、浸泡、刷洗等方法，效力能维持 30～120 分钟。在使用、储存时需注意：1. 稀释后的过氧乙酸对人体一般不会有什么刺激，即使手直接浸泡其中也不会有伤害，但在喷洒过程中最好戴上口罩，并保护好眼睛；2. 纯过氧乙酸极不稳定，易发生爆炸，市场上售卖的 40% 浓度的溶液遇高温也极易燃烧爆炸，因此必须妥善储存，家庭中应存放在背阴、避光、通风良好处；3. 过氧乙酸对金属有腐蚀性，勿用金属容器储存或用于金属物品的消毒；4. 灌入喷雾器中的过氧乙酸溶液最好一次喷完，没用完的溶液不要

随意摆放。

化纤地毯
huàxiān dìtǎn

化纤地毯是指以化学纤维（涤纶、腈纶、丙纶、尼龙等）为原料制成的地毯。化学纤维可有不同的混纺形式，其面层有卷曲、起圈、长毛绒、中空异形等多种形式。化纤地毯的主要优点包括：1. 耐磨；2. 质轻；3. 防虫、防潮、抗酸、碱、抗氧化；4. 易于裁剪；5. 可进行抗静电、阻燃等特殊处理；6. 易于制造，制造流程短、产量高、成本低、价格低廉。化纤地毯的清洁保养方法包括使用吸尘器吸净地毯上的污物或用笤帚将其表面脏物扫净，然后用半干的湿抹布擦净。也可定期将地毯拿到室外，用清水冲洗干净，晒干。

化学药物消毒法
huàxué yàowù xiāodúfǎ

化学药物消毒法是采用各种具有杀灭微生物作用的化学药品，以浸泡、擦拭、喷洒、熏蒸等方式对物品进行消毒的方法。化学药物消毒法往往不如热力消毒可靠，对于不适用热力消毒的物品，通常采用化学药物进行消毒。在使用化学消毒剂时，应针对不同的病菌或消毒对象，选用适当的消毒试剂。同时，需注意保证消毒试剂有足够的浓度和充分的作用时间，并搅拌均匀，以起到最佳消毒效果。家庭常用的消毒药物有漂白粉、过氧乙酸、84 消毒液、碘酒、酒精等。这些药物能有效地杀灭肝炎病毒、痢疾杆菌、肺结核菌等。参见"物理消毒法"。

家电清洗
jiādiàn qīngxǐ

家电清洗是一种对家用电器清洁保养的服务，旨在保持家庭环境清洁，增加家电的动作效率及延长家电的使用寿命。需要清洗的家用电器通常包括：饮水机、脱排油烟机、空调、电磁炉、电冰箱、电脑、电视等。不同家用电器的清洗方法不同，因此相关的服务人员一定要了解相关家电的型号，熟悉产品说明书，具有相应的服务资质。在进行家电清洗前必须切断电源，注意安全。参见"空调清洗"。

家居保洁
jiājū bǎojié

见"居家保洁"。

家居保洁用品
jiājū bǎojié yòngpǐn

家居保洁用品是指家居保洁时需要用到的清洁工具及产品，通常可分为：1. 人工清洁工具及辅助工具，如：笤帚、簸箕、垃圾桶、拖把、拖桶、抹布、掸子、手提喷雾器、玻璃刷、清洁刷、厕所刷、清洁棒、步梯、小毛刷等；2. 家用清洁电器设备，如洗衣机、洗碗机、消毒柜、吸尘器等；3. 智能清洁设备，如智能扫地机、清洁机器人等；4. 家用清洁剂，如：多功能去污剂、消毒剂、杀菌剂、碗碟洗涤器、窗户清洁剂、金属擦亮剂、家具上光剂等。

家居清洁
jiājū qīngjié

见"居家保洁"。

家居清洁计划表
jiājū qīngjié jìhuàbiǎo

家居清洁计划表是家政服务人员根据工作需要、结合客户的要求或习惯而制定的清洁计划。家居清洁计划可囊括：地面、门窗、家具、物件、墙面及厨房的保洁等。其内容通常包括时间（如每天、每周、每月、每季度等）、清洁内容（如除尘、吸尘、对卫生间洁具消毒、地板打蜡抛光等）两大部分。家政服务人员制定的家居清洁计划应合理、可行，切合客户家庭实际情况和要求。在实施家居清洁计划前，家政服务人员应与客户沟通，在整理衣柜、鞋柜等较私密的储物空间前应征得客户同意。参见"家庭计划卫生"。

家私蜡
jiāsīlà

家私蜡有时也被称为"家具蜡"，是一种由优质乳化蜡及各类光亮保护剂所组成的家具护理清洁上光剂。家私蜡能同时完成清洁、打蜡、防尘及上光的作用。

家庭保洁
jiātíng bǎojié

见"居家保洁"。

家庭保洁服务合同
jiātíng bǎojié fúwù hétóng

家庭保洁服务合同是家庭保洁服务提供者，例如家政服务公司，与其客户为确立服务内容、服务期限、服务质量、服务报酬、支付方式、双方权利和义务关系等，依法协商达成的约定。

家庭保洁服务企业
jiātíng bǎojié fúwù qǐyè

见"家庭清洁服务机构"

家庭计划卫生
jiātíng jìhuá wèishēng

家庭计划卫生指的是计划性的家庭清洁卫生活动，以保持良好家庭卫生环境的行为。家庭计划卫生一般以家庭日常清洁卫生为基础，拟定出一个周期性的清洁计划，并采取定期循环的方式，对家庭中不易清扫或清扫不彻底的地方作全面清扫工作。

家庭清洁服务员
jiātíng qīngjié fúwùyuán

家庭清洁服务员是以家庭客户为服务对象，按照服务合同的约定，从事保洁工作并取得相应报酬的家政从业人员，有时被称为保洁员或清洁员。参见"居家保洁"、"家庭清洁服务机构"。

家庭卫生间清洁
jiātíng wèishēngjiān qīngjié

见"卫生间保洁"。

家庭饮水设备清洗
jiātíng yǐnshuǐ shèbèi qīngxǐ

家庭饮水设备清洗是指对客户家庭中所使用的桶装饮水机、管线饮水机等饮用水设备作清洁消毒的服务，其服务内容通常包括去除饮水机水胆内的水垢，清洁消毒饮水机内部管道和管线饮水机的净水系统。家庭饮水设备清洗所使用的方法较多，常见的清洁方法包括：消毒药剂清洁、臭氧杀菌、加压消毒等。清洗家庭饮水设备通常需要操作人员具备相关专业知识，最好由经过专业培训的人员实施。

家用空调清洗
jiāyòng kōngtiáo qīngxǐ

见"空调清洗"。

胶合板
jiāohébǎn

胶合板是由不同纹理方向的单板胶合而成的一种多层木质人造板，其相邻层单板的纹理方向通常互成90度角。胶合板的层数一般为奇数（如三合板、五合板等），在特殊情况下也可制成4层或6层等偶数层。胶合板具有幅面大、施工方便、不易翘曲、横纹抗拉强度大等特点，在多个行业中得到广泛应用。此外，由于胶合板可以通过加工具有天然缺陷的木材制成，因此提高了材料利用率，是节约木材的一个主要途径。胶合板是制作家具的常用材料之一，在清洁保养由胶合板制成的家具或装饰时，应注意不要破坏其表面涂覆层，否则会使水分或其他液体成分侵入木制结构中引起变形。

洁厕剂
jiécèjì

洁厕剂是清洁厕所的一种清洁剂，主要成分为酸类、表面活性剂和消毒剂，用于清洗洁具上的尿碱、水垢、铁锈等污垢。常见的洁厕剂有便池清洁剂、洁厕灵、去污净等。洁厕剂可直接使用或用水稀释后使用，洁厕剂多为酸性，具有腐蚀性，使用时应尽量避免接触皮肤，若不小心接触，可用清水冲洗，不宜用于非瓷表面的清洁，如木地板、水泥地、大理石及铝制品等，使用过后应保持通风透气。一些洁厕剂是用盐酸勾兑成的，氯的含量较高，当与漂白粉合用时就会产生有毒的氯气，使人的眼、鼻、咽喉受到刺激，甚至引发氯气中毒，使用时要严格按照说明书上的使用范围及使用方法应用。参见"酸性清洁剂"。

金属家具
jīnshǔ jiājù

金属家具指的是以金属材料为主，配以木材、人造板、玻璃、人造革等材料制作而成的家具或完全由金属材料制作的铁艺家具。其优点是硬度大，极具个性风采，可喷涂的色彩丰富，价格较为低廉，适用于营造现代氛围的家居环境。金属家具的保养应注意保持干燥，远离酸性物质。

金属器皿
jīnshǔ qìmǐn

金属器皿指的是用金属制作的食器和用器，如奖杯、盒子、杯盘等。金属用器一般用软布擦去灰尘，若污垢较重，可用湿布蘸少量洗涤剂擦拭；若金属用器有锈迹，可用细砂纸磨去锈迹后再清洗。家用常见的金属食器一般为铁制、锑制或铝制的，用于盛放、贮藏及烹调食物。金属食具在使用后应用水冲洗干净，擦干放在相对干燥的位置。当使用不当时，金属食器可引发中毒，应注意科学使用。

居家保洁
jūjiā bǎojié

居家保洁是指家政服务人员或者专业保洁公司派出的保洁员通过使用专业器具以及清洁剂并按照一定的程序对室内环境卫生或物品的清洁与保养服务，其目的是为了保持环境清洁、杀菌防腐、保养物品。服务内容主要包括：1. 环境清洁：对卧室、大厅、厨房、卫生间的地面、墙面等进行清扫除尘；2. 家居物品清洁：对门窗、玻璃、灶具、洁具、家具等针对性的处理；3. 衣物洗涤和熨烫等。居家保洁通常需要使用清洁工具和一些含有有毒物质的清净剂，对人体会产生一定的危害。因此，在保洁的过程中，需要采取相应的安全保护措施，以防人体受到伤害。另外，有些清净剂是专用于某些特定物体的，使用前必须仔细阅读说明事项，使用不当可能会导致物体器皿的损坏。参见"居家保洁服务形式"。

居家保洁标准
jūjiā bǎojié biāozhǔn

居家保洁标准是家政服务机构或家政服务人员为提高工作效率而制定的一项家政服务质量标准，即根据房屋建筑的构造与功能，划定分区，并制定出的保洁要求与规范。家居保洁标准可分为以下几个方面：1. 时间安排；2. 个人任务；3. 所需家居保洁用品；4. 房屋分区；5. 保洁效果等。参见"居家保洁"。

居家保洁服务形式
jūjiā bǎojié fúwù xíngshì

居家保洁服务的常见服务形式包括：1. 常规保洁服务，这种服务形式以定期上门保洁、临时钟点工保洁的形式对已入住的家庭房产一般性的清洁整理服务；2. 专项保洁服务，这种服务形式利用专业的清洁设备、专业清洁剂对家庭居室中的地毯、地面、家电等物品清洁保养或对居室消毒、空气治理、虫害防治等专业服务；3. 开荒保洁服务，即对新装修后未入住的家庭居室全面清洁的服务。参见"居家保洁"、"开荒保洁"。

聚氨酯类家具
jùānzhǐlèi jiājù

聚氨酯类家具指的是以聚氨酯为材料制作或涂抹的家具，常见的有聚氨酯软泡垫材，如座椅、沙发、床垫等，和聚氨酯硬泡仿木家具，以后者为主。聚氨酯硬泡仿木家具相比于天然木材具有硬度高、韧性好、具有较好的耐高温性、耐腐蚀性等特点。对于聚氨酯类家具，可用柔软布料或鸡毛掸子掸去灰尘，并经常用美加净上蜡涂擦。上蜡时，先把蜡均匀地涂擦在家具表面，再用柔软的布料或者棉纱使劲擦去漆膜上的光蜡，使漆膜面上的白雾光消除，并呈现出类似镜子般的光泽来。打蜡的表面不宜用水揩擦，以免擦去表面蜡质、减少油漆面的光亮度。

聚酯家具
jùzhǐ jiājù

聚酯家具一般指表面刷聚酯漆的家具，高档家具常用的为不饱和聚酯漆，也就是通称的"钢琴漆"。其优点在于漆膜的硬度更大，坚硬耐磨，丰富度高，耐湿热、干热、酸碱油、溶剂以及多种化学药品，绝缘性很高。颜色鲜艳、光泽度高，保光保色性能好，具有很好的保护性和装饰性。其缺点在于柔韧性差，受力时容易脆裂，且不易修复，修复后留有痕迹等。聚酯家具的保养和清洁应注意防止碰撞，避免太阳直射或暴晒引起的漆膜泛黄变色；清洁可用水冲洗或用湿布擦干净即可，若污垢太多，可用清洁剂擦洗后用干净湿布擦干。可通过上蜡保持表情光泽。

开荒保洁
kāihuāng bǎojié

开荒保洁也可称为"家庭开荒保洁服务"、"开荒清洁"、"新房保洁"、"装修后首次保洁服务"等。一般是指新房装修（粉刷）后的第一次保洁。开荒保洁是对地面和墙砖上会残留下的多种建筑垃圾和装修垃圾的彻底清理工作，清理任务比较艰巨复杂。服务内容主要包括：1. 玻璃除垢和清洁；2. 地面清洁和打蜡处理；3. 厨房厕所除污消毒；4. 装修痕迹（漆点、胶迹、涂料点、水泥块、铅笔痕迹等）的处理等。开荒保洁最好由经过相关技能操作训练、具有丰富经验的团队操作。

空气消毒
kōngqì xiāodú

空气消毒指的是使用物理或化学方法去除或杀灭空气中的病原微生物，以减少或控制由空气污染造成的创伤感染、呼吸道疾病传播及食品和药品污染等。家庭空气消毒主要指对家庭居室、病患及老年人住所进行空气清洁及消毒。家庭空气消毒一般使用通风换气法，通过加快空气自然流动减少室内微生物数量。病患及老年人住所空气清洁同样应注意通风换气，也可使用空气净化器、液体洗涤或气体熏蒸来进行消毒。若使用强烈刺激性液体或气体喷雾，应在无人条件下使用。

空调清洗
kōngtiáo qīngxǐ

空调清洗是指维护人员对客户家庭中的空调清洗、消毒和养护的服务。此项服务通常需要根据空调的开机时数、周围环境中灰尘多少及空气洁净程度等因素对空调清洗保养；其服务内容通常包括：1. 散热片的清洁消毒，2. 过滤网的清洁，3. 室外机与室内机外壳的清洁，4. 机体的清洁。从事空调清洗维护的人员或团队需要具备相关的资质。

铝合金门窗
lǚhéjīn ménchuāng

铝合金门窗也称铝质门窗，是由铝合金经挤压成框、梃、扇料等型材后制作而成。在清洁保养铝合金门窗时应注意：1. 保持门窗的框架清洁，特别是推拉槽的清洁，可用吸尘器吸去槽内和密封毛条上的积灰；2. 可用软布蘸清水或中性洗涤剂擦拭门窗，不应使用酸性或碱性洗涤剂；3. 雨天过后应及时擦干淋湿的玻璃和门窗框，特别注意抹干槽内积水；4. 滑槽用久

了，可在滑槽内添加少许机油或涂一层蜡，使推拉更容易；5. 应及时修补、更换损坏的门窗零构件。

门窗保洁
ménchuāng bǎojié

门窗保洁指的是对各类材质、用途的门、窗清洁的过程。参见"铝合金门窗"、"木质门窗"、"纱窗"、"塑钢门窗"。

木质家具
mùzhì jiājù

木质家具是指以天然木材和木质人造板为主要材料，配以其他辅料（如：油漆、贴面材料、玻璃、五金配件等）制作的各种家具。木质家具怕潮、怕磕碰。对木质家具进行清洁保养时，可用掸子除尘，再使用蘸湿抹布擦拭，最后再用干燥抹布擦净，以防家具受潮。污渍较多处可先喷洒清洁剂后再反复擦拭抹干。白色木质家具久用后容易泛黄，可用牙膏去黄。参见"原木家具"。

木质门窗
mùzhì ménchuāng

木质门窗是指以天然木材和木质人造板为主要材料，经加工后制成的门窗。木质门窗具有保温、隔声、防潮、色泽自然等特点。在清洁木质门窗时，应经常用湿布擦洗门面、门框，若有污迹，可用家居清洁剂喷到门面上，用布擦拭干净，也可用布蘸适量清洁剂对污迹处擦拭至干净。较高档的木质门，要经常用家具亮洁剂喷涂擦拭，亦可用家具上的光巾擦拭，这

种湿巾除灰尘还可以保持光亮。

木质墙面
mùzhì qiángmiàn

木质墙面常见于电视墙、卧室墙壁及家庭其他房间的装饰中。在清洁木质墙面时，可先用掸子将墙上的灰尘蛛网扫净，再用干净湿毛巾擦拭。当木质墙面的污渍过多时，可用多用途清洁剂喷洒后反复擦抹。木质墙面怕潮，因此应经常开窗通风换气。

内墙涂料
nèiqiáng tú liào

内墙涂料是指保护并装饰室内墙面一类涂料，大部分内墙涂料具有良好的耐水性、耐擦性、耐粉化性和透气性。内墙涂料包括刷浆材料、水溶性涂料、溶剂性涂料、乳胶漆、油漆等。清扫内墙涂料涂抹的墙面时，可遵循以下步骤：1. 用吸尘器吸取涂料墙面的表面灰尘；2. 用鸡毛掸子清除涂料墙面墙角的灰尘；3. 用抹布浸清洁剂擦拭污染处，在清洁油漆墙面上的污迹时，可用清水或肥皂液擦抹，切忌用碱性溶液擦拭。

皮沙发
píshāfā

皮沙发包括采用天然皮革（如：猪皮、牛皮、羊皮等）制成的真皮沙发及采用人造皮革制成的仿皮沙发。真皮沙发具有透气、柔软、耐水、耐酸碱等特性。与真皮沙发相比，仿皮沙发在质量上有一定不足，但在价格上有一定优势。在选购皮沙发时，应注意区分真皮及仿皮沙发。在清洁保

养皮沙发时，可定期用掸子除尘，然后用潮湿抹布擦拭；遇到污垢较多处，可适量采用洗涤剂反复擦拭。皮沙发应放置在阴凉通风处，避免阳光直射，同时也应避免空调直接吹拂。在清洁保养皮沙发时应避免使用利器，以免划伤沙发。

漂白粉
piǎobáifěn

漂白粉是一种由次氯酸钙、氯化钙和氢氧化钙组成的白色粉末状物质，有刺激性氯气味，是一种廉价有效的消毒剂、杀虫剂和漂白剂。漂白粉的适用面较广，可用于食具、茶具、家具、交通工具、污水、垃圾、粪便等物体的消毒处理。漂白粉必须在一定水分条件下，才能产生杀菌物质。漂白粉可使有色棉织品褪色，并对布类、金属有腐蚀作用。在使用时，应戴防护手套。当放置在阳光直射、温度较高和潮湿的环境下时，漂白粉中的有效物质容易损耗，因此应将其置于阴凉干燥处。参见"化学消毒法"。

汽车清洗
qìchē qīngxǐ

汽车清洗即对车内、外针对性的清洁。其中车辆外部清洁的流程为：清水洗车，使用拉水或高泡洗车液擦拭车辆，高压水冲净车辆，干净柔软毛巾擦干车辆外部，并使用麂皮等擦拭车辆玻璃和倒车镜。车辆内部清洁包括对车辆座椅、地面、窗户、脚垫地毯和后备厢的清洁和吸尘，同时擦拭前后挡风玻璃、四边门窗、方向盘、仪表盘、空调送风口、踏板等内部

构件。

汽车清洗剂
qìchē qīngxǐjì

汽车清洗剂是用于清洁汽车的化学药剂。按其清洗的部位不同可分为：汽车外壳用清洗剂、车内装潢物清洗剂等。

汽车消毒
qìchē xiāodú

汽车消毒指的是运用臭氧和负离子的消毒方式对汽车内部消毒、杀菌和除味。汽车消毒主要用于消除车内零部件和装饰物释放的有害气体及异味，以达到保持车内环境清洁和空气净化的作用。

器皿清洁
qìmǐn qīngjié

器皿一般可以直接用水进行清洗，然后擦拭干净即可。在对器皿清洁时须根据器皿的材质不同选择相应的清洁用具和清洁方式。对于玻璃、陶瓷等易碎材质的器皿，应注意轻拿轻放。在清洁生锈的金属器皿时，可先使用细磨砂纸除锈再清洁。参见"玻璃器皿"、"水晶制品"、"陶瓷器皿"、"金属器皿"。

墙面保洁
qiángmiàn bǎojié

墙面保洁多指内墙面的保养和清洁，外向面保洁一般使用"外墙清洗"来表述。家庭住宅内墙面一般为粉刷墙面、涂料墙面、墙纸墙面或木质墙面，保洁的基本程序是由内往外，由上往下、由难到易。根据不同的墙面材质，须选用合适的保洁方法和保洁工具。参见"木质墙面"、"墙纸墙面"、"涂料墙面"。

墙纸墙面
qiángzhǐ qiángmiàn

墙纸墙面是指使用墙纸或壁纸裱糊的墙面。用于裱糊墙面的墙纸可以分为很多类，如：覆膜墙纸、涂布墙纸、压花墙纸等；这些墙纸通常具有一定的强度和韧度、美观的外表及良好的防水性能。对墙纸墙面保洁时，应定期使用掸子去除墙面上的灰尘或蛛网，除尘后，可喷洒一定量的清洁溶液到墙纸上，再用干净毛巾擦净。若墙纸因受潮或疏失等原因破损，可用与原墙纸颜色、花纹相同或相似的同面积新墙纸进行粘修补；当原墙纸过于老旧，不易修补时，可考虑更换新墙纸。

清洁保养用品
qīngjié bǎoyǎng yòngpǐn

见"家居保洁用品"。

日常单次清洁服务
rìcháng dāncì qīngjié fúwù

日常单次清洁服务指的是家政服务人员为客户提供的以单次计数的家居清洁服务，主要是日常的清扫、擦拭和洗涤，不涉及大工作量的清洁活动，其目的是为了维持家居用品整洁和环境清洁。家政服务人员通常在完成清洁服务后立即离开客户处。参见"居家保洁"、"日常定期清洁服务"。

日常定期清洁服务
rìcháng dìngqī qīngjié fúwù

　　日常定期清洁服务指的是家政服务人员在约定的时期为客户提供日常清洁服务。其服务内容通常与日常单次清洁服务一样，主要是日常的清扫、擦拭和洗涤，不涉及大工作量的清洁活动。参见"居家保洁"、"日常单次清洁服务"。

绒面沙发
róngmiàn shāfā

　　绒面沙发指的是表面做成细绒状的皮革或布料沙发。绒面沙发较其他材质的沙发更容易沾染灰尘和污渍，使用时应注意保持接触物（如：身体、衣裤、鞋子及其他物品）的清洁。绒面沙发的日常保洁可使用吸尘器吸尘。若没有吸尘器，则可用湿毛巾铺在沙发上轻轻敲打，然后清洗毛巾，反复几次即可清理干净上面的灰尘，或者将湿毛巾铺在沙发上用电熨斗熨压吸出沙发绒面上的灰尘。绒面沙发的清洗应使用合适的绒面清洗剂。

杀虫剂
shāchóngjì

　　杀虫剂是用以防治有害昆虫的化合物，主要被应用于农业、工业、医药及家用。杀虫剂使用历史长、用量大、品种多。杀虫剂一般有毒性，可对人体健康、食物链及生态系统产生不良影响。在家庭中，杀虫剂常用于杀灭家居环境中的蟑螂、苍蝇等常见害虫。在使用杀虫剂的过程中应注意合理配比、使用。此外，应严格防范皮肤接触及误吸误食等意外。参见"虫害防治"。

纱窗
shāchuāng

　　纱窗是指蒙冷布或钉网纱的窗户，一般设置在玻璃窗扇的内层或外层，以便在夏季既能防蚊蝇飞入又能通风透气。常用的窗纱有铁窗纱、塑料窗纱等。窗扇料有木材、型钢、铝合金型材等。纱窗的制作一般用料较小，构造同玻璃窗，唯不做窗芯。在清洗纱窗时应注意防止纱窗变形而使蚊虫进入室内，清洗时可将纱窗卸下，尘土太多的情况下可用水直接冲洗。此外，也可以用食盐来清洗纱窗。食盐有吸附灰尘的作用，而且颗粒细小，可以清洗缝隙、空洞等处。将抹布蘸些干食盐，仔细擦去纱窗角角落落的污垢，或是将纱窗当作"筛子"，让食盐从孔中筛下，即可达到清洗纱窗的效果。

社区保洁
shèqū bǎojié

　　社区保洁是保洁管理机构通过宣传教育、监督治理和日常保洁工作，保护社区环境，防治环境污染。定时、定点、定人进行生活垃圾的分类收集、处理和清运。通过清、扫、擦、拭、抹等专业性操作，维护社区所有公共区域和公用设施的清洁卫生，为社区塑造文明形象，提高环境效益。

社区消毒作业
shèqū xiāodú zuòyè

　　社区消毒作业的目的是在日常清扫、清洁的基础上，提高所保洁区内场地和设施设备（座椅、健身器材等）的卫生水平，尤其是卫生间、垃圾堆放处等病原体容易滋生的地方。社区消毒作业的操作流程为：1. 做好自身的防护工作，穿软底鞋或鞋套、戴口罩，穿好工作服装；2. 根据消毒对象选择合适的消毒药剂（常用的消毒药剂为洁厕精、消毒液等）并将其按一定的比例稀释；3. 使用擦拭法或喷洒法对消毒区域消毒；4. 悬挂或张贴标志，给消毒区域安全标示和说明，并在消毒完成后做好记录工作。

实木地板
shímù dìbǎn

实木地板又名原木地板，是使用天然木材经烘干、加工后制成的高级地面装修材料。一般的实木地板耐水性差，因此不宜用湿布或水擦拭，以免失去光泽。在对实木地板保洁时，应先清扫干净，然后用半干的拖布和抹布擦干净；污垢较重的地方可将地板清洁剂喷到地板上，再用干净的抹布擦干净。实木地板应定期打蜡保养（通常每年须进行一至二次），以保持地板光亮，并延长使用寿命。和其他木地板一样，实木地板应注意防潮防火，避免受到坚硬物体划砸；在保洁时，避免使用酸性、碱性或有机溶剂（如汽油等）擦洗实木地板。参见"复合地板"。

室内消毒
shìnèi xiāodú

室内消毒是指家政服务人员使用专业器具和消毒剂按照科学方法和程序对室内环境和物品进行驱虫、杀菌、防腐的处理行为。参见"物理消毒法"、"药物消毒法"。

收纳
shōunà

收纳是指在比较局限的空间中，将杂乱的物品收集、归纳、整理，并创造出整洁、雅致的家居环境的工作过程。

手工地毯清洁保养
shǒugōng dìtǎn qīngjié bǎoyǎng

见"地毯清洁保养"。

书籍护理
shūjí hùlǐ

由于书籍书架比较容易沾染灰尘，因此，对书籍的除尘保养是家政服务人员在家居保洁时的工作内容之一。家政服务人员应定期（如：每月一次）对书籍除尘，在除尘时，最好从装订处将灰尘向外擦抹，以防灰尘进入装订处后损坏书籍。在有条件的情况下，可以使用吸尘器的低挡位定期（如：每年一次）对书籍进行吸尘清洁。对于皮封面的书籍，每年可以使用一次的适当的皮革防腐剂。在经客户同意的情况下，也可以聘请专业的书籍护理人员对书籍进行定期（如：每半年一次）查损养护。在保存珍贵书籍时，可以将其存入干燥、透气并带有玻璃罩的书柜中，防止灰尘进入。

水晶制品清洁
shuǐjīng zhìpǐn qīngjié

水晶制品的清洁方式与陶瓷、玻璃制品的清洁方式一样，均可用清水洗去灰尘，并用几滴洗涤剂去除沾染的污渍。由于水晶制品具有易碎的特点，因此在清洗过程中要特别仔细并注意安全，可以用塑料软盆（或加垫了橡胶垫的洗漱池）装入温水及洗涤剂后对水晶制品一件一件地进行清洗以防止磕碰。在清洁时应戴上防水防滑的手套，以防在水晶制品上留下指纹。清洁完毕后，应立即用柔软的干抹布轻轻擦拭，以防留下水痕。参见"玻璃器皿"，"陶瓷器皿"。

水磨石地面
shuǐmóshí dìmiàn

水磨石地面是一种以水泥为主要原材料的复合地面，其造价低廉，性能良好，具有较好的防潮性能。在对水磨石地面进行保洁时，可采用常规的地面保洁方法：即先用笤帚或吸尘器按从里到外的顺序清扫干净，再用湿拖布反复擦拭干净。水磨石地面不能遭重物、硬物碰砸，以免破碎或破坏表面光洁度影响美观。

塑钢门窗
sùgāng ménchuāng

塑钢门窗是以聚氯乙烯或其他树脂为主要原料，经机械挤出成型，再通过切割、焊接或螺接的方式制成的门窗框扇。塑钢门窗具有线条清晰、挺拔、造型美观、表面光洁细腻，不但具有良好的装饰性，而且有良好的隔热性和密封性等特点。在清洁保养塑钢门窗时，可使用湿布擦洗门面、门框，若有难以擦除的污垢，可使用家居清洁剂喷抹在污垢处，然后用布擦净即可。参见"门窗保洁"、"铝合金门窗"、"木质门窗"。

塑料地板
sùliào dìbǎn

塑料地板是以合成树脂为基料制成的地面装饰及保护用材料。家庭、办公场所所使用的塑料地板通常为块状或卷状，其中，块状塑料地板多为素色或有杂色花纹的半硬质材料，适用于商店、办公室等建筑；卷状塑料地板多为印花和发泡有弹性的软质材料，具有较好的耐酸、耐燃和耐磨的特性，比较适用于住宅。在保洁时，可先清扫地板上的脏物，再用拖把将地板擦净。在保洁时，应注意避免塑料地板接触到油和腐蚀性化学药品，并防止尖硬物品划伤。

塑料制品
sùliào zhìpǐn

塑料制品是对采用塑料为主要原料加工而成的生活用品、工业用品的统称，包括以塑料为原料制作的所有注塑、吸塑等工艺制品。塑料制品具有质轻、绝缘、耐磨、耐腐蚀、隔水、常温下不易变形等特点；常见的生活用塑料制品包括桶、盆、餐具、儿童玩具等。在对塑料制品清洁时，通常可以使用洗涤剂清洗、湿布擦拭、清水直接冲洗的方式。需要注意的是，不能用酒精擦拭 ABC 树脂塑料用品，应使用清洁剂擦拭后再用干净湿布将其擦净。

酸性清洁剂
suānxìng qīngjiéjì

酸性清洁剂是指酸碱性呈酸性的

清洁剂，常用于卫生间、瓷砖的保洁。根据去除污垢的能力不同，酸性清洁剂又分为重垢和轻垢两类，通常重垢型酸性清洁剂较为多见。常用的酸性清洁剂有洁厕净、洁厕灵、除锈剂、除垢剂、浴盆清洁剂、洁瓷灵等；除适用于洗涤便池外，这些产品也适用于其他瓷表面的清洗。应遵照说明书使用酸性清洁剂，在清洁地毯、石材、木器和金属器皿时，一般不可使用酸性清洁剂。

陶瓷器皿
táocí qìmǐn

陶瓷器皿是用以盛装物品或作为摆设的陶器和瓷器的总称。家庭中常见的陶瓷制品通常为各式茶具、餐具及其他如花瓶之类的工艺品。陶瓷制品的清洁方式与玻璃、水晶制品的清洁方式一样，均可用清水洗去灰尘，并用几滴洗涤剂去除沾染的污渍。在清洁陶瓷制品时还需考虑到其易碎的特性，防止磕碰毁坏，可以用塑料软盆（或加垫了橡胶垫的洗漱池）装入温水及洗涤剂后对陶瓷制品清洗。清洗完成后可用干抹布擦拭干燥，对餐饮器具还可进一步消毒处理。参见"玻璃器皿"、"水晶制品清洁"。

藤制家具
téngzhì jiājù

藤制家具也称藤编家具、藤编竹家具，是一种以藤条或竹子作为支架，在支架上用藤皮纺织花纹图案而制成的家具。藤制家具精巧、轻便、坚实、耐用，在我国民间广泛使用。在日常清理藤制家具时，可先用小毛刷及吸尘器清理缝隙间的灰尘，然后再使用抹布蘸淡盐水擦拭藤制家具用品，蘸淡盐水既可去污、保持家具柔韧性，还能起到防脆折、防虫蛀的作用；污渍严重处可用湿布蘸清洁剂擦拭，然后再用干净的湿布擦抹一遍；清洁完毕后将其晾干即可。需要注意的是，藤制家具忌受潮、怕高温，在放置时不能放在潮湿、暴晒或离火源较近的地方。

涂料墙面
túliào qiángmiàn

涂料墙面是指用涂料装饰材料粉刷的墙面，是家政服务人员在墙面清洁时经常遇到的墙面类型，常见于家庭内墙。涂料墙面的保洁方法为：用掸子清除墙面上的灰尘、蛛网等；此外，也可用九成干的干净湿布轻擦墙面。可用湿布蘸少量洗涤剂擦拭有污物的墙面。参见"墙面保洁"。

涂水器
túshuǐqì

涂水器又称沫水器，是一种常见的玻璃清洗工具。涂水器由 T 字架和涂水器毛套组合而成；涂水器毛套通常由超细纤维布制成，吸水性强，并具有很强的摩擦清洁能力。涂水器通常与玻璃刮一同使用；使用涂水器时，可将涂水器毛套浸入清洁溶液中，然后擦拭玻璃；当玻璃上的污垢被抹去后，再使用玻璃刮将玻璃上的水刮净。

拓荒保洁
tuòhuāng bǎojié

见"开荒保洁"。

微波炉清洁

wēibōlú qīngjié

微波炉清洁是家政服务人需常做的家电清洁工作。在清洁微波炉时，首先切断电源，并取出转盘、盘架等活动件。在准备清洁用品时，应将中性洗涤剂与 25～30℃ 的温水混合成清洁溶液，用干净的毛巾沾湿后清洁微波炉。用清洁溶液擦抹第一遍后，再用沾了温水的湿毛巾擦抹，最后再拿干净的毛巾擦拭一遍，待水分完全挥发后再接通电源。在清洗微波炉时需要注意的是，应避免使用研磨去污剂、颗粒状洗涤剂、酸性和碱性洗涤剂洗刷微波炉的任何部位。也不应使用溶剂和金属制品（如：金属刷子等）洗刷微波炉，以免引起变色、变形及损伤。

卫生间保洁

wèishēngjiān bǎojié

卫生间保洁是居室保洁的一个组成部分，是指对客户物业中的卫生间清洁打扫的过程。家庭中卫生间保洁需准备的常用工具包括：抹布、拖把、清洁刷、去渍剂、洁厕剂、水桶等。在卫生间保洁时，应按照自上而下的顺序。家政服务人员应制定工作计划，定期打扫客户物业的卫生间，以保持卫生间的干净、无异味。

卧室保洁

wòshì bǎojié

卧室保洁是居室保洁的一项重要内容。相对于其他房间的保洁而言，卧室保洁的主要工作为衣物及床上用品的保洁整理。由于卧室所独有的私密特性，家政服务人员应尽量以客户喜欢的风格或方式进行卧室保洁及整理，并尊重客户个人隐私。家政服务人员应向客户了解换洗床上用品的频率（如：每周一次或每半个月一次）并在确保卧室内无人的情况下再做保洁。除了地面清洁、床上用品换洗之外，家政服务人员应根据客户需求对卧室衣橱中的衣物进行换洗、整理、归类及保管；同时，还需对卧室中的饮水杯、餐具等物品及时清理、更换。此外，家政服务人员还应保证卧室空气清新，在保洁时避免使用会导致客户过敏的清洁产品。参见"居室保洁"、"衣物保管"。

物理消毒法

wùlǐ xiāodúfǎ

物理消毒法是一种利用阳光、高温等物理因素杀灭或消除病原微生物的方法。常见的物理消毒法包括热力消毒（如：煮沸消毒、蒸汽消毒、高温烧灼等）、电离辐射消毒、微波消毒等。参见"高温消毒法"、"药物消毒法"。

吸尘

xīchén

吸尘是家居保洁中最基本的工作之一，常见于地面保洁，指的是家政服务人员运用吸尘器等设备对地面的灰尘清洁的过程。在居家保洁时，吸尘和除尘工作经常需要搭配，通常按照从上往下的顺序，先除尘，后吸尘。由于一些吸尘器体积、质量较大，因此家政服务人员在搬运吸尘器时应注意预防可能发生的意外和损害。由于吸尘工作会引起较大的扬尘，因此在吸尘时最好确保室内没有其他人，以免部分人员会因吸入灰尘而导致过敏。在对地毯或地垫吸尘工作时，有时可按客户要求保留吸尘纹路。参见"除尘"、"居家保洁"、"地面保洁"。

吸尘吸水机
xīchén xīshuǐjī

吸尘吸水机也被称为商用吸尘器。相对于家用卧式吸尘器而言，吸尘吸水机具有更大的桶容量、更长的电源线、更强的吸入效率及更苛刻的安全设计要求等特点，因此被广泛运用于酒店、工厂、办公区、写字楼等商用公共场所中。吸水吸尘机普遍具备干湿功能，可以吸除保洁区域的各类固体垃圾（如：纸屑、尘土、烟头、树叶、石子、玻璃碎片等）和液体废弃物（如果汁、饮料、酒水、积水、污水等）。吸水吸尘机还可以通过自带的吹风功能吹出死角灰尘、吹干潮湿物体表面，是一种高效的保洁工具。

洗涤剂
xǐdíjì

洗涤剂是具有去污能力的物质，可用于洗净皮肤、纤维、金属等表面所附着的污垢，其去污原理为表面活性剂在水溶液中降低水的表面张力，并发生润湿、乳化、分散和起泡等作用，从而使污垢从所洗物表面分离。洗涤剂有多种分类方式：按照表面活性剂是否能在水溶剂中分解出离子而分为非离子型洗涤剂和离子型洗涤剂；按外观分类可分为：粉体洗涤剂、液体洗涤剂和固体洗涤剂。

消毒
xiāodú

消毒就是杀灭或消除外环境的病原体。可分为预防性消毒和疫源地消毒。预防性消毒是在疫情尚未出现时，对有可能被病原体污染的物品、场所的消毒。如饮水消毒、空气消毒和物品消毒等。疫源地消毒是指对现有或曾有传染源的疫源地的消毒，它又分为随时消毒和终末消毒。随时消毒是指对现有传染源的疫源地的排泄物、分泌物及所污染的物品及时的一种消毒措施。终末消毒是指传染源离开疫源地（住院、转移、死亡）或终止传染状态（痊愈）后，对疫源地的一次彻底消毒。常用的消毒方法可分为：1. 物理消毒法：用热力、微波、红外线等物理因素杀死或消除病原微生物。2. 化学消毒法：用化学消毒剂来杀灭微生物。常用的有漂白粉、过氧乙酸、氯胺等。3. 生物消毒法：是利用活的生物作消毒因子去除病原体的方法。如污水净化过程可利用缺氧条件下厌氧微生物的生长来阻碍需氧微生物的存活。参见"预防性消毒"、"终末消毒"。

消毒柜
xiāodúguì

消毒柜是一种通过高温、臭氧、紫外线、远红外线等方式，对餐具等物品进行烘干、杀菌消毒、保温除湿的工具，为常用的家用电器之一。家政服务人员应掌握消毒基本的使用和维护方法，包括：1. 应将餐饮具洗净沥干后再放入消毒碗柜内消毒，以节约电能、保证消毒水平和防止消毒柜部件受损；2. 须根据餐具材料的类型选择相应的消毒方式和放置位置；3. 消毒柜位置摆放要科学，一般放置在干燥通风处，离墙不宜小于30厘米；4. 须定期清洗消毒柜，清洁消毒柜时，先拔下电源插头，用干净的湿布擦拭消毒柜内外表面，禁止用水冲淋消毒柜；5. 须定期检查柜门密封性和发热管或臭氧发射器是否正常工作，以保障消毒柜的正常工作。

消毒剂
xiāodújì

消毒剂是用于消毒的药物。消毒剂的杀菌或抑菌的原理包括：损伤细胞壁，使蛋白质变性失活及诱使核酸受损等。消毒剂种类很多，有重金属盐类，如红汞、硝酸银等；氧化剂，如高锰酸钾、过氧化氢等；卤素及其化合物，如氯、漂白粉、碘酒等；季铵盐类，如新洁尔灭等；酚类，如石炭酸、来苏尔等；还有乙醇、甲醛等。

新房保洁
xīnfáng bǎojié

见"开荒保洁"。

医院保洁
yīyuàn bǎojié

医院保洁是指确保医院室内外环境干净整洁的卫生清洁工作。医院保洁的特点是范围广，标准高，专业性要求高。日常清洁消毒和隔离消毒应首先划分隔离区域，一般可分为医院环境划分成污染区（病房、卫生间）、半污染区（公共区域、诊室）和清洁区（行政办公区、值班室），然后根据

区域的划分及不同区域清洁特殊要求配置保洁工具和耗材，采取相应的保洁方法。高清洁要求的区域（如手术室、ICU、无菌室、层流病房等区域）的保洁须严格参照该区域保洁的规程进行保洁工作。

银布
yínbù

银布又称"擦银布"，是一种以植物纤维为基材，并加入抛光粉和去污成分制作而成的清洁工具，专用于银制品清洁。银布既可以用于擦拭轻微氧化的银器，又可用于包裹存放银器以防氧化；银布可以反复使用，不可清洗。参见"银制品保养"。

银制品保养
yínzhìpǐn bǎoyǎng

银制品保养是指对客户家庭中的银制品日常保存和清洗抛光的工作。银制品易与硫化物与氯化物等发生化学作用，表面变黑失色。因此，银制品应保存在密封的柜子或盒子里，最好用银布包裹或袋状银布盛装。银布可吸收空气中的硫，防止银制品变黑。当银布吸收的硫达到饱和状态时，应及时更换。此外，还应尽量减少用手直接接触银制品，以避免其沾染油和盐分变黑。银制品可用清水细致清洗。抛光银制品时应按失泽的程度不同采取不同的方式。轻微的变色可直接用银布擦拭，中度变色可用软布或棉花蘸精制碳酸盐研磨料擦拭，严重变色则需要使用清洁能力更强的清洁物。另一种方式是将银制品浸入洗银水中，但这种方法容易造成过度清洗，可改

为蘸取洗银水擦拭。抛光会造成银制品本身的损失，所以银制品保养应以预防氧化失色为主，尽量减少抛光。参见"贵重金属保养"。

预防性消毒
yùfángxìng xiāodú

预防性消毒是指对疑似受到某种病原体污染的场所与物品实施消毒。消毒方法应依据可疑病原体种类、消毒对象而确定，如：废弃物可燃烧消毒、粪便等深埋消毒、器械物品用日晒、紫外线照射或药液消毒等；对水源则应用漂白粉或过滤处理；对餐馆设备、餐具应煮沸或作特殊处理等。根据《育婴员国家职业技能标准（2010年修订）》规定：高级育婴员应能根据常见传染病对婴幼儿的生活环境进行预防性消毒；例如，对婴幼儿的毛巾、餐具和牙具在使用前消毒等。

杂物清理
záwù qīnglǐ

杂物清理是指在家居清洁过程中，家政服务人员清理客户家庭或物业中的杂物（如：各种服装、器具、报纸、期刊等）的过程。家政服务人员在清理杂物时应当熟悉各种物品的分类及摆放地点（如壁橱、架子、贮藏柜、储物箱等）；同时，如需扔掉杂物须经过客户同意。

织物挂饰
zhīwù guàshì

织物挂饰是以棉、毛、丝、麻、化纤等纺织品为材料制作的悬挂装饰品，既包括帐幔挂饰织物，如窗帘、帷幔、屏风等，也包括家居装饰挂饰，如壁挂、中国结、香包等。织物挂饰具有质地柔软、品种丰富、加工方便、功能多样、随意变形、装饰感强、易于换洗等特点。织物挂饰的护理应根据其材质不同选择适宜的清洁方法。厚重纯棉、纯毛的挂饰不宜水洗，可以用吸尘器除尘或干洗；也可晾晒在通风处，并用棍棒轻轻敲打除尘。

终末消毒
zhōngmò xiāodú

终末消毒是指对转科、出院或死亡被护理人的所住居室与一切用物的消毒处理，常见于养老院等入住式护理设施。其目的是防止病原微生物直接或间接传播，防止传染病蔓延。终末消毒应按隔离要求进行，一般包括室内空气消毒，室内设备及物品消毒，更换床单被套，铺好备用床等内容。在终末消毒时，应遵循先消毒、再清洁、最后再消毒的原则。

专项保洁服务
zhuānxiàng bǎojié fúwù

专项保洁服务指的是使用专业清洁设备和清洁剂等相关工具，对家庭居室中的地板、地毯、地砖、空调、抽油烟机、煤气灶、门窗、墙壁、家具等保养、清洁以及对居室进行消毒、空气治理、病虫害防治等专业化处理的服务。参见"地面保洁"、"地毯干洗"、"地毯湿洗"、"空调清洗"、"门窗保洁"、"虫害防治"、"空气消毒"。

紫外线消毒
zǐwàixiàn xiāodú

紫外线消毒是指用波长为 250～

265nm 的紫外线杀灭病原微生物的消毒方法。紫外线对一般细菌、病毒都有杀灭作用，主要用于手术室、无菌操作室和传染病房的空气消毒和表面消毒。因紫外线穿透能力弱，不宜消毒衣物和书籍。紫外线消毒效果与照射距离和照射时间有关。消毒空气时，用 15W 紫外线灯管照射 30 分钟。空气中尘埃过多、湿度过大可降低消毒效果。《养老护理员国家职业技能标准（2011 年修订）》中规定，高级养老护理员应掌握使用紫外线对老年人的居室消毒的技能。

九、礼仪民俗

餐桌礼仪
cānzhuō lǐyí

　　餐桌礼仪是在就餐时需要遵循的礼仪常识。由于文化、历史等原因，各个国家和文明所发展出的餐饮文化和餐桌礼仪都各有差异。但总体而言，恰当的餐桌礼仪需要考虑下面几个方面：1. 恰当的着装。例如是否有着装要求，打扮是否整洁得体等；2. 用餐秩序。例如入座、进餐顺序等；3. 餐具的运用。如进餐方式，各种餐具如何使用；4. 餐桌禁忌。如中式餐桌礼仪忌讳用筷子敲打碗碟，将筷子插在米饭中，或用筷子不停翻动寻找食物；5. 餐桌上的举止谈吐。吃饭时不要大声喧哗，动作举止优雅等。另外，家政服务人员在客户家用餐时也应该采用恰当的个人用餐礼仪，以展现自己文明礼貌的形象。参见"西餐礼仪"、"宴会礼仪"、"涉外宴请礼仪"。

称呼
chēnghū

　　称呼是说话时用来表示彼此关系的名称，它是最普通、最广泛、最基本的交往答拜礼仪之一。使用得体、适宜的称呼是社交活动的良好开端。在我国，用来称呼男性比较常用的称呼包括："同志"、"先生"和"师傅"。"同志"一词一般适用于严肃、正式的场合，或用来称呼政治信仰一致的人士；"先生"一词，既可用来对年长者、教师表示尊敬，也可在其他应酬或社交场合中用其称呼任何成年男性；"师傅"则是群众在日常生活中对成年男子的称呼，带有亲切、尊敬的意味。在我国，用来称呼女性比较常用的称呼包括："女士"、"小姐"和"夫人"。此外，在称呼医生或教师等受教育程度较高的人士，可以直呼其职称，或在职称前冠以姓氏，如"赵医生"、"苏老师"等。

重阳节
chóngyángjié

　　重阳节又称重九，在农历九月九日。重阳节的风俗很多，主要有登高、插茱萸、饮菊花酒和赏菊。古代的重阳节，还有九月九日登高避灾的习俗，人们在这一天还开展骑射活动。现在重阳节还保留着赏菊、放风筝的习俗。

除夕
chúxī

　　除夕是中华民族的传统节日，为农历年的最后一天，春节的前夜。民间多俗称"年三十"或"大年三十"。按照传统风俗，除夕与春节，时相接，俗相类，实际上已融为一个传统佳节。现在，除夕中最重要的习俗是吃年夜饭和守岁，还包括打扫居室、悬挂对联等。吃年夜饭又称"吃团圆饭"。年饭种类因地区、民族不同而异。北方地区多吃饺子，寓意"更岁饺子"；长江中下游地区吃鱼、肉、萝卜、菠菜、粉条、长生果等，取意"年年有余"；陕西延安一带吃豆腐和枣儿糕；台湾省吃鱼圆、肉圆、发菜等，意为"团圆吉祥"；蒙古族须向长辈敬"辞岁酒"，饱餐烤羊腿和水饺；满族传统年菜是血肠、煮白肉、酸菜等；壮族必备白斩鸡、酿豆腐、年糕、粽子、荷花包饭等；藏族家家饮青梨酒、酥油茶、吃酥油果子等。守岁的习俗相传起于南北朝，现在各地守岁有所不同。湖南、湖北、河南、河北、山西等地"团圆饭"后行"辞岁"礼，由晚辈依次向长辈行礼，长辈给晚辈"压岁钱"，行礼后全家闭门团坐；山东一带，全家坐在热炕上包饺子，午夜后煮食；台湾省及闽南地区，合家团坐在放有火锅的圆桌边聚餐，桌上每道菜都有寓意，肉圆、鱼圆取意"三元"，象征合家团圆，萝卜俗称"菜头"，取意"好彩头"，煎炸的食物，表示家运兴旺。

电话礼仪
diànhuà lǐyí

电话礼仪是家政服务人员在代表其雇主接听电话时所采用的恰当的接听方式。在接听电话时，恰当的礼仪包括：1. 吐字清晰明确，使用自然而柔和的声音，2. 轻拿轻放电话，3. 当对方要求与雇主交谈时应先询问对方名字和称呼，4. 要注意不要轻易透露雇主的活动、行踪或个人信息，5. 当雇主不在场时，应为雇主记录下来电人的姓名及相关事由，并礼貌地向对方表明有空时回复。参见"工作礼仪"。

端午节
duānwǔjiē

端午节在农历五月初五，是中国民间隆重的传统节日。又称"端阳节"、"重午节"、"重五节"。自秦代以来，端午节便与屈原紧密相关，尤其是流传至今的吃粽子、划龙船的习俗。农历五月初五也是预防疾病、祛邪除祟，讲卫生、求幸福的日子。端午节的风俗除吃粽子、赛龙舟外，还有采艾叶、插菖蒲、饮雄黄酒、拴五彩线、挂纸葫芦等。

服务礼仪
fúwù lǐyí

见"工作礼仪"。

工作礼仪
gōngzuò lǐyí

工作礼仪是服务人员在日常工作中需要遵守的基本礼仪规范。常见的工作礼仪包括：电话礼仪、应门礼仪、称呼礼仪、迎送礼仪、着装礼仪等。注重工作礼仪不仅可以有效地改善客户体验，增加业务量，还能够提高服务人员自身的素质。参见"电话礼仪"、"应门礼仪"、"称呼"、"迎送礼仪"、"礼仪规范"。

家庭礼仪
jiātíng lǐyí

家庭礼仪指的就是人们在长期的家庭生活中，用以沟通思想、交流信息、联络感情而逐渐形成的约定俗成的行为准则和礼节、仪式的总称。父子、兄弟、夫妻、邻里之间应相互谦恭有礼。家庭礼仪使家庭成员之间达成和谐的关系，有助于社会的安定、国家的发展。

家政语言规范
jiāzhèng yǔyán guīfàn

家政服务人员的语言规范是指家政服务人员在工作时需要注意的用语规范，其内容包括口头用语及体态用语等内容。如在日常对话中应忌用不礼貌的语言（如直呼客户姓名，使用轻蔑的语气等），并使用礼貌得体的口头用语（如向他人答谢或致歉，向他人问候或告别等）和体态语言（如待人接物时保持微笑）。家政服务人员可以通过建立一套合乎礼仪的语言规范展现出自己对工作的热情和对客户的友善，让自己的工作更顺利地开展。参见"称呼"、"应门礼仪"、"电话礼仪"。

交谈礼仪
jiāotán lǐyí

交谈礼仪指的是在交谈的礼仪规范，包括以下几方面内容：1. 与人交谈，首先相互问好。交谈时，要面露悦色，切忌时而双眉紧蹙，时而斜视张望，应谈吐诚实、自然，表达完整，表情要真诚、随和；2. 与人交谈时不应只顾自己表达，应留给对方足够表达时间，让对方参与话题；3. 交谈时不应一味高谈阔论或长时间闲聊不休；4. 与人交谈时，不要跷二郎腿，也不要指手画脚，应保持文明、礼貌的举止；5. 交谈时，若有事要急办，应向对方说明，切忌一会抬手看表，一会似听非听；6. 涉及私人秘密，不要追问和传播，应注意保密；7. 宴席上不宜谈话不休，忌谈话喷饭。

礼仪规范
lǐyí guīfàn

礼仪是指人们在社会交往活动中，共同遵循的、最简单、最起码的道德行为规范。它属于社会公德的范畴。礼仪是一个人文化修养、精神面貌的外在表现。一个人在社会生活中需要与他人接触，其礼仪表现将会使人产生很强的知觉反应，能给人留下深刻的印象。良好的礼仪修养能强化人际间的沟通，建立良好的人际关系，反之不但会损害自己的形象，而且会影响人际关系。参见"工作礼仪"。

清明节
qīngmíngjiē

清明节是农历二十四节气的第五个节气，阳历 4 月 5 日前后。清明节也是我国民间的传统节日。二十四节气中，俗演为正式节日的只有清明，这是因为寒食节与清明相近，而古人在寒食节的活动又往往延续至清明。久而久之，作为节气的清明就演变为清明节。这一天，民间有上坟扫墓、踏青春游的习俗。凡坟茔要在这一天拜扫培土、剪除荆草，供上祭品，焚化纸钱。民间还有折柳枝扎成圆圈戴在头上或插柳枝于屋檐或门窗的习俗，说可避邪驱鬼。在南方一些地区，清明前还把井沟整理得干干净净，并在井边插上杨柳枝。市镇的居民则到郊外春游踏青，或在树下，或在园圃间，罗列杯盘，互相劝酬，直到暮色降临才兴尽而归。在清明节，各地还有斗鸡、荡秋千、蹴鞠、放风筝、拔河等活动。

扫尘节
sǎochénjié

扫尘节是汉族传统年俗之一，为腊月二十四，扫尘活动从此日一直延续到除夕。起源于古代汉族人民驱除病疫的一种宗教仪式，后来演变成了年底的大扫除，是一种清洁卫生和除害灭病的良好习俗。北方叫扫房，南方叫掸尘。这一天，打扫房前屋后，衣被用具洗刷一新，干干净净地迎新春。大家小户准备过年。在祀灶前后至除夕，应有一次卫生大扫除，墙角床下及屋柱屋梁等处一年的积尘，均须于此日以扫帚清除干净；箱柜上的金属把手等，也应擦拭一新。

社交礼仪
shèjiāo lǐyí

社交礼仪是指人们在社会生活和社交活动中共同遵守的表示尊敬的惯用形式。它包括惯用的身体动作、惯用的方式（指迎送、宴请、礼遇等）、惯用的仪式（婚丧礼节等）和惯用的物品（礼物、鲜花等）等。

涉外宴请礼仪
shèwài yànqǐng lǐyí

涉外宴请礼仪是针对国际场合的典礼或仪式所制定的言行举止规范。在家政服务中，涉外宴请礼仪常用于指导涉外商务或宴请活动中的组织规划。在通常情况下，涉外宴请的礼仪可以根据主宾的具体情况作相应的安排，在中国举行的国际性宴请活动以中式菜肴为主，并根据宴会主办方的品位作会场布置，但同时也要为参会的国际宾客准备一些他们所熟悉的食物。在涉外宴请活动的组织筹备时，应首先罗列出参会人员的名单，以便制定恰当的礼仪事宜，如座次、菜单、酒水等；其次，要考虑到各个参会人员的食物、忌口、酒水喜好和宗教信仰；此外，还应了解宾客的年龄，如果宾客中有儿童，则可以考虑单独为他们安排一些活动。

握手礼仪
wòshǒu lǐyí

握手礼仪是交往中最常见的礼节，是大多数国家的人们见面或告别时的礼节，也是一种祝贺、感谢或互相鼓励的表示。行握手礼时，距受礼者约一步，上身稍前倾，然后握手，并上下微动，礼毕即松开。对长者、尊者或上级应稍微向前欠身，双手握住对方的手以示尊敬。男士与女士相见时，女士若不先伸手，男士不可行握手礼。但一般女士、长者、尊者和上级有先伸手的义务，不然会使对方尴尬。另外握手时要双目注视着对方，微笑致意，并说敬语或问候语。

西餐礼仪
xīcān lǐyí

西餐礼仪指的是西餐正餐中的礼节和仪式的要求，虽不同国家间形式有所差异，但西餐礼仪有相通之处，均比较复杂和规范。西餐礼节包括：餐桌摆设、宾客着装、入座要求、餐具使用规范、言谈举止等。其中基本的礼仪包括：1. 穿着得体，若为正式西餐晚宴，男士应着西装，女士应着晚礼服或套装。2. 从左侧入座，就座时，身体要端正，手肘不要放在桌面上，与餐桌的距离以便于使用餐具为佳。3. 使用刀叉进餐时，要左手持叉，右手持刀；切东西时左手拿叉按住食物，右手执刀将其切成小块，用叉子送入口中。4. 喝汤时不要啜，吃东西时要闭嘴咀嚼。不要舔嘴唇或咂嘴发出声音。5. 谈话要低声，不发出较大的笑声或喧哗声；谈话宜选择轻松的话题，不轻易询问邻座客人个人隐私相关问题。参见"餐桌礼仪"。

雪茄礼仪
xuějiā lǐyí

雪茄礼仪是人们在食用雪茄时所遵循的规矩和礼仪的泛称，其内容既包括雪茄的剪法、燃法、握法、抽法，及所用工具等专门知识；也包括一些一般性的礼仪常识，如应选择适当的吸烟时间及场合等。总而言之，雪茄礼仪可以被认为是操作技能及绅士风度的结合。

宴会礼仪
yànhuì lǐyí

宴会礼仪指的是宴饮聚会上以一定的约定俗成的程序方式来表现的律己敬人的手段和流程。涉及仪容、仪表、穿着、言谈、交往、沟通、情商等内容。宴会中常见的礼仪内容包括主人与宾客的座位顺序、菜肴的要求、宴会的安排、时间的把握等。

仪容仪表
yíróng yíbiǎo

仪容仪表通常是指人的外观、容貌和着装。在人际交往中，每个人的仪容仪表都会引起交往对象的关注，并有可能影响到对方对自己的整体评价。在不同场合应遵循不同的着装礼仪。

迎送礼仪
yíngsòng lǐyí

迎送礼仪是指家政服务人员在迎宾送客服务中所需使用的恰当服务礼仪方式。迎送礼仪通常包括恰当的着装礼仪、称呼礼仪等。当宴请服务具有涉外性质时，迎送礼仪还可能包括特定的国际礼节。迎送礼仪与应门礼仪的不同之处在于：应门礼仪所对应的情境是宾客突然来访的情况，而迎送礼仪所对应的情境则是经过精心准备的正式宴请。在为此类正式宴请活动进行迎宾送客服务时，家政服务人员还应展现出饱满的服务热情，为客户的家庭聚会或公关交际提供令人满意的服务。参见"迎宾服务"、"着装礼仪"、"称呼"、"应门礼仪"。

应门礼仪
yìngmén lǐyí

应门礼仪是家政服务人员在回应访客敲门或按门铃时采用的适当的迎客方式。其礼仪包括：1. 应在听到敲门或门铃响时及时回应；2. 采用自然、友好的语气向来访者问好，询问事由；3. 当客户不在场可按客户提前要求迎接访客入座或留下来访者姓名和联系方式；4. 若客户未提前告知访客来访，则访客上门时应通知客户，告知访客个人信息和事由，询问接待方式；5. 不随意透露客户的活动、行踪或个人信息；6. 确保自身及客户家庭安全，不要随便给不认识的访客开门等。参见"工作礼仪"、"电话礼仪"。

用筷禁忌
yòngkuài jìnjì

用筷禁忌是指在使用筷子用餐时应避免的一些冒犯性的行为。用筷禁忌通常包括：1. 进餐前筷子摆放忌长短不齐；筷子在摆放时应两端对齐地摆放在吃碟右侧，如果将筷子长短不齐地放在桌上，则会被认为是"三长两短"，极不吉利。2. 持筷时忌用大拇指、中指、无名指和小指捏住筷子，却单独伸出食指；这样在夹菜时食指会随夹菜的动作不停地指向他人，对他人不敬。3. 忌用筷子敲击盘碗；这是由于旧时乞丐沿街乞讨时，会使用筷子击打饭盘，以引起行人的注意和同情。在餐桌上用筷子敲击盘碗既是对自己的不尊，也是对客人的不敬。4. 忌用筷子在餐盘中来回比画寻找菜肴。5. 忌用一只筷子在餐盘中拨动菜品或插取食物。6. 在为他人盛饭时忌将筷子插在饭中递给对方；否则会让人联想到替逝者上香。7. 在吃饭间歇时，不应将筷子随意交叉摆放在桌上，否则可能会让人联想到学生时代做错作业被划叉，或旧时吃官司画供时被打十叉。此外，在用筷进食时还应避免咬箸留声、菜汤滴落、失手落筷等行为。

元宵节
yuánxiāojié

元宵节又称上元节、灯节，在农历正月十五。根据中国民间传统的习惯，在一元复始，大地回春的第一个月圆之夜，家家户户亲人团聚，共同欢庆。"元宵节"之得名，是因为人们在这一天喜欢吃"元宵"。元宵即汤圆或水圆，取其"团""圆"之意。各地制作的元宵虽风味各异，但都带有团圆的象征和寓意。元宵之时，人们除了吃"元宵"外，还喜欢在夜里燃灯和观灯，因而元宵节也称灯节。不少地方还设有灯谜盛会。灯谜是谜语的一种形式，又称"灯虎"，其中用文句作谜面的叫"文虎"，用诗句作谜面的叫"诗虎"。猜谜就叫"射虎"或"打虎"。

中秋节
zhōngqiūjié

中秋节在农历八月十五，为中国民间的传统节日。从时令说是秋收，要庆丰收；从习俗说则是团圆节。又称"仲秋节"，江南一带俗称"八月半"。现在各地中秋节俗比较隆重，民间把这一天作为与家人欢聚团圆的日子，探亲访友，互赠月饼。夜晚来临，明月当空，亲朋好友聚集一处，边吃月饼边赏月，并借明镜般的皓月寄托自己对故乡和亲人的思念之情。

中式宴请礼仪
zhōngshì yànqǐng lǐyí

中式宴请礼仪指的正式中式宴请中的礼节和仪式的规范，主要内容包括：1. 提前发请酒帖。请帖格式要严谨，用词客气规范；2. 请帖要派人送往或亲自面请，不宜托人捎口信；

3. 宾客至门，要到门前迎接握手问好，迎进室内休息，坐定后即敬烟献茶；4. 开席时，根据年龄、乡俗等，长辈或贵宾请坐上座，陪客坐副座；5. 宴席时宾主说话应符合礼仪及场合要求；6. 席间宾主互相祝酒、敬酒；7. 宴席结束告辞要相送告别，对贵客或年老体弱的客人，要热情相送至门口或用车相送。

姿势规范
zīshì guīfàn

姿势规范指的对服务人员身姿、举止和行动的规范性要求，涵盖站立姿势、走路姿势、入座姿势等。优雅的行为举止可以通过有意识的锻炼和培养训练积累而成。

十、食品营养

伴侣食品
bànlǚ shípǐn

伴侣食品是指某些配合食用能使其中的营养成分产生"互补作用"，从而起到促进人们膳食平衡，防病强身作用的食品。伴侣食品提倡热量营养素构成平衡、氨基酸平衡、各种营养素摄入量间的平衡、酸碱平衡、油脂荤素平衡、五味平衡、营养互补平衡、动物性食物和植物性食物平衡、情绪与食欲平衡、饥饱平衡。例如，猪肝菠菜相互搭配食用对治疗贫血有特效。用土豆与牛肉同煮，可起到保护胃粘膜的作用。海带和豆腐同食可提高营养效能。羊肉生姜相互搭配食用，可驱外邪，治疗寒腹疼痛。鸡肉栗子搭配食用不仅有利于机体吸收鸡肉的营养，还可增强造血机能。鸭肉与山药同食，可消除油腻，补肺效果更佳。百合鸡蛋同煮并加适量白糖食用，能养阴润燥、清心安神，具有独特的保健效能。水果肉类同食可使体液保持酸碱平衡，有利于身体健康。

饱和脂肪酸
bǎohé zhīfángsuān

见"脂肪酸"。

不饱和脂肪酸
bùbǎohé zhīfángsuān

见"脂肪酸"。

产能营养素
chǎnnéng yíngyǎngsù

食物中产生能量的有效成分叫做产能营养素，即三大营养物质。参见"三大营养物质"。

儿童体格生长评价方法
értóng tǐgé shēngzhǎng píngjià fāngfǎ

儿童体格生长评价方法是以正常儿童（即：参照组）体格测量数据为标准，评价个体儿童或群体儿童体格生长所处水平及其偏离标准值的程度的方法。常用的儿童体格生长评价方法包括均值离差法、中位数百分比法、百分位法、指数法和用于补充完善上述四种方法的曲线图法。儿童体格生长评价方法通常采用的指标包括：用于评判营养状况的年龄别体重（W/A）和身高别体重（W/H），及用于评判生长情况的年龄别身高（H/A）。

儿童营养师
értóng yíngyǎngshī

儿童营养师是指运用营养保健知识，为0～12岁儿童提供营养教育、营养咨询指导、营养分析与营养评价服务，促进儿童的智力发育和生长发育的专业人员。儿童营养师是指导儿童合理饮食、健康成长的营养专家。参见"公共营养师"、"营养师"。

公共营养师

gōnggòng yíngyǎngshī

公共营养师是指从事公众膳食营养状况的评价与指导、营养与食品知识传播，促进国民健康工作的专业人员。参见"儿童营养师"、"营养师"。

宏量营养素

hóngliàng yíngyǎngsù

见"三大营养物质"。

家庭营养师

jiātíng yíngyǎngshī

家庭营养师是指能够从事家庭及个人食物选择、食谱组合、营养评价、营养膳食搭配制作等营养工作的专业人员。其日常工作包括：1. 评价客户日常饮食；2. 制定营养标准；3. 拟订饮食计划；4. 实施饮食计划。

离差法

líchāfǎ

离差法是评价儿童少年生长发育时较常用的一种方法。此方法是将个体儿童的发育数值与作为"标准"的均值及标准差进行比较，以评价个体儿童发育状况的方法。根据某一指标数值与均值的大小以确定儿童生长发育的良好或低下。离差法有以下几种：等级评价法（rank value method）、曲线图法（curve method）和体型图法（profile）等。

七大营养物质

qīdà yíngyǎng wùzhì

七大营养物质指的是七类维持人体机能，提供生长、发育及活动所必需的营养成分，即水、蛋白质、矿物质、维生素、脂肪、碳水化合物及膳食纤维。七大营养物质不能在体内合成，必须从食物中获得。

曲线图法

qǔxiàn túfǎ

曲线图法是一种目前较为常用的评价儿童少年生长发育的方法。其方法是将当地不同性别的各个年龄组的某项生长发育指标的均值±1个和2个标准差，分别画点在坐标纸上，并连成5条曲线，绘成曲线图。通过与曲线图法结合，其他儿童体格生长评价法就能克服只能对单一年龄段的体格特征进行静态观察的缺陷，做到连续观察儿童的体格成长值，判断出其体格发育的趋向。参见"儿童体格生长评价方法"。

三大营养物质

sāndà yíngyǎng wùzhì

三大营养物质指的是蛋白质、碳水化合物（糖类）和脂肪。其中，蛋白质是细胞核体内各种重要活性物质（如酶、激素、免疫物质等）的主要部分，它在体内担负着信息传递、新陈代谢、维持大脑活动、抵御疾病入侵的作用，并参与人体的生长和组织修复。碳水化合物是供给人类能源的主要来源，人类膳食中约$40\%\sim80\%$的能量来源于碳水化合物。脂肪是人体重要的营养素之一，也是人体细胞组织的重要组成部分，其主要作用包括供给能量，构成生物膜，提高成长发育必需的脂肪酸，提供脂溶性维生素并促进其水化吸收，增加食物的饱腹感和美味感等。参见"七大营养物质"。

膳食结构
shànshí jiégòu

膳食结构也称食物结构，是指消费的食物种类及其数量的相对构成。一般可以根据各类食物所能提供的能量及各种营养素的数量和比例，来衡量膳食结构的组成是否合理。世界不同地区的膳食结构可分为以下4种类型。1. 以植物性食物为主的膳食结构。其膳食特点是：谷物食物消费量大，动物性食物消费量小。动物性蛋白质一般占蛋白质总量的10%左右，植物性食物提供的能量占总能量近90%。2. 以动物性食物为主的膳食结构。此类膳食结构以提供高能量、高脂肪、高蛋白质、低纤维为主要特点，粮谷类食物消费量小，动物性食物及食糖的消费量大，人均每年消费肉类100kg左右，人均日摄入蛋白质100g以上，脂肪130～150g，能量高达13860～14700kJ。3. 动植物食物较为平衡的膳食结构。动物性食物与植物性食物比例比较适当。谷类的消费量约为年人均94kg，动物性食品消费量约为年人均63kg，其中海产品所占比例达到50%，动物蛋白占总蛋白的42.8%。4. 地中海膳食结构。此膳食结构的突出特点是饱和脂肪摄入量低，膳食含大量复合碳水化合物、蔬菜、水果摄入量较高。膳食中富含植物性食物，食物的加工程度低、新鲜度较高，以橄榄油为主要食用油；脂肪提供的能量占总能量的25%～35%，饱和脂肪占7%～8%。每天食用适量奶酪和酸奶；每周食用适量鱼、禽，蛋；以新鲜水果作为典型的每日餐后食品；每月食用几次红肉。

膳食能量
shànshí néngliàng

膳食能量指的是由膳食供应的每天可消耗的能量。合理地摄入膳食能量对于维持体重和身体成分构成，供应基本的身体活动，保持长期的身体健康有重要作用。每个人的膳食能量需求可因性别、年龄、体型、身体成分构成、生活方式等因素而有所差异，但可通过对一定数量的人口样本进行一段时间的测量的方式，得出膳食能量需求平均值。

膳食平衡
shànshí pínghéng

膳食平衡指的是科学选择食物种类、数量、质量，经过适当搭配膳食，使之与人体需求相平衡。膳食平衡须注意：1. 热量和营养素的平衡；2. 氨基酸的平衡；3. 各类营养素摄入量的平衡；4. 动物性食物和植物性食物的平衡。参见"膳食能量"。

身体指数评价法
shēntǐ zhǐshù píngjiàfǎ

身体指数评价法是一种儿童体格生长评价方法，其原理是根据人体各部之间的比例关系，借助数学公式编成指数以了解儿童少年生长发育状况的一种评价方法。由于身体指数评价法有一定的局限性，因此在评价不同年龄的个体儿童的发育状况时，身体指数评价法一般只起到辅助作用。常用的身体指数包括：1. 身高体重指数（体重/身高），2. 身高胸围指数（胸围/身高×100），3. 肺活量指数（肺活量/体重），4. 身高坐高指数（身高/坐高×100），5. 握力指数（最大握力/体重）等。需要注意的是，身体指数法无法比较个体发育水平在集体中的位置的偏离状态。参见"儿童体格生长评价方法"。

食品交换法
shípǐn jiāohuànfǎ

食品交换法也称食品交换份法，是营养配餐工作中常用的营养餐设计方法之一。食品交换法的原理是将日常食物按营养素的分布情况进行分类（通常分为谷薯类、蔬菜水果类、肉蛋类、豆乳类、纯能量食物五大类），按照每类食物的习惯常用量，确定一份适当的食物质量，列出每份食物中的三大产能营养素及能量的含量，并列表对照供参考使用。在编制食谱时，只要根据就餐者的年龄、性别、劳动强度等条件，按三大产能营养素的供给比例，计算出各类食物的交换份，选配食物，基本上就能达到营养合理的膳食要求。食品交换份法步骤相对较少，较为简单，但需要较多的专业知识来辅助才能灵活运用。

食品污染
shípǐn wūrǎn

食品污染是指对人体健康有害的污染物质混入食品中的现象。食品污染不仅包括食品在加工、运输和销售过程中，受到污染物沾污的情况，还包括作为食品的动、植物在生长过程

中，因空气、土壤、水源、饲料等受到污染而导致的污染物在体内积累的情况。根据性质不同，食品污染可分为生物性污染、化学性污染和放射性污染三类。食用受污染的食品会对人体健康造成不同程度的危害，严重的甚至可造成中毒死亡。参见"食物中毒"。

食物过敏
shíwù guòmǐn

食物过敏是指某些人在吃了某种食物之后，引起身体某一组织、某一器官甚至是全身的不正常免疫反应，并导致各类功能障碍或组织损伤。常见的食物过敏症状包括：1. 皮肤症状，如皮肤充血、湿疹、瘙痒等；2. 消化道症状，如恶心、呕吐、腹痛、腹泻等；3. 呼吸道症状，如呼吸不畅；4. 心血管系统症状，如头痛、头昏、血压下降等。在家庭餐制作前，家政服务人员需要详细了解记录客户的忌口及食物过敏史，并在编制食谱时考虑相关信息，以杜绝食物过敏情况的发生。参见"膳食标准"、"食谱编制"。

食物中毒
shíwù zhōngdú

食物中毒是指因食用含有某种细菌（如：沙门氏菌属、嗜盐菌）、细菌毒素（如：葡萄球菌毒素、肉毒杆菌毒素）、重金属（如：铅、砷、镉、汞）、农药或其他毒物的食物或有毒的动植物（如：毒蘑菇、河豚等）而引发的急性中毒状况。避免食物中毒需要家政服务人员具备基本的食品安全知识，在采购时避免购入不符合食品安全标准的食物。发生食物中毒应立即送医

治疗。参见"食品污染"。

食养宣教
shíyǎng xuānjiāo

见"营养教育"。

特殊饮食制作
tèshū yǐnshí zhìzuò

特殊饮食制作是指按照顾客的特殊要求或所针对的特殊对象（包括病人、婴幼儿、老人、孕妇和产妇），在遵循营养学原理或医嘱，科学调整膳食结构的基础上，对饮品或食品加工处理的过程。

甜品
tiánpǐn

甜品也称为甜点、点心，根据其传统和起源可大致分为中式和西式。中式甜品通常包括甜味点心和甜饮，比较有代表性的中式甜品，包括双皮奶、杨枝甘露、芝麻糊、杏仁糊、绿豆汤、红豆沙、银耳炖木瓜、芝麻汤圆、西米露等。西式甜品则通常指西餐正餐后食用的食物，并且并不局限于甜味食品；西式甜品的种类通常包括冷热甜食类菜品（如：冷热布丁、冰激凌等）、奶酪制品和水果制品等。

维生素 A 缺乏症
wéishēngsù A quēfázhèng

维生素 A 缺乏症，又称夜盲症、干眼病（眼干燥症）或角膜软化症，是因体内缺乏维生素 A 而引起的以眼和皮肤病变为主的全身性疾病，多见于 1～4 岁的婴幼儿童。维生素 A 缺乏症的早期症状为暗适应能力降低，眼膜及眼角干燥；以后发展为角膜软化、皮肤干燥和毛囊角化，严重者形成夜盲。维生素 A 在体内储存量与年龄及饮食有关，成人肝内储备量可应 4～12 个月之需，婴儿、儿童则无此储备量，因此容易患维生素 A 缺乏症。

维生素 B1 缺乏症
wéishēngsù B1 quēfázhèng

维生素 B1 缺乏症又称脚气病，是一种因缺乏维生素 B1 引起的疾病，多发生在以精白稻米为主食的地区。维生素 B1 缺乏的临床表现主要为循环系统症状（湿型）和神经系统症状（干型和脏型），大部分病人属于混合型。其主要症状为食欲不振、手足麻木、四肢运动障碍、膝反射消失与全身性水肿等，严重者可出现心脏症状。维生素 B1 缺乏症应使用维生素 B1 治疗；此外多食糙米类、麦麸类和其他含硫胺素较丰富的食物，可预防此病的发生。

维生素 C 缺乏症
wéishēngsù C quēfázhèng

维生素 C 缺乏症，又称坏血病，是由于人体长期缺乏维生素 C（抗坏血酸）所引起的出血倾向及骨骼病变的疾病。维生素 C 是血管壁胶原蛋白合成所需羟化酶的辅酶，当维生素 C 缺乏时，胶原组织形成不良，并会导致血管完整性受损，出现创口和溃疡不易愈合，牙龈、毛囊、甚至全身广泛出血等症状。其治疗方式包括口服或静脉注射维生素 C。此外，还应注意在日常生活中多摄入维生素 C，预防此病发生。

五味平衡
wǔwèi pínghéng

五味是指食物的甘、酸、苦、辛、咸的五种味道；根据中医食疗理论，具有特殊味道的食物与药物一样，对某一内脏有亲和性，由此产生了"酸入肝、辛入肺、苦入心、咸入肾、甘入脾"的"五味各入一脏"的中医理论。五味平衡则是指建立在"五味各入一脏"理论上的一种中医食疗实践，即通过正确合理地运用五味来滋补身体，并在一定程度上预防疾病、增进健康、抗衰防老、延年益寿。若五味偏嗜，可致五脏之气偏胜或偏衰，诱发疾病，使人夭寿。

锌缺乏症
xīnquēfázhèng

锌缺乏症是指由于身体无法提供充足的锌元素，造成锌元素缺乏而引起的各种症状，如味觉减退、厌食、异食癖、咬指甲、消瘦、精神淡漠、皮肤出现湿疹及水沟或溃疡及生长发育缓慢等。产生锌缺乏症的原因包括：1. 由于各种原因（如挑食、偏食等）造成的锌摄入量不足；2. 由于妊娠、哺乳期或生长发育等原因造成的锌元素需要量增加；3. 锌元素的吸收利用障碍；4. 因外伤、失血或其他疾病造成的锌丢失增多等。参见"营养干预"。

饮食安全
yǐnshí ānquán

饮食安全包括食品质量安全、饮食卫生安全、饮食结构安全、进食方法安全等。世界卫生组织提出了十条关于饮食安全的建议：1. 煮好的食物应立即吃掉，食用在常温下存放 4～5 小时的食品最危险；2. 食品必须彻底煮熟方能食用，特别是家禽、肉类和牛奶，所谓彻底煮熟，指的食物的所有部位的温度至少达到 70℃；3. 应选择加工处理过的食品，如加工消毒过的牛奶，而不是生牛奶；4. 若无法一次吃完的食物，应在低温环境下保存；5. 存放过的熟食需重新加热后再食；6. 应避免生食与熟食互相接触；7. 保持厨房、厨具及餐具的清洁卫生，烹饪用具、刀叉餐具等都需用干净的布抹干擦净；8. 处理食物之前需洗手；9. 避免让昆虫、鼠、猫及其他动物接触食品；10. 饮用水及准备做食品时使用的水应纯洁干净。参见"食品污染"、"食物中毒"。

饮食偏好
yǐnshí piānhào

饮食偏好指的是客户对于饮食的食材选择、食材搭配、烹饪方法、菜肴口味等方面的偏好。影响饮食偏好的最主要因素为个人饮食习惯，其他因素还包括情感、年龄、地域、文化、民族、宗教等。过度的饮食偏好有可能形成挑食或厌食，或对人的膳食平衡和身体健康产生不良影响。参见"膳食平衡"、"饮食文化"。

婴幼儿三种食物段
yīngyòuér sānzhǒng shíwùduàn

婴幼儿三种食物段又称"三级火箭"，指的是婴幼儿食用不同形态食物的三个阶段，即液体食物（以母乳为代表）阶段、泥状食物阶段和固态食物阶段。这三个阶段犹如三级火箭的发射，要使婴儿达到最佳生长，需要在这三种阶段都进行科学喂养。参见"婴儿辅食"、"泥状食品"。

婴幼儿喂养三级火箭
yīngyòuér wèiyǎng sānjí huǒjiàn

见"婴幼儿三种食物段"。

营养标准制定
yíngyǎng biāozhǔn zhìdìng

营养标准制定是指从事餐饮相关工作的家政服务人员（如育婴员、餐嫂等）根据客户家庭成员的年龄、性别、职业、饮食习惯等，为其量身定制均衡、合理、科学的营养标准。

营养干预
yíngyǎng gānyù

营养干预是指对人们营养上存在的问题进行相应改进的对策。营养干预所涵盖的内容广泛，包括：1. 公共卫生层面上的相关政策和规则的制订（如食盐生产商按规定向食盐中添加一定比例的碘酸钾防止人群缺碘）；2. 行为上的干预（如指导产妇科学合理地进行母乳喂养）；3. 对特定人群（如老年人、病人、孕产妇、婴幼儿等）的饮食准备和喂养指导。

营养护理
yíngyǎng hùlǐ

见"营养干预"。

营养计算
yíngyǎng jìsuàn

营养计算包含两个方面的工作：一方面，是指对于各种食物原料的可食用部分所含有的热量和营养素（如碳水化合物、蛋白质、脂肪、维生素、无机盐类等）的计算；另一方面，营养计算还包括计算个人每天需要的能量及一日三餐所包含的能量。营养计算可以为针对性地补充人体所缺的营养素提供依据。同时，这一工作也需要掌握关于食物成分表、食物营养素含量特点、标准体重、体力劳动分级等方面的知识。参见"营养学"、"营养干预"。

营养教育
yíngyǎng jiàoyù

营养教育是一种经常性的营养干预工作，是指营养专家利用可能的机会和手段，向群众宣传营养知识及国家相关营养标准及政策，提高群众对营养科学知识的兴趣，加强群众对平衡膳食、合理营养的理解，并推动科学饮食和健康生活方式的实践。参见"营养干预"。

营养配餐
yíngyǎng pèicān

营养配餐是指按人们身体的需要，根据食物中各种营养物质的含量，来设计一天、一周或一个月的食谱，使人体摄入的各类营养素达到合理的比例。营养配餐是实现平衡膳食的一种措施，并以食谱的方式呈现。服务人员可将各类人群的膳食营养素参考摄入量具体落实到用膳者的每日膳食中，使他们能按需要摄入足够的能量和各种营养素，同时又防止营养素或能量的过度摄入；还可以根据群体对各种营养素的需要，结合当地食物的品种、生产季节、经济条件和厨房烹调水平，合理选择各类食物，达到平衡膳食。参见"营养干预"、"营养套餐"。

营养配餐宣教
yíngyǎng pèicān xuānjiào

营养配餐宣教是针对餐饮企业或组织及广大民众所作的有关科学营养膳食的宣传及教育。其教育内容可包括：1. 烹饪过程中食物的变化特点，2. 科学合理搭配饮食的意义，3. 不同时令下营养配餐的特点及意义等。营养配餐宣教的目的是通过宣传教育纠正民众的不良饮食习惯，鼓励人们食用多元化的食物。

营养评价
yíngyǎng píngjià

营养评价是指对就餐对象相关的营养信息收集工作，并在了解就餐对象的营养需求后，对其现有的饮食习惯作出相关评价的工作。营养评价可为今后的营养干预奠定基础。参见"营养信息收集"、"营养需求"、"营养计算"、"营养干预"。

营养膳食搭配制作
yíngyǎng shànshí dāpèi zhìzuò

见"营养配餐"。

营养师
yíngyǎngshī

营养师指的是能科学地使用膳食营养知识对普通民众进行个体或群体的饮食教育及保健，并能在医疗单位对病人进行营养评价、膳食设计、管理及辅助治疗的专业人员。营养师一般需要在高等院校相关专业修业，完成营养师教育科目的规定课程（如营养学、食物科学、生理学、生物化学、微生物学、社会学等），并通过相关考试后由政府部门或专业团体授予证书。参见"儿童营养师"、"公共营养师"。

营养素
yíngyǎngsù

营养素指的是为维持机体生存和健康，保证生长发育和体力劳动，而自外界以食物形式摄入的必需物质包括蛋白质、脂肪、碳水化合物、无机盐、维生素、矿物质和水七大类。

营养套餐
yíngyǎng tàocān

营养套餐是根据就餐对象的营养需求而有针对性地开发的饮食产品。根据就餐人群的不同，营养套餐可以分为儿童营养套餐、孕妇营养套餐、老年人营养套餐、特种病症营养套餐、运动员营养套餐等多种类别。在定制营养套餐时，通常需要事先了解就餐对象（包括就餐对象的年龄、性别、劳动强度、不同生理病理状态、生产环境、饮食习惯及口味、经济状况等）及食物信息（包括食物的时令性、营养功用、食物档次、食物质地等），并以此为基础，调配出营养均衡、安全卫生、性价比高的膳食。此外，在调配营养套餐时通常还需考虑食物多样化、饭菜适口性、烹调方法、食物份量及就餐对象的多元口味需求等因素，以搭配出不同口味的套餐食谱供就餐者食用。参见"营养学"、"营养信息收集"、"营养计算"、"营养需求"、"营养干预"。

营养误区
yíngyǎng wùqū

营养误区是指人们在饮食及营养方面存在的非正确观念。营养误区会导致个人的营养需求得不到满足，长此以往很可能影响个人健康。为了避免营养误区带来的负面影响，人们应在日常生活中做到不偏食、挑食，并应根据自身身体状况向专业人士咨询科学适宜的营养建议。

营养信息收集
yíngyǎng xìnxī shōují

营养信息收集是指对就餐对象的信息调查工作。调查内容包括与就餐对象相关的年龄、性别、劳动强度、不同生理病理状态、生产环境、饮食习惯及口味、经济状况等因素，及与食物素材相关的时令性因素、食物原料的营养功用等。营养信息收集与营养计算一并为营养配餐中重要的工作，这两项工作是营养干预食谱设计的基础。参见"营养计算"、"营养干预"。

营养需求
yíngyǎng xūqiú

营养需求是指机体为了补充日常生活中的能量消耗，维持机体运行，并保持健康的体魄而须摄入的各类营养物质（如碳水化合物、脂肪、蛋白质、维生素、矿物质等）的数量。个人的营养需求通常会受到性别、年龄、

身体状况、职业、劳动强度等因素的影响。家政服务人员需要考虑到客户在营养方面的需求，并以此为基础做好相关工作（如：饮食烹饪、喂养指导等）。参见"营养计算"、"营养学"、"营养干预"。

营养学
yíngyǎngxué

营养学是研究食物、营养素及其对人体健康影响的一门科学，亦是关系人体健康的一门保健学。营养学主要研究内容包括：1. 各种食物的营养成分，人体食用后的消化、吸收、利用与排泄等；2. 研究各类人员营养成分需要量及其比例；3. 研究特殊人员（包括疾病）特殊营养成分及配备；4. 研究食品贮存、保管、加工；5. 研究营养平衡、失衡与疾病的营养饮食。营养学目的是使营养饮食符合生理需要、满足各种健康要求、利于防病治病、促进健康长寿。参见"营养干预"。

脂肪酸
zhīfángsuān

脂肪酸是脂肪的主要成分，依照分子结构可分为饱和脂肪酸和不饱和脂肪酸两类。饱和脂肪酸是指只含有饱和键（即不含双键）的脂肪酸；而不饱和脂肪酸则含有一个或多个双键。较常见的饱和脂肪酸包括：月桂酸、豆蔻酸、软脂酸、硬脂酸、花生酸等；较常见的不饱和脂肪酸则包括：油酸、软脂油酸、亚油酸、花生四烯酸等。在通常情况下，动物脂肪（除某些鱼类或禽类外）中饱和脂肪酸含量较多，而植物油（椰子油、棕榈油等除外）中

不饱和脂肪酸含量较多。一般建议人体摄入的饱和脂肪酸应占脂肪酸总量的 1/3 为宜。

中国营养学会
zhōngguó yíngyǎng xuéhuì

中国营养学会是中国营养科技工作者和从事营养研究的科技、教学及设有营养研究机构的企事业单位自愿结成，并依法登记的全国性、学术性和非营利性的社会组织。其始创于1945 年，1950 年并入中国生理学会，1981 年复会成立中国生理科学会营养学会。业务主管单位是中国科学技术协会，社团登记管理单位为民政部。学会的业务范围包括：举办营养科学和技术领域的学术交流活动；开展科普工作；开展营养科学领域的继续教育和技术培训；开展营养科学领域的国际学术交流与合作；依法编辑出版营养科学范畴的刊物、书籍和音像制品及网络宣传材料；承担政府委托职能及承办委托任务；维护会员的合法权益，反映营养科技工作者的意见与呼声；促进科学道德和学风建设；积极开展科技咨询服务、技术研发、技术转让，促进科技成果转化、推广营养科学技术成果；依法开展奖励表彰、成果鉴定和专业技术水平认证等工作；组织开展社会公益活动等，旨在推进营养科技事业的发展，提高全民健康水平。

十一、养老服务

阿茨海默病
ācíhǎimòbìng

阿茨海默病，有时也称老年痴呆症，是一种起病隐匿、进行性发展的神经系统退行性疾病。该病会造成记忆、思考能力和行为能力的损伤，临床表现为记忆力逐步衰退、日常行动能力下降、对时间和空间的感知能力下降、判断能力受损、学习能力下降、失去语言和沟通能力、性格改变等。阿茨海默病的发病是由多种原因导致，包括家族病史、躯体疾病、头部受伤及其他社会和心理因素的作用。其病程一般在1～25年之间（平均8年）。阿茨海默病的诊断通常通过量表检测与临床相结合进行综合分析和判断，轻度的阿茨海默病一般不太影响日常生活，中度需要家人少许监护和照顾，重度则需经常监护和照顾。阿茨海默病目前尚无特别有效的治疗方法。

安乐死
ānlèsǐ

安乐死，即无痛苦的死亡，是一种无痛楚或尽量减小痛楚的致死措施。安乐死一般用于个别患者出现了无法医治的长期显性病症，对病人造成极大的痛苦和负担之时。执行安乐死需要获得医生和病人双方同意，并经过一定的法律程序。目前安乐死在国际上仍有很大争议，截至2012年，立法容许安乐死的国家或地区仅有荷兰、比利时、卢森堡、瑞士和美国的俄勒冈州、华盛顿州、蒙大拿州等地。截至2014年，安乐死在中国大陆尚未立法。

安全辅助扶手
ānquán fǔzhù fúshǒu

在家庭中，安全辅助扶手是一种设置在卫生间内的、帮助老年人或残疾人使用坐便器或沐浴设置的卫生间安全设置。安全辅助扶手一般选用防水材质或软质材料制造，设置在浴缸、马桶与洗浴盆两侧，其目的是帮助行动不便的人们更好地完成日常生活活动。参见"独居老人辅助设备"。

安全护理措施
ānquán hùlǐ cuòshī

安全护理措施是指护理人员在护理工作的过程中，为被护理人员的安全而严格遵循的护理制度和操作规程。在实践中，应当将细致入微的护理规程或注意事项写入安全护理计划中。例如，在对老年人进行护理时，安全护理措施可以包括早晨为起床前的老人在床上做轻微的手脚活动，使其血压稍微升高，以避免由于突然起动而引发的不测事件，或对于起夜次数较多的老人，应将夜壶置于床边伸手可及之处等。

安心铃
ānxīnlíng

安心铃也称救命钟或平安钟，是一种适用于独居老年人的紧急求救报警设备。安心铃为一个火柴盒大小的随身遥控器，内含 GPS 定位系统，可准确定位使用者的位置。当身体突发疾病时，使用者可以在一天中的任何时刻通过按压该设备上的按钮迅速向医护人员报警求救。

白托服务
báituō fúwù

在养老服务业中，白托服务是一种针对老年人的白天托管的服务形式。相对"全托"而言，白托服务只为老人提供白天的服务。在中国民政部推出的"社区居家养老"计划中，社区白天为老人提供休闲娱乐场所，负责老人中、晚两餐饭菜，并提供理发、洗浴和日常药品服务，以及定期进行上门家政服务和体检等。这种介于家庭养老和机构养老之间的养老模式，是以社区服务中心为依托，整合社区内各种服务资源，为老人提供家政、医疗、休闲、娱乐等服务，这种服务被称为"居家养老白托服务"。

半自理型养老机构
bànzìlǐxíng yǎnglǎo jīgòu

见"机构养老"。

擦浴
cāyù

擦浴指的是使用毛巾等擦拭身体的一种清洁方式，适用于老人或者病人等由于身体状况无法进行淋浴、盆浴或采用其他沐浴方式的人。其目的为去除皮肤污垢，保持皮肤清洁，使患者舒适；促进血流循环，增强皮肤排泄功能，预防皮肤感染及褥疮等并发症的发生。家政服务人员在进行擦浴时，一般使用 32～34℃左右的温水，按脸部、颈部、上身、下身的顺序进行擦拭，并根据情况更换热水，动作要敏捷、轻柔，减少翻动和暴露。同时，应注意观察老人或患者的身体情况。如果出现寒战，面色苍白，脉搏、呼吸异常等症状，应立即停止擦浴并及时通知医护人员。全身擦浴时间不宜超过 20 分钟。

长期护理模式
chángqī hùlǐ móshì

长期护理模式是由美国护理专家戴维斯（A. Davis）于 1986 年提出，适用于长期护理机构（如养老院）的一种护理模式。在长期护理模式中，对老年人或慢性病人进行健康评估、计划和实施健康照顾的重点应放在加强他们日常独立生活的能力，以达到促进、维持和恢复健康最佳水平的目的。该模式的原则为：1. 健康护理可在任何机构中提供。2. 健康服务对象必须参与对自己的护理决策。3. 护理贯穿于恢复健康的全过程。4. 护理程序是一切护理实践的基础。5. 对老年人和慢性病病人的护理必须采取多种方式。

长寿
chángshòu

长寿是指在人类稳定的平均自然寿命中最高的尺度，判断时应以人的平均自然寿命为依据。人类的长寿不仅受生理因素的制约，很大程度上还受社会生产方式的影响。长寿的表现特点通常包括：1. 在不同历史时期、不同国家和地区，衡量长寿的年龄标准不同；2. 随着科学、技术、医疗条件及生活水平的提高，人类长寿的年龄也在不断提高；3. 长寿将成为现代社会的普遍现象。影响长寿的主要因素有：遗传基因、社会政治环境、经济发展水平、医疗卫生条件、生活水平、个人性格和生活情趣等等。

初级养老护理员
chūjí yǎnglǎo hùlǐyuán

初级养老护理员即是对老年人的生活照料、护理的初级服务人员。该职业的职业道德要求护理人员尊老敬老，以人为本。初级养老护理员的基本工作内容包括对老人的饮食照料、排泄照料、睡眠照料、清洁照料、用药照料、冷热应用护理、康乐活动照护、活动保护等。由我国人力资源和社会保障部制定的《养老护理员国家职业标准（2011 年修订）》对上述工作的标准作了明确规定。

穿着照料
chuānzhuó zhàoliào

穿着照料是家政服务人员为老年人日常生活中提供的基本护理措施。在帮助老年人穿着照料时，既要考虑方便照顾老人，也要让老人感觉更加舒适，特别应该注意老年人穿脱的护理，老人衣物的清洁卫生，关注老人的心理，注意室温变化以及裸露隐私保护等。在为偏瘫老人进行穿衣时，应从老人的麻痹侧开始穿，而脱衣服时则从老人的健康侧开始脱。为了防止养老院老人发生褥疮，应在给老年人穿好衣服后，帮助老年人整理好腰部和背部的衣服皱褶。

电话安慰
diànhuà ānwèi

电话安慰是一种针对独居老年人的护理服务项目，常见于西方国家。提供服务的组织或服务人员会通过电话联系老人，为他们提供安慰、关怀与交流的机会。电话安慰的具体时间一般根据客户的需求来确定。在老人未接电话的情况下，服务人员会采取一系列措施设法与老人取得联系，以确保他们平安无事。

独居老人辅助设备
dújū lǎorén fǔzhù shèbèi

独居老人辅助设备是指经过专门设计、能够帮助或者改善独居、无助的老年人日常生活的产品或设施。例如，行走辅助用具、可提升的马桶座圈、长柄鞋拔、服装粘扣带、沐浴座椅、电话扩音器等。这些工具设备可以使老年人的生活更加安全及方便。参见"沐浴座椅"、"安全辅助扶手"。

反向抵押贷款
fǎnxiàng dǐyā dàikuǎn

见"以房养老"。

辅助型老年公寓
fǔzhùxíng lǎonián gōngyù

辅助型老年公寓是国外（如美国）的一种独立性护理住房形式。居住在辅助型老年公寓中的老年人可以获得老年公寓提供的辅助性服务，如餐饮、洗衣、体检、用药提醒、喂药、保洁等。辅助型老年公寓比较适用于日常生活需要额外的帮助，但还不需要全天候专业护理的老年人，具有半自助性和选择灵活的特点。住户除须支付每月的租金外，还须支付其所选择的其他服务费用。

高楼住宅综合征
gāolóu zhùzhái zōnghézhēng

高楼住宅综合征是指长期居住在城市的高层封闭式住宅里，与外界很少交往，也很少到户外活动所引起的一系列生理和心理上的异常反应的症状。高楼综合征非常容易引发老年肥胖症、糖尿病、骨质疏松、高血压及冠心病。高楼住宅综合征的主要症状为：1. 在心理上抗拒社交活动，不愿与邻居往来，不愿意参加户外的集体活动，对外界各种事物不感兴趣，人际交流明显减少；2. 在身体上表现出体质虚弱，四肢乏力，面色苍白，难以适应气候变化，睡眠质量差，食欲不振，消化不良，心慌气短等症状；3. 在精神上表现出情绪不稳定、烦躁不安，消沉抑郁、性格孤僻、悲观，个别老人甚至会出现自杀的极端倾向。克服高楼住宅综合征的方法是加强体育锻炼和参与户外活动，例如：散步、拳术、跳绳、体操等。居住高楼的老人，每天应习惯性下楼到户外活动1～2次，呼吸新鲜空气。此外，要增加人际交往，多参加社会活动，平时与左邻右舍、亲戚朋友经常走动，以帮助调节心理，消除孤寂感。

高血压病
gāoxuèyābìng

高血压病是一种老年人群中常见的多发病，是以动脉血压升高为特征并伴有动脉、心脏、脑和肾脏等器官病理性改变的全身性疾病，也是导致冠心病、心力衰竭、脑中风、肾功能衰竭的主要因素。血压正常值的高压为90～140毫米汞柱，低压为60～90毫米汞柱。低压大于95毫米汞柱为高血压，但一般以高压为参考。60岁以上的老年人高压大于157毫米汞柱时可以认定为高血压。高血压病的症状因每个人反应差异及病情程度而异。常见症状有头晕、头痛、耳鸣眼花、记忆力减退、失眠以及情绪不稳定、易烦躁不安等。高血压的常见病因有遗传、环境、年龄、肥胖等。防治高血压的有效方法，包括在生活方面首先要精神乐观、情绪稳定、保证足够睡眠、生活规律、避免经常性紧张的脑力活动，并应从事适当的体力活动和锻炼。应在饮食上保持低盐、低脂肪，多吃蔬菜，控制体重，戒烟，勿大量饮烈性酒。

更年期
gēngniánqī

更年期是指从生育力旺盛状态向老年衰退的过渡时期。这一时期，人体生理上表现出内分泌失调，生殖机能减退直至丧失。女性更年期表现明显，如出现绝经、排卵功能丧失等，一般多发生在45～52岁之间。男性生殖力衰退，一般从50岁起，精子的形成随年龄的增加而减少，有部分男性也会在 60 岁以后出现更年期症状，如：体重减轻、食欲不振、性欲抑制等，但不如女性明显。更年期由于受内分泌的影响，除病理表现外，心理上常伴有情绪和情感障碍，所以，需要注意心理卫生，加强体育锻炼，积极参加有益于身心的社会活动，加深夫妻之间感情，增加相互间的谅解，从而顺利度过这一时期。

拐杖
guǎizhàng

拐杖是一种为支持体重、保持平衡、辅助步行的用具，主要有手杖、肘杖、和腋杖。手杖一般用于轻度需要，例如帮助老年人或登山者行走。肘杖则主要为中度下肢残疾者使用。腋杖是下肢重度残疾者的必需品之一。拐杖通常由优质木料或者金属制作而成。

候鸟式养老
hòuniǎoshì yǎnglǎo

候鸟式养老是一种老年人养老的形式。在这种形式里，老年人像候鸟一样随着季节和时令的变化而变换生活地点。这种养老形式使老年人能够享受到最好的气候条件和最优美的生活环境。中国的三亚，美国的佛罗里达，日本的福冈、北海道，韩国的济州岛都是"候鸟"老年人相对集中的"迁徙"目的地。

互助养老
hùzhù yǎnglǎo

互助养老是一种养老方式。在这种方式下，老人与家庭外的其他年龄或需求接近的人，在自愿的基础上结合起来，相互扶持、相互照顾。这类养老形式包括老年人结伴而居的拼家养老、社区内成员相互照顾的社区互助养老等。

活动保护
huódòng bǎohù

活动保护是指在从事群体活动时，对一些弱势群体，例如老人和幼儿采取一些特定的保护措施和方法，以避免他们由于自身的劣势而受到不必要的伤害。

机构养老
jīgòu yǎnglǎo

机构养老是一种老人集中在专门的养老场所中养老的模式。这种模式的优点是便于管理，但缺点在于容易造成老人与子女、亲朋好友间情感的缺失，有时成本也会比较高。西方发达国家大多对入住养老机构的老年人实行分级管理。根据身体健康状况、生活自理程度及社会交往能力，将老年人分为自理型、半自理型和完全不能自理型三级，从半自理到完全不能自理再分级。不同级别的老年人入住不同类型的养老机构，主要有养老院、护理院、临终关怀机构。

家庭生活护理
jiātíng shēnghuó hùlǐ

家庭生活护理是护理的一个组成部分，是对病人或老年人进行的非住院护理的方法。家庭护理与临床护理从形式上和护理质量上有一定的差异。家庭护理的注意事项包括：1. 从心理上给病人安慰；2. 保持居住环境清洁舒适，房间对流通风；3. 应做好对卧床病人的基础护理，保持口腔、脸、头发、手足皮肤、会阴、床单清洁；并预防褥疮、直立性低血压、呼吸系统感染、交叉感染、泌尿系统感染等；确保病人安全，无坠床、无烫伤；管理好病人的膳食餐饮；4. 注意用药安全。遵医嘱按时、按量用药，做好药品保管等。参见"家庭护工"。

家庭养老
jiātíng yǎnglǎo

家庭养老是一种老年人居住在家庭中，由其具有血缘关系的晚辈家庭成员对其提供赡养服务的养老模式。对老年人的赡养，一方面必须满足他们的物质生活的需要，另一方面还应满足他们精神方面的需求。由于欧美等西方发达国家的医疗保障体制较为完善，同时老年人独立意识较强，很多老年人不采用家庭养老方式，法律也不规定子女对老人负有赡养的责任和义务。目前我国的养老方式尤其是农村养老方式主要还是以家庭养老为主。家庭养老的模式比较适合不愿意离开熟悉的环境，且家庭有一定的经济能力，子女有一定的闲暇时间、照顾精力和意愿的老年人。参见"家庭养老"。

假牙
jiǎyá

假牙又叫义齿，系人工装置的牙齿，多因外伤或因病牙齿丧失而配置。假牙多用金属、塑料等材料制成，可帮助病人恢复牙齿咀嚼功能。常用的假牙有三种：1. 托牙，即一种活动式

假牙，饭后可取下洗刷，夜间亦可取下；2. 挤牙，多用缺失 1 个牙等少数牙齿，用金属嵌体固定在邻近假牙上，装后除初期有不适外，适应后功能良好，但应注意卫生；3. 人造牙冠，主要用于牙冠部的缺损。

假牙清洁护理
jiǎyá qīngjié hùlǐ

假牙清洁护理是护理服务人员为佩戴假牙的客户口腔护理的内容之一。由于假牙会积聚食物碎屑，必须定时清洗。佩戴假牙的人员通常会在白天持续佩戴假牙，并于晚间卸下；卸下假牙后，应将假牙刷洗后浸泡于冷开水中，以防遗失或损坏。当需要协助取下假牙时，护理人员应先洗净双手，再帮助病人取上腭部分假牙，最后再取下下半部分假牙。对于暂时不用的假牙，可泡于冷开水杯中加盖，并每日更换一次清水；切勿将其放入酒精中储存，以防发生变色、变形或老化。在为客户佩戴假牙时，应先洗净双手，并让客户漱口后再行佩戴。

居家社区养老
jūjiā shèqū yǎnglǎo

居家社区养老是指老人居住在家中，由社会来提供养老服务的一种养老方式。它与传统家庭养老的区别是：居家社区养老服务的提供主体是依托社区而建立的社会化的养老服务体系，而家庭养老服务的提供主体是家庭成员。居家社区养老模式将居家和社会化服务有机结合起来，使老年人既能留在熟悉的环境中，又能得到适当的生活和精神照顾，免除后顾之忧。居

家社区养老服务的主要内容包括基本生活照料、休闲娱乐设施支持等。居家社区养老服务的主要提供者有居家养老服务机构、老年社区、老年公寓、托老所、志愿者等。居家社区养老模式比较适合那些子女工作繁忙，有一定自理能力且不愿意离开原有熟悉环境的老年人。参见"家庭养老"。

空巢家庭
kōngcháo jiātíng

空巢家庭是以雏鸟长大离开鸟巢，留下空空的巢穴为喻，指无子女或子女从父母身边全部离开，只剩下老年父母独自生活的家庭，包括单身老人家庭和老年夫妇二人家庭两种形态。造成出现空巢家庭的主要因素包括子女外出求学、打工，生活观念转变等。空巢家庭可引发空巢家庭综合征。同时，空巢家庭的增多将对社会养老形成压力。参见"空巢综合征"。

空巢综合征
kōngcháo zōnghézhēng

空巢综合征是指子女长大成人后从父母亲家庭中相继离开，只剩下老人独自生活而产生的一种适应性障碍症状。造成这种综合征的原因是多方面的，除了子女离家的原因外，造成空巢综合征的因素还包括：伴随着老年期而来的生理、心理、生活变化等。其主要表现为：1. 情感方面：经常感觉孤独；情绪低落；内心空虚、寂寞、伤感，精神萎靡。2. 认知方面：出现自责或责他倾向，自责未尽到父母的责任和义务、对子女关心不够；或责怪子女对自己的回报、孝敬、关心不够，而只顾个人自由和享乐的生活方式等。3. 行为方面：兴趣减退，活动减少；很少外出与社会交往；说话有气无力，时常叹气；食欲减退，睡眠障碍等。老年人可以通过自我调节，采用家庭疗法、婚姻疗法、理性—情绪疗法或社会养老服务等方式来调节和改善空巢综合征。

老年病
lǎoniánbìng

广义的老年病是指在老年期所患的常见病的总称。狭义的老年病是指在老年期特有的退行性疾病。老年病的发生可起于老年期，也可发生在老年前期延伸到老年期。某些老年病在成年人中也可发生，如慢性支气管炎、冠心病等。因此有些老年病也包括在成年病之中。一般老年病可分为两大类：1. 老化为主因引起的疾病。如老年白内障、老年耳聋、老年性痴呆、帕金森病、变形性颈椎病、肺气肿、食道裂孔疝、痛风、骨质疏松、变形性关节病和前列腺肥大等。2. 由动脉硬化引起的疾病。如心、脑血管病。根据我国各地老年流行学调查资料表明，内科常见病为高血压、冠心病、高血压心脏病、血管病、高脂血症、慢性支气管炎、肺结核、糖尿病、溃疡病、贫血；外科常见病为前列腺肥大、脊柱僵直、痔疮、疝气、骨关节病、骨质疏松、驼背、甲状腺病、肩周炎、肿瘤；五官科常见病为老年耳聋；眼科为白内障。疾病死因以脑血管病、心血管病、恶性肿瘤、呼吸系统疾病为主。

老年骨质疏松
lǎonián gǔzhì shūsōng

老年骨质疏松是一种以骨质内含钙量减少、骨质密度减低为特征，导致骨质脆性增加进而易于引起骨折的代谢性疾病。老年骨质疏松是老年人中极为常见的疾病之一，其发病原因：1. 妇女体内雌激素水平降低（雌激素对维持稳定的骨代谢具有促进作用）；2. 因多种因素，如摄入不足、吸收不良等，导致的钙吸收量减少；3. 因多种因素，如患病卧床等，导致的活动不足等。中老年人可根据具体情况，选择性进行锻炼，如骑车，步行，游泳、日光浴等；此外，还应定期前往医院检查，以确定是否有骨质疏松的情况。如发生骨质疏松，则应在医生的指导下，根据发病因素，采用相应方法，如：雌激素疗法，钙补充疗法或维生素 D 补充等进行治疗，以避免发生诸如股骨颈骨折等意外。

老年护理管理
lǎonián hùlǐ guǎnlǐ

老年护理管理是针对老年人护理的协调及规划，其目的是尽可能延长老年人的独立生活能力，并提高他们的生活质量。

老年人
lǎoniánrén

老年人是指达到或超过老年年龄的人。确定和划分老年人的年龄标准是随历史的发展而变化的。最早提出老年人年龄界限的是瑞典人口学家桑德巴，他于 1900 年提出人口再生产类型的标准时，以 50 岁的界限来划定老年人。二战以来，由于社会生产力的发展，科学技术的提高，医疗卫生的改善，生活方式的改变，随之而来是生育率降低，人口寿命延长，老年的界限已比过去有所提高。有的国家把 60 岁及以上的人划为老年人，或把 65 岁及以上的人划为老年人，或把 70 岁及以上的人划为老年人。目前，国际通用的老年人年龄界限为 60 岁或 65 岁及以上。根据世界卫生组织的有关规定，在老龄人口较少的发展中国家以 60 岁及以上为老年人；老龄人口较多的发达国家以 65 岁及以上为老年人。

老年人出行服务
lǎoniánrén chūxíng fúwù

老年人出行服务是指专为老年人出行所提供或开办的交通服务。在我国，常见的老年人出行服务包括一些城市所开设的老年人专用公交车等。在一些发达国家，部分社区、老年中心或社会服务组织会为老年人提供的免费（或只收取最少费用）的出行服务，以满足老年人前往就医、购物的需要；根据所居住社区的不同，老年人获得的出行服务形式也不相同，其中较常见的形式包括上门接送服务、固定班次及路线的接送服务、与接送志愿者共同出行等。

老年人饭前准备操
lǎoniánrén fànqián zhǔnbèicāo

老年人饭前准备操是一种辅助偏瘫、失语或活动受限的老人进食的保健运动。其中的主要运动步骤包括：

1. 深呼吸；2. 头部运动；3. 肩部运动；4. 上肢运动；5. 面部运动；6. 口部运动；7. 发声练习；8. 舌部运动；9. 深呼吸。

老年人活动中心
lǎoniánrén huódòng zhōngxīn

老年活动中心是老年人开展文化、娱乐、和体育活动的综合性服务设施。与老年活动站相比，老年活动中心的设施设备通常更好、更完善。除了一般的文娱运动设施外，部分老年活动中心还开设有老年学校、医疗康复站、老年精神卫生咨询站、婚介所、职介所、午餐食堂或老年公寓等部门，为老年人的需求提供全面的服务。老年活动中心是老年人学习、娱乐、锻炼身体和进行社交的理想场所，有益于老年人增进友谊、改善人际关系、充实生活、陶冶情操、安度晚年。

老年人精神支持
lǎoniánrén jīngshén zhīchí

老年人精神支持注重的是营造一个能让老年人在精神上有依托的环境。护理人员可以鼓励老年人参与一些能够提振他们精神或老年人自己喜爱从事的活动，如乒乓球、游泳、门球、草地滚球、慢走、广场舞等适合老年人参加的体育运动，或阅读、演奏乐器、园艺、志愿工作及与个人爱好相关的活动。恰当的精神支持活动不仅能够使老年人获得与其他人交流的机会，也能培养他们的自信心，并促进他们的心理健康。参见"老年人情绪疏导"。

老年人情绪疏导
lǎoniánrén qíngxù shūdǎo

老年人情绪疏导是指护理人员在老年人产生消极情绪时，给予相应的鼓励和支持的活动。由于衰老会使老年人失去原有的梦想、健康、行为能力及所爱的人，在为老年人服务时，护理人员需要注意以下一些和情绪抑郁相关的症状并及时做出应对，如饮食、体重、睡眠及行为习惯的突然改变，对过去的成就毫无兴趣，持续的悲伤或哭泣，停止服药，态度冷漠，言语中表现出对生活的厌倦等等。在积极的情绪疏导时，适当加入一些幽默的元素（如小品、相声等）能够产生更好的效果。同时，鼓励老人培养一些如阅读、棋类游戏等新的兴趣，可以适当地提升老年人的学习能力和心理健康。参见"老年人精神支持"。

老年人日常起居安全
lǎoniánrén rìcháng qǐjū ānquán

老年人日常起居安全包括老年人行动安全、家居用具使用安全、出行安全等。老年人日常起居安全应包括以下要点：1. 老人起床下床、起身坐下等日常动作应轻缓；2. 老人出行时步伐多较缓慢，陪护人员一定不能催促，必要时应予以搀扶或让老年人自己扶着室内的墙壁、桌椅或使用拐杖行走；3. 老年人出行时最好有人陪护，并避免长时间出行或在天气环境欠佳的时候出行；4. 家居用具应充分考虑到老人使用的安全性，如座椅要结实牢固有靠背或扶手，高低适宜，接触地面要稳固；5. 床具最好是高矮要合适，便于上下；家具尽量使用圆滑无棱角的结构；地面要平坦不打滑等。此外，还需防范老人在使用家用电器时的触电、起火等问题。

老年人膳食
lǎoniánrén shànshí

老人的合理膳食是指根据老年人的身体状况所制定的合理餐饮安排。老年人合理膳食的内容包括 1. 以五谷类为主。2. 多吃水果、蔬菜。3. 肉、鱼、蛋、豆制品每日 4～5 两，奶制品每日 1～2 杯。4. 控制油、盐、糖的摄入。合理膳食的饮食原则有：1. 营养丰富、食材新鲜。2. 易于咀嚼、吞咽和消化。3. 饮食多样、荤素搭配。4. 少食多餐。晚餐不宜过饱。5. 清淡少盐，防止摄入过多的脂肪，尤其是饱和脂肪酸及反式脂肪酸。6. 食物中富含膳食纤维。7. 保证水分的摄入。

老年人外出安全防范
lǎoniánrén wàichū ānquán fángfàn

老年人外出安全防范是指：针对外出活动的老年人制订的安全防范措施。由于老年人生理功能较差，行动不如健康成年人一般流畅，因此外出活动容易发生意外。因此，在陪伴老年人外出时，护理人员应做好防范工作，并注意老年人在困难条件（如：下雨、上下楼梯等）下的出行安全。参见"安全护理措施"。

老年人心理护理
lǎoniánrén xīnlǐ hùlǐ

老年人心理护理通常包括老年人精神支持和情绪疏导两大方面，前者主要与营造一个有利于老年人心理健康的环境相关，而后者主要与应对老年人的不良情绪相关。详见"老年人精神支持"、"老年人情绪疏导"。

老年衰弱
lǎonián shuāiruò

老年衰弱综合征是一种常见的老年综合症。老年衰弱综合征的产生与人体衰老有着紧密联系。老年衰弱产生的原因主要是老年人生理储备和多系统失调，导致其出现诸如肌肉力量下降、疲惫、低身体活动量、行走速度减慢、体重减轻等症状。虽然老年衰弱并非残疾或特定疾病，但由于老年衰弱征病人的身体状况及认知功能加剧减退，其应对内外环境变化的能力下降，因此会明显提高发生病残和死亡的风险。随着我国加速进入老龄化社会，加深对老年衰弱征等老年病的了解可以帮助提升老年人群的康乐水平。参见"老年病"。

老年医学
lǎonián yīxué

老年医学是研究人类衰老的原因、发展过程、影响寿命的内外因素、人体老年性变化、老年疾病的防治及老年的社会医学的一门综合性学科。老年医学包括老年基础医学、临床医学、流行病学及社会医学等，研究的主要内容有：1. 老年病，如老年心脏病学、老年神经病学、老年卫生学等的防治；2. 防老抗老的临床研究；3. 长寿的流行病学调查；4. 老年卫生：心理、营养、劳动、生活和康复锻炼等。老年生理机能、病理变化、疾病诊断治疗和预防保健等方面均与其他年龄段的人有所不同。发展老年医学对于延长老年人寿命，预防和治疗老年病，组织开展老年保健事业等都具有重要的意义。

老年抑郁症
lǎonián yìyùzhèng

老年抑郁症是指首发于老年期，以持久的心境低落和情绪抑郁为主要临床状况的一组精神障碍。老年抑郁症的症状以情绪低落、焦虑、迟滞及繁多的躯体不适为主，一般病程较长，并具有反复的发作倾向。通常老年人年龄越大，老年抑郁症的患病率则越高；随着我国人口老年化现象的不断加剧，老年抑郁症需要引起人们的加倍重视。

老人生活护理
lǎorén shēnghuó hùlǐ

老人生活护理是指为居家老年人提供生活照料、陪伴和护理等服务的活动。

离退休综合征
lítuìxiū zōnghézhēng

离退休综合征是指人员在离退休后出现的一种以情绪异常为特征的适应性障碍。患者离退休后，由于不适应社会地位、生活规律、人际关系发生的转变，而产生了诸如失落、孤独、烦躁，对生活失去兴趣等消极情绪。为预防此症的发生，离退休人员应在离退休前对将来的离退休生活作好思想准备和提前规划，并培养一些业余兴趣爱好。已出现离退休综合征症状的患者应及时咨询专业人士（如心理医生等）并遵循医嘱安排，及时调整治疗。

疗养院
liáoyǎngyuàn

疗养院是一种以休养为主医疗为辅，促进身体健康的医疗保健机构。疗养院多设于气候适宜、环境幽静的山区或美丽的海滨城市。院内通常配备良好的医疗检查、诊疗设备和保健设施。疗养者可根据自身的健康状况，在医疗保健监督下，从事一些有益于身心健康的活动，如登山，游泳，散步，太极拳，台球，乒乓球和棋类活动等，以消除日常工作中的疲劳，进一步促进身心健康。有的疗养院设在有温泉的地区，也被称为温泉疗养院。

临终关怀
línzhōng guānhuái

临终关怀是指由医护人员、宗教人士、志愿者、护工、社会工作者、政府部门或慈善团体等社会各个层面的团体及人士为癌症等晚期病人及其家属提供的生理和心理等方面的支持照顾。临终关怀旨在提升病人临终阶段的生命质量，使其能够舒适、安详、有尊严、无痛苦地走完人生的最后旅程，并使患者家属获得身心保护及慰藉。临终关怀需要运用医学、护理学、社会学、心理学等多种学科理论及实践来为患者提供支持。

轮椅
lúnyǐ

轮椅是一种代步工具，主要由轮

椅架、座靠、车轮、刹车这四大部分组成，通常后部还装有便于他人推动轮椅的扶手。根据驱动方式的不同，轮椅可以分为人力驱动或电力驱动两大类。轮椅的使用人群主要包括因年龄、伤病、残疾等因素导致行走困难的人群。轮椅的选用通常需要根据使用者的体型决定，以防导致使用者的皮肤磨损甚至压疮等问题。

旅游养老
lǚyóu yǎnglǎo

　　见"异地养老"。

沐浴辅具
mùyù fǔjù

　　沐浴辅具也称洗浴辅具，是为沐浴困难的人士（如老年人、病人、残疾人等）设计制造的沐浴用辅助工具。常见的沐浴辅具可包括：1. 防滑类辅具，如：防滑垫、防滑条、辅助扶手等；2. 促进洗浴者独立沐浴的辅具，如：浴椅、浴凳、长柄刷、长柄泡棉等；3. 护理者协助沐浴的辅具，如：洗澡床、洗头槽、洗澡机等。参见"独居老人辅助设备"。

沐浴护理
mùyù hùlǐ

　　沐浴护理是指护理人员为难以独立完成沐浴活动的人员（如老年人、病人或残疾人等）提供的协助其沐浴的服务，根据沐浴方式的不同，可分为淋浴、盆浴和床浴三种。淋浴和盆浴适用于全身情况良好的病人。床浴适用于病情较严重，长期卧床，全身情况较差的病人。由于沐浴护理涉及

到被护理人员的生活质量和隐私，因此护理人员应受过相关的护理技术与护理心理的培训。此外，护理人员还应该熟悉沐浴行为的整体流程，能根据沐浴者的身体状况、行动能力、浴室环境等因素，选择恰当的方法、辅具及环境，以提高沐浴者本人的活动能力并减少护理人员负担。参见"淋浴护理"、"盆浴"、"床上擦浴"、"床上沐浴"。

拿四肢部位
násìzhī bùwèi

　　拿四肢部位指的是使用推拿手法中的拿法对上肢和下肢部位按摩，用于舒筋通络、缓解四肢僵硬或疼痛等症状，适用于老年人及四肢不适者。拿上肢部位时，护理员以掌心在上肢施术，拇指与其他四指分开，双手掌心压住老人上肢部，在受术部位进行提、拉、压、推的连续动作，力度要重而不滞、轻而不浮，不能跳跃，要有渗透感，不能用力过度，上肢外侧用力可大于上肢内侧。拿下肢部位时，护理员在老人下肢部施术，全掌拇指与四指分开距离尽可能加大，使掌心更好地压住下肢部。动作要缓慢，渗透力要强，下肢用力大于上肢部。

虐待老年人
nuèdài lǎoniánrén

　　虐待老年人指的是老年人遭受配偶、家庭成员、邻居或护理人员等残忍对待，甚至伤害的行为。虐待老年人是犯罪行为。我国老年人权益保障法中明确规定："禁止歧视、侮辱、

虐待或者遗弃老年人"。国务院法制办于 2013 年公布的《养老机构设立许可办法》和《养老机构管理办法》中规定，养老机构歧视、侮辱、虐待或遗弃老年人以及其他侵犯老年人合法权益的行为，最高将处以 3 万元罚款，构成犯罪的还将被追究刑事责任。虐待老年人的情况包括：身体虐待、精神虐待、经济剥削或物质虐待、疏于照料、性虐待、其他虐待行为等。

人口老龄化
rénkǒu lǎolínghuà

人口老龄化指的是一个国家或地区内，由于生育率下降和人口寿命延长而产生的年轻人口数量减少，老年人口增加及老年人口比例相对增长，中位年龄上升的现象。人口老龄化一般出现于经济发达的国家。目前，一些发展中国家也开始出现老龄化趋势。导致人口老龄化的因素：1. 死亡率降低；2. 生育率降低；3. 生活环境及生活观念改变等。一般认为，当一个国家或地区 60 岁以上老年人口占人口总数的 10%，或 65 岁以上老年人口占人口总数的 7%，则意味着该国家或地区已进入人口老龄化社会。人口老龄化会带来一系列问题，如人口老龄化会导致经济活动人口短缺，劳动力人口老年化，老年人的赡养等。这要求社会在生产、服务、医疗等方面都要更多地考虑老年人的需要。

日托服务
rìtuō fúwù

见"白托服务"。

社会养老
shèhuì yǎnglǎo

社会养老是一个与"居家养老"相对应的概念，指由社会对老年人提供经济保障、医疗保障、社会救济与社会福利。如给老年人发放退休金、实行医疗保险，对"五保户"实行社会救济，还包括社会对老年人免费或优惠服务等福利性措施。社会养老除了发展机构养老之外，重点是以社区为依托，大力发展社区养老服务。参见"家庭养老"、"居家社区养老"。

社区福利服务
shèqū fúlì fúwù

社区福利服务是指为社区内因年老、疾病、残疾等原因丧失劳动能力或生活自理能力弱的居民提供的福利性服务。社会福利服务的服务对象通常包括 80 岁以上老人、社会孤老、遗属孤老、空巢老人、离退休孤老、重残人员、精神病人及其他救济对象。社区福利服务的目的是维持或提高服务对象的生活水平。社区福利服务一般是在政府的倡导和支持下，由街道组织社区内的人力和物力资源，为相关家庭提供必要的经济援助和生活服务。参见"社区服务"。

失能
shīnéng

失能是指由于意外伤害或疾病等因素而导致的生理或精神上的能力丧失和缺陷。根据能力丧失的程度不同，失能可分为轻度、中度和重度失能。在一些西方国家（如美国），失能通常被法律定义为：经确认无法管理自身资产、处理个人事务及承担法律责任或行使法定权利的状态；在这种情况下，失能人士常需要法定监护人为自己处理事务。参见"失能老人"。

失能老人
shīnéng lǎorén

失能老人是指丧失生活自理能力的老年人。按照国际通行标准，吃饭、穿衣、上下床、上厕所、室内走动、洗澡 6 项指标，一到两项无法完成的可以定义为"轻度失能"，三到四项无法完成的可以定义为"中度失能"，五到六项无法完成的可以定义为"重度失能"。参见"失能"。

失智症
shīzhìzhèng

失智症是一种因脑部伤害或疾病所导致的渐进性认知功能退化；患者的词汇、抽象思维、判断力、记忆及肢体协调功能会随着失智的发展而逐渐衰退，进而严重影响其日常生活。造成失智的原因及失智的发展快慢因人而异；一些可能引起失智的因素包括：阿茨海默氏症、中风、酒精中毒、艾滋病、毒品或精神紊乱等。目前全世界有超过 3500 万的人患失智症，预估患者人数在 2050 年将增加到目前的 3 倍，达到 11500 万人。全球每年有 770 万新增病例，也就意味着每 4 秒钟就有一人患病。在发达国家，失智症已逐渐取代脑卒中成为神经与精神科患者所患疾病之首，是导致身体功能丧失最严重的慢性疾病之一。

睡眠护理
shuìmián hùlǐ

睡眠护理是指护理人员为保证老年人或病人睡眠质量的生活护理工作。睡眠护理的内容通常包括：1. 创造适宜的居住环境，如调节居室温度、湿度，保证居室的供电、采光、空气质量等；2. 照料受护理人的睡眠，即保证充足的睡眠时间，做好睡前准备和夜间巡视观察等；3. 为起夜的受护理人提供排泄照料；4. 根据穿着照料的基本要求，为受护理人更换衣裤。参见"晚间护理"。

退行性骨关节病
tuìxíngxìng gǔguānjiébìng

退行性骨关节病，又称老人退行性骨关节病、骨关节炎、增生性关节炎、变形性关节炎等，是一种常见的以关节软骨变性为主，呈慢性渐进性的关节疾病。退行性骨关节病可分为原发与继发两种，原发性骨关节炎是在中老年人中最常见的一种致残或影响活动功能的风湿性疾病，常见于活动多和负重较大的关节，如脊柱、髋、膝等。继发性骨关节炎常继发于外伤和炎症，可发生于任何年龄及任何关节。退行性骨关节病的表现：1. 关节疼痛。2. 关节僵硬。3. 关节内卡压现象。4. 关节肿胀、畸形。5. 功能受限。

完全不能自理型养老机构
wánquán bùnéng zìlǐxíng
yǎnglǎo jīgòu

完全不能自理型养老机构是西方发达国家对养老机构划定的一个分类，

常指专为失能失智老人提供 24 小时护理服务的护理机构或护理院。完全不能自理型养老机构通常设有多人间、单人间、套房，还有一系列公共设施，其目标群体为极度虚弱的老年人或痴呆患者。参见"自助型老年公寓"、"半自理型养老机构"。

无遗嘱
wúyízhǔ

无遗嘱是指当事人在去世前没有留下遗嘱或当事人去世后其财产无法依据其法律意志处理的情况。在这种情况下，当事人的遗产便须按照相关法律分配。参见"遗嘱"。

乡村田园养老
xiāngcūn tiányuán yǎnglǎo

乡村田园养老指的是老年人离开城市住所，回归田园、牧场和小镇等地方居住的一种养老方式。其优势在于相比城市这些地区空气质量好、噪声小，生态环境优美，生活成本低廉；同时有更大的空间供老人种植花草、树木、散步和游玩，利于老人的身心健康。乡村田园养老受到交通、水电等基础设施、生活设施、养老设施和医疗设施的影响。

养老保险
yǎnglǎo bǎoxiǎn

养老保险是社会保险的重要组成部分，是为保障劳动者因年老丧失劳动能力、退出社会劳动领域后的基本生活需要而设立的保险。养老保险以法定的年龄界限为依据（该年龄界限一般由国家机构根据国民的体质和劳动资源情况作出规定。目前我国规定的退休年龄为男 60 岁，女 55 岁)，当劳动者因年老退休后，由社会各方面提供帮助，保障其晚年生活。养老保险是五大社会保险之一。

养老服务
yǎnglǎo fúwù

养老服务指的是为满足老年人物质生活和精神生活的基本需求，为其提供的以生活照料、医疗保健、精神慰藉、安全防护、文化体育为主要内容的综合性服务。根据养老服务的性质、对象、特点的不同，其类型可分为：家庭养老、居家社区养老、机构养老等。参见"家庭养老"、"居家社区养老"、"机构养老"。

养老服务业
yǎnglǎo fúwùyè

养老服务业指的是以应对人口老龄化、保障和改善民生为出发点，为老年人提供以生活照料、医疗保健、精神慰藉、安全防护、文化体育为主要内容的服务行业。我国养老服务业的主要目标是建成以居家为基础、社区为依托、机构为支撑的，功能完善、规模适度、覆盖城乡的养老服务体系。

养老护理
yǎnglǎo hùlǐ

养老护理是一种为老年人提供的日常生活照料、技术护理、康复护理和心理护理等内容的综合性护理服务。因护理服务对象的特殊性，提供养老服务的机构和人员通常都应该满足一定的资质要求。参见"养老护理员"、"养老服务"、"养老服务业"。

养老护理员
yǎnglǎo hùlǐyuán

养老护理员指的是对老年人照料和护理的服务人员。其任务是根据老年人的生理和心理特点及社会需要，为老年人进行生活照料、技术护理、康复护理和心理护理等。根据《养老护理员国家职业技能标准（2011 年修订）》，按技能要求递增排列，本职业共设初级、中级、高级、技师四个等级。

养老机构分级管理
yǎnglǎo jīgòu fènjí guǎnlǐ

养老机构护理分级指的是根据身体健康状况、生活自理能力和需要及社会交往能力的差异，对老年人进行分级护理的管理方式。根据中华人民共和国行业标准《老年人福利机构基本规范》，养老机构的护理分级可分为三级：自理老人（一般照顾护理）、介助老人（半照顾护理）、介护老人（全照顾护理）。西方发达国家大多按照一定的分级标准对入住养老机构的老人实行分级管理，不同级别的老人入住不同类型的养老机构，以建立最优的分级护理模式。养老护理机构主要是以下几类：养老院、护理院、临终关怀机构。

养老机构硬件设施
yǎnglǎo jīgòu yìngjiàn shèshī

养老机构硬件设施指的是养老机构中为老年人提供长期居住、日常照顾等综合性服务基础建设和设施设备的总称。其中基础建设包括居住用房（卧室、卫生间、阳台等）、公共服务用房（照护站、厨房、餐厅、公共浴室、洗衣房、污物处理间、活动用房等）及其他基础建设（晒衣场、操场、走廊等）；设施设备包括：建筑设备（给水排水、采暖空调、电气、燃气、安全报警设备等）和护理设备（床位、盥洗设备、护理仪器等）等设施设备。

养老模式
yǎnglǎo móshì

养老模式指的是公民到达退休年龄后的生活方式，通常包括老年人退休后的经济来源、日常活动和所需的支持性活动等内容。养老模式根据居住模式、经济来源等因素，可以分为多种类别。常见的养老模式包括：家庭养老、居家社区养老、机构养老、互助养老、以房养老、个人商业保险养老、异地养老、乡村田园养老等。随着年龄的变化，养老模式也可能发生一定的改变，一些老年人在刚刚退休的阶段会倾向于前往气候温暖适宜的"阳光地带"进行异地养老，以改善生活质量；但当他们因年龄增大而出现生理功能退化时，他们会倾向于移居到子女身边寻求更多的帮助；而当老年人需要获得专业护理时，则可能会采取机构养老的方式，进入养老院获得专业的护理。

养老院护工
yǎnglǎoyuàn hùgōng

养老院护工指的是在养老机构里

对老人进行日常护理和帮助的工作人员。其岗位职责主要包括：1. 老人生理护理：做好老人卫生，保持老人衣服床单、被褥、衣物和鞋袜的干净整洁，勤洗勤换；帮助老人洗浴、理发、修剪指甲、刮胡子等。关注老人的健康情况，对生活不能自理的老人，负责打水、送饭、喂食等，给患病老人按时服药，及时观察病情。2. 老人心理护理：了解老年人的思想状况，关注老年人的情绪和心理状态。3. 室内清洁：保持室内地面、门窗、玻璃、墙面、桌面干净，保持室内无异味、无蚊蝇，并按时开窗通风。

养老资源
yǎnglǎo zīyuán

养老资源指的是能够满足老年人养老活动所需的一切资金、物品和劳务。

遗产
yíchǎn

遗产指的是被继承人死亡时遗留的个人所有财产和法律规定可以继承的其他财产权益。根据我国《继承法》规定，遗产必须符合三个特征：第一，必须是公民死亡时遗留的财产；第二，必须是公民个人所有的财产；第三，必须是合法财产。遗产主要包括以下内容：公民合法收入，房屋、储蓄、生活用品，树木、牲畜和家禽，文物、图书资料，法律允许公民个人所有的生产资料，著作权、专利权中的财产权利及其他合法财产。遗产又可分为积极遗产和消极遗产（如死者生前所欠的个人债务）。在我国，遗产的分配原则为：1. 遗嘱优先于法律规定的原则；2. 法定继承中实行优先顺位继承的原则；3. 同一顺序继承人原则上平均分配的原则；4. 照顾分配的原则；5. 鼓励家庭成员及社会成员间的扶助的原则。

遗产税
yíchǎnshuì

遗产税是一个国家或地区对财产所有人去世后遗留的财产征收的一种税，又称为"死亡税"，通常包括对被继承人的遗产征收的税收和对继承人继承的财产征收的税收。其征税对象包括动产、不动产和其他财产。纳税人可为遗产继承人，也可是受捐赠人。遗产总额减去税法允许扣除的金额，即是应缴税遗产额；遗产税税率一般采用累进税率。世界目前的遗产税制度主要有三种：总遗产税制、分遗产税制和混合遗产税制。

以房养老
yǐfáng yǎnglǎo

以房养老是指已拥有住房的老年人通过将其房屋出售、抵押、出租等方式，用于获得一定数额的养老金或养老服务的养老模式。广义的以房养老方式包括售房养老、家内售房养老、投房养老、合资购房、异地养老、基地养老、租房入院养老、以房换养老等多种养老形式；狭义的以房养老特指反按揭养老，其操作方式为老年人将房屋产权抵押给银行、保险公司等金融机构，由后者通过对借款人的年龄、预计寿命、房屋现值、增值情况、折损情况及借款人去世后房屋估值综合评价后，将其估值扣除预期折损和利息后，将其剩余值按借款人的寿命计算分摊到寿命年限中，按年或月支付给借款人；借款人去世后相应机构获得房屋产权，可通过销售、出租、拍卖的方法来偿还贷款本息，同时享有房屋升值部分。

义齿
yìchǐ

见"假牙"。

异地养老
yìdì yǎnglǎo

异地养老是指老年人离开现居地或户籍所在地的养老方式，包括长期性迁居养老和季节性休闲养老。异地养老是对居家养老的重要补充，主要针对那些有经济实力、身体状况比较好且有异地养老意愿的老人。异地养老遵循比较优势原则，通过比较移入地和移出地房价、生活费的地域差异，或气候、环境等的差别，选择优势条件地域进行养老活动。异地养老常与治疗修养、休闲观光联系在一起；按养老方式分类包括异地疗养型、候鸟式安居型、旅游观光型、休闲度假型、探亲交友型等类别；按养老提供方分类可分为自助型养老、社会养老及养老机构养老等类型。合理的异地养老对维护老年人的身心健康、疏解移出地的人口、住房、交通压力具有积极作用。但这种养老方式因涉及交通和异地居住等因素，容易产生安全及老年人个人情感方面的问题。此外，老年人还会遇到养老金领取、医疗保险报销等困难。

银发警报
yínfà jǐngbào

银发警报是美国的一种通过广播失踪人员信息，大范围寻找走失老年人（特别是患有老年痴呆症、失智症或其他心理疾病的老年人）的公开报警体系。银发警报使用大量媒体渠道，包括商业广播台、电视台、有线电视等；还可以利用道路旁的可变信息标志警示汽车驾驶员寻找走失的老年人。在确定走失老人是徒步走失的情况下，银发警报还可以利用相关的警报系统对特定邻近区域内的居民紧急情况通报，告知老年人的最后已知位置。

智能化居家养老服务
zhìnénghuà jūjiā yǎnglǎo fúwù

智能化居家养老服务指的是基于电脑、无线传输、物联网等技术，为居家老人提供的健康管理、实时安全监控、紧急救援和精神关怀等综合养老服务的统称。智能居家养老服务是现代科技与养老服务相结合的成果，可使养老不受时间和空间地点的限制，以构建居家老人、子女、护理人员、医疗机构相联结的智能虚拟养老社区。

助行架
zhùxíngjià

助行架是一种为老年人或残疾人设计的，辅助人体站立及行走的助行器。助行架的基本设计为一个轻质四足框架，其高度和宽度可以调节，便于使用者站入其中撑扶。为了满足不同人群（如儿童、肥胖症患者）的需要，助行架被设计成不同的规格大小。

助行架最早出现于 1950 年代的西方国家，现在的助行架可以大致分为两轮、四轮及无轮三大类。参见"独居老人辅助设备"。

自助型老年社区
zìzhùxíng lǎonián shèqū

　　自助型老年社区通过提供医保个案管理、家庭护理等服务，帮助老年人维持生活独立并保护其尊严，目前主要流行于国外。广义上的自助型老年社区包括自助型老年住宅、自助型老年公寓、老年人居住社区等居住设施。在建设自助型老年社区时，应考虑到老年人对以下几个方面的需求：1. 私密性，2. 社会交往，3. 可选择性（在衣食住行特别是居住上为老年人提供多种选择），4. 交通出行方便（包括老年人出行服务、设立完善的指示标识），5. 安全感和安全性，6. 可达性（安装老年人生活辅助设施、标识），7. 适度刺激老年人活动与交流的欲望，8. 柔和的声光环境，9. 温馨的自然、人文及居室环境等。参见"完全不能自理型养老机构"。

十二、衣物清洁保养

保管衣物
bǎoguǎn yīwù

保管衣物指针对不同材质的衣物按照地域、季节、气候条件等差异作适当的保管。衣物保管中经常遇到的情况是：织物发脆、变色、发霉、虫蛀。采用适当的保管方式不仅可以延长衣物的使用期，还可以保持衣物的清洁，防止疾病感染。保管衣物的主要工作：1. 根据衣物种类或用途进行合理分类；2. 采取适当方式，如：叠放、悬挂等，收藏衣物；3. 采取适当的防潮、防蛀措施。

拆洗被褥
chāixǐ bèirù

拆洗被褥是对棉被等床上用品拆分洗涤的过程。在清洗病人的被褥时，需要根据具体情况增加适当的消毒措施，以保持环境的清洁卫生。由于制作被褥的纺织品材料不尽相同，因此在进行清洗时，需要区别对待，以免损坏被褥。参见"床上用品"，"产妇用品换洗消毒"。

床上用品
chuángshàng yòngpǐn

床上用品是指供床上铺用的物品，如被、褥、毯子、床单等。在清洗床上用品时，需要根据纺织品的质量、特性和耐用性等特点，将这些床上用品从其他织物中区分离出来，单独清洗，以免造成损坏。参见"拆洗被褥"。

刺绣类衣物
cìxiùlèi yīwù

刺绣类衣物也可称为绣花衣物，指的是采用刺绣工艺加工制成的衣物。在洗涤刺绣衣物时，一般采用手洗方式。由于刺绣类衣物的绣花线容易掉色，因此在清洗前需将绣花织物的一角浸湿，用干净白布擦抹以检验是否掉色。清洗刺绣类衣物时最好使用35℃左右的温水；清洗时不能搓洗或用力拧绞，清洗完后稍挤压出水分，在通风阴凉处晾干。在熨烫刺绣类衣物时，最好一边喷水一边熨烫，防止绣花线掉色。

低泡洗衣粉
dīpào xǐyīfěn

低泡洗衣粉是在洗涤过程中产生泡沫少、消失快的一类复合配方洗衣粉，其优点是可以减少泡沫的产生，增加洗衣机的有效容量，比较适用于普通洗衣机、自动洗衣机及手工搓洗。无论是机洗还是手洗，一般控制在每公斤干衣服约 15 克的用量。具体用量及方法应参照使用说明。

纺织纤维衣物
fǎngzhī xiānwéi yīwù

纺织纤维衣物是指以纺织纤维为

材料所制成的衣物。纺织纤维包括天然纤维和化学纤维两种。主要的天然纤维有植物纤维，如棉、麻等；动物纤维，如羊毛、兔毛、驼毛、蚕丝等。主要的化学纤维有：人造纤维，如人造毛、人造棉、人造丝等；合成纤维，如涤纶、腈纶、氨纶、丙纶等。

服装感官鉴别法
fúzhuāng gǎnguān jiànbiéfǎ

服装感官鉴别法是指使用目测及手触等感官方法从手感、重量、强度、伸长度等方面来识别服装材料的种类。感官鉴别法需要鉴别人员具有一定的经验。通过感官法鉴别面料只能粗略地区分面料，更准确地将面料区分开还有赖于显微镜观察和药品检验等方法。

干洗
gānxǐ

干洗是一种使用有机化学溶剂对衣物进行洗涤、去除油污或污渍的洗涤方式。由于在衣物洗涤过程中衣物不直接与水接触，所以称之为干洗。与传统的水洗相比，干洗方式能够避免水洗对衣物面料造成伤害，同时具有不缩水、不变形、不易造成衣物褪色、便于熨烫并能有效地去除油污或污渍等优点。干洗比较适于那些不宜水洗和易褪色的织物。

高泡洗衣粉
gāopào xǐyīfěn

高泡洗衣粉含有丰富的泡沫，去污力强，比较适合手工洗涤衣物，是常用的洗涤剂。该类洗衣粉通常比较

适用于洗涤棉、麻、丝、毛、化学纤维等类型的衣物。

化纤衣物
huàxiān yīwù

化纤衣物是指不添加纯天然纤维材料或者由化纤面料做成的衣物。化纤衣物通常纯粹由涤纶、锦纶、氨纶、丙纶、维纶、腈纶、粘胶、尼龙、醋酸纤维、天丝等材料中的一种或几种合成的布料制成，色泽发亮、颜色鲜艳，质地轻飘。

加酶洗衣粉
jiāméi xǐyīfěn

加酶洗衣粉是指在洗衣粉配方中加入了洗涤用酶制剂的洗衣粉。目前洗涤剂酶包括碱性蛋白酶、脂肪酶、淀粉酶和纤维素酶。其中，应用最广泛、最有效的是碱性蛋白酶和碱性脂肪酶。上述四种酶可分别使衣物上的蛋白质、脂肪、淀粉和纤维素污垢发生水解，使这些非水溶性污垢变成水溶性污垢，从而容易去除。加酶洗衣粉特别适用于血渍、奶渍、汗渍、果汁渍、茶渍等污迹的洗涤。使用加酶洗衣粉洗涤服装衣领、袖口等处会获得较理想的去污效果。

碱性清洗剂
jiǎnxìng qīngxǐjì

碱性清洗剂是指 pH 值大于 7 的清洗剂，其主要是以表面活性剂和其他原料复配而成的；因具有环保无毒、安全、经济成本低、清洗效果好的特点而被广泛运用。碱性清洗剂使用方法包括：1. 喷淋清洗法，2. 电解清洗

法，3. 浸泡加温法，4. 超声波清洗法，5. 机械搅拌法。

卷边缝纫
juànbiān féngrèn

卷边缝纫为常用的缝纫工艺之一，即将布料的毛边向内折卷两次，形成三层，使毛边被卷在里面，再沿这边的上口缉缝。卷边有宽窄之分，宽边多用于上衣的袖口、下摆底边和裤子脚口边等，窄边则多用于衬衫圆摆底边、衬裤脚口及童装衣边等。

绢丝类衣物
juànsīlèi yīwù

绢丝类衣物指的是以桑蚕绢丝、木薯蚕绢丝和柞蚕绢丝等各种绢丝材料制成的衣物。其特点是坚韧耐穿、透气性、吸湿性好，但易起毛、泛黄、绸面易产生水渍。绢丝衣服的洗涤多采用干洗法，干洗时使用专用的干洗剂，轻轻揉搓以免降低色泽鲜艳度。晾晒绢丝类衣服应选择阴凉处，防止太阳暴晒，保持其平整，自然晾干。熨烫时将衣物晾至七成干再均匀地雾喷清水，熨烫温度不宜过高；熨斗不应直接接触绸面。

麻纤维衣物
máxiānwéi yīwù

麻纤维衣服指的是以大麻、亚麻、苎麻、黄麻、剑麻、蕉麻等各种麻类植物纤维制成的衣服，以夏装为主。其特点是强度极高、吸湿、导热、透气性好，但质感粗糙、生硬、容易起皱。应使用温水或冷水洗涤麻纤维衣物，不能长时间浸泡或堆放，以防褪色，应在短时间浸泡后轻轻揉搓洗净。晾晒麻纤维衣物时应保持其平整，不能绞扭，以防起皱。不宜暴晒，否则易出现泛黄现象。熨烫麻纤维衣物时，温度不宜过高，否则易破坏内部结构，造成对布料的损坏。熨烫时最好在上面覆盖上一层白布，以保持亮丽的色彩。

毛织品
máozhīpǐn

毛织品是指用羊毛及其他兽毛纤维或人造毛等织成的料子和用毛线编织的衣物，其特点是色泽柔和、纹路清晰明亮、弹性和柔软性好。在洗涤毛织品时，浸泡时间不宜过长，应用温水洗涤；毛织品耐碱性差，一般使用低碱性、中性洗涤剂或专门的毛料洗涤剂来洗涤；手洗时用力要均匀适中，避免洗涤中产生花、绺等现象。一般比较贵重或不宜水洗的毛织品，如西服西裤、大衣皮毛、羊毛衫、羊绒大衣等应选择干洗，以避免水洗造成衣服款式变样或者被染色等问题。毛织品的熨烫应将温度控制在160℃以内；最好使用蒸汽熨烫，蒸汽熨烫时在距离衣物1～50cm处进行；或将一条毛巾盖在衣物上再熨烫；熨烫衣物不可熨至全干，以含水5％左右为宜。熨烫后将衣物挂在衣架上自然晾干，以使其色泽自然柔和。

棉纤维衣物
miánxiānwéi yīwù

棉纤维衣物是指以棉纤维制成的衣物，其色泽柔和、厚实、柔软、弹性差，易褶皱、变形、缩水。在洗涤棉纤维衣物时，最好使用水温在35℃以下的温水。棉纤维衣物不宜长时间浸泡于洗涤溶液中，不宜烘干，亦不宜使用高于120℃的温度熨烫。

民族服饰
mínzú fúshì

民族服饰是指各民族习惯穿用、具有本民族文化特色的衣着穿戴的总称，也可以称为民俗服饰或地方服饰。虽然在当代社会，人们的衣着样式已逐渐趋于同一化及标准化，但在各民族的庆典仪式中，民族服饰仍常常具有重要的作用。一些具有代表性的外国民族服饰包括韩国韩服、日本和服、印度纱丽、苏格兰方格裙、伊斯兰服饰等。一些具有代表性的中国民族服饰则包括汉服、旗袍、蒙古袍、藏袍、苗服、壮服等。家政服务人员在保养护理民族服饰时，应先了解，再根据服装的不同面料和材质，选择合适的衣物清洗与保养方法，使之在清洁保养后符合客户的穿戴需求。参见"衣物洗涤"、"衣物洗熨标准"。

皮革燃烧鉴别法
pígé ránshāo jiànbiéfǎ

皮革燃烧鉴别法指的是使用燃烧的方式，通过闻燃烧气味、观察燃烧的火焰状态和燃烧剩余物来鉴别皮革的方法。其操作方式为：取小样置于火焰上灼烧，若燃烧发出一股毛发烧焦的气味，烧成的灰烬一般易碎为粉末状，则为天然皮革；若燃烧火焰比较旺，收缩迅速，并有一股很难闻的塑料味道，烧后发黏，冷却后发硬变成块状的则为人造皮革。

皮革制品
pígé zhìpǐn

皮革制品是对使用皮革或毛皮为原料加工而成的物品的统称。生活中常见的皮革制品可分为靴鞋、服装、家具、箱包、球类等。有时候采用仿革或合成革的制作的产品也可被归为皮革制品一类。皮革制品具有不易腐坏、耐磨耐折及良好的透气性等特点。参见"皮衣护理"、"保管衣物"。

皮衣护理
píyī hùlǐ

皮衣护理是指对皮衣的一系列清洁、灭菌、保养、上光、抛光、补色、防霉等护理工作，使之保持光鲜亮丽，并延长皮革的使用寿命的工作。进行皮衣护理的服务人员应了解不同皮革（如亮皮、绒面皮、翻毛皮、裘皮等）的特性及其护理方法。例如，在清洁亮皮皮衣时，只对皮衣外表面进行清洗、上油、上色和上光保养，而皮衣内衬不属于清洗范围内；而在对裘皮皮衣清洁保养时，则应采用干洗设备（如四氯乙烯干洗机）在6～8℃低温下洗涤。参见"皮革制品"。

视觉鉴别法
shìjué jiànbiéfǎ

视觉鉴别法是一种通过视觉观察鉴别皮革的方法。天然皮革的表面可以看到花纹、毛孔，且分布得不均匀，反面有动物纤维，侧断面层次明显，下层有动物纤维，用指甲刮会出现皮革纤维竖起，有起绒的感觉，少量的纤维也可能掉落下来。合成革反面能看到织物，侧面无动物纤维，一般表皮无毛孔或毛孔不明显，花纹也不明显；一些合成革有较规则的人工制造花纹和毛孔。

鞋楦
xiéxuàn

鞋楦是一种插入鞋子中保持鞋子外形的填充物，通常用于皮鞋的保养和定形。

液体洗涤剂
yètǐ xǐdíjì

洗衣用的液体洗涤剂分弱碱和中性两类。弱碱性洗涤剂可用于洗涤丝、毛等精细类衣物，其使用方法简便、易于溶解。只要液体洗涤剂溶液不混浊、不分层、无沉淀，则其效果与洗衣粉相同。中性洗衣液适用范围比较广泛，大部分衣物均可使用。液体洗涤剂与碱性较大的肥皂相比，对人的皮肤的刺激较小；与洗衣粉相比，可完全溶于水，无残留物，对皮肤刺激较小。参见"中性洗涤剂"、"低泡洗衣粉"、"高泡洗衣粉"、"加酶洗衣粉"。

衣橱管理
yīchú guǎnlǐ

衣橱管理包括制定衣帽间管理手册，按正确衣物收纳方式对衣物合理分类摆放，对衣物分类洗涤，以及对衣帽间内的衣物季节更换、新旧淘汰更换等。

衣物存放
yīwù cúnfàng

衣物存放是一种衣物保管的方法，通常有几种方式：1. 按衣物剪裁式样存放；2. 按衣物的质地存放；3. 按衣物的存放空间大小存放；4. 按过季与否存放。衣物存放按人、类别分别存放，例如：袜子应单独放一个抽屉，内外衣分开存放，过季衣服通常存放在不易拿取的地方。棉、厚重、不易变形、不常穿的衣服最好放在衣橱下层，常用、轻柔、娇贵的衣服放在上层。

衣物防虫
yīwù fángchóng

衣物防虫的主要措施包括：1. 将衣物洗净晾干，保持其干燥清洁；2. 经常对衣橱进行通风、清洁；3. 可对部分不常用的衣物真空或者密封包装；4. 可适当使用卫生球、薰衣草香袋等防虫药品预防蛀虫。

衣物防霉
yīwù fángméi

衣物防霉的主要措施包括：1. 将衣物洗净晾干，保持其干燥清洁；2. 放在衣橱中的衣物应选用悬挂方式，以保持良好的通风；3. 在衣物上方 10 厘米处放置防潮剂。4. 可在衣橱内放置木炭包、吸湿盒、防潮剂，以防止由于潮湿而引发的发霉。

衣物洗涤
yīwù xǐdí

衣物洗涤指的是从衣服表面除去污垢的过程，主要包括洗涤前准备和洗涤操作两部分。洗涤前的准备步骤包括：1. 检查衣物，如：缝补破损处，检查口袋内遗留物品，取下不宜洗涤的配饰或物件，对有污渍的区域进行局部去污处理；2. 衣物分类，即按衣物材质、颜色、用途、污染程度进行分类；3. 准备洗涤，依照衣物材质选择适合的洗涤方法和洗涤剂，对易变形或被拉破的衣物使用洗衣袋保护。洗涤操作可采用水洗和干洗两种方式，水洗适用于一般衣物，干洗则适用于羊毛、丝织品、大衣和西装等对洗涤要求更高的衣物。洗涤时间、洗涤温度、洗涤力度须根据不同衣物而定。

衣物洗涤标识
yīwù xǐdí biāoshí

衣物洗涤标识是提示纺织产品适当清洗和维护方法的标志，一般缝于衣物内部。衣物洗涤标识的特点是符号简单、信息易懂。其主要内容包括：1. 洗涤要求，如洗涤方式、洗涤温度、洗涤强度等；2. 漂白要求；3. 干燥要求，如自然干燥、翻转干燥等；4. 熨烫要求，如蒸汽熨烫或非蒸汽熨烫、熨烫底板最高温度等；5. 专业纺织品维护的要求，如不可干洗或使用专业干洗等。

衣物洗熨标准
yīwù xǐyùn biāozhǔn

衣物洗熨标准是常见的家政服务质量标准之一，是针对客户需求而制定的衣物养护和管理的标准。衣物洗熨标准通常包括衣物的水洗、干洗、烫熨、蒸熨、祛污、存放、修补、换季管理等方面内容。参见"服务质量标准"。

衣物熨烫
yīwù yùntàng

衣物熨烫是对服装材料进行预缩、消皱、热塑形和定形的过程，其最常用的工具为熨斗。衣物熨烫的注意事项包括：1. 熨烫过程中需根据衣物的材料、性能选择正确的温度、湿度、压力和时间。2. 熨斗应有规律地移动，不能在同一部位停留过长，以避免面料因过热受损；3. 应尽量在衣料反面进行熨烫，如需正面熨烫，应盖上水布，以免表明烫出极光。参见"熨烫极光"。

衣物折叠摆放
yīwù zhédié bǎifàng

见"保管衣物"。

羽绒制品
yǔróng zhìpǐn

羽绒制品是指用羽绒制成的衣裤、被褥等用品，具有柔软和保温性好等特点。羽绒制品面料一般是尼龙或涤棉，填料以鸭绒为主。羽绒制品应该尽量少洗涤，一般可每隔1～2年洗涤一次。当羽绒制品比较干净时，尽量不要水洗，可用干洗剂清洗较脏处，如领口、袖口、前襟等。当羽绒制品较脏时，可以采用将羽绒制品整体浸泡于洗涤溶液中，再用软毛刷刷洗的方法。其步骤包括：1. 先泡入冷水15分钟；2. 再泡入30℃的中性洗涤溶液中10分钟；3. 取出后平铺于干净的地面；4. 用软毛刷刷净；5. 放入清水中漂洗多次直至去除洗涤溶液；6. 平铺衣物并轻轻挤压出水分；7. 在阴凉通风处晒干。

洗涤羽绒制品时应注意：1. 忌碱性洗涤剂；2. 忌用洗衣机洗涤或用手揉搓；3. 忌用力拧绞；4. 忌用烟火

熏烤。

熨烫极光
yùntàng jíguāng

　　熨烫极光是指服装织物因压熨而发生表面构造的变化所形成的一种光反射现象。熨烫极光多出现在有较多层材料重叠之处，如衣片接缝处或口袋等部位，其产生的最根本的原因在于被熨衣物表面的受力不均及烫面与衣物间的相对运动。预防熨烫极光应注意以下几方面的内容：1. 避免熨板表面起伏不规则，当采用熨斗、烫台进行熨烫时，应在熨台垫上较厚的垫布，并避免垫布发皱、起折。2. 在衣物表面加一层垫布，以防熨斗与衣物表面产生直接的相对滑动。3. 熨烫时，在袋口、门襟贴边止口、领角、下摆贴边、裤子褶裥、挺缝、省缝等厚的部位采取轻熨，避免在一处多磨。4. 熨烫应用力均匀。

中性洗涤剂
zhōngxìng xǐdíjì

　　中性洗涤剂是指温度在 25℃，根据标准使用浓度与水混合时，水溶液 pH 值在 6～8 之间的合成洗涤剂。中性洗涤剂的例子包括：在厨房中使用的各类洗洁精、洗手液以及用于洗涤婴儿衣物的各类洗涤用品（如洗衣液）等。此外，中性洗涤剂还能用于洗涤丝绸、羊毛等贵重面料的衣物。中性洗涤剂具有温和无刺激、适用范围广的特点。

十三、育婴服务

把尿训练
bǎniào xùnliàn

把尿训练指对婴幼儿排尿的训练，是通过重复性的声音或动作的训练，让婴儿建立一种后天的条件反射，使之听到把尿的声音或看到熟悉的动作等暗示时就有尿意，从而达到顺利解出小便的目的。把尿训练可在婴儿满6个月后开始进行，但在婴儿达到1岁半或2岁时进行最佳，因为此时婴儿的膀胱已发育成熟，具备控制排尿的能力。当父母看到婴儿产生排尿信号，如打尿颤、突然发呆、突然扭动身体或发出声音时，可把婴儿抱坐于自己双腿间，用双手轻轻分开婴儿双膝，并使婴儿头背自然倚靠到自己腹部，开始训练把尿；也可扶婴儿坐在马桶或尿盆上方把尿。训练把尿，主要是掌握规律，不可频繁地或强制性地把尿。参见"婴幼儿排便训练"。

百白破疫苗
bǎibáipò yìmiáo

百白破疫苗有时也被称作百白破联合疫苗，是百日咳菌苗与白喉、破伤风类毒素的混合制剂，用于预防这三种疾病。目前使用的有吸附百日咳疫苗、白喉和破伤风类毒素混合疫苗（吸附百白破）和吸附无细胞百日咳疫苗、白喉和破伤风类毒类混合疫苗（吸附无细胞百白破）。百白破疫苗经国内外多年实践证明，对百日咳、白喉、破伤风有良好的预防效果，尤其是对破伤风、白喉的免疫效果更为令人满意。百白破疫苗应于生后2～3月时注射，连注3次，每次间隔4周。此后应按时加强接种。

保育
bǎoyù

在家政服务领域，保育工作是指精心照管不同年龄段的儿童，并帮助他们健康地成长的过程。保育工作主要目的是为儿童的生存、发展提供足够的物质条件和创造有利的生活环境，帮助他们获得身心健康。参见"育婴服务"。

保育婴幼儿
bǎoyùyīng yòuér

见"育婴服务"。

保育员
bǎoyùyuán

保育员是指在小学、托儿所、幼儿园、社会福利机构及其他保育机构中，协助教师进行幼儿保健、养育和教育的人员。保育员在幼儿的发展中扮演着照顾者、教育者等多种角色，对幼儿的身心健康、行为习惯以及个性、情感等各方面均会产生深刻的影响。

背部抚触
bèibù fǔchù

背部抚触是促进婴儿健康发育的一种方法。通过触摸婴儿的背部皮肤和机体，可以刺激婴儿感觉器官的发育，增进其生理成长和神经系统反应，并增加其对外在环境的认知。具体操作方法：将婴儿趴在床上，双手轮流从婴儿头部开始沿颈顺着向下轻柔地按摩，再用手指尖轻轻地从脊柱向两侧按摩。然后将手轻轻抵住婴儿的小脚，使婴儿顺势向前爬行。这些触摸动作可舒缓婴儿背部肌肉。由于婴儿年纪较小，因此在具体操作中必须注意安全。参见"抚触"。

病理性啼哭
bìnglǐxìng tíkū

婴幼儿病理性啼哭是指由于生病引起的不适症状所造成的婴儿哭闹，是反映婴幼儿健康情况的重要信号。病理性啼哭常伴有如腹泻、体温升高、呼吸急促、咳嗽、多汗易惊等症状。一般而言，婴幼儿在生理性哭闹时，哭声比较响亮、清脆有节奏，面色红润，无其他症状。而当婴幼儿呻吟地哭泣，食欲不佳、体温上升或精神萎靡时，则可能为病理性啼哭。由于婴幼儿不能用言语表达自己的生理需求和病痛，因此需要家人及家政服务人员应认真细致地对待婴儿的啼哭，尽可能区分婴幼儿生理性啼哭和病理性啼哭，以帮助婴幼儿健康成长。参见"生理性啼哭"。

不住家型母婴护理员
búzhù jiāxíng mǔyīng hùlǐyuán

不住家型母婴护理员或月嫂是一种晚上不住在产妇家中，白天按双方合同约定的时间段上下班的服务形式。这种服务模式与住家型服务模式相比，服务时间更短，收入也相对较低。参见"住家型母婴护理员"。

车载儿童座椅
chēzǎi értóng zuòyǐ

车载儿童座椅也可以称为"儿童汽车安全座椅"或"儿童安全座椅"，是一种专为不同体重或年龄段的儿童设计，安装在汽车内，能有效提高儿童乘车安全的座椅。车载儿童座椅需达到以下方面的要求：1. 在安全性上，车载儿童座椅的结构应达到一定的强度和刚度；2. 在舒适性上，应符合人体工程学；3. 应能方便地安装拆卸；4. 价位多元化，以适合不同消费需求。儿童安全座椅最先由欧美等发达国家开发，而后，这些国家相继颁布了相关的法规和标准，强制儿童乘车必须使用汽车儿童安全座椅。目前世界上主要有以下几大标准：欧洲 ECE R44/03 标准、美国 JPMA/ASTM、加拿大 CMVSS 213、日本 JIS 等。通常建议 1.45 米以下及 12 岁以下的儿童乘车应使用安全座椅。

初级育婴员
chūjí yùyīngyuán

初级育婴员是育婴员国家职业标准所划分的三个职业等级之一，等同于国家职业资格五级。初级育婴员的基本工作范围包括婴幼儿喂养、婴幼儿盥洗、婴幼儿排便照料、婴幼儿睡眠照料、婴幼儿出行安全护理、清洁居住环境及物品、三浴锻炼、抚触、训练婴幼儿动作及听说能力、指导婴幼儿认知活动等。由我国人力资源和社会保障部制定的《育婴员国家职业技能标准（2010 年修订）》对上述工作的标准作出了明确的规定。

粗大动作
cūdà dòngzuò

粗大动作是指需要使用到身体大肌肉的活动，包括抬头、翻身、坐、爬、走、跑、钻、攀登、投掷等。粗大动作能力的发展始于婴幼儿时期，在一般情况下，婴儿会在一月龄左右时尝试俯卧抬头，并在三月龄左右时抬头至与床面垂直的角度；在同一时期，婴儿还可以掌握基本的翻身技能。其他一些婴幼儿粗大动作的参考指标包括：六至七月龄时，婴儿可独立直坐；七至八月龄时，婴儿可以用手和脚支撑腹部离开地面，并进而爬行；十一月龄左右时，婴儿已基本可以独自站立；十五至十八月龄时，幼儿基本可以独自行走等。在婴幼儿期训练婴幼儿的粗大动作能力可以提升婴幼儿的注意力，并可促进婴幼儿的空间感知能力和平衡感。参见"婴幼儿动作训练"、"精细动作"。

粗大动作训练
cūdà dòngzuò xùnliàn

粗大动作训练是指家政服务人员对婴幼儿的大肌肉运动的一系列训练。粗大动作训练应循序渐进，针对婴儿

成长的不同阶段，粗大动作技能训练的内容也应进行调整。例如，在新生儿出生后 20 天起，便可抬头训练；从婴幼儿出生后 2 个月起，便可翻身训练；5～6 月时，可坐立训练。粗大动作的训练量不宜过多，以防婴幼儿的身体受到伤害。参见"粗大动作"。

大肌肉运动
dàjīròu yùndòng

见"粗大动作"。

单亲家庭
dānqīn jiātíng

单亲家庭是现代社会家庭结构形式之一，是指因离婚或死亡等原因只剩下夫妻中的一方与未婚子女所组成的家庭。在单亲家庭中，儿童情感难以得到充分满足，有的易于形成个性孤僻、抑郁、自卑心理，有的则容易从家庭生活中受到锻炼，形成坚毅、不怕困难的品格。随着我国家庭结构日趋多元化，单亲家庭、流动家庭、留守家庭等各种类型的家庭越来越多。这一情况对家长教育子女造成了新的挑战。参见"流动家庭"、"留守家庭"。

碘缺乏症
diǎn quēfázhèng

碘缺乏症又名地方性甲状腺肿，是由于摄入碘量不足使甲状腺合成障碍，从而影响生长发育的营养障碍性疾病。胎儿期的缺碘可导致死胎、早产及先天性畸形；新生儿与婴儿表现为食欲差、睡眠时间长、哭声低而少（或安静活动）、声音嘶哑、怕冷、生

理性黄疸时间延长、便秘、前囟闭合迟等甲状腺功能低下症状。可能对幼儿语言、动作、智力发育情况有影响。儿童长期轻度缺碘可导致体格生长落后。每天碘的推荐摄入量：3 岁以内为 50 微克，7～10 岁的儿童为 90 微克，11～17 岁为 120～150 微克。海带、紫菜、干贝等是含碘量较高的食物。

断奶
duànnǎi

见"回乳"。

鹅口疮
ékǒuchuāng

鹅口疮又名雪口病，为白色念珠菌感染所致。新生儿中发病率高，起病以出生后第 2 周最为多见。症状为在口腔颊部、舌背、牙龈、上腭等黏膜上出现白色乳凝块样物。鹅口疮初起时呈小片状，逐渐融合成大片，不易拭去，底部潮红，一般无全身症状。感染恶化后，婴幼儿会因疼痛而产生烦躁不安、胃口不佳的现象，并伴有病理性啼哭。如不迅速处理，鹅口疮可蔓延至呼吸道、肠道，甚至引起真菌性败血症。预防鹅口疮的主要方法包括做好清洁卫生工作，比如经常对婴幼儿餐具、内衣、被褥和玩具等用品清洗消毒，哺乳期喂奶前母亲用温水清洗乳晕和乳头，不让婴幼儿混用他人的用品。

儿童肥胖症
értóng féipàngzhèng

肥胖症是指人体脂肪比例过高，过多的脂肪组织在体内堆积而成的一种病症。儿童肥胖的主要原因有：饮食过量，能量摄入大于消耗，饮食行为异常，饮食不平衡，运动不足，遗传因素等。肥胖容易导致儿童身体负担加重，行动不方便，引发与肥胖有关的成人疾病及产生心理问题。儿童肥胖的防治措施，包括：加强锻炼、按时就餐、多吃蔬果、忌暴饮暴食。

儿童钙缺乏症
értónggài quēfázhèng

钙缺乏症是一种在儿童成长期由于生长速度增快而钙的摄入量又不能满足其身体发育需要时所引起的抽筋、小腿疼痛和生长迟缓等症状。主要的儿童缺钙表现有：1. 与温度无关的多汗现象；2. 夜惊，醒后哭闹难入睡；3. 出牙延迟，牙齿参差不齐，牙齿松动，易崩折，过早脱落；4. 精神烦躁，对周围环境不感兴趣；5. 前囟门闭合延迟；6. 前额高突，形成方颅，容易患气管炎或肺炎；7. 一岁后缺钙可使骨质软化，站立时因身体重量使下肢弯曲，表现为"X"和"O"形腿，易发生骨折等。厌食、偏食也容易产生缺钙，导致智力低下、免疫功能下降。有时头顶、颜面、耳后会出现湿疹，伴有哭闹不安。

儿童教育
értóng jiàoyù

儿童教育是指对儿童的思想品德、知识技能、体育等方面的培养和训练活动，是整个教育事业的重要基础。儿童在思想、性格、智力、体魄等方面的可塑性很强，因此儿童教育是提高人口素质的重要环节。儿童教育包括家庭教育、学校教育和社会教育三个方面。家庭是儿童最先接触的社会环境及实践场所。学校为儿童制定了明确的培养目标并提供系统的教育内容，是教育儿童的最关键一环。社会则通过为儿童提供相关文化设施而对儿童施加影响。儿童教育要求教育者了解不同阶段儿童身心发展的基本规律和特点。参见"早期教育"。

儿童看护
értóng kānhù

儿童看护又称儿童托育，是一种补充父母教养功能的儿童托育服务。儿童看护服务可以补充父母因工作等原因而导致的家庭看护角色缺失，并且能够为儿童提供适宜的成长、受教育环境。常见的儿童看护机构包括幼儿园、日托、午托等。

儿童临时看护
értóng línshíkānhù

儿童临时看护是指家长因为工作、学习、购物或其他众多原因不方便照看自己的子女时，需要临时将孩子托付给一个安全可靠的机构或受过专业训练的家政服务人员帮忙照看。一些儿童临时看护机构拥有受过专业训练及有能力和耐心的护理人员。与此同时，受到看护的儿童在临时看护中心里可以体验各种智力玩具、娱乐设施，甚至接受一些适合他们年龄的训练和教育，开发他们的智力。参见"儿童看护"。

儿童免疫程序
értóng miǎnyìchéngxù

儿童免疫程序是指儿童预防相应传染病应该接种的生物制品的先后次序及要求。它包括生物制品的种类、免疫起始月龄、接种计次、计划间隔时间、加强免疫和联合免疫等。在我国，儿童免疫所需接种的第一类疫苗通常包括：乙肝疫苗、卡介苗、脊髓灰质炎疫苗、百白破疫苗和麻疹疫苗等。参见"疫苗"。

儿童体格生长评价方法
értóng tǐgéshēngzhǎngpíng
jiàfāngfǎ

儿童体格生长评价方法是以正常儿童（即：参照组）体格测量数据为标准，评价个体儿童或群体儿童体格生长所处水平及其偏离标准值的程度的方法。常用的儿童体格生长评价方法包括均值离差法、中位数百分比法、百分位法、指数法和用于补充完善上述四种方法的曲线图法。儿童体格生长评价方法通常采用的指标包括：用于评判营养状况的年龄别体重（W/A）和身高别体重（W/H），及用于评判生长情况的年龄别身高（H/A）。

儿童用品开发
értóng yòngpǐnkāifā

儿童用品开发是指：针对不同年龄阶段儿童的需求与心理特点，开发出适用于该阶段儿童的家庭用品。儿童用品的种类包括婴儿床、婴儿车、儿童电动车、自行车、学步车、保温杯、奶瓶、热奶器、尿布、湿巾、护臀膏、隔尿垫、婴儿油、衣服、奶粉、磨牙器、护肤品、床上用品、洗涤用品、洗浴用品、玩具、餐具、消毒用品、手推车、童用坐便器等等。

非智力品质
fēizhìlì pǐnzhì

非智力品质又称非智力因素，指的是智力品质以外的一切心理品质，如：动机、兴趣、性格、态度、气质、意志与感情等非智力性的心理品质。非智力品质是一个广泛复杂的系统，它和智力品质系统紧密联系，相辅相成，构成个体健全完整的心理体系。非智力品质与智力品质的影响是互相的，非智力品质对智力品质起制约或促进作用的。参见"智力品质"。

痱子
fèizi

痱子又称"汗疹"，是一种夏季或炎热环境下常见的表浅性、炎症性的皮肤病。痱子产生的原因是汗孔阻塞，汗液潴留，并外渗周围组织后刺激局部皮肤所致。痱子可分白痱和红痱两种。白痱亦称晶形粟粒疹，常见于发热病人，白痱易破，周围不红；红痱亦称红色粟粒疹，发病初期为圆形红色丘疹，周围皮肤发红，患处瘙痒，愈合后脱皮。红痱好发于皱襞部位。婴幼儿是红痱的高发群体。预防痱子需要注意：1. 保持室内通风、凉爽；2. 衣着宜宽大，便于汗液蒸发，及时更换潮湿衣服；3. 经常保持皮肤清洁干燥，常用干毛巾擦汗或用温水勤洗澡；4. 痱子发生后，避免搔抓，防止继发感染。

抚触
fǔchù

婴儿抚触是通过抚触者双手对婴儿的身体各个部位进行有次序的、科学的、有计划的抚摸触碰，刺激婴儿的触觉，以达到促进婴儿的生长发育，改善情感行为，平复婴儿焦躁的情绪，减少哭泣，增强免疫力的一种护理技术。

腹部抚触
fùbù fǔchù

腹部抚触是一种促进新生儿健康发育的方法。其具体操作为新生儿取仰卧位，护理人员放平手掌，顺时针方向画半圆抚摩新生儿的腹部。在操作时，动作需特别轻柔，不能离肚脐太近。参见"抚触"。

更换尿布
gènghuàn niàobù

更换尿布是指为婴幼儿更换尿布的过程。其操作步骤为：1. 在床上或者桌子上给婴儿换尿布，最好能在床面或桌面上铺一条毯子，以避免孩子着凉以及污染环境；2. 准备好替换的干净尿布、垃圾桶、湿巾等用品；3. 在婴儿的身下垫上一块干净的布或者毛巾，然后将新尿布展开，放置在旁边，之后将旧尿布解开然后迅速撤出。4. 用一只手抓着婴儿的双脚，然后轻轻地抬高，再用湿巾清洁干净婴幼儿臀部；5. 将新尿布放置在婴儿身下，让新尿布的腰封部位放在婴儿的腰部，然后将其双脚放下，整理好，完成新尿布的替换过程。在给新生儿换尿布时，注意尿布的腰封不要遮住肚脐处，以免影响脐带脱落。

佝偻病
gōulóubìng

佝偻病俗称软骨病，是维生素 D 缺乏所致的骨骼病变。多见于 2 岁以下小儿，1 岁以下更多见。主要病因为：1. 接触阳光少，皮肤受紫外线照射生成维生素 D 不足；2. 喂养不当，母乳不足时用维生素 D 含量低的淀粉类食物为主食。佝偻病早期表现为烦躁、睡眠不安、汗多、枕后脱发；逐渐出现方头畸形、囟门闭合延迟（正常应18 个月以内闭合）、胸廓下部肋骨外翻；重者出现"O"或"X"形畸形腿、鸡胸、脊柱弯曲；出牙、走路、说话、坐立均延缓。防治措施包括：1. 多晒太阳；2. 对于生长发育迅速的婴幼儿或没有机会晒太阳者，可适当补充维生素 D 制剂；3. 俯卧、扩胸等运动可逐渐减轻或防止鸡胸畸形发展。

购买玩具指导
gòumǎiwánjù zhǐdǎo

购买玩具指导是指在帮儿童购买玩具时需要注意的具体事项。依据不同年龄，选择一样对孩子身心发育有提升的玩具，例如，促进社交技巧、解决问题、发现事物、学习书写与阅读、发挥创意、手和眼的协调技巧、刺激想象力等。在购买玩具时，必须理解和遵循各种安全标志、年龄限制说明等。

骨龄
gǔlíng

骨龄即骨骼的发育年龄，根据各个骨化中心的出现时间、大小、形态、密度等与标准图谱进行比对，其骨骼成熟度相当于某一年龄标准图谱时，该年龄即为其骨龄。骨龄不仅反映骨本身的发育情况，还能较好地反映个体的发育和性成熟状况，因而常被用来判断个体的生物年龄。

红臀
hóngtún

红臀是一种常见于新生儿的皮肤病，俗称"红屁股"。新生儿患红臀时，臀部皮肤发红，轻者臀部表皮微红、表面干燥，重者有明显的皮肤糜烂，有渗出液，还可能伴有红色丘疹、水疱。除臀部外，肛周、会阴部、腹股沟皮肤潮红、脱悄、糜烂，伴有针尖大小的红色丘疹或脓点，表面有分泌物，常波及尿道口、大小阴唇、阴囊、龟头及大腿内侧等处，患儿常因疼痛而哭闹不安。原发病严重、免疫力低下者常伴有口腔、颈部、腋下皮肤霉菌感染。婴儿因患部常潮湿不舒适，因此容易啼哭吵闹，一般需要做局部治疗，加强护理。

混合喂养
húnhé wèiyǎng

混合喂养是一种哺乳方式，通常是在母乳不足的情况下，为了维持婴儿身体的正常生长发育，需要加入其他的代乳食品，如牛奶、奶粉。混合喂养可以在一定程度上保证母亲的乳房按时受到婴儿吸吮的刺激，从而维持乳汁的正常分泌。混合喂养的方法有两种：1. 补授法。这种方法是先母乳，接着补喂一定数量的牛奶或有机奶粉。

该法比较适用于小于 6 个月的婴儿；2. 代授法。这种方法是一次喂母乳，一次喂配方奶粉，轮换间隔喂食。代授法比较适合于 6 个月以上的婴儿。代授喂养法容易使母乳减少，培养孩子的咀嚼习惯，为以后断奶做好准备。

活动保护
huódòng bǎohù

活动保护是指在从事群体活动时，对一些弱势群体，例如老人和幼儿采取一些特定的保护措施和方法，以避免他们由于自身的劣势而受到不必要的伤害。

饥饿性啼哭
jīèxìng tíkū

饥饿性啼哭是婴儿在饥饿时发出的啼哭声音。婴儿的饥饿性啼哭与身体不舒服或者困倦时的哭声是不一样的。当婴儿由于饥饿而哭闹时，用手点点他的嘴唇，他会停止哭声，表现出吮吸的动作。如果没找到吃的，他又会继续哭，而且可能较前更厉害。参见"生理性啼哭"、"病理性啼哭"。

脊髓灰质炎
jǐsuǐhuīzhìyán

脊髓灰质炎是一种由脊髓灰质炎病毒引起的急性传染病。多发生于小儿，部分患者可发生弛缓性神经麻痹，故又称"小儿麻痹症"。脊髓灰质炎病毒主要侵犯脊髓前角的运动神经元，发病之初有呼吸道、消化道症状及发烧，随即出现头痛、烦躁、出疹、肌肉疼痛、颈背强直等，多在病程 2～7 日出现弛缓性瘫痪，分布不对称。脊髓灰质炎临床表现多种多样，包括程度很轻的非特异性病变，非瘫痪性脊髓灰质炎和瘫痪性脊髓灰质炎。本病无特效治疗，应将重点放在预防。目前脊髓灰质炎减毒活疫苗已取得很好的免疫效果。参见"脊髓灰质炎减毒活疫苗"。

脊髓灰质炎减毒活疫苗
jǐsuǐhuīzhìyán jiǎndúhuó yìmiáo

脊髓灰质炎减毒活疫苗是一种用于预防小儿麻痹的疫苗，可以用来有效地预防、控制和消灭脊髓灰质炎。其剂型有糖丸和液体型，接种的主要对象为 5 岁以下儿童。使用方法为：1. 常规免疫：初免于 2 月龄开始服用，连续 3 剂三价疫苗，每次间隔 4 周以上，4 周岁时加强免疫一次。2. 强化免疫：在大范围内，同一时间，对规定年龄组人群不管是否有服疫苗史，一律投服疫苗。3. 应急免疫：在常规免疫薄弱地区，一旦发生可疑病例，可迅速在一个大范围内，对特定人群进行免疫。4. 仅供口服，切勿与热开水或热的食物一起内服，偶尔超剂量多次服疫苗对人体无害。5. 对牛乳及其制品过敏者，免疫缺陷症发热、腹泻及患急性传染病患者，孕妇等应禁服该疫苗。

家庭保育
jiātíng bǎoyù

见"保育"。

角色游戏
juésè yóuxì

角色游戏也称"扮家家"，是幼龄

儿童依据自己的想象和经验，通过模仿、扮演角色，创造性地反映现实生活的一种游戏。儿童一般在2～3岁时开始角色游戏，在学龄前期期末到达顶峰，其后逐渐被其他游戏所代替。角色游戏的基础是幼儿在生理和心理上有了一定的发展，而角色游戏也反过来对幼儿的生理和心理发展起到推动作用：当幼儿长至2～3岁时，其粗大动作能力和精细动作能力已有一定发展，能独立行动；同时，幼儿也积累了一定的知识和经验；幼儿在这一时期对参与和体验成人交往活动产生了浓厚的兴趣，而角色游戏可以以娱乐的方式满足幼儿的这种需求。角色游戏的构成通常包括：扮演的角色、假想的物品、假想的动作和情节等。角色游戏的内容受到幼儿身心发展水平、健康状况、成人对游戏的态度、游戏设施设备等因素的影响。

精细动作
jīngxì dòngzuò

精细动作指的是使用手及手指等部位的小肌肉或小肌肉群的动作。精细动作能力的发展可以为婴幼儿的成长提供重要基础。在为婴幼儿进行精细动作训练时，应遵循适应与发展、循序渐进、安全性、全面性和整合性等原则。例如，对0～6个月的婴儿应多做抓、握动作训练；对6～12个月的婴儿应多做敲打等动作；对1～2岁的幼儿应多做生活自理方面的训练，如：吃饭、穿衣、洗澡等；对2～3岁的幼儿，可以让其进行组合玩具、拼图、画画等方面的训练。参见"粗大动作"、"婴幼儿动作训练"。

卡介疫苗
kǎjiè yìmiáo

卡介疫苗是一种主要用于预防结核病的活菌苗。婴儿由于抵抗力弱，若受到了结核菌的感染，容易发生急性结核病，如结核性脑膜炎，而危及生命，因此每一个婴儿都应接种卡介苗。正常出生，体重在2500克以上的婴儿，出生24小时以后，就可以接种卡介苗，最迟应该在1周岁前完成接种。接种卡介苗后约一至二周，局部会呈现红色小节结，以后逐渐长大，微有痛痒，但不会发烧；六至八周会形成脓包或溃烂；十至十二周开始结痂，痂皮脱落后留下一个微红色的小疤痕，以后红色逐渐变成肤色。以下人群不宜接种卡介疫苗：1. 疑似已得结核病及疑似已被结核菌感染的人，应先经结核菌素测验，确定没有被结核菌感染，才可接种卡介疫苗；2. 罹患急性热病、发烧、皮肤病、严重湿疹、慢性病，及早产儿或体重在2500克以下之新生儿，暂时不适合接种卡介疫苗；3. 先天及后天免疫不全的人，绝对不可接种卡介疫苗。卡介疫苗接种应尽早进行，初种以新生儿为主，对入伍新兵，大学新生、边远地区派出的人员亦应列入复种，规定3～4年种一次。我国目前一般以小学一年与初中一年为复种对象。

看护婴幼儿
kānhù yīngyòuér

见"育婴服务"。

空气浴
kōngqìyù

空气浴指的是将身体全部或部分裸露在空气中，利用空气温度、湿度、气流、气压、负氧离子等因素刺激皮肤及人体呼吸系统等，达到促进发育、预防和治疗疾病的目的。空气浴为幼儿锻炼和保健的一项重要内容，对幼儿空气浴应从夏季开始，这样气温可从热的（20～27℃）、温的（14～20℃）、冷的（7～14℃）逐渐过渡，开始以风速0.9～1m/s，相对湿度60%～90%为宜。先在室内逐步过渡到室外，开始时可10分钟左右，以后逐渐加长。空气浴应结合儿童游戏和体育活动来进行。寒冷季节可在室内进行，但事先必须做好通风换气，室温为逐日下降，幅度约每3～4天下降1度，持续时间约20分钟，结合儿童活动以不产生寒冷感觉为宜。空气浴也可作为辅助治疗的方法，适用于身体虚弱者、贫血、呼吸道炎症、肺结核患者以及手术后恢复期的患者等。参见"三浴锻炼"。

离差法
líchāfǎ

离差法是评价儿童少年生长发育时较常用的一种方法。此方法是将个体儿童的发育数值与作为"标准"的均值及标准差进行比较，以评价个体儿童发育状况的方法。根据某一指标数值与均值的大小以确定儿童生长发育的良好或低下。离差法有以下几种：等级评价法（rank value method）、曲线图法（curve method）和体型图法（profile）等。

脸部抚触
liǎnbù fǔchù

脸部抚触也称面部抚触，是一种通过抚触婴儿面部促进婴儿生长发育的方法。脸部抚触的操作要领包括：1. 婴儿取仰卧位；2. 将手洗净擦干，在手中倒上适量婴儿油并搓热；3. 从婴儿前额中心处开始，用双手拇指轻轻往外推压。4. 依次按照眉头、眼窝、人中、下巴的顺序进行。脸部抚触可以舒缓婴儿脸部因吸吮、啼哭及长牙所造成的紧绷。参见"抚触"。

流脑疫苗
liúnǎo yìmiáo

流脑疫苗是预防流脑的一种生物制品。一般推荐的流脑疫苗接种程序为：六月龄婴儿接种 A 群流脑疫苗或A＋C 群流脑结合疫苗，3 周岁幼儿接种 A＋C 群流脑多糖疫苗，6 周岁幼儿接种 A＋C＋W135 群流脑疫苗。

麻腮风疫苗
másāifēng yìmiáo

麻腮风疫苗，又称麻腮风联合减毒活疫苗，是用于预防麻疹、流行性腮腺炎、风疹等三种儿童常见的急性呼吸道传染病的药物，适用于年龄在12 个月或以上的婴幼儿。12 月龄或以上首次接种疫苗的婴幼儿，应在 4～6岁或 11～12 岁时再次接种。再次接种可使首次接种未产生免疫应答的儿童产生血清阳转。注射麻腮风疫苗后一般无局部反应，在 6～11 天内，少数人可能出现一过性发热反应，轻度皮疹反应或伴有耳后及枕后淋巴结肿大。

这些症状一般不超过 2 天便可自行消退。接种禁忌：1. 对新霉素和本疫苗任何组分以及其他疫苗过敏者；2. 心、肺、肝、肾等的严重器质性疾患、恶性肿瘤以及其他严重慢性病患者；3. 原发性和继发性免疫缺陷患者；4. 发热、急性感染、慢性病活动期患者应推迟接种；5. 神经痛、感觉异常、惊厥、短暂血小板减少、过敏等；6. 未满 1 周岁的小孩。

马牙
mǎyá

马牙又名上皮疹，即婴儿生的口疮，为儿科的一种病症。其症状为婴儿牙龈上生出白色小泡，妨碍婴儿吮乳。绝大多数马牙不需治疗便可消退。如果马牙硬块较大，会导致齿龈胀痒疼痛，并妨碍婴儿吮乳而引起啼哭；婴儿有时还会出现摇头、烦躁、咬乳头等现象。较大的马牙可用针刺挑破粘膜，放出其中的白色内容物，然后使用生理盐水棉棒擦净，并每天涂抹锡类散或冰硼散 3～4 次。婴儿百日之后一般不会患此病。

蒙被综合症
méngbèizōnghézhèng

蒙被综合症是一种因衣、被捂闷而造成的缺氧、高热、大汗及高渗性脱水为病理基础而导致的全身多系统损害的症群，是寒冷季节常见的急症之一。由于蒙被综合症多见于体温调节能力尚未发育完全的 1 岁以下婴儿（尤其是新生儿），因此又被称为婴儿蒙被综合症。蒙被综合征患者通常都有被衣被捂闷或保暖过度的经历。常见的发病情况包括：母亲与婴儿冬季同睡一个被窝、远途乘车护理不当等。因此不要为婴儿盖太多被褥，同时婴儿应单独睡小床，尽量不要与父母同睡。

免疫学
miǎnyìxué

免疫学是研究生物体对外来抗原物质（如：细菌、病毒、花粉等）所产生的免疫应答机制的科学，其目的是找出增强和控制人体的自我保护能力的途径。免疫学的传统观念是研究传染病的特异预防、诊断和治疗的专门学科，它的发展和医学微生物学密切相关，是医学微生物学的一个重要分支。从事相关工作的家政服务人员（如：育婴员等）最好能了解婴幼儿免疫的相关基础常识，如需接种的疫苗种类，及疫苗接种情况等，以配合所服务家庭的婴幼儿免疫接种安排，预防疾病的发生。

模仿操
mófǎngcāo

模仿操是幼儿徒手体操的一种。深受年龄较小的婴幼儿喜欢。它是将日常生活中常见的各种活动、成人的劳动，自然界的各种现象、动物的动作与姿态，或是军事训练的动作等挑选出来，编成很形象的相应操作动作，让幼儿模仿练习，有目的、有针对性地促进幼儿身体的发展。例如，模仿洗手绢、拍皮球、摘苹果、射击的动作；模仿太阳高照、刮大风的自然界现象；以及模仿小鸟飞、大象走、小兔跳的动作等。模仿操的特点是：形象性强，常常与儿歌相配合，幼儿容易理解和记忆；对动作精确性的要求不高，只要模仿得相似即可，幼儿容易学会和掌握；形式和内容丰富多样，自由活泼，幼儿有时还可以自由发挥。参见"婴儿主动操"。

母乳喂养

mǔrǔ wèiyǎng

母乳喂养是指用母亲的乳汁喂养婴儿的行为方式。母亲在分娩后几天之内便有乳汁分泌，乳汁中含有较多的蛋白质、酶和矿物质，营养价值高，粘稠度和温度适中，容易吸收，含有抗体，可以增强婴儿免疫力。由于母乳喂养具有诸多优点，母乳喂养是世界卫生组织（WHO）所推荐的婴幼儿喂养方式。在母乳喂养时，需要注意采用正确的喂养姿势，否则会使婴幼儿和母亲都感到不舒适，甚至会导致婴幼儿患上中耳炎或口腔疾病。正确的母乳喂养姿势包括：横抱哺乳（包括摇篮式和交叉式）、环抱哺乳（也称环抱式或橄榄球式）和卧位哺乳（也称侧躺式）。从事母婴护理工作的相关护理人员（如：育婴员、母婴护理员），应能够指导产妇采用正确的姿势进行母乳喂养。

母婴护理

mǔyīng hùlǐ

母婴护理是指为产妇和婴儿提供日常饮食起居服务，以及产褥期妇女的身心健康、婴儿哺乳、产妇体形恢复以及新生婴儿健康发育等服务。

母婴护理包月制

mǔyīng hùlǐbāoyuèzhì

母婴护理包月制是母婴护理的一种服务类型，一般按月收费。与按月制不同的是，包月制通常提供 24 小时护理服务。

母婴护理合同

mǔyīng hùlǐhétóng

母婴护理合同是指母婴护理服务机构与用户之间为确立服务内容、服务期限、服务质量、服务报酬（支付方式）、双方权利义务关系等问题，经依法协商达成的约定。

母婴护理员

mǔyīng hùlǐyuán

见"月嫂"。

母婴生活护理

mǔyīng shēnghuóhùlǐ

见"母婴护理"。

母婴生活护理员

mǔyīng shēnghuóhùlǐyuán

见"月嫂"。

奶具管理

nǎijù guǎnlǐ

奶具管理指的是对喂奶杯、搅拌勺、奶瓶及奶嘴等奶具进行"使用、清洗、消毒"的综合管理过程。奶具使用应按规范进行，做到一用一洗一消毒，多个新生儿之间不可混用。奶具应及时清洁，可先用热水冲洗掉残余油脂，之后可选用天然成分的洗洁精清洗。

每次使用前应对奶具进行消毒，可使用煮沸消毒、蒸汽消毒或浸泡消毒等方法。已经过消毒或从无菌包装中取出的奶具，若在 24 小时内没有使用，则应重新消毒。消毒好的奶具应使用干净的夹子夹取，以防止污染。

奶瓶消毒器
nǎipíng xiāodúqì

奶瓶消毒器也称奶瓶消毒锅或奶瓶消毒柜，属于餐具类消毒器械，其功能是对奶瓶进行消毒，除灭因奶渍残留而产生的病原体。根据消毒方式的不同，奶瓶消毒器通常可以分为蒸汽烘干型奶瓶消毒器、紫外线奶瓶消毒器、微波炉蒸锅等。与传统的煮沸消毒法相比，专用的奶瓶消毒器在清洁塑料奶瓶（如：PP＼PES 奶瓶）时，能够有效避免因奶瓶部件（如：塑料瓶身和硅胶奶嘴）接触到金属锅体而导致的受热变形。此外，部分奶瓶消毒器可以自动调节控制消毒的过程，让使用者更好地掌握消毒时间和消毒程度。参见"消毒柜"、"奶具管理"。

泥状食品
nízhuàng shípǐn

泥状食品也称"泥状食物"、"泥糊状食物"，是为咀嚼和消化机能尚未发育完善、消化能力较弱的婴幼儿所准备的一种辅食，通常适用于月龄为 4～24 个月的婴幼儿。泥状食品具有多种类型和口味。护理人员可以通过将其他家庭成员所吃的食物捣碎来制作泥状食物，也可以直接采购市场已有的婴幼儿泥状食品供其食用。当婴儿已能够展示出以下多种行为后（通常

在 4～6 月龄时），可以开始让其尝试食用泥状食品：1. 婴儿能够独立久坐；2. 婴儿挺舌反射消失；3. 婴儿对他人的食物产生兴趣。参见"婴儿辅食"、"婴幼儿三种食物段"。

尿布疹
niàobùzhěn

尿布疹又称"尿布皮炎"，一般认为是由于未及时更换被大小便浸渍的湿尿布，使尿中的尿素被粪便中的细菌分解成氨，刺激婴儿皮肤而致。此外，由于服装采用不透风材料，使婴儿臀部长期处于湿热状态也可引起尿布疹。尿布疹的症状主要表现为尿布接触部位产生边缘清晰的红斑，严重者可产生丘疹、水疱、糜烂、脓疱等。尿布疹的预防措施包括：勤换洗尿布、保持局部的清洁和干燥。当出现红斑时，可用炉甘石洗剂涂抹于患处；当有丘疹、水疱、糜烂或脓疱时，可用 0.5％新霉素，5％糖馏油糊剂处理患处，每日 2 次。病情严重或未见好转时，应及时送医处理。

配方奶粉
pèifāng nǎifěn

配方奶粉指的是以牛、羊乳为主要原料，经调整使其成分尽可能接近人乳的奶粉，其目的是替代母乳喂养，促进婴儿体重增长和智力发育，增强免疫力。配方奶粉的成分调配主要包括：1. 去除鲜牛、羊乳中部分酪蛋白，使蛋白质含量降至 1.5％（鲜乳汁）；2. 大量去除原乳中的饱和脂肪酸，加入植物油以增加不饱和脂肪酸；3. 加入乳糖使糖分接近人乳；降低矿物质

含量，以减少对肾脏的负荷；4. 强化乳类中缺乏的各种维生素及微量元素等营养成分。配方奶粉和母乳相比仍有许多缺陷，特别是缺乏母乳中所含有的免疫活性物质及酶类，故仍不能完全代替母乳。

偏食

piānshí

偏食也称挑食，是一种偏嗜某种食物或食味的不良习惯，常见于儿童中。偏食会导致儿童不能吸收充足热量或某些营养素，阻碍儿童正常的生长发育。导致偏食习惯形成的可能因素包括：1. 婴儿期时没有及时添加辅食；2. 平时饮食过于单调，食物品种变化少；3. 家庭中成年人有偏食的习惯；和 4. 由于过去不愉快经历（如食用某些不卫生食物而导致腹泻）而产生的抗拒心理等。纠正偏食的措施可包括：1. 及时添加婴儿辅食；2. 培养儿童良好的饮食习惯；3. 讲究烹调方法，注意菜肴的合理搭配；4. 控制儿童吃零食的数量；5. 家庭中成年人应以身作则，不挑食、不偏食等。

脐带护理

qídài hùlǐ

脐带护理是指在新生儿脐带残端脱落前后，对脐带残端和脐窝的清洁、消毒和护理的工作。对脐带残端的护理工作需注意保持干燥、避免摩擦和避免闷热。例如，在脐带尚未脱落时不宜对新生儿进行盆浴，当脐带根部不慎被弄湿时，应立即以干净的小棉棒擦干；又如，应为新生儿选用大小合适的纸尿裤，以防尿裤的腰际摩擦

脐带根部，导致脐带受伤。此外，还应避免使用面霜、乳液及油类涂抹脐带根部，以防脐带因潮湿闷热导致感染。可在新生儿洗澡后使用蘸有医用酒精的棉花棒对脐窝彻底清理，以去除其中的分泌物或脓液。脐带残端通常会在出生后1～3周内脱落。脐带脱落后，可以使用蘸有医用酒精的棉签对脐窝内的分泌物清洁消毒，然后盖上消毒纱布保护。在脐带护理时，当发现肚脐周围皮肤出现红、肿、热等症状，且新生儿出现厌食、呕吐、发热等现象时，则有可能出现了脐炎，需及时带新生儿就医。参见"脐炎"。

脐疝

qíshàn

脐疝，又称"脐突"，即腹腔内脏器由脐部薄弱处突出的病症。脐突是新生儿的常见疾病，多发于早产儿，一般无疼痛。随着年龄的增大，绝大多数患儿的啼哭、咳嗽减少，腹肌增强、脐环缩小，可在2岁左右自愈。对未能自愈者，可采用非手术法（如贴膏药等）进行治疗。非手术法无效者应采用手术修补。成人脐疝常伴有隐痛和不适感，多见于中年肥胖经产妇女，一旦发生则应及时采取手术治疗。

脐炎

qíyán

脐炎是一种由于新生儿娩出时断脐或出生后，对脐部护理不当，导致细菌感染而引起的炎症。临床表现为局部红、肿、胀，有粘性或脓性分泌物，分泌物多有臭味。脐炎的护理和治疗应注意保持局部干燥，轻症处理

应去除局部结痂,并采用3%多氧化氢溶液和75%乙醇清洗。脓肿处理可在脐部周围敷金黄膏或作理疗,全身感染应遵循医嘱治疗。成年人有时也可因污物、皮脂残留在脐窝中,致使细菌侵入而引发脐炎。

亲职教育
qīnzhí jiàoyù

亲职教育是对父母如何抚养和教育子女的指导,目的是帮助父母树立科学的教育理念,掌握恰当的抚养和教育子女的知识和方法,以促进子女的身心健康成长。

亲子游戏
qīnzǐ yóuxì

亲子游戏即家庭中父母与幼儿以游戏的形式进行的认知、交流和娱乐活动,是儿童游戏的一种重要形式。亲子游戏可以丰富家庭生活,密切亲子关系,并促进儿童健康发展,其主要意义在于:1. 加强亲子间的情感交流;2. 促进幼儿智力发展;3. 促进幼儿语言表达能力提高;4. 有助于形成亲子间的安全依恋和幼儿良好的个性。育婴服务人员最好能够根据婴幼儿的发展水平为客户家庭选择相应的亲子游戏并协助实施。

曲线图法
qǔxiàn túfǎ

曲线图法是一种目前较为常用的评价儿童少年生长发育的方法。其方法是将当地不同性别的各个年龄组的某项生长发育指标的均值±1个和2个标准差,分别画点在坐标纸上,并连成5条曲线,绘成曲线图。通过与曲线图法结合,其他儿童体格生长评价法就能克服只能对单一年龄段的体格特征进行静态观察的缺陷,做到连续观察儿童的体格成长值,判断出其体格发育的趋向。参见"儿童体格生长评价方法"。

认知能力
rènzhī nénglì

认知能力,又称为认识能力,指的是学习、研究、理解、概括、分析的能力。从信息加工观点来看,认知能力即接受、加工、贮存和应用信息的能力。认知能力是人们认识客观世界,获得各种各样的知识的基础。

认知能力发展
rènzhīnénglì fāzhǎn

随着年龄的增长,儿童的认知能力也在发展。概括来讲,儿童认知能力发展主要表现在五个方面:1. 儿童对认知活动的自我体验、自我观察、自我评价、自我监控和自我调节活动变得更复杂、更高级;2. 儿童的知识基础更丰富雄厚,对知识的理解更加适宜;3. 儿童的信息加工越来越彻底;4. 理解事物的复杂程度及抽象水平的能力随年龄发展而发展;5. 灵活运用信息或策略的能力随年龄的发展而发展。

日光浴
rìguāngyù

日光浴指的是利用日光直接照射在人体上进行锻炼和治疗疾病的方法。太阳辐射中的紫外线、可见光线和红外线是该疗法的物理学基础。日光浴能增强体质，治疗贫血、佝偻病、神经炎、关节结核、关节炎等。同时，日光中的紫外线可起到杀菌作用。进行日光浴时可取卧位或坐位，必须按照循序渐进的原则，逐渐扩大照射部位和延长时间，使人体逐渐适应日光的刺激。日光浴的时间以上午9时至下午4时为宜，这段时间阳光充足。日光浴为新生儿保健的一项重要内容。参见"三浴锻炼"。

三浴
sānyù

三浴指的是水浴、空气浴、日光浴。三浴可有效提升人体各项机能，其中水浴能够有效地提高人体的心肺功能和适应环境能力，促进免疫能力提升；空气浴能促进人体组织代谢并提高内脏器官功能，减少呼吸道疾病，增强肌体对外界适应能力与抗病能力；日光浴能促进肌肉和骨骼的发育，促进血液循环和呼吸消化等功能提高，刺激神经系统的活动，日光中的紫外线还具有杀菌作用，可预防疾病的发生。三浴锻炼是新生儿保健最基本的方法，具有操作简单、使用方便等特点。参见"水浴"、"空气浴"、"日光浴"。

上肢抚触
shàngzhī fǔchù

上肢抚触也称手部抚触，是一种促进新生儿健康发育的方法，通常包括手臂按摩和手掌按摩。上肢抚触能够增强新生儿手臂和手的灵活反应，并增强其运动协调能力。其具体操作方法为：新生儿取仰卧位，双手轻捏新生儿的一只胳膊，并由肩膀到手腕轻轻按抚挤捏，再轻轻按摩新生儿手掌及手指；然后换一只手重复上述动作。参见"抚触"。

身体指数评价法
shēntǐzhǐshù píngjiàfǎ

身体指数评价法是一种儿童体格生长评价方法，其原理是根据人体各部之间的比例关系，借助数学公式编成指数以了解儿童少年生长发育状况的一种评价方法。由于身体指数评价法有一定的局限性，因此在对不同年龄的个体儿童的发育状况评价时，身体指数评价法一般只起到辅助作用。常用的身体指数包括：1. 身高体重指数（体重/身高），2. 身高胸围指数（胸围/身高×100），3. 肺活量指数（肺活量/体重），4. 身高坐高指数（身高/坐高×100），5. 握力指数（最大握力/体重）等。需要注意的是，身体指数法无法比较个体发育水平在集体中的位置的偏离状态。参见"儿童体格生长评价方法"。

生理性啼哭
shēnglǐxìng tíkū

婴幼儿生理性啼哭是指由于饥饿、口渴、尿布潮湿、衣服过紧、被褥过重、蚊虫叮咬、呼吸不畅、睡眠不足、饮食改变（如断奶）、肢体痒痛、喂乳不当、外部环境过热或过冷等生理性原因引起的婴儿哭闹。一般而言，婴幼儿在生理性哭闹时哭声比较响亮，清脆有节奏，面色红润，并无其他症状。护理人员应区分婴幼儿的生理性啼哭与病理性啼哭，以使其健康成长。参见"病理性啼哭"、"饥饿性啼哭"。

视觉游戏

shìjué yóuxì

视觉游戏是指为了锻炼婴幼儿的视力（如：眼睛追视能力、视觉分辨能力、色彩识别能力、手眼协调能力等）而进行的活动，对婴幼儿认知能力的提高有重要作用。视觉训练的内容应根据婴幼儿成长发育的不同阶段安排。例如，由于刚出生的婴儿色彩识别能力较低，因此可以使用黑白图片锻炼婴儿的视觉记忆和分辨能力；同时，应经常性地竖抱婴儿让其观察窗外景色，刺激其色彩识别能力。又如，当婴儿长至 2～4 个月大时，可以开始锻炼婴儿的手眼协调能力。参见"手眼协调能力"、"婴幼儿认知能力训练"。

手眼协调能力

shǒuyǎn xiétiáonénglì

手眼协调能力是指个人对眼部运动和手部运动的联动控制能力，即：大脑根据眼部视觉输入的内容来指导手部的活动（如：抓握、触碰等）或根据手部的感觉指导眼部的视觉方向的能力。手眼协调能力是精细动作能力的一部分，对提高个人的认知水平有着极为重要的作用；在婴幼儿时期就需要针对个人的手眼协调能力培养和训练。参见"精细动作"、"视觉游戏"。

水浴锻炼

shuǐyù duànliàn

水浴锻炼是一种利用水锻炼身体或防止慢性病的方法。水对皮肤有按摩作用，水中的矿物质对人体也有良好的影响，而冷水浴锻炼，能增强心脏、血管、呼吸、消化等器官的功能，提高人体对疾病的抵抗力和免疫力。锻炼方法有擦身、冲淋、淋浴、游泳等。冷水浴锻炼应从夏季开始，全年持续进行，时间宜短，开始 3～4 分钟，以后逐渐增到 15 分钟左右，时间最好在早晨。任何一种水锻炼后，都应擦干身体，直至皮肤微红为止。剧烈运动后不宜进行水浴。冷水浴时若出现第二次寒颤，应立即停止。参见"三浴锻炼"。

听觉训练

tīngjué xùnliàn

听觉训练是指为了开发训练婴幼儿的听觉能力而进行的活动，对婴幼儿认知能力和语言能力的提高具有重要的作用。听觉训练可以以多种形式（如：普通的训练或游戏等）进行，其内容应根据婴幼儿成长发育的不同阶段进行安排。例如，在婴儿期时，可在婴儿手腕上用红丝线系一个小铃铛或者其他能够发出声响的玩具；当婴儿舞动手臂时，手腕上铃铛发出的声音可以有效地训练婴儿的听觉和感官协调能力。又如，在幼儿期时，可以有意识地制造一些声音，如开门、关门、让某种东西掉到地上等，然后让孩子指出听到的声音是什么声音，或用录音将这些声音录下后让孩子分辨这些声音。

吐奶

tǔnǎi

见"溢奶"。

腿部抚触

tuǐbù fǔchù

腿部抚触是一种促进新生儿健康

发育的方法，其具体操作为：将新生儿轻放于仰卧位置，从其大腿开始轻轻挤捏至膝、小腿，然后按摩脚踝、小脚及脚趾。腿部抚触的作用是增强腿和脚的灵活反应，并增加运动协调功能。在腿部抚触时，需注意调节室内温度，以防新生儿感冒。参见"抚触"。

捂热综合症
wǔrè zōnghézhèng

见"蒙被综合症"。

小儿推拿
xiǎoér tuīná

小儿推拿是一种采用按摩为主要方式、针对婴幼儿的补充或替代性治疗方法。小儿推拿以中医理论为指导，通过运用各种手法刺激穴位，使经络通畅、气血流通，常用于小儿腹泻、呕吐、食积、厌食、便秘、腹痛、脱肛、感冒、咳嗽、哮喘、发热、遗尿、夜啼、肌性斜颈、落枕、惊风等疾病。小儿推拿的穴位有点状穴、线状穴、面状穴等。小儿推拿的手法与成人推拿不同，应以轻慢柔和为原则，在取穴方面也有特殊之处。参见"推拿"。

新生儿
xīnshēngér

新生儿是从出生到满月的婴儿。参见"新生儿期"。

新生儿败血症
xīnshēngérbài xuèzhèng

新生儿败血症是指由于细菌、病毒、霉菌等病原体侵入新生儿血液中参与循环，并在其中成长、繁殖及产生毒素而导致的一种新生儿疾病；其常见症状包括：呼吸困难、呕吐、拒奶、腹胀、腹泻、精神萎靡、嗜睡、黄疸不退及体温不稳定等。病原体可能在产前、产时或产后感染新生儿。由于新生儿的免疫能力尚未成熟，因此新生儿败血症可对新生儿的生命健康产生很大的危害。

新生儿病理性黄疸
xīnshēngér bìnglǐxìnghuángdǎn

新生儿病理性黄疸是指在新生儿时期由于多种疾病所致的非生理性黄疸。当新生儿出现以下几种情况时，可认为出现病理性黄疸：1. 黄疸发生时间过早，在 24 小时内就出现；2. 黄疸程度过重，血清胆红素浓度超过 12 毫克/分·升；3. 一天内血清胆红素浓度上升过快，超过 5 毫克/分·升；4. 黄疸持续时间过长（足月儿超过 2 周，早产儿超过 3 周）；5. 黄疸消退后又出现。常见的几种新生儿病理性黄疸原因包括：新生儿溶血症、头颅血肿、红细胞增多症、新生儿败血症、新生儿肝炎、胆汁粘稠等。不同原因形成的黄疸其黄疸的特点又各不相同。新生儿病理性黄疸的最大危险在于引发影响神经细胞的正常代谢的"核黄疸"（胆红素脑病）。当血清胆红素急剧上升超过 20 毫克/分·升时即有可能发生。核黄疸可以引起小儿抽搐、呆傻，甚至死亡。因此，对黄疸较重的新生儿必须及时去医院就医，以便针对病因进行治疗，积极消黄，以预防"核黄疸"的发生。参见"新生儿生理性黄疸"。

新生儿产瘤
xīnshēngér chǎnliú

新生儿产瘤又称为胎头水肿，是指产妇分娩后，新生儿头顶部出现的局部水肿。新生儿产瘤的产生原因是分娩过程中，当胎头抵达母体盆骨底时，胎头受压，部分血液循环淤滞而导致头皮下浆液渗出，形成局部瘤样水肿；在胎膜早破、产程延长的情况下，产瘤更为明显。产瘤通常在出生后1～3天即自行消失，一般不需处理。参见"新生儿头颅血肿"。

新生儿过敏红斑
xīnshēngér guòmǐnhóngbān

过敏红斑是部分新生儿在洗澡后，由于光线、空气或肥皂、毛巾、温度等自然现象或者物体的刺激所导致的身体某些部位出现的红斑。这些红斑通常出现在面部和躯干四肢，但以躯干部较为多见。一般情况下，红斑会于2～3小时后自然消失。但有时红斑也会此起彼伏，持续一周左右自愈。参见"新生儿红斑"。

新生儿红斑
xīnshēngér hóngbān

新生儿红斑是一种常见的原因不明的发生于新生儿的良性斑疹型红斑。可能与过敏反应有关，以胸背部多见。参见"新生儿过敏红斑"。

新生儿护理
xīnshēngér hùlǐ

新生儿护理是指对出生尚未满月的新生儿进行日常生活和卫生保健等方面的护理服务。新生儿护理是育婴服务的一个阶段，从事新生儿护理的服务人员应了解新生儿期儿童的生理和发育特点，以及相关的护理技巧等知识。新生儿日常护理的内容包括：新生儿洗澡护理、新生儿穿脱衣物、大小便后的清洁处理、抚触、为新生儿创造适宜环境、异常情况护理、新生儿睡眠照料、熟悉正常的生理现象、制作新生儿每日生活时间表。参见"育婴服务"、"新生儿期"。

新生儿黄疸
xīnshēngér huángdǎn

新生儿黄疸是指新生儿时期，由于胆红素代谢异常，引起血中胆红素水平升高，而导致新生儿皮肤、黏膜、巩膜呈淡黄、金黄甚至黄绿色的症状。新生儿黄疸有生理性和病理性之分。生理性黄疸在出生后2～3天出现，4～6天达到高峰，足月儿于生后10～14天消退，早产儿持续时间较长，延至出生3周后消褪。出现生理性黄疸的新生儿除有轻微食欲不振外，无其他临床症状。若发生新生儿出生后24小时内即出现黄疸，或黄疸持续时间过长、继续加深加重，消退后重复出现等症状，均属于病理性黄疸。参见"新生儿病理性黄疸"、"新生儿生理性黄疸"。

新生儿黄疸观察
xīnshēngér huángdǎn guānchá

新生儿黄疸观察是指观察并应对尚未满月的新生儿的黄疸情况，以区分生理性黄疸和病理性黄疸，并避免黄疸情况恶化的工作。当发现病理性黄疸，或黄疸病情恶化时，应及时送医。详见"生理性黄疸"、"病理性黄疸"。

新生儿期
xīnshēngérqī

新生儿期是胎儿出生后到足 28 天（即：满月）的时期。这一时期，胎儿离开母体，开始同外界环境接触。新生儿在这一时期须完成多项适应活动，如调节体温、独立呼吸、吞咽、消化、排泄等。新生儿对这些新环境的适应程度与产前的胎儿环境、经历的生产形式（如顺产、剖腹产、早产等）、父母态度及产后照料情况相关。新生儿需要成人细心地照顾和喂养。参见"新生儿"、"婴儿期"。

新生儿生理性黄疸
xīnshēngér shēnglǐxìng huáng dǎn

新生儿生理性黄疸是新生儿时期的一种常见现象，通常发生在新生儿出生后的 2～3 天，期间新生儿的皮肤、白眼球和口腔粘膜中出现轻度黄染，并日渐加重；出生 4～5 天时达到高峰，并在 7～14 天左右消退。新生儿生理性黄疸的产生原因是新生儿体内分泌的胆红素增多，然而肝脏仍未发育完善所导致。新生儿生理性黄疸不需特别治疗，在护理时可让其适量多喝水（或葡萄糖水）、并多照自然光。在育婴实践中，护理人员必须将新生儿生理性黄疸与危害性较大的病理性黄疸相区分，以防出现危及新生儿生命的情况。参见"新生儿病理性黄疸"。

新生儿头颅血肿
xīnshēngér tóulúxuèzhǒng

新生儿头颅血肿是一种产伤引起的颅骨骨膜下出血病症。该病是由于分娩时新生儿颅骨骨膜下血管破裂，血液淤积在骨膜下所致。头颅血肿通常在新生儿分娩后数小时或数日后（即产瘤消散后）变得明显；头颅血肿常位于头顶部，多为一侧性，且不越过骨缝界线，触之有波动感、柔软有弹性、按之不留指印。头颅血肿消散的时间长短与其大小有关，通常需要 1～6 个月。头颅血肿一般不需特殊处理，但也可视情况服用维生素 k1 及维生素 C；此外，还应避免穿刺或擦破新生儿头皮，以免引起继发感染。当发现新生儿头颅血肿增大时，须前往医院检查血凝机制。参见"新生儿产瘤"。

新生儿脱水热
xīnshēngér tuōshuǐrè

新生儿脱水热是指新生儿出现的暂时性体温过高，并伴有烦躁、啼哭、皮肤潮红、尿少及无感染中毒的症状。这一情况通常是由于新生儿水分摄入过少，而周围环境温度过高而导致。经过适当的补充水分，并松开包被降低环境温度后，新生儿脱水热症状通常会消失。新生儿脱水热应与细菌或病毒感染以及颅内出血引起的发热相区别。

新生儿喂养
xīnshēngér wèiyǎng

新生儿喂养是指对于出生 0～28 天

的新生儿进行的喂养活动。一般新生儿出生后4小时应先喂糖水，再隔4小时开始喂奶。难产儿或早产儿应在出生后8小时开始喂糖水，12小时后开始喂奶。经过婴儿室试喂，吃奶正常的新生儿可于出生24小时后哺母乳。产钳儿、胎头吸引儿及臀位产儿，应在出生36小时后哺母乳。对剖宫产新生儿，应于72小时以后哺母乳。一天须为新生儿哺乳5～7次，日间每隔3～4小时喂一次，夜间每隔6～7小时喂一次。参见"人工喂养"、"母乳喂养"、"婴幼儿喂养"。

新生儿洗浴
xīnshēngér xǐyù

新生儿洗浴指的是为新生儿洗浴的过程。在为新生儿洗浴时，需注意洗浴环境中的温度，应使用38～40℃的温水，并将室温保持在25～30℃。由于新生儿刚出生时脐带尚未脱落，因此对这一时期的新生儿应采取抱式洗浴，并采取分开上下身洗浴的方式。洗浴时间应在吃奶前或吃奶后1～2小时进行，以防新生儿呕奶；在对新生儿上身抱浴清洁时，应使用干净的毛巾包裹新生儿的下半身，同时用手护住新生儿耳部，以防进水；在对新生儿进行下身洗浴时，应注意防止水进入脐部。在对新生儿盆浴时，应注意不能让新生儿脐部沾水。洗浴和擦干完毕后可对新生儿擦抹护肤油或爽身粉。在涂抹爽身粉时，需注意不可将爽身粉直接撒在新生儿身上，应避免在会阴部涂抹爽身粉。参见"婴幼儿盥洗"、"脐带护理"。

胸部抚触
xiōngbù fǔchù

胸部抚触是一种促进婴儿健康发育的方法，其具体操作步骤为：婴儿取仰卧位，护理人员双手放在婴儿的两侧肋缘，先使用右手向上滑至婴儿右肩，然后复原，再使用左手向上滑至婴儿左肩，并重复6个节拍。胸部抚触有利于婴儿的呼吸循环顺畅，在胸部抚触动作应该轻柔。参见"抚触"。

乙肝疫苗
yǐgān yìmiáo

乙肝疫苗是预防慢性乙型肝炎的特殊药物，分为血源乙肝疫苗及基因重组（转基因）乙肝疫苗两种。乙肝患病的高危人群为新生儿、接触血液的医务工作者、血液透析者、乙肝病毒携带者的家庭成员等。在我国乙型肝炎疫苗全程接种共3针，按照0、1、6个月程序，即接种第1针疫苗后，间隔1及6个月注射第2及第3针疫苗。乙肝疫苗接种具有一定禁忌，传染病及其他慢性疾病患者，发热病人，免疫缺陷或正在接受免疫抑制药治疗的病人，低体重、早产、剖腹产等非正常出生的新生儿，妊娠期妇女等人群不宜接种乙肝疫苗。乙肝疫苗的抗体一般可维持12年，但具体维持时间因人而异。

婴儿包裹
yīngér bāoguǒ

婴儿包裹是为了使0～1岁的婴儿在出行或睡眠时更舒适、温暖而对其进行的生活护理活动。在包裹婴儿时，应尽量使用轻盈柔软的保暖衣物；同时，还应注意婴儿的舒适程度，不能包裹太紧，以防婴儿受到伤害。恰当的婴儿包裹方式能够为婴儿创造出一个温暖、舒适、有安全感的环境。参见"蒙被综合症"、"婴儿生活护理"。

婴儿被动操
yīngér bèidòngcāo

婴儿被动操是婴儿体操的一种类型，适用于出生后 6 个月以内的婴儿。婴儿在做操的整个过程中，其动作完全是由护理人员或家长来操纵和控制的，婴儿处于被动的状态。护理人员或家长帮助婴儿的手臂、腿脚等部位做屈伸、扩展、抬举、绕环等动作，同时，还可以做一些适度的按摩动作。护理人员或家长在为婴儿进行主动操锻炼时，应注意：1. 用肥皂将两手洗干净，手指甲不宜过长；2. 在做操时动作要轻柔、缓慢，不要过度牵拉或用力；3. 应注意与婴儿之间的情感交流，如对婴儿说话、微笑等，也可以播放一些优美、轻柔的音乐；4. 婴儿做操时应穿着少一些衣服，衣服应宽松，以动作起来舒适、便利、不出过多的汗为宜。参见"婴儿主动操"。

婴儿车
yīngérchē

婴儿车是一种为婴儿户外活动提供便利而设计的代步运输工具，根据功能的不同，具有多种款式设计。婴儿车通常由车架、顶棚、婴儿坐垫或折叠床、安全带、脚踏板、扶手、车轮、购物篮、刹车装置及其他辅助装置（如弹簧悬挂等）组成。婴儿车通常可以根据婴儿的乘坐姿态分为躺式婴儿车和坐式婴儿车。其中，躺式车辆适用于 0～6 月龄左右、尚未能够长久保持坐姿的婴儿；而坐式婴儿车则适用于已经可以采用坐姿出行的婴幼儿。此外，还有可以调节躺姿、坐姿的多功能折叠式婴儿车。

婴儿逗笑
yīngér dòuxiào

婴儿逗笑是指在婴儿清醒时，护理人员用亲切的语言或动作使婴儿露出笑容、发出笑声，并以此促进婴儿心理、身体的成长，使家庭氛围更加和谐欢乐的活动。常见的逗笑方式包括抱着婴儿轻轻摇，抚摸婴儿脸庞，使用玩具逗引，或者轻挠婴儿的身体等。婴儿逗笑可在婴儿出生 3 个月左右开始进行，此时婴儿已经可以发出咯咯的笑声。需要注意的是，逗笑活动不宜过量，否则可能会对婴儿造成伤害。

婴儿独坐练习
yīngér dúzuò liànxí

婴儿独坐练习是婴儿坐立训练的第三阶段，与靠坐练习联系紧密。在婴儿达 6 月龄左右时，成人可在靠坐练习中逐渐减少婴儿背后的倚靠物，并逐步培养婴儿在仅有少量支撑的情况下独立保持坐姿的能力。刚开始独坐练习时，婴儿的协调能力还不完善，身体前倾或后仰现象时常发生。因此在刚刚独坐练习时，练习时间不宜过长。此后，可逐步增加练习时间，直至婴儿能独立长时间保持坐姿为止。婴儿通常要到 7 月龄左右才能长时间独立坐稳。参见"婴儿坐立训练"、"婴儿拉坐练习"、"婴儿靠坐练习"。

婴儿翻身训练

yīngér fānshēn xùnliàn

婴儿翻身训练是婴儿粗大动作训练的一个内容，主要训练的是婴儿脊柱和腰背部肌肉的力量，让他们身体更加灵活。翻身训练通常在婴儿长至3个月时开始进行，可以分为下肢带动翻身和上肢带动翻身两种。下肢带动翻身流程如下：1. 婴儿取仰卧位，用双脚对着训练者，训练者用双手轻握婴儿的两个脚踝，2. 使婴儿一脚伸直，另一脚弯曲，3. 训练者将婴儿弯曲的腿转至伸直的腿上，使婴儿双腿带动盆骨和上身反转，4. 婴儿取俯卧位，使其双臂前伸，5. 婴儿双脚对着训练者，训练者用双手分别轻握婴儿的两个脚踝反转双腿带动整个身体从俯卧位变为仰卧位。上肢带动翻身流程如下：1. 婴儿取仰卧位，以头部正对训练者，训练者一只手轻握其手腕，另一只手扶住肩部，2. 训练者使婴儿手臂伸展后向身体内侧转，从仰卧位转为侧卧或俯卧，3. 婴儿取仰卧位，训练者用颜色鲜艳，带声响或发光的玩具在婴儿的眼前吸引其注意，4. 训练者将玩具移向婴儿身体的一侧，并鼓励婴儿转头去看，并双手去抓玩具，以此带动身体逐渐变为侧卧位直至俯卧位。参见"粗大动作"、"婴幼儿动作训练"、"婴儿俯卧训练"。

婴儿俯卧训练

yīngér fǔwò xùnliàn

婴儿俯卧训练也称婴儿俯卧抬头训练，是婴幼儿粗大动作训练的内容之一。俯卧训练旨在锻炼婴儿颈背部肌肉功能和头部控制能力，促进婴儿抬头，并获得更多外界刺激。此外，俯卧训练还是其他一些粗大动作训练（例如翻身、腹爬、手膝爬行、扒撑取物等）的基础。婴儿俯卧训练通常可以在婴儿长至2月龄时进行，在俯卧训练时，婴儿保持头正位，训练者用手轻拍婴儿的下颌，或在下部垫一个小枕头，帮助其抬高头部。此外，也可以使用彩色玩具或有趣的图画吸引婴儿抬起下巴和脸颊，使下巴离开床面；每次俯卧训练时间不宜超过3分钟。婴儿长至4月龄时，已经能在俯卧时抬头45°～90°，并已经能够用上肢将前胸抬离地面；如仍不能抬头，则应前往保健医生处检查原因。在俯卧训练时，需要注意以下两个方面：1. 婴儿俯卧时姿势要正确，不能让两手向后伸，两手臂应放在两侧前上方作肘撑状；2. 俯卧运动的适宜场所为较硬的床垫上，否则婴儿易被柔软的物件捂住口鼻，如果是在柔软的被子或枕头上进行训练时，必须留意并避免婴儿口鼻被捂住的情况。参见"粗大动作"、"婴幼儿动作训练"、"婴儿爬行训练"。

婴儿辅食

yīngér fǔshí

婴儿辅食是指在婴儿出生4～6个月后，由于单纯的母乳喂养满足不了婴儿生长发育的需要，而需添加的乳制品之外的其他食物。婴儿辅食可按形态分为液态、半固态和固态三种。常见的辅食有果汁、鱼泥、肉泥、肝泥、鸡蛋、菜泥、菜汁等。开始添加辅食的时间应根据婴儿的成长情况的不同而略有差异。通常对于母乳喂养的婴儿而言，食用辅食的起始时间一般在出生后 6 个月左右；而对于人工喂养的婴儿，食用辅食的起始时间通常需要提前至出生后 4 个月。此外，当婴儿的挺舌反应消失、能够独立久坐、并对其他人的食物产生兴趣时，通常可以开始尝试婴儿辅食。婴儿辅食的添加应遵循由少到多、由稀到稠、由细到粗和由一种到多种的原则。在刚刚喂养婴儿辅食时，应由最不容易引起过敏的食物（如米粉）开始让婴儿尝试，每添加一种新的食物都要让婴儿先少量尝试 3～5 天，确认没有出现任何异常情况后进行；同时，避免将多种未经尝试过的食物混合，以防过敏后找不出过敏源。参见"泥状食品"、"婴儿食谱"。

婴儿腹爬训练
yīngér fùpá xùnliàn

见"婴儿爬行训练"。

婴儿跪抱跪玩训练
yīngér guìbào guìwán xùnliàn

婴儿跪抱跪玩训练是婴幼儿粗大动作训练的内容之一，旨在锻炼婴儿的膝部力量，为手膝爬行训练打好基础。跪抱跪玩训练可在婴儿七月龄时进行。跪抱跪玩训练分为跪抱和跪玩两种形式，跪抱即在婴儿玩耍时，成人仰卧将婴儿抱至自己的腹部，并使婴儿呈跪姿面对自己；跪玩则是让婴儿自己用跪位玩耍。参见"粗大动作"、"婴幼儿动作训练"、"婴儿爬行训练"。

婴儿靠坐练习
yīngér kàozuò liànxí

婴儿靠坐练习是婴儿坐立训练的第二阶段，通常可在婴儿达到五月龄时开始。在进行靠坐练习时，可以将婴儿放在舒适的婴儿车或带扶手的沙发上，也可在婴儿身后放置一些枕头、棉被让其练习靠坐。此外，还可将婴儿放置在成人大腿上，使其背靠成人胸口；在这种情况下成人应首先双手环抱婴儿，在以后的练习中再逐渐放开手让婴儿独自靠坐。靠坐练习应根据婴儿自身发育情况进行，并应遵循循序渐进的原则，使练坐的时间由短到长。参见"婴儿坐立训练"、"婴儿拉坐练习"、"婴儿独坐练习"。

婴儿拉坐练习
yīngér lāzuò liànxí

婴儿拉坐练习是婴儿坐立训练的第一阶段，通常在婴儿达到四月龄时进行。在进行拉坐练习时，婴儿呈仰卧位，成人轻握其手腕，使其双手伸直前举，掌心向内相对，双手之间的距离与肩同宽；然后轻轻向前拉起婴儿双手，使其肩膀和头部离开床面抬起，此时婴儿会尝试屈肘用力坐起，保持此姿势 5～6 秒，再轻轻使婴儿躺下。婴儿拉坐练习一定要与其月龄和发育情况相适应；若婴儿被成人拉起时，手无力屈肘，头部低垂，则表示还不宜做这个动作，必须先进行相关练习强化肌肉和骨骼的发育。此外，练习的时间应循序渐进，以避免长时间练坐对婴儿的发育造成伤害。参见"婴儿坐立训练"、"婴儿靠坐练习"、

"婴儿独坐练习"。

婴儿趴撑取物训练
yīngér pāchēngqǔwù xùnliàn

婴儿趴撑取物训练是婴幼儿粗大动作训练的内容之一，旨在锻炼婴儿的手臂力量，为爬行训练打好基础。婴儿趴撑取物训练通常在婴儿月龄达7个月时开始。在趴撑取物训练时，让婴儿趴着，将玩具或物品放在婴儿前方离平面高30厘米的位置，逗引婴儿用手来取。应对婴儿的左右两只手轮流进行练习。在进行趴撑取物训练时需要注意的是：当婴儿尝试了两次仍没有拿到物品时，第三次尝试无论成功与否，都一定要让婴儿获得玩具，否则婴儿可能会因失去兴趣而放弃尝试。在让婴儿把玩物品一段时间后，可以再次进行趴撑取物的训练。参见"粗大动作"、"婴幼儿动作训练"、"婴儿俯卧训练"、"婴儿爬行训练"。

婴儿爬行训练
yīngér páxíngxùnliàn

婴儿爬行训练是婴幼儿粗大动作训练的内容之一，旨在促进婴儿四肢运动功能的发育，使婴儿扩大活动范围。爬行训练可以分为腹爬和手膝爬行两个阶段，通常在婴儿月龄达6～7个月时开始进行。在腹爬训练时，婴儿应采取俯卧位，用手和腹部支撑上身，训练者用玩具或响铃在婴儿前方逗引，吸引婴儿向前爬行2～3步。对于爬行有困难的婴儿，训练者可以用手掌抵住婴儿双足，并帮助婴儿爬行。经过一段时期的腹爬训练后，训练者可以使用一条毛巾提起婴儿腹部，让

婴儿练习手膝爬行能力，使婴儿的上下肢活动更加协调，并最终能够灵活地使用双手和双膝向前爬行。需要注意的是，需要在婴儿能够用手支撑起自己的身体之后，才能对婴儿进行的腹爬练习。参见"粗大动作"、"婴幼儿动作训练"。

婴儿皮肤护理
yīngér pífūhùlǐ

婴儿皮肤护理是指对婴儿的皮肤日常和特殊护理工作。婴儿皮肤娇嫩，其皮肤厚度仅为成人皮肤厚度的十分之一，因此需要特殊护理。造成婴儿皮肤易感染的原因可分为两个方面：一方面，婴儿皮肤角质层发育差，皮下血管丰富，容易导致擦伤感染；另一方面，婴儿颈部和腋下皮肤皱褶多，适于细菌生长，而且新生儿皮肤屏障功能脆弱，皮肤含水量多，pH值偏高，从而易导致病原菌滋生并引发皮肤感染。婴儿皮肤护理可包括以下几个方面的内容：1. 婴儿沐浴；2. 婴儿皮肤症状护理，如：湿疹、痱子等；3. 新生儿脐带护理；4. 臀部护理；5. 黄疸护理等。参见"新生儿洗浴"、"婴儿湿疹"、"脐带护理"、"生理性黄疸"。

婴儿期
yīngérqī

婴儿期又称乳儿期，是指从产后28天到1周岁的时期。这一时期人体生长发育最为迅速，体重可以从出生时的约3～3.5公斤，增加至9～10公斤；大脑结构、机能迅速发展；肌肉、骨骼逐渐坚实；活动能力逐渐增强。

婴儿的动作发展遵循头尾原则和近远原则，并将逐步掌握抬头、翻身、坐、爬、站、行走、跑、跳、跨越和攀登等大动作。同时，当婴儿在半岁左右学会拇指与其他四指对立的抓握动作后，手的动作发展将日渐协调、精细。此外，婴儿还有可能模仿成人发出半单音词（如：爸、妈等）。在这一时期，除细心照顾喂养婴儿外，还应注意早期教育，开发智力。参见"新生儿期"、"幼儿期"。

婴儿湿疹
yīngér shīzhěn

　　婴儿湿疹也被一些人称为"奶癣"，是一种过敏性皮肤炎症，多发于不满2岁的婴幼儿。婴儿湿疹一般会在婴儿出生后1～3个月发生，在添加辅食后会渐渐消退。导致婴儿湿疹的原因可为：1. 遗传因素，即父母一方曾得过湿疹；2. 环境因素，即婴儿接触居住环境中的过敏源；3. 饮食因素，如对牛奶过敏等；4. 情绪因素，即婴儿情绪不稳定。在对患湿疹的婴幼儿进行护理时，一般须注意：1. 为婴幼儿保持一个通风舒适的生活环境；2. 避免婴幼儿接触可能引发过敏的过敏源，如：宠物、化纤、羊毛织物、部分辅食等；3. 洗澡时控制水温并避免使用肥皂和沐浴液；4. 按医嘱服药；5. 避免在湿疹期间接种疫苗；6. 尽量喂养母乳或对应阶段的配方奶粉；7. 避免母亲吃下一些容易通过母乳导致婴儿湿疹的食品，如：巧克力、海鲜、酒精饮料等；8. 辅食应减少盐分，以防湿疹处体液堆积。

婴儿食谱
yīngér shípǔ

　　婴儿食谱是指针对婴儿所准备的食物搭配清单。婴儿食谱需要依据婴儿期"以乳类为主、食物为辅"的特点制订，通常从婴儿能够开始食用辅食的4～6月龄起开始使用。在制订婴儿食谱时，应根据婴儿成长的不同阶段添加相关辅食，确保婴儿在成长过程中的营养平衡。在制作婴儿辅食时，应考虑到婴儿的进食特点和消化能力，将辅食做成泥糊状。参见"婴幼儿辅食"、"泥状食品"。

婴儿手膝爬行训练
yīngér shǒuxīpáxíngxùnliàn

　　见"婴儿爬行训练"。

婴儿抬头运动
yīngér táitóuyùndòng

　　见"婴儿俯卧训练"。

婴儿体操
yīngér tǐcāo

　　婴儿体操是婴儿体格锻炼中最常用的一种方法和手段。婴儿体操能够活动婴儿上、下肢的关节、肌肉和韧带，增强肌肉组织的功能，促进血液循环，加深呼吸，增进食欲；能使婴儿身体的免疫能力加强，使神经系统反应灵敏，改善动作的协调性，增强身体各部分动作的共济作用；并能促进婴儿智力的发展，锻炼其意志，激发良好的情绪反应等等。婴儿体操的锻炼应从小开始，坚持不断，由简单到复杂，循序渐进，同时，应该根据婴儿的年龄差异以及身体的发展状况，选择不同的锻炼内容，逐步增加练习的强度和练习的时间。婴儿体操大致可分为婴儿被动操和婴儿主动操两类。参见"婴儿被动操"、"婴儿主动操"。

婴儿溢奶
yīngér yìnǎi

婴儿溢奶又称吐奶，婴儿喂哺后不久，部分乳汁或食物自胃内向口腔返溢的现象，常见于6个月以内的婴儿。溢奶与绝大部分胃内容物被吐出的呕吐不同，一般情况下溢奶时吐奶较少，仅1~2口或仅口角见到少许乳汁。婴儿溢奶通常有两方面原因：1. 由于小月龄婴儿胃贲门括约肌尚未发育健全，贲门不能很好地闭合；2. 由于喂奶方法不当，婴儿胃内吞入较多空气造成，例如，在婴儿哭闹后立即喂奶，或哺喂后未将婴儿直抱排出吸乳过程中吞入的空气。防止婴儿溢奶的方法是避免婴儿啼哭后立即喂奶，哺乳过程中保持婴儿安静，哺乳后竖抱婴儿靠于母亲肩膀，并用手轻拍婴儿背部，令胃内空气排出。随着婴儿胃贲门括约肌的发育健全，溢奶现象大多于6个月以后自然消失。

婴儿站立训练
yīngér zhànlìxùnliàn

婴儿站立训练是婴幼儿粗大动作训练的内容之一，旨在锻炼婴儿下肢的支撑能力和身体的平衡能力，为其站立和行走打好基础。婴儿站立训练通常在婴儿长至8~10月龄时进行，此时婴儿已经掌握了抬头、翻身、坐、爬等粗大动作技能，下肢力量也得到

了一定的锻炼。在站立训练时，训练者应采用循序渐进的方式让婴儿慢慢掌握这一动作技能。例如，当婴儿长至7月大时，可以采用扶持的方式让婴儿体验站立的感觉；而当婴儿8个月大时，可以采用牵拉的方法将仰卧的婴儿拉至坐姿、继而拉至蹲姿和站姿。在经过站立训练后，婴儿通常会在12个月前能够独立完成一小段时间的站立动作。如果婴儿在满1岁后还不能完成这个动作，则最好前往保健医生处检查。参见"粗大动作"、"婴幼儿动作训练"。

婴儿主动操
yīngér zhǔdòngcāo

婴儿主动操是婴儿体操的一种类型，适用于6~12月大的婴儿。婴儿主动操是在护理人员或家长的适当扶持下，加入婴儿的部分主动动作完成的一种婴儿操，婴儿主动操的动作主要包括锻炼四肢肌肉关节的上、下肢运动，锻炼腹肌、腰肌以及脊柱的桥型运动、拾物运动、为站立和行走作准备的立起、扶腋步行、双脚跳跃等动作等。护理人员或家长在为婴儿进行主动操锻炼时，应注意：1. 在做操前洗手并摘去金属首饰（如：手表、戒指等），天气寒冷时应搓手，使之温暖；2. 做操时要轻柔、有节律，防止损伤幼儿的骨骼、肌肉或韧带；3. 避免在婴儿疲劳、饥饿或饱腹时做操；4. 锻炼应因人而异，体弱和疾病刚愈的婴儿要少做，生病期间应停止做操；5. 运动量应逐渐增加；6. 做运动时最好配合轻柔的音乐和语言抚慰以使婴儿放松；7. 锻炼过后让婴儿安静地休息20~30

分钟，在婴儿出汗的情况下要用软毛巾擦干。参见"婴儿被动操"。

婴儿抓握训练
yīngér zhuāwòxùnliàn

抓握训练也称抓握能力训练，是为发展婴幼儿精细动作能力而进行的训练内容之一。抓握训练通常从婴儿9月龄开始。在抓握训练时，训练者一手将婴儿的后三指握住，另一手将婴儿的拇指和食指相向接触、分开。以后训练者与婴儿面对面，训练者示范拇指和食指相向接触，让婴儿模仿、学习，训练拇指、食指相对活动的能力。还可以将颜色涂在婴儿拇指和食指上，再印到纸上，引起婴儿使用拇指和食指的兴趣。婴儿抓握训练时应注意：拇指和食指相向取物时，先是用拇指和食指的侧面相对取物的，经过多次训练后能逐步向拇指、食指的指尖相向取物，其间需要有一个训练和锻炼的过程。参见"精细动作"。

婴儿坐立训练
yīngér zuòlìxùnliàn

婴儿坐立训练也称"练坐训练"、"坐立练习"，是指针对婴儿期儿童所进行的拉坐、靠坐和独坐的训练，属于婴儿粗大动作发展的训练内容之一。婴儿坐立训练必须建立在婴儿的肌肉和骨骼已经发育增强到相应水平的基础上；同时，坐立训练的内容一定要与婴儿的月龄和发育情况相适应，否则可能会导致婴儿脊柱受到伤害，影响发育。婴儿达4月龄时通常可以开始进行坐立训练，坐立训练应依照拉坐、靠坐、独坐的顺序进行，坐的时间应由少及多逐步延长，切忌操之过急。详见"婴儿拉坐练习"、"婴儿靠坐练习"、"婴儿独坐练习"、"粗大动作"。

婴幼儿保育
yīngyòuér bǎoyù

见"育婴服务"。

婴幼儿动作训练
yīngyòuér dòngzuòxùnliàn

婴幼儿动作训练是针对0～3岁婴幼儿的活动技能训练，可以分为身体动作（也称大动作、粗大动作或大肌肉运动）的发展和手部抓握动作（也称精细动作）的发展。婴幼儿动作训练是婴幼儿教育的内容之一。在动作训练的选择、设计和训练时，应遵循以下一些原则：1. 适应与发展原则，2. 循序渐进原则，3. 安全性原则，4. 全面性原则，5. 练习性原则，6. 整合性原则等。参见"粗大动作"、"精细动作"、"婴幼儿教育"、"早教"。

婴幼儿教育
yīngyòuér jiàoyù

见"早期教育"。

婴幼儿排便训练
yīngyòuér páibiànxùnliàn

婴幼儿排便训练指的是对婴幼儿的以自觉控制排便为目的的训练。通常的做法是在婴幼儿喝完水10分钟左右和每次睡觉前和醒后给婴幼儿把尿，每天早上喂完奶后10分钟把大便。训练过程中，要注意几点：1. 排便训练一定要遵循儿童的生长发育规律。大人在旁边只是起诱导、促进的作用，不可操之过急。2. 便盆要放在一个固定的地方，每次坐盆的时间不超过 5 分钟，以免时间过长，造成脱肛，不利于婴幼儿的健康。3. 不要坐在便盆上喂食、玩耍或做游戏，更不能将便盆代替座椅，以免混淆孩子的认识。4. 对婴幼儿坐盆不要采取强制性手段，以防产生抵触心理。参见"把尿训练"。

婴幼儿认知能力训练
yīngyòuér rènzhīnénglìxùnliàn

婴幼儿认知能力训练是指针对 0～3 岁婴幼儿一系列认知训练活动，通常包括视觉训练、听觉训练、触觉训练、其他感知觉训练（如味觉、嗅觉、温度感等）、认识物品训练、识图认物训练、色彩识别训练、图形识别训练、文字及数字识别训练等。婴幼儿认知能力训练是早期教育的重要组成部分；在对婴幼儿认知训练时，应针对不同年龄段的婴幼儿采取适宜的认识训练内容。参见"早期教育"。

婴幼儿三种食物段
yīngyòuér sānzhǒngshíwùduàn

婴幼儿三种食物段又称"三级火箭"，指的是婴幼儿食用不同形态食物的三个阶段，即液体食物（以母乳为代表）阶段、泥状食物阶段和固态食物阶段。这三个阶段犹如三级火箭的发射；要使婴儿达到最佳生长，需要在这三种阶段都进行科学喂养。参见"婴儿辅食"、"泥状食品"。

婴幼儿色彩识别
yīngyòuér sècǎishíbié

婴幼儿色彩识别是婴幼儿认知训练的组成部分之一，通常可在婴儿达到 12 月龄时开始训练。由于颜色是较抽象的概念，因此婴幼儿常需要 3～4 个月的时间来学会识别第一种颜色。参见"婴幼儿认知能力训练"、"视觉游戏"。

婴幼儿社交能力培养
yīngyòuér shèjiāonénglìpéi
yǎng

婴幼儿社交能力培养是指针对 0～3 岁婴幼儿所进行的一系列社交能力培养活动，是早期教育的组成部分之一；其训练内容通常包括：自我认知、亲子游戏、鼓励婴幼儿练习表达自己等。对婴幼儿社交能力培养时，应针对婴幼儿不同的成长发育阶段采取适宜的训练内容。参见"早期教育"。

婴幼儿生活护理
yīngyòuér shēnghuóhùlǐ

婴幼儿生活护理是育婴工作的三个重要环节之一，其工作内容主要包括婴幼儿的喂养、清洁盥洗、排便照料、睡眠照料、出行照料以及环境与物品的消毒清洁等。参见"育婴服务"、"婴幼儿卫生保健"。

婴幼儿生活能力训练
yīngyòuér
shēnghuónénglìxùnliàn

婴幼儿生活能力训练是指针对婴幼儿一系列生活自理能力训练活动，是婴幼儿教育的组成部分之一。婴幼儿生活能力训练通常在婴幼儿 1 周岁左右时开始，其训练内容通常包括睡眠、饮食、穿脱衣袜、收拾玩具、如厕等。需要注意的是，在对婴幼儿生活能力训练时，应针对婴幼儿不同的成长发育阶段采取适宜的训练内容，循序渐进。例如，对于月龄为 10 个月的婴儿而言，可以训练他们在穿脱衣物时懂得配合，而对于月龄为 30 个月的幼儿而言，可训练其独立穿脱有扣的衣物等。参见"早期教育"。

婴幼儿卫生保健
yīngyòuér wèishēngbǎojiàn

婴幼儿卫生保健是家政服务人员婴幼儿保育的内容之一。其工作内容通常包括：对婴幼儿的常见症状（如发热、便秘、皮肤过敏等）处理；对婴幼儿意外伤害（如擦伤、扭伤等）预防及处理；对婴幼儿生长监测和三浴锻炼等活动，并帮他们养成良好的生活和卫生习惯。参见"育婴服务"、"婴幼儿生活护理"。

婴幼儿喂哺用品
yīngyòuér wèibǔyòngpǐn

婴幼儿喂哺用品是指为不同成长阶段的婴幼儿设计开发的进食用具，不仅包括喂食液态食物所需的用具（如：奶瓶、吸奶器、暖奶器等），还包括喂食泥状食品和固态食品所需的婴幼儿餐具。在为婴幼儿选择喂哺用品时，家长应着重注意相关产品的材质是否无害、设计是否安全，以使婴幼儿能够安全舒适地进食。参见"奶具管理"、"奶瓶清洁消毒"。

婴幼儿喂养
yīngyòuér wèiyǎng

婴幼儿喂养是指针对处于婴儿期和幼儿期的儿童进行喂养和饮食制作的活动，是婴幼儿生活护理的工作内容之一。从事育婴工作的相关服务人员（如：育婴员、家政服务员等）通常需要掌握婴幼儿喂养工作的相关知识和技能。断奶前的相关喂养工作包括：指导母乳喂养的姿势、对婴儿人工喂养（即：冲调配方奶粉、使用奶瓶喂哺婴儿）、预防并处理婴儿溢奶、制作婴儿辅食等。断奶后的相关喂养工作则包括：为婴幼儿制作膳食、辅导婴幼儿使用餐具等。参见"婴幼儿生活护理"、"溢奶"。

婴幼儿喂养三级火箭
yīngyòuér wèiyǎngsānjíhuǒjiàn

见"婴幼儿三种食物段"。

婴幼儿洗浴
yīngyòuér xǐyù

婴幼儿洗浴是指对 0～3 岁的新生儿及婴幼儿的清洁护理活动，是对婴幼儿生活照料的工作内容之一。婴幼儿洗浴所涵盖的工作包括：1. 对婴幼儿眼部、外耳道、口腔、腋窝、臀部、皮肤和外阴等部位的清洁；2. 为婴幼儿洗头擦脸；3. 为婴幼儿洗澡、剪指甲。这些工作则要求掌握以下一些相关知识：1. 婴幼儿五官的生理特点及洗浴要求，2. 婴幼儿皮肤的生理特点及洗浴要求，3. 女婴的生理结构及洗浴要求。参见"新生儿洗浴"、"婴幼儿生活护理"。

婴幼儿语言能力发展
yīngyòuér yǔyánnénglìfā zhǎn

婴幼儿语言能力的发展可分为三

个阶段：1. 声音发展阶段（即出生～6个月），此阶段幼儿只是发出各种无意义的声音，并出现最初的对语声的模仿。2. 被动语言交际阶段（即6.7个月～1岁），此阶段幼儿虽然不会说话，但已能对话语初步的理解，并开始以被动的方式参与语言交际活动。3. 特殊语言交际阶段（1岁～2.5岁），此阶段幼儿已经开始说话，并能以主动的方式参与语言交际活动。但主要使用独词句、双词句和短句，属于幼儿的特殊语言。第三个阶段是幼儿语言发展突飞猛进的阶段，此阶段的幼儿发音器官较为成熟，思维能力和模仿能力进一步提高，具备了学习语言的良好的条件。

婴幼儿语言能力培养
yīngyòuér yǔyánnénglìpéiyǎng

婴幼儿语言能力培养是婴幼儿教育的一个重要组成部分。0～3岁是儿童语言发展最快，也是最为关键的阶段。在对婴幼儿进行语言能力培养时，应根据婴幼儿语言能力发展的时间与特点进行，采用科学合理的教育方法。婴幼儿语言能力培养应注意以下几个方面的内容：1. 重视家长的语言输出。家长输出的语言必须规范，应尽量使用标准的普通话，使用正确的语音、词汇和语法。2. 采用多种方式，强化幼儿的语言学习。可采用儿歌、接字游戏、使用多媒体设备等方式促进婴幼儿学习语言。3. 在大自然中接受新事物，学习新词语。4. 在生活中培养幼儿运用语言的能力，家长应当让幼儿多与他人交往，为幼儿创造会话环境。参见"婴幼儿语言能力发展"。

拥抱反射
yōngbào fǎnshè

拥抱反射是判断新生儿是否成熟及某种疾病的一种反射检查。方法是：小儿取仰卧位，两臂外展伸直，检查者在其近头处用手重拍床垫，正常小儿出现两臂屈曲向胸似拥抱状；或将小儿平放床端，头在床外用手托住，然后突然放头后倾10～15度角，亦发生上述拥抱状。有两臂屈曲向胸似拥抱状的新生儿为正常成熟儿；无此反射或有不完全反射的新生儿为未成熟儿；如新生儿颅内出血则无此反射。

游戏
yóuxì

游戏是指幼儿运用一定的知识和语言，借助于各种物品，通过身体运动和心智活动，反映并探索周围世界的一种活动。游戏的特点：1. 社会性。游戏是在假想的情境中对周围社会生活的反映。2. 主动性。幼儿自发、自愿地选择游戏内容，安排游戏进程，按自己的情况进行游戏。3. 创造性。幼儿在游戏中把形象、动作、语言相结合，按自己的想象进行活动。4. 虚构性。游戏是在假想的情境中完成的活动，它反映了现实中的事物，其中的情节、角色的扮演、活动的方式、替代物的使用都是象征性的。5. 趣味性。游戏没有外在的目标，引起幼儿参加游戏的直接动机是其趣味性即幼儿对游戏活动本身的兴趣。6. 具体性。游戏是具有内容、情节、角色、语言的活动，使用的玩具和游戏材料都是具体的，能不断引起幼儿的表象活动，符合幼儿依靠表象进行想象、记忆、思维等认识活动的特点。

游戏有以下几方面的作用：1. 使幼儿的神经系统与身体的各器官、组织得到活动和锻炼，促进身体的发育，增进幼儿的健康；2. 扩大幼儿道德关系的范围，使幼儿认识和评价自己的行为，有利于道德品质和个性的形成；3. 巩固和丰富幼儿的知识，促进幼儿语言、思维和想象力的发展。幼儿游戏的构成因素可包括：内容、情节、角色、动作和规则。游戏可以按不同的方式分类，在我国一般根据其教育作用分为创造性游戏（包括角色游戏、结构游戏、表演游戏等）和有规则的游戏（包括智力游戏、体育游戏、音乐游戏和娱乐游戏等）两大类。

在游戏教学时应注意：1. 让幼儿自由想象，自己动手，充分发挥幼儿的独立性和聪明才智。2. 让幼儿在自然探索中学习，不多加解释和干涉。3. 对幼儿多给予鼓励，帮助幼儿树立自信心，增强幼儿的成就感。4. 因材施教，允许聪明的幼儿超前，也要让迟缓的幼儿重学、重做。5. 培养幼儿的文明行为，游戏结束后要整理好用具。

幼儿户外活动
yòuér hùwài huódòng

幼儿户外活动是幼儿生活环节之一。幼儿在户外利用阳光、空气和各种自然条件，进行各种活动，能丰富幼儿的生活内容，使他们精神饱满、性格开朗，同时，户外体育活动能锻炼机体，提高动作能力，增强体质，提高幼儿对自然环境的适应能力，这些都是任何室内活动所不及的。幼儿户外活动一般安排在晨间、教育活动或安静活动后、午睡后、晚饭后等。一般冬季的活动量可大于夏季的活动量；饭前或饭后的活动量应小一些，午睡后的活动量可大一些。家政服务人员应掌握幼儿活动量，注意动静交替，避免幼儿过于疲劳。同时应注意观察，把握时机，对幼儿品德教育、安全教育，寓教于游戏活动之中。

幼儿期
yòuérqī

幼儿期是指婴儿满1周岁后到3岁的时期。与婴儿期相比，幼儿期的特点是体格发育速度相对减慢，中枢神经系统发育较快，大脑皮质活动增强，与外界环境及成人的接触增多，活动量增大等。在这一时期，应注意幼儿营养及卫生，注意开发幼儿的智力，并培养幼儿的良好习惯等。参见"婴儿期"、"学龄前期"。

幼儿上下楼梯训练
yòuér shàngxiàlóutīxùnliàn

幼儿上下楼梯训练是婴幼儿动作训练的内容之一，旨在进一步发展幼儿的动作协调能力，并扩大幼儿的活动范围。上下楼梯训练通常在幼儿学会独立行走后进行。判断幼儿已经能够进行此项训练的标准包括：1. 走路时很少跌倒；2. 能够爬上成人座椅或积木玩具等。在进行上下楼梯训练时应注意安全，循序渐进。幼儿应先学习上楼梯的动作要领，在能够较稳扶住扶手上楼梯后，再学习下楼梯的动作要领。在刚刚开始上楼梯训练时，通常不宜直接在楼梯上学习，训练者可以利用幼儿常用的泡沫或积木，堆成阶梯状，让幼儿练习。当幼儿长至1岁9个月～2岁左右时，可以由成人牵引，让幼儿扶着栏杆进行上下楼梯的训练。在训练中让幼儿扶好楼梯扶手，以两步一阶的方式先站稳两脚再向上迈步。上下楼梯训练可以反复进行，但应注意不要让幼儿过于劳累。参见"婴幼儿动作训练"、"粗大动作"、"婴儿行走训练"。

幼儿食谱
yòuér shípǔ

幼儿食谱是指针对幼儿期（即：1～3岁）的儿童制订的食谱。幼儿期是小儿发育最快的年龄段之一，在此期间幼儿的食物构成逐渐由半固体过渡到固体，最后到家庭食物，并经历由奶类制品到辅食逐渐替代母乳的过渡时期。1岁后的幼儿，牙齿逐渐出齐，咀嚼和消化能力增强，可进食烂饭、瓜菜等多种食物，此时要注意供给足够的能量和蛋白质。2岁以后，可逐渐增加食物品种，使其适应更多的食物。为了满足生长发育的需要，幼儿期应增加营养素的摄入量，推荐的各营养素摄入量为：1. 蛋白质：2岁幼儿的蛋白质推荐摄入量为每日40克，3～4岁为45克。2. 脂肪：由脂肪提供的能量每日在30%～35%为宜。3. 钙：每日推荐摄入量为600毫克。4. 磷：每日适宜摄入量为450毫克。5. 铁：每日适宜摄入量为12毫克。6. 锌：每日推荐摄入量为9毫克。7. 碘：每日推荐摄入量为50微克。8. 维生素A：每日推荐摄入量为400微克维生素当量。9. 维生素D：每日推荐摄入量为10微克。10. 维生素B1、B2：每日推荐摄入量为0.6毫克。11. 维生素C：每日推荐膳食摄入量为60毫克。在为幼儿选择主食及豆类时，宜选择大米、小米、面粉、杂粮、薯类、豆类及其制品等；肉蛋奶类宜选择奶类及其制品、鱼肉、禽肉、蛋类、红肉、贝类等；蔬菜类宜选择深绿色叶菜及深红、黄色蔬菜等；水果类宜选择柑橘类水果、香蕉、苹果等。幼儿食物须切碎煮烂，避免使用带刺激性的食品，如酒、咖啡、浓茶、辣椒、胡椒等；少吃油炸、煎、炒食品；少食半成品和熟食，如火腿肠、红肠等；口味宜清淡，低盐，食品中不宜使用味精、色素、糖精等调味品。参见"婴儿食谱"。

育婴服务
yùyīng fúwù

育婴服务是为0～3岁的婴幼儿提供生活照料、日常保健护理、智力开发和早期教育等服务。参见"母婴护理"、"婴幼儿生活护理"、"婴幼儿卫生保健"。

育婴服务机构
yùyīng fúwù jīgòu

育婴服务机构指依法设立的从事育婴服务经营活动的企业和个体经营组织。

育婴四具
yùyīngsìjù

育婴四具指的是婴幼儿使用的卧具、餐具、玩具和家具这四种生活用品。根据《育婴员国家职业技能标准（2010 年修订）》规定，初级育婴员需掌握清洁婴幼儿家具、卧具、玩具的方法，及清洁和消毒婴幼儿餐具的方法。

育婴员
yùyīngyuán

育婴员是指主要从事 0～3 岁婴儿照料、护理和教育的人员。根据《育婴员国家职业技能标准（2010 年修订）》规定，育婴员共设初级、中级和高级三个职业等级。育婴员需要掌握婴幼儿生长发育、婴幼儿心理发展、婴幼儿日常生活照料、计划免疫与预防接种、婴幼儿护理保健等方面的相关知识和技能。参见"初级育婴员"。

月龄
yuèlíng

月龄是指未满周岁的婴儿出生以来经过的月数。

月嫂
yuèsǎo

月嫂有时也被称为母婴护理员，是指受雇于产妇家，为产妇和新生儿提供生活护理和身心健康护理的家政服务人员。除了孕妇、产妇、新生儿的专业护理工作外，母婴护理员有时也可以协助从事营养配餐、家庭烹饪、清洗保洁等工作。参见"母婴生活护理"。

早产儿
zǎochǎnér

早产儿是指妊娠 28～37 周之间出生的活产婴儿，通常体重低于 2500 克，身长小于 45 厘米。早产儿与足月儿无论在体征或功能上都是不同的，最明显的是对子宫外生活环境适应能力低，故从出生时起应特别加强护理。早产儿初生的最初几小时，是维持生命的关键时期，必须确保呼吸道通畅。在早产儿出生后数日内，护理工作应以保温、维持血糖、监视呼吸、注酸碱平衡及观察黄疸程度为重点。在家庭保育期的护理工作则以营养和防止感染为重点。参见"早产"、"足月儿"。

早教师
zǎojiàoshī

早教师是对 0～3 岁的婴幼儿智力开发的指导老师。早教师应经过系统的家庭早期教育操作培训，并熟练掌握各种早教教育方法和技巧。早教师的工作内容包括：1. 婴幼儿动作训练；2. 婴幼儿语言训练；3. 婴幼儿认知能力训练；4. 婴幼儿社会行为与人格培养等。

早期教育
zǎoqī jiàoyù

广义的早期教育通常指的是从出生至入小学以前进行的正式或非正式的教育，包括对 0～3 岁儿童的婴幼儿教育和对 3～6 岁儿童的学前教育。狭义的早期教育指的是针对 0～3 岁儿童的教育启蒙。早期教育的目的是促进儿童情商、智商和身心健康发育。早期教育通常以认知教育、亲子教育、动作训练、言语能力训练、社交能力培养、生活能力培养等内容为主，并应根据儿童的不同年龄阶段采取不同的教育内容。参见"学前教育"、"婴幼儿教育"。

智力品质
zhìlì pǐnzhì

智力品质是智力活动中，特别是思维活动中智力特点在个体身上的表现，也被称为思维品质。智力品质包括观察能力、记忆能力、注意力、想象能力、思维能力、语言能力和损伤能力，以及逻辑数学能力和空间认识能力等。参见"非智力品质"。

主被动操
zhǔbèidòngcāo

见"婴儿主动操"。

住家型母婴护理员
zhùjiāxíng mǔyīng hùlǐyuán

住家型母婴护理员或月嫂是指根据合同约定住在产妇家中为其和新生儿提供全天候服务的家政服务人员。住家型模式与不住家型模式相比，服务时间更长，收取费用也相对更高。参见"不住家型母婴护理员"。

足月儿
zúyuèér

足月儿是指胎龄满 37 周但不超过 42 周的新生儿。足月儿大部分均为正常成熟新生儿，体重 ≥ 2500g 但 < 4000g。正常新生儿哭声响亮，吸吮能力好，皮肤红润，表面有胎脂覆盖，胎毛不多，耳壳软骨发育良好，乳晕清楚，乳头突起，乳房可触及结节，四肢呈屈曲状，足底已有较深的足纹，男婴睾丸下降，女婴大阴唇完全遮盖小阴唇。参见"早产儿"。

十四、孕产妇护理

不规律宫缩
bùguīlǜ gōngsuō

不规律宫缩或者不规则宫缩是一种常见的临产先兆。其表现症状为：子宫收缩力弱且没有规则，有频繁不规律的腹痛或腰痛，持续时间一般不超过 30 秒钟，多于夜间出现，白天消失，并且持续时间短，间隔时间长。同时，由于这时胎头入盆压迫膀胱，孕妇会有尿频现象，子宫与阴道变软，阴道分泌物或黏液增多等。参见"宫缩"。

不住家型母婴护理员
bùzhùjiāxíng mǔyīng hùlǐ yuán

不住家型母婴护理员或月嫂是一种晚上不住在产妇家中，白天按双方合同约定的时间段上下班的服务形式。这种服务模式与住家型服务模式相比，服务时间更短，收入也相对较低。参见"住家型母婴护理员"。

产妇
chǎnfù

产妇是指处于分娩期或产褥期妇女。产妇需要听从医嘱，注意产前和产后的饮食起居，保持健康良好的生理和心理状况，为生育培养健康茁壮的婴儿奠定基础。参见"产妇护理"。

产妇护理
chǎnfù hùlǐ

产妇护理是指对处于分娩期或产褥期的妇女生理、心理和生活等方面的护理活动。对于家政服务人员而言，产妇护理的主要工作包括：待产期间的应急事件处理、产后的生活、形体、保健和心理等方面的护理。产妇护理非常重要，因为它不仅会关系到产妇们的身心健康，而且会影响到婴幼儿未来的成长。参见"产妇"。

产妇束腰
chǎnfù shùyāo

产妇束腰是指一些妇女在分娩后为了不使自己的体型变得臃肿，而用束腰带将腹部紧紧裹住的一种错误做法。在正常情况下，女性分娩后，子宫会逐渐复位，而产后形成的腹壁松弛，大多也会在产后 6 至 28 周自然恢复。紧腹束腰可能会对产妇的身体造成某些伤害，例如容易导致产后盆腔组织及韧带对生殖器官的支撑力下降，子宫下垂、子宫严重后倾后屈、阴道前后壁膨出等病症。由于束腰可能会改变生殖器官正常位置，使盆腔血运不畅，还易发生盆腔炎、盆腔瘀血综合征等疾病。此外，由于妊娠后孕妇机体代谢功能旺盛，因此会在腹、臀部蓄积一定的脂肪，为妊娠晚期、分娩及哺乳期提供能量；然而，产褥期裹腹并不能使这些脂肪减少或消失。因此，产妇若想早日恢复体形，首先应该在医护人员等专业人士的指导下进行产后锻炼，如多做抬腿运动、坚持仰卧起坐等；其次，应提倡母乳喂养，以消耗臀、腹等部位的脂肪。

产妇用品换洗消毒
chǎnfùyòngpǐn huànxǐ xiāodú

产妇用品换洗消毒是家政服务人员为孕、产妇日常生活用品，例如衣物、床上用品、奶瓶奶具、马桶坐垫、尿布等等进行清洁、换洗和消毒的工作。产妇用品换洗消毒需要遵循一定的程序和规范，以防止交叉感染或者异物感染。产妇用品换洗消毒的目的是创造一个有利于产妇和新生儿身心健康的、干净而舒适的护理环境。

产后护理
chǎnhòu hùlǐ

见"产妇护理"。

产后健身运动
chǎnhòu jiànshēnyùndòng

产后健身运动是指产妇在分娩后为恢复体形、身体及心理健康的健身运动。正常产妇在产后的第一天应该卧床休息，次日起可以适当下床活动，以帮助机体恢复基本功能，增加食欲及减少排便困难。产妇产后健身运动应循序渐进，可适当做些产后保健操，帮助促进腹壁底盘肌肉张力的恢复以及促进子宫收缩，使血液循环畅通，利于生殖器官的复原和母乳的分泌。

产后康复
chǎnhòu kāngfù

产后康复是指女性在分娩之后体能、心理及体形恢复的过程，有时也被称作产后恢复。产妇在产后恢复期间一定要注意营养饮食的均衡。无论是顺产，还是剖宫产，都应重视产褥期间的饮食调养。产后康复的最佳时间一般为：顺产后2～3天，剖宫产后15天。产后康复一般需要在医护人员和家人的配合下，并遵循一定的注意事项和程序进行。有的产妇在做产后康复前需要常规妇科检查，只有当身体状况满足某些条件后才能够康复治疗。参见"产妇护理"。

产后乳房护理
chǎnhòu rǔfáng hùlǐ

产后乳房护理是产后保护乳房的卫生措施，每次哺乳前，应用清水擦洗乳头，并洗净双手。对有乳头皲裂或乳管不通者需及时处理，以防乳腺炎的发生。从妊娠后期开始，就应该注意做好乳房的护理，比如每天应用温水擦洗乳头，使乳头坚实，不易发生裂伤，以能胜任产后婴儿的吸吮。应在产前注意纠正孕妇乳头的内陷。孕妇在怀孕5～6月后最好不用胸罩，不要穿太紧身的上衣，经常用手牵拉乳头。产后乳房护理应注意以下几个环节：1. 保持乳房的清洁，每天用清水擦洗一次乳房；2. 母亲应采取正确的哺乳姿势，并使婴儿保持正确的含接姿势，避免因婴儿仅吸吮乳头顶部而造成的乳头疼痛和皲裂；3. 双侧乳房交替喂哺，如婴儿未能吸空时应将剩余的乳汁挤出,以促进乳汁分泌,预防乳管阻塞及两侧乳房大小不等。做好分娩前和哺乳期的乳房护理,可以有效地避免发生乳腺炎、乳头皲裂等疾患,保证乳汁充足,使婴儿健康成长。

产后卫生保健
chǎnhòu wèishēng bǎojiàn

见"产妇护理"。

产后心理护理
chǎnhòu xīnlǐ hùlǐ

产后心理护理是指专业心理护理人员或产妇陪护人员对产妇的心理状态合理地劝导、鼓励、安慰、理解及支持的过程。产后心理护理的目的是使产妇的心理得到有效缓解与释放。护理人员在照顾产妇时,应合理照料产妇起居饮食,并经常鼓励与陪伴产妇,使之心情愉悦。参见"产后康复"、"产后忧郁"、"产后抑郁症"、"心理护理"。

产后形体锻炼
chǎnhòu xíngtǐ duànliàn

见"产后健身运动"。

产后抑郁症
chǎnhòu yìyùzhèng

产后抑郁症是女性精神障碍中最为常见的疾病类型之一,是指女性在生产之后,由于性激素、社会角色及心理变化所引起的身体、情绪、心理等一系列不适应症状。比较典型的产后抑郁症是在产后1周开始出现症状,产后4~6周逐渐明显,有时可持续整个产褥期或者直至幼儿上学前。约8%~15%的产后抑郁症患者在产后2至3个月内发病。产后抑郁症患者的表现症候较多,轻中度患者表现为产后情绪低落、忧郁、哭泣、感觉失落、饮食不佳、易怒,有的则表现为内疚或厌恶婴儿的心理;病情严重的患者则会表现为癔症性抽搐,有的甚至产生自杀的企图。对于产后抑郁症的患者,应该多加关心与劝导,帮助她们顺利地度过人生这一关键的时期,使她们扮演好母亲角色。对抑郁症严重者,应及时就医,寻求专业帮助。参见"产后心理护理"、"产后忧郁"。

产后忧郁
chǎnhòu yōuyù

产后忧郁一般是指产妇在分娩后的10天内,所出现的轻微的精神紊乱症状。典型的症状包括:无缘无故哭泣、情绪多变及易怒与焦虑等。有相当比例的产妇都会出现产后忧郁。因此,医护人员和亲人应对产妇进行细心照料,以避免产后忧郁进一步发展为产后抑郁症。参见"产后心理护理"、"产后抑郁症"。

产前护理
chǎnqián hùlǐ

产前护理是指对孕期满37周至42周,胎儿未娩出前的孕妇的护理工作,主要包括:1. 在医护人员指导下观察孕妇的身体各项指标;2. 清洁居室及周围场所,以创造出干净、卫生的环境;3. 为孕妇调配卫生、营养的饮食;4. 保持孕妇心理和生理健康;5. 观察产兆(如宫缩、胎膜、阴道出血情况等)和胎心、胎动;6. 协助孕妇产前检查等。产前护理不仅有利于新生儿的顺利出生，而且可以降低产妇分娩过程中的风险。由于15岁以下的少女孕妇和35岁以上的高龄孕妇更加容易患上妊娠并发症，因此需要注重对她们的产前护理。参见"产前心理护理"、"产妇护理"。

产前心理护理
chǎnqián xīnlǐ hùlǐ

产前心理护理是产前护理的一项内容，指的是对产前孕妇心理干预的过程。产前为孕妇心理健康疾病高发的一个阶段，孕妇心理波动大，易产生焦虑、恐惧、怀疑、忧郁等不良心理，可导致中枢神经系统功能性紊乱，诱发食欲不振、睡眠不足等问题。产前心理护理即是通过知识普及、心理支持等方式减弱或消除产前不良心理，帮助孕妇恢复心理平衡，以促进顺利生产。参见"产前护理"、"心理护理"。

产前营养指导
chǎnqián yíngyǎng zhǐdǎo

产前营养指导是对孕妇在怀孕期间的饮食方面的指导和建议。产前营养指导对孕妇和新生儿的健康成长都非常重要。产妇在怀孕期间应多食粗粮，少食精制米面，多食新鲜蔬菜、水果、豆类、花生、芝麻、鱼、肉、蛋和奶类等。参见"产前护理"。

产前运动
chǎnqián yùndòng

产前运动通常指孕妇在产前的保健活动。一些常见的产前运动包括：吹气运动、扭动骨盆运动、趴位呼吸运动、盘腿呼吸运动、分层抬腰运动等。产前运动具有以下一些优点：1. 可预防妊娠高血压、妊娠糖尿病等相关疾病；2. 利于保持健康体质及心肺功能；3. 可促进产后恢复，预防产前抑郁等。需要注意的是，产前运动应在专业医护人员的指导下进行，不宜过量。

产褥操
chǎnrùcāo

产褥操也称"产妇保健体操"，是产妇在分娩后做的保健操，可以促进腹壁底盘肌肉张力的恢复，帮助子宫收缩，使血液循环通畅。产褥操还可以促进生殖器官的复原和母乳的分泌，对产后美容也有一定的帮助。产褥操应在受过专业培训的人员指导下进行。参见"产后健身运动"。

产褥期
chǎnrùqī

产褥期是指分娩结束后，产妇全身各器官（除乳腺外）恢复至未孕前状态的一段时期，一般为42～56天。产褥期间，母体发生很大的变化，主要是子宫复原、乳房泌乳和血液循环系统的改变。在产后的15天内，产妇应以卧床休息为主，以促进全身器官各系统尤其是生殖器官的尽快恢复。参见"产褥疾病"、"产妇护理"、"坐月子"。

产褥期卫生护理
chǎnrùqī wèishēng hùlǐ

产褥期卫生护理是指产妇在分娩后的产褥期内需要的清洁卫生护理过程。产褥期卫生护理包括室内环境清理、口腔清洁、头发清洁、产妇洗浴、产妇衣裳被褥的清洁护理等事项。参见"产妇护理"。

产褥热
chǎnrùrè

产褥热指产妇在产后 42 天内的发热病症，通常多见于产后 10 天以内。产褥热主要由生殖道感染（如子宫内膜炎、盆腔结缔组织炎等）引起。其主要症状为：发热、腹痛、恶露臭等。病情严重者可并发腹膜炎和败血症。产褥热患者应及时就医，防止病情恶化。参见"产褥期"、"产褥疾病"。

吹气运动
chuīqì yùndòng

见"产前运动"。

催乳
cuīrǔ

催乳又称通乳、下乳，是一种采用药物、针灸或按摩，帮助乳汁不通、乳汁较少或全无乳汁的产妇产生更多乳汁的中医治法。产妇催乳应视情况采取不同的催乳方法：对于乳房不胀、乳汁较少或全无乳汁的产妇，宜采用食疗等补益气血的方法；对于乳汁不通、乳房胀痛的产妇，宜采用针灸等行气通络的方法。在家政服务中，催乳也可视为一项孕产妇保健工作，从事催乳工作的家政服务人员也被称为"催乳师"。参见"催乳师"。

催乳师
cuīrǔshī

催乳师是指采用药物、针灸、按摩等催乳手段帮助产妇解决产后无乳、少乳、乳汁不通等问题的家政服务人员。催乳师与医护人员不同，并不对产妇的乳房疾病进行医疗处理。参见"催乳"。

待产指导
dàichǎn zhǐdǎo

待产指导也被称为"待产产妇的产前心理护理及健康指导"，是指临近预产期时，医护人员对孕妇及家属提供分娩保健知识，以缓解他们紧张情绪的一种产前心理护理措施。待产指导的内容一般包括：1. 宣传待产及相关知识；2. 及时传递相关信息，减轻或者消除产妇的焦虑心情，使她们抱着积极的心态配合医务人员；3. 进行临产先兆的教育；4. 观察指导期间孕妇的身体情况，并对突发事件作出护理或应对。参见"产前心理护理"

多胎妊娠
duōtāirènshēn

多胎妊娠是指一次妊娠子宫腔内同时有两个或两个以上胎儿。多胎妊娠的发生率与种族、年龄及遗传等因素有关。

恶露
èlù

恶露是指产后从子宫和阴道排出的分泌物。产褥初期，恶露通常都是血性的；2～3 周后会由黄色变成白带；4～6 周后，基本可以恢复到正常状态。如果发现臭味、红色恶露、量多及持续时间过长的现象，则应考虑有子宫腔感染、子宫复旧不良或胎膜胎盘残留的可能，应该及时就医，以免发生危险。

分层抬腰运动
fēncéng táiyāoyùndòng

分层抬腰运动是孕妇运动保健操的一种，其作用是收缩阴道肌肉，活动骨盆肌肉群。进行分层抬腰运动时：首先，孕妇采取仰卧位；然后屈膝上抬腰部，腰部从低位抬到最高位之间可以分为 4 个层次，每抬高一个层次时需保持 2～3 秒，边呼气边分层放下腰部。怀孕 8 个月后不适宜做分层抬腰运动。

抚摸胎教
fǔmō tāijiào

抚摸胎教是一种准父母与胎儿之间最早的触觉交流方式。有意识、有规律、有计划地对孕妇腹部的抚摸可以刺激胎儿的感官，使胎儿感受到父母的存在并做出相应的反应。抚摸胎教的方式为：孕妇仰卧在床上，全身放松，用手捧着腹部，从上到下，从左到右，反复轻轻抚摸，然后再用一个手指反复轻压。抚摸手法宜轻柔，循序渐进。怀孕五个月时可开始抚摸胎教，刚刚开始时每星期 3 次，每次 5 分钟～10 分钟，以后可以逐渐增加至每天做 1～2 次，而且可以一边抚摸，一边与胎儿讲话，或者一边抚摸一边播放轻柔的音乐，从语言和动作上都让胎儿感受到准父母的关爱。需要注意的是：1. 每次抚摸按压的部位应基本保持不变；2. 在抚摸时要注意胎儿的反应，如果胎儿出现躁动不安或者胡乱蹬踢等现象，应该停止抚摸；

3. 如果胎儿受到抚摸后出现平和的蠕动，则可以继续抚摸一段时间。抚摸胎教应该在医生指导下进行，以避免因抚摸、按压不当或过度而产生意外。有流产、早期宫缩、早产迹象者，不宜进行抚摸胎教。

宫缩
gōngsuō

宫缩是子宫体部肌肉不随意的阵发性收缩，是使胎儿娩出的主要产力。临产后正常的宫缩具有节律性、对称性、极性和缩复作用四大特征。参见"不规律宫缩"。

过期产儿
guòqī chǎnér

过期产儿指妊娠期满 42 周（294 天）以上出生的新生儿，也称为过熟儿。过期产儿根据胎盘功能可以分为两种：1. 胎盘功能正常（大部分过期产儿属于此种），生长发育没有受到影响，体重可能超过 4000 克；2. 胎盘功能减退，影响了胎儿的生长发育，同时还出现一系列的症状，称为胎盘功能不全综合征，表现为体重明显减轻，体形细长，营养不足，皮下脂肪少，皮肤松弛、干皱，貌似老人，胎粪污染了羊水，皮肤可呈深黄色，脐带可呈黄绿色，出生时多有窒息、低血糖等情况。妊娠期超过 42 周的孕妇应去医院，接受监护，必要时需终止妊娠。

回乳
huírǔ

回乳俗称断奶，是指产妇在通过母乳喂养一段时间后，由于某些原因需要停止母乳喂养的行为。回乳的方法大体上可分为自然回乳和人工回乳两种。通常情况下，在 10 个月至 1 年之内正常断奶的产妇，可使用自然回乳方法。如果产妇奶水过多，自然回乳不见效果，则需要通过药物或按摩方法进行人工回乳。此外，人工回乳也可用于因某种疾病或一些特殊原因使得产妇需要在正常的母乳喂养期内（哺乳时间不足 10 个月）终止哺乳的情况。

基础体温
jīchǔ tǐwēn

　　基础体温是指清晨初醒时，人体在绝对休息状态下测量的体温。正常妇女由于受性激素的影响，在月经周期中基础体温呈有规律性变化：前半周期较低，排卵后受到孕激素的作用，中期时突然上升 0.5℃ 左右，并维持此水平约 14 天左右，下次月经来潮时又下降，这种现象称为双相型基础体温。中期基础体温的上升可能与排卵有关，故连续测定基础体温常是诊断卵巢功能，如了解排卵期的一种简单有效方法。其测量方法为：每天早晨醒后，不起床，最好在同一时间段，用口表测量体温。

开乳
kāirǔ

　　开乳，即开奶，指的是产妇在新生儿降生以后第一次使用乳房泌乳。世界卫生组织建议从新生儿降生 1 小时内开始母乳喂养，产后及时开乳（产后 1 小时）有助于随后的纯母乳喂养，对新生儿在婴儿期的正常生长发育及

预防童年期的各种疾病极为重要，故产妇应在生产后正确、及时地开乳。阴道顺产、母婴同室、产妇具有母乳喂养倾向等因素有助于开乳。

临产见红
línchǎnjiànhóng

　　临产见红是一种常见的临产先兆，其表现症状为：在临产前的 1～3 天里，孕妇阴道会流出少许血性白带或血性黏液（见红）。孕妇见红是正常分娩开始的一个比较可靠的征象，但离分娩还有一段时间。如果出血量较多（超过月经量时），则是病理性妊娠出血，应立即就医。

流产
liúchǎn

　　流产俗称小产，是指在妊娠 28 周前，胎儿及胎盘从子宫排出的一种现象。发生在妊娠 12 周前的流产称为早期流产，而发生在 12～28 周之间的流产称为晚期流产。有多种原因可以导致流产，如胚胎发育不良、母体患有急性传染病、母儿血型不合等。此外，由于避孕失败、孕妇患病或检查发现胎儿有先天缺陷不宜继续妊娠等原因，导致采用药物或手术终止妊娠的情况，称为人工流产。

母婴护理
mǔyīng hùlǐ

　　母婴护理是指为产妇和婴儿提供日常饮食起居服务，以及产褥期妇女的身心健康、婴儿哺乳、产妇体形恢复以及新生婴儿健康发育等服务。

母婴护理包月制

mǔyīng hùlǐ bāoyuèzhì

母婴护理包月制是母婴护理的一种服务类型，一般按月收费。与按月制不同的是，包月制通常提供 24 小时护理服务。

母婴护理合同

mǔyīng hùlǐ hétóng

母婴护理合同是指母婴护理服务机构与用户之间为确立服务内容、服务期限、服务质量、服务报酬（支付方式）、双方权利义务关系等问题，经依法协商达成的约定。

母婴护理员

mǔyīng hùlǐyuán

见"月嫂"。

母婴生活护理

mǔyīng shēnghuó hùlǐ

见"母婴护理"。

母婴生活护理员

mǔyīng shēnghuó hùlǐyuán

见"月嫂"。

扭动骨盆运动

niǔdòng gǔpén yùndòng

扭动骨盆运动是一种孕妇运动保健操，其作用是锻炼孕妇骨盆关节与肌肉，利于顺产。扭动骨盆运动的步骤为：1. 孕妇取仰卧位；2. 单腿曲起，由膝盖引导慢慢向外侧放下，然后恢复仰卧平躺姿势，重复 10 次动作后，换另一条腿进行；3. 完成单腿曲起动作后，双腿同时曲起，由双腿膝盖引导慢慢向外侧放下，然后恢复原来的仰卧平躺姿势，重复该动作 10 次。

趴位呼吸运动

pāwèi hūxīyùndòng

趴位呼吸运动是一种孕妇运动保健操，作用是锻炼孕妇腰腹部肌肉，同时也可以缓解腰痛症状。趴位呼吸运动的步骤为：1. 取跪趴位，双手与双膝之间保持一定距离；2. 做第一次深呼吸，吸满气的同时使背部拱起，头部低向两臂中间，直到看到肚脐部位为止，呼气时恢复到原来的跪趴位姿势；3. 第二次深呼吸时上身，呼气时后撤身体，直至趴下；4. 两次呼吸计为一次趴位呼吸动作，重复该动作 10 次。怀孕 8 个月后的妇女不适宜做趴位呼吸运动。

盘腿呼吸运动

pántuǐ hūxīyùndòng

盘腿呼吸运动是一种孕妇运动保健操，其作用是放松耻骨联合与股关节，锻炼骨盆底肌肉群。盘腿呼吸运动有利于胎儿顺利通过产道。进行盘腿呼吸运动时：1. 上身坐直，双脚心相对，用手将双脚拉近身体并按紧，然后双膝上下活动，犹如蝴蝶振翅，重复做 10 次振动；2. 然后以相同姿势深呼吸。吸气时伸直脊背，挺直胸部，呼气时身体稍向前倾，凹陷胸腹部，做 10 次深呼吸。

人工喂养

réngōng wèiyǎng

人工喂养指的是在母乳缺乏或因

其他原因不能母乳喂养的情况下，用牛乳、羊乳、豆制代乳品或其他代乳食品喂养婴儿的方式。世界卫生组织建议保健专业人士应：1. 保证妇女应知晓母乳喂养的优点，并是在知情的情况下做出人工喂养的选择；2. 保证人工喂养的妇女知晓人工喂养的费用及所需要的器具；3. 对选择人工喂养的母婴建档记录；4. 制定喂养方案，内容应包括不同年龄和体重婴儿的配方用量及喂养频率；5. 提供一对一的喂养安全知识教育，包括配制婴儿配方、安全储存、消毒及使用奶瓶进行喂养的方法等。参见"母乳喂养"、"配方奶粉"。

妊娠

rènshēn

妊娠，即怀孕，指的是自成熟卵子受精后至胎儿娩出的整个过程，一般为 266 天左右。为了便于计算，妊娠通常是从末次月经的第一天算起，足月妊娠约 280 天（40 周）。妊娠可分为三个阶段：第一阶段（0～13 周），妇女为适应怀孕，体内发生了激素的变化。第二阶段（13～28 周）是一个相对稳定的时期，以适应于胎儿的生长和发育。第三阶段（28～40 周）孕妇的机体开始为分娩和哺乳作准备。在妊娠期间，母体的内分泌腺、心血管系统、新陈代谢、生殖系统、乳房等都将发生相应的变化。

乳盾

rǔdùn

乳盾又被称为乳头保护器，是一种在母乳喂养期间，套在乳晕和乳头上的乳房形状的护套。现代乳盾一般由柔软、薄、弹性好的硅胶材料制成，在乳头部分留有小孔以供乳液通过。乳盾适用但不限于以下几种情况：1. 母亲因乳头过小或乳头凹陷而喂奶困难时；2. 新生儿由人工喂养转到母乳喂养时；3. 母亲乳头胀痛或皲裂，在哺乳时需要保护乳头时。参见"乳头凹陷"、"乳头皲裂"、"母乳喂养"。

乳房按摩

rǔfáng ànmó

乳房按摩是通过中医理论中的点穴位、通经脉的方法对产后妇女乳房进行按摩，其主要作用包括：促进子宫收缩，促使子宫复旧；疏通乳管，减轻乳房疼痛和乳腺肿胀，帮助泌乳；解决乳头短、平、凹陷等原因带来的哺乳问题；同时能够调节内分泌，促进血液循环。操作方法为：1. 产妇采取舒适的坐姿或仰卧姿；2. 洗手；3. 温毛巾湿敷乳房约 2 分钟，清洁乳头、乳晕，重复 3～4 次；4. 检查乳房、乳头、乳腺管情况，有无乳块和副乳；5. 选择乳房按摩手法，手法有大鱼际、小鱼际、两指或三指、拍打、搓滚、捏挤；6. 按摩捏挤后见乳汁从乳腺管射出再使用吸奶器，乳腺管不通可配合手法挤压乳窦处乳腺管，使其通畅排出乳汁；7. 及时更换热毛巾，擦净皮肤上乳汁，防止皮肤捏挤伤造成局部感染；8. 操作完毕后用热毛巾擦净双乳。

乳母膳食标准

rǔmǔ shànshíbiāozhǔn

乳母膳食要求：1. 乳母在授乳期的一年内每日需要热能 2700～3000 千

卡；2. 授乳期蛋白质每日供给量标准以100～120g为宜，富含蛋白质的食品有牛肉、鱼、虾、肝、腰、蛋、奶等；3. 每日供给钙2g和充足的维生素D。富含钙的食物包括贝类、乳类、大豆、虾皮、芝麻酱等；4. 每日供应铁量为15mg。富含铁的食物有肝、心、蛋黄、牛肉、木耳、绿色蔬菜、香菇等；5. 供给丰富的维生素，特别是维生素B1，以促进乳汁分泌。粗粮中的糙米、小米、玉米面、米糠及豆类、花生、瘦肉中均含有较多维生素B1；6. 应多食用肉汤、骨头汤、鱼汤、粥类，以补充乳汁和水分，促进乳汁分泌。

乳头凹陷
rǔtóu āoxiàn

乳房凹陷指的是由于炎症、肿瘤、先天性发育不全等造成的乳头回缩、固定现象。改善或校正乳房凹陷的主要方法包括：1. 霍夫曼法—乳头伸展练习。操作方法为：两拇指平行放在乳头两侧，慢慢由乳头向两侧方向拉开，牵拉乳晕皮肤及皮下组织，并多次重复该过程。2. 抽吸矫正法，即通过抽吸器的负压将乳头吸出。3. 纠正喂哺方法，如婴儿饥饿时吸吮力强，可使其先吸吮凹陷明显的一侧。4. 挤奶法，即使用大拇指和食指在乳头根部，向胸膛挤压，通过奶汁的外渗帮助纠正乳房凹陷。挤奶法可与纠正喂哺方法相结合。乳头凹陷严重者应就医或手术治疗。

乳头皲裂
rǔtóu jūnliè

乳头皲裂指的是乳头及乳晕出现不同程度的小裂口或溃疡，多见于产妇哺乳期，一般是由哺乳方式不当或乳汁分泌过多引发。乳头皲裂可为一处或多处，深浅不一，乳头的裂开可呈环形或垂直形，触碰有痛感，其内可见淡黄色浆液或血性液体渗出，乳头周围沟内常可发现糜烂或结痂。乳头皲裂会影响泌乳和哺乳过程。其改善方式为：1. 暂停哺乳；2. 哺乳前进行适当的乳房按摩；3. 遵循医嘱使用药物擦拭，但哺乳前应将药物清洁干净，以免污染乳汁，影响婴儿健康。

乳腺
rǔxiàn

乳腺是人体内最大的皮脂腺，是乳房的主要组成部分。男性乳腺在一岁半左右逐渐退变。女性乳腺受神经和激素的作用，有明显的年龄和功能变化，青春期开始增生，20岁前后乳腺已发育到最高程度，40岁左右开始萎缩，经绝后显著萎缩。乳腺可发生急慢性感染、肿瘤等临床常见的疾病。参见"乳腺炎"。

乳腺炎
rǔxiànyán

乳腺炎指的是乳腺的急性化脓感染，是产后2～9周产褥期妇女的常见病。产生乳腺炎的主要原因是乳汁淤积，导致细菌生长繁殖。此外，细菌从裂开的乳头侵入也可造成感染，导致乳腺炎。乳腺炎的先期症状为：乳房肿胀、疼痛，表面红肿，发热；后期可发展为乳房搏动性疼痛，严重者伴有高烧、乳房肿痛明显、乳房有硬结、压痛等症状。避免乳汁淤积和乳头破裂是预防乳腺炎的关键。发现乳房凹陷和乳房皲裂时应及时进行护理。炎症明显时应停止哺乳并及时就医。参见"乳房皲裂"、"乳房凹陷"。

胎教
tāijiào

胎教是指对胎儿的教育实践，可以分为"间接胎教"和"直接胎教"。间接胎教也称"广义胎教"，指的是对孕妇所采取的精神、饮食、环境、劳逸等各方面的保健措施，其目的是为了确保孕妇能够顺利地度过妊娠期，间接地促进胎儿生理和心理上的健康发育。直接胎教则是为还在母体中的胎儿设计出一套科学、适宜的训练内容，使其直接接受一些轻微的外界刺激，如抚摸、对话、音乐等，以促进发育成长。

胎膜早破
tāimó zǎopò

胎膜早破是一种常见的临产先兆，其表现症状为：孕妇不自觉地出现阴道中流出一定量的液体。胎膜早破是由胎膜在宫口未开之前破裂，宫内羊水流出所引起。多数产妇在破膜24小时内子宫发生阵缩即自然分娩。胎膜早破后应立即让孕妇卧床休息，取头低脚高位，或将臀部垫高15～30厘米，以防大量羊水冲出，导致脐带滑入阴道造成脐带脱垂，引起胎儿宫内窒息。

停经
tíngjīng

停经即停止月经，通常是指怀孕后无月经的情况。处于生育年龄有性生活史的健康妇女，平时月经周期规则，一旦月经过期，应考虑到妊娠；若停经2个月以上，则应考虑怀孕的可能。此外，停经亦可指月经净后的状态。

吸奶器
xīnǎiqì

吸奶器，又称奶泵，是一种利用负压原理将母亲乳房中的乳汁吸出的工具，其基本组成部分包括吸奶罩、奶汁容器、连接管。目前常见的几种类型为按压式、橡皮式、空针式手动吸奶器和电动吸奶器。吸奶器多适用于解决母亲乳房严重肿胀或因乳房肿胀使乳头变扁导致婴儿含接困难，及因各种原因母婴分离时挤乳贮存以备喂哺婴儿。早产儿吸吮力差，吸吮与吞咽反射不协调时，可使用吸奶器挤出乳汁后鼻饲。对母亲而言，吸奶器可以疏通乳腺，减少奶胀，亦可避免婴儿吮吸造成的乳头皲裂。

异位妊娠
yìwèi rènshēn

异位妊娠是指孕卵在子宫腔以外的部位着床发育的情况，可包括宫颈妊娠、子宫残角妊娠、输卵管妊娠、卵巢妊娠、腹腔妊娠。其中，输卵管妊娠较为常见。检查时可于一侧下腹摸到有触痛的肿块，子宫软、略大。输卵管破损后，可造成急性腹腔内出血危及生命，是妇产科常见急腹症之一。参见"妊娠"。

音乐胎教
yīnyuè tāijiào

音乐胎教是指通过音乐对母体内胎儿进行施教的一种胎教方法，其目的是保持孕妇身心健康和胎儿健康成长。音乐胎教一般从第七个月开始，刚开始音乐胎教时可将音乐声放大些，然后逐渐地放小音量。音量大小应以胎儿能听到为原则。最好固定放音乐的时间，比如早、中、晚各一次，这样有益于胎儿日后的有规律活动。此外，在进行音乐胎教时母亲应采用舒适的姿势。音乐胎教时间不宜过长，在音乐的选用上应以轻松、活泼、明快的乐曲为主。

语言胎教
yǔyán tāijiào

语言胎教是指孕妇在妊娠期间，有感情、有目的地对胎儿说话，通过文明、礼貌、富有情感的语言，在胎儿脑中留下最初的语言印记，为胎儿出生后的学习生活打下基础。语言胎教可在怀孕后 6～7 个月时开始进行，采用的方法包括：1. 伴随着音乐或歌曲的朗诵抒情法；2. 孕妇单方面对胎儿说话的对话胎教法。参见“音乐胎教”。

月嫂
yuèsǎo

月嫂有时也被称为母婴护理员，是指受雇于产妇家，为产妇和新生儿提供生活护理和身心健康护理的家政服务人员。除了孕妇、产妇、新生儿的专业护理工作外，母婴护理员有时也可以协助从事营养配餐、家庭烹饪、清洗保洁等工作。参见“母婴护理”。

月子病
yuèzǐbìng

月子病通常涵盖了妇女在产褥期间所出现的各种病症；常见的月子病又称产后风，是指产妇在产褥期内出现的肢体或关节酸楚、疼痛和麻木。这些症状是由于妊娠后身体所产生的令骨盆韧带松弛的内分泌激素对身体中类似骨盆韧带的组织产生了同样作用而引起的，在分娩后会随着体内激素水平的回落而逐渐恢复。但是在激素水平未恢复以前，产妇仍应避免过早、过多地从事体力劳动或接触冷水，以防导致肌肉、肌腱和韧带损伤。

月子餐
yuèzǐcān

月子餐即产妇在坐月子期间的调理性饮食，可以分为普通饮食和中医食补两大类。中医认为，恰当的饮食对女性在产褥期改善体质、恢复身体能起到重要的作用，例如，合理的饮食可以对产妇排出体内的血块、收缩内脏和子宫起到辅助作用。月子餐通常需要分阶段（即产后不同时期）、并依据个人不同的身体情况（如顺产或剖腹产、不同的个人体质等）和口味调配，在制作月子餐时应尽可能地做到膳食均衡、营养搭配科学合理。在为产妇准备月子餐时，最好请医师或保健专家根据产妇个人体质作适当的调配。参见“营养干预”。

孕妇体操
yùnfù tǐcāo

　　孕妇体操是针对孕妇开发的一系列孕期健身运动。其目的：1. 通过体操防止妊娠中增加体重和重心变化等因素而引起的肌肉疲劳及功能低下；消除下肢疲劳，减轻腰部的困重感；2. 锻炼与分娩直接相关的关节和肌肉，如腰部和骨盆等部分肌肉等，分娩时使胎儿容易通过产道，为顺利分娩做好准备，例行孕妇体操可培养孕妇精神上的自信，在分娩时会发生巨大的作用。在开始练习孕妇体操时要注意运动时间不能超过 20 分钟，如果运动过程中腹部或身体不适要即时中断，以免对身体造成不利影响。

孕期激动型心理疏导
yùnqī jīdòngxíng xīnlǐshūdǎo

　　孕期激动型心理疏导是指在母婴护理服务中，护理人员对具有激动型心理障碍的孕妇所提供的心理疏导服务。带有激动型心理的孕妇不善于控制和调节自己的情绪，易出现大喜、大悲、大怒、急躁等情绪；在处理问题时往往不分青红皂白，不顾后果；时常会表露出自卑、灰心、孤独、偏执等不良心理状态，从而导致人际关系差，家庭关系紧张，严重影响工作和生活。在进行激动型心理疏导时，护理人员应该指导孕妇的配偶及其家人充分理解孕妇怀孕时期的情绪变化，给予孕妇足够的体谅、包容、关心、鼓励与支持。同时，护理人员应当帮助引导孕妇及时排解不良情绪，并丰富生活情趣。

孕期紧张焦虑型心理疏导
yùnqī jǐnzhāng jiāolǜxíng xīn lǐshūdǎo

　　孕期焦虑型心理疏导指的是在母婴护理服务中，母婴护理员对孕妇的紧张焦虑心理进行心理疏导的护理服务。孕妇在妊娠期，尤其是妊娠晚期的时候，可能会产生产前焦虑，造成孕妇心境不佳、忧愁苦闷、急躁烦恼、恐惧紧张等。母婴护理员应该：1. 指导孕妇适当休息，适当保持营养，并在临产前做一些有利于健康的活动；2. 指导孕妇的丈夫及亲人给予孕妇多一些体贴、关怀和理解。如：抽时间陪妻子散步、听音乐、聊天，定期陪同妻子去医院检查，妻子待产时尽可能多时间陪伴在妻子身边安慰妻子等；3. 鼓励孕妇放松心情，帮助其疏导和克服不良情绪，如：指导孕妇学习怀孕和分娩的有关知识、避免重男轻女思想、纠正分娩误识等。参见"产前心理护理"。

孕期依赖型心理疏导
yùnqī yīlàixíng xīnlǐshūdǎo

　　孕期依赖型心理疏导指的是对部分在精神上和心理上强烈依赖他人的孕妇的疏导。被孕妇依赖的对象通常为丈夫、父母、公婆或兄弟姐妹。这种依赖心理不仅会对被依赖者产生压迫感，而且有可能导致孕妇的自我失衡，影响胎儿健康和家庭和谐。其主要表现为：期许家人随时陪伴、以自我为中心、生理自理能力严重下降、情绪不稳定等。孕期依赖型心理疏导的主要方法有：1. 帮助孕妇的丈夫理解妻子的心理状态，鼓励他经常表达关怀，多说体贴的话，或轻抚孕妇的腹部，向妻子和胎儿传达爱意；2. 指导孕妇认识自身心理特点，并在心理上自我调节和自我平衡，学会自立与独立，理解他人处境。

孕期抑郁型心理疏导
yùnqī yìyùxíng xīnlǐshūdǎo

孕期抑郁型心理指的是妊娠期妇女出现的以情绪低落、焦虑、烦躁、易怒、负罪感、活动能力减退以及思维、认知能力迟缓为主要特征的一类情感障碍。孕期抑郁型心理疏导指的是护理人员对具有抑郁型心理的孕妇进行心理疏导的护理服务，目的是疏导不良心理，维持和重建孕妇的心理平衡和健康。其做法主要有：1. 引导孕妇正确认识孕期抑郁型心理（大多数抑郁为孕期正常情绪反应，轻度抑郁会随着时间的推移而缓解；中度、重度抑郁应获得专业心理辅导人员的疏导和帮助）；2. 注意孕妇情绪变化，引导孕妇宣泄或转移不良情绪；3. 对孕妇家人作必要的心理辅导，鼓励他们与孕妇交流、耐心倾听孕妇诉说烦恼或苦闷；4. 鼓励孕妇丈夫及家人多陪伴孕妇外出活动，例如散步或到环境优美的地方深呼吸、远眺等。抑郁型心理在产后妇女中更为常见，参见"产后抑郁症"。

孕晚期
yùnwǎnqī

孕晚期是指怀孕的第8～10个月期间（即从怀孕第28周开始）。在这一期间，胎儿会由于体型增大而导致胎动减弱（正常情况下，早、午、晚三次胎动的平均数为5～10次）。孕妇在孕晚期生理特点包括：1. 体重增加快；2. 乳房开始泌乳；3. 心肺负担加重，呼吸较常人急促；4. 排尿次数增加。此外，孕妇在孕晚期还较易发生妊娠中毒症（症状表现为：高血压、水肿及蛋白尿，严重时可出现抽搐与昏迷）和痔疮等状况。在孕晚期，由于腹中婴儿会给孕妇带来较大压力，因此孕妇在俯身、站立、行走等活动应注意采用适当的方式，并及时体检，保证自身和胎儿健康。

孕早期
yùnzǎoqī

孕早期指的是怀孕的前三个月。孕早期胎盘正在形成，胎儿的各器官正在分化发育。在此期间，约半数孕妇会在怀孕前6周出现早孕反应并产生畏寒、头晕、乏力、嗜睡、食欲不振、喜食酸物或恶心、晨起呕吐等症状。同时，由于此阶段胚胎细胞分化增殖活跃，胎儿容易受到致畸因子（如：病毒、不慎使用的药物等）干扰而发生畸形，因此又被称为"致畸期"。早孕反应通常在妊娠第12周左右自行消失。人体胚胎的致畸高峰期处于妊娠第30天左右，在第55～60天后畸形概率迅速下降。参见"早孕反应"。

孕中期
yùnzhōngqī

孕中期是指怀孕4～7个月，即妊娠13～27周。在此期间，胎儿开始形成各个主要器官和内脏，如心脏、肾脏和四肢；还可以察觉到胎儿的胎动、胎儿心音、并能在妊娠 20 周以后通过腹壁触及胎体。由于细胞分化需要大量营养，因此孕妇在这个阶段对蛋白质、维生素、铁、钙等营养成分的需求量比平时增多。孕妇在此期间应适量补充铁剂，同时调整饮食结构，适当增加瘦肉、蛋类及各种蔬菜，并适当减少碳水化合物的比例。同时，在这一时期应少吃含盐多的食物。

早产
zǎochǎn

早产指的妊娠在 28～37 周之间的分娩，相对于正常的妊娠周期（37～41 周）生产时间较提前。引起早产的原因很多，如妊娠合并急性传染、孕妇营养不良、某些创伤、子宫畸形、子宫口松弛、多胎、胎儿畸形、羊水过多、胎位不正等。重视孕妇保健，可减少早产。参见"早产儿"。

早孕反应
zǎoyùn fǎnyìng

早孕反应，又称妊娠反应，是指妇女因妊娠而在怀孕之初出现的一系列不适症状。临床表现为畏寒、头晕、乏力、嗜睡、食欲不振、嗜酸性食物或厌油腻、恶心、晨起呕吐等，这类症状通常出现在停经 6 周左右时间，持续大约 8 周可自行消失。对于一般的妊娠反应，不必过虑，要保持心情舒畅，避免过度劳累；饮食宜少量多餐，使胃有排空的时间；食物以可口、清淡为宜，不必强调营养丰盛。对妊娠剧吐者，应及时就医。

致畸期
zhìjīqī

见"孕早期"。

住家型母婴护理员
zhùjiāxíng mǔyīnghùlǐyuán

住家型母婴护理员或月嫂是指根据合同约定住在产妇家中为其和新生儿提供全天候服务的家政服务人员。住家型模式与不住家型模式相比，服务时间更长，收取费用也相对更高。参见"不住家型母婴护理员"。

坐月子
zuòyuèzǐ

坐月子是汉族民间的一种生育习俗，是指孕妇分娩后调养身体、哺育新生儿的一段时间。传统的"坐月子"指的是产褥期的前 30 天。新生儿满月前，产妇不能出产房走动，饮食颇多讲究，民间尚有许多产后禁忌，例如，怕被风吹，忌用冷水洗手、洗东西等。参见"产褥期"。

十五、综合大类

长期护理保险
zhǎngqīhùlǐ bǎoxiǎn

　　长期护理保险起源于美国，由残疾人收入保险发展而来。长期护理保险是指对被保险人因为年老、严重或慢性疾病、意外伤残等导致身体上的某些功能全部或部分丧失，生活无法自理，需要入住长期护理机构，譬如安养院等接收长期的康复和支持护理或在家中接收他人护理时支付的各种费用给予补偿的一种健康保险。长期护理保险的功能在于，在人们年轻时，通过个人或单位雇主缴纳保险费的方式购买长期护理保险，在其年老自理能力出现困难时，长期护理保险提供保险金赔付，用于护理费用的支付，使老年人能够安度晚年。

妇女组织
fùnǚ zǔzhī

　　"妇女组织"是对中国各级妇女联合会和其他非政府妇女组织的统称，其基本任务是：团结各族妇女，坚持贯彻执行宪法和法律规定，维护妇女儿童的合法权益，抚育、培养、教育儿童少年健康成长。中国最大的非政府妇女组织是中华全国妇联，是各民族、社会各界妇女为争取进一步解放和发展而组成的群众团体，是党和政府联系妇女群众的桥梁和纽带，在维护妇女权益方面发挥了重要作用。参见"中华全国妇女联合会"。

公益性服务
gōngyìxìng fúwù

　　公益性服务是一种不以营利为目的，为公众提供无偿服务的行为。

家庭规模小型化
jiātíng guīmó xiǎoxínghuà

　　家庭规模小型化指的是家庭总人口减少、家庭规模变小的趋势。小型化的家庭形态包括：夫妻2人家庭、父母-子女3人家庭、单亲家庭、单人家庭、空巢家庭等。导致家庭规模小型化的因素包括：生育政策的影响，结婚年龄的推迟，不婚率和离婚率的提高，低生育率，寿命的延长，人口流动，社会观念变革等。家庭规模小型化导致部分家庭职能外移，需要通过使用社会化服务来补充，如幼儿看护、老年人护理等。

家庭社会学
jiātíng shèhuìxué

　　家庭社会学是社会学的分支，指用社会学的理论和方法研究家庭的起源、演变、功能、不同时期家庭的特点以及家庭与社会之间的关系。家庭社会学开始于19世纪末，其代表人物是英国的伯吉斯（Burgess, E. W.）、帕森斯（Parsons, T.）等。当代家庭社会学的研究的侧重点是：现实社会的家庭问题，家庭在现代社会的特点，家庭教育，家庭经济，家庭心理，家庭关系及其相互影响，新时期的恋爱、婚姻，离婚趋势，家庭结构和功能的历史与现状，未来家庭等。

家庭外派委托服务
jiātíng wàipài wěituō fúwù

家庭外派委托服务指的是搬家服务、庆典服务、接送服务、家庭装饰装修服务、家庭开荒保洁服务等。

劳动服务公司
láodòngfúwù gōngsī

劳动服务公司指的是协助劳动部门组织就业的一种新型社会劳动组织形式，一般为依法设立的营利性组织，是职业中介服务机构的一种。参见"职业中介服务"。

劳务市场
láowù shìchǎng

劳务市场是求职者与用人单位直接商谈的场所，是指利用市场机制调节劳动力供求关系，引导劳动力合理流动，实现劳动力在社会经济各领域合理配置的场所。劳务市场是劳动力交流的一种形式。劳务市场的形式包括：技术工人交流中心、职业介绍所、综合性劳务市场、人才交流服务中心等。参见"职业介绍所"。

留守家庭
liúshǒu jiātíng

留守家庭是指农村劳动力输出后由家庭剩余人口在户籍地形成的特殊家庭。留守家庭是由我国当前特定的社会和经济状况所产生的一种社会现象。农村留守家庭结构通常分为三类：一是由老人和第三代儿童构成的隔代型家庭，二是由妇女和孩子构成的半边型家庭，三是成年子女全部外出由老人构成的空巢型家庭。参见"空巢家庭"、"流动人口"。

流动人口
liúdòng rénkǒu

流动人口泛指一个地区的非常住或非户籍人口，包括寄居人口、暂住人口、旅客登记人口和在途人口。在建筑和运输部门做临时工的外地民工，进城经商、办企业、就学或从事各种第三产业劳动的外地人口，探亲访友人员，来自外地参加各种会议、展览、购货、旅游的人员，都属于流动人口。中国流动人口一般要占城镇总人口的 $17\% \sim 25\%$，城市越大，流动人口越多，城镇流动人口又远多于乡村。在不同季节时间，不同地区，流动人口又表现出不同的特征。如风景区，一般在春、夏、秋旅游旺季流动人口增加；城市中在春节前后，探亲访友的人口增加，而经商、做临工的人口减少。

人民法院
rénmín fǎyuàn

人民法院是中华人民共和国的审判机关，于 1949 年 10 月设立。根据宪法和人民法院组织法的规定，在全国范围内设最高人民法院、地方各级人民法院和专门人民法院。各级人民法院由本级人民代表大会及其常务委员会产生，向其负责并报告工作。其任务是：审判刑事案件和民事案件，并且通过审判活动，惩办一切犯罪分子，解决民事纠纷，以保卫人民民主专政制度，维护社会主义法制和公共秩序，保护社会主义全民所有的财产、劳动群众集体所有的财产，保护公民私人所有的合法财产，保护公民的人身权利、民主权利和其他权利，保障国家的社会主义革命和社会主义事业的顺利进行。人民法院依照法律规定独立行使审判权；对于一切公民在适用法律上一律平等。人民法院实行两审终审制。下级法院受上级法院监督，最高人民法院监督地方各级人民法院和专门法院的审判工作。

三明治世代
sānmíngzhì shìdài

三明治世代也称"夹心代"，指的是在老中青年三代之间，夹在中间的成人第二代（一般在 30 到 40 岁之间）。他们一方面需要照顾年迈的父母（第一代），又需要照顾年幼的子女（第三代），因此承受着沉重的身心压力及负荷，如同三明治的夹层一样。现代人因工作或其他因素而晚婚，使得生育年龄延后、加上少子化与长寿现象，衍生出夹在上下两代间的"三明治世代"。

社会管理
shèhuì guǎnlǐ

社会管理有广义和狭义之分，广义的社会管理是指对组成社会的各个方面所进行的协调管理活动，其内容可包括：1. 对经济发展的管理，2. 对政治发展的管理，3. 对社会文化发展的管理，4. 对社会生活发展的管理。狭义的社会管理属于上述管理方面的最后一项，即对社会生活发展的管理。家政服务业除了可以保障就业外，还可提高家庭的生活水平和质量，由此为社会发展作出应有贡献。

社区福利院
shèqū fúlìyuàn

社会福利院是一种由国家民政部门开办的综合性或专业性福利事业单位，主要收养社区中无亲属子女赡养、无生活来源、无劳动能力的孤老、孤儿、残疾人、精神病人以及弃婴等。参见"社区福利服务"、"疗养院"。

社区信息服务平台
shèqū xìnxī fúwùpíngtái

社区信息服务平台是一种通过运用现代化通信手段而建立的社区服务信息应用体系。其目的是高效、快捷地传递和处理社区服务供需关系信息和相关业务，使社区中的居民和各种服务机构享受到信息化带来的便利和实惠。参见"社区服务"。

生活习俗
shēnghuó xísú

生活习俗是指人们在长期的经济与社会活动中形成的生活风俗习惯，包括物质生活和精神文化生活两个方面。我国是一个多民族国家，各个民族均有着本民族独特的生活习俗。在为不同生活习俗的家庭提供服务时，家政服务人员应了解这些家庭所代表的文化背景和生活习俗，以帮助理解客户的需求，建立和谐的服务关系。

参见"民族服饰"、"饮食文化"。

授权委托书
shòuquán wěituōshū

授权委托书指当事人把代理权授予委托代理人的证明文书。有民事诉讼代理的授权委托书和民事代理的授权委托书。民事诉讼代理的授权委托书是当事人、第三人和法定代理人委托他人代书诉讼的一种文书，是委托代理人为被代理人进行诉讼活动的依据，规定了委托代理人的代理权限，并可向人民法院送交。这种授权委托书只有委托人签名或盖章才有效。民事代理的授权委托书则是由被代理人委托代理人在一定权限范围内进行的民事法律行为，是非诉讼性的委托代理文书。这两种授权委托书在书写时都有一定的格式要求。

现代服务业
xiàndài fúwùyè

"现代服务业"一词最早出现于中国共产党第十五次全国代表大会的报告中，是指在工业化比较发达的阶段产生的，主要依托信息技术和现代管理方法发展起来的信息和知识密集性服务产业。其主要涵盖的领域包括：金融业、保险业、房地产业、电子商务、现代物流业及其他相关的会计、信息、法律等咨询服务。

信息网络
xìnxī wǎngluò

信息网络是指电子信息传输的通道，及构成这种通道的所有线路和设备。在实际应用中，人们常常将信息网络建设成可以囊括诸如信息交换、企业管理、资源数据库等多种功能的网络化平台。参见"信息资源"、"家政信息平台"。

信息资源
xìnxī zīyuán

信息资源也称第三资源，是指可以通过不同方式和渠道获取的，存在于生活、工作环境中的一切信息。与一般的物质资源相比，它具有以下特征：1. 相当多的信息具有知识性、探索性、创新性；2. 信息具有继承性，需要记忆、贮存、继承；3. 信息可以扩充，也可以压缩；4. 信息可无限传输；5. 信息可部分取代资本、劳动和物质资源；6. 信息可以分享等。参见"信息网络"、"家政信息平台"。

学前教育
xuéqián jiàoyù

学前教育也称幼儿教育，指教育或保育机构根据一定的培养目标和幼儿的身心特点，对学龄前的幼儿所进行的教育。学前教育一般由幼儿园、幼儿学校或托儿所来实施。在我国，学前教育的针对对象一般为3～6岁的学龄前儿童。参见"早期教育"、"婴幼儿教育"、"学龄前期"。

医疗之家
yīliáo zhījiā

医疗之家是西方国家所采用的一种基于团队操作的医疗护理模式，其核心是一个由患者的个人医师所组织领导的团队。医疗之家旨在给患者提供持续的综合性治疗服务，团队中的每个成员都在医疗过程中承担一定的责任，并必须尽全力满足患者的需求。医疗之家的目的是使患者达到最佳的身体状况，因此其不仅包括对疾病或症状的治疗，还包括对于个人健康全面的支持和指导，如预防、心理健康和与健康相关的生活方式等。医疗之家的结算模式通常根据最终的医疗结果结算，而不是根据医疗服务的数量支付。医疗之家的特点包括：1. 以患者为中心；2. 综合、全面的治疗服务（包括预防、保健、急性病和慢性病的治疗）；3. 网络协调能力：能调动医疗体系内的所有组成成分（专科医疗、医院、家庭医疗、社区服务和护理支持）；4. 可及性；5. 致力于保障医疗质量和安全性。

婴儿潮

yīng'ércháo

婴儿潮指的是某一国家/地区在特定时期内人口出生率大幅度提升的现象，这一词汇最早被用于指代第二次世界大战后的1946至1964年间，美国婴儿出生率达到有史以来最高峰的现象。自新中国成立以来，我国大致经历了三次婴儿潮，分别为新中国成立后不久的1950年代，三年自然灾害后的1962至1973年间，及改革开放后的1986至1990年间；其中，第一和第二代婴儿潮人群总数超过4亿人，约占目前中国人口的1/3。

中国家庭服务业协会

zhōngguó jiātíng fúwùyè xiéhuì

中国家庭服务业协会是经国家民政部批准，于1994年6月在北京成立的全国家庭服务业的行业性组织，为全国性非营利性社团组织，具有社会团体的法人资格。业务范围主要包括家政服务行业管理、信息交流、业务培训、刊物编辑、国际合作、法律咨询服务等。协会的成立致力于促进家庭服务（即：家政服务、家居保洁、家庭病患护理、家庭医生、家庭餐饮、家庭教育、婚庆礼仪、家庭园艺、搬家物流、家庭旧货收购、家庭养老服务、家庭装饰维修、家庭儿童接送服务和家庭钟点工等以家庭为服务对象的有偿服务）向规范化、职业化、专业化、标准化发展，并提升行业社会化、产业化、科学化、现代化水平。

中国营养学会

zhōngguó yíngyǎngxuéhuì

中国营养学会是中国营养科技工作者和从事营养研究的科技、教学及设有营养研究机构的企事业单位自愿结成，并依法登记的全国性、学术性和非营利性的社会组织。其始创于1945年，1950年并入中国生理学会，1981年复会成立中国生理科学会营养学会。业务主管单位是中国科学技术协会，社团登记管理单位为民政部。学会的业务范围包括：举办营养科学和技术领域的学术交流活动；开展科普工作；开展营养科学领域的继续教育和技术培训；开展营养科学领域的国际学术交流与合作；依法编辑出版营养科学范畴的刊物、书籍和音像制品及网络宣传材料；承担政府委托职能及承办委托任务；维护会员的合法权益，反映营养科技工作者的意见与呼声；促进科学道德和学风建设；积极开展科技咨询服务、技术研发、技术转让，促进科技成果转化、推广营养科学技术成果；依法开展奖励表彰、成果鉴定和专业技术水平认证等工作；组织开展社会公益活动等，旨在推进营养科技事业的发展，提高全民健康水平。

中华全国妇女联合会
zhōnghuá quánguó fùnǚ liánhéhuì

中华全国妇女联合会，简称全国妇联，是全国各族各界妇女为争取进一步解放与发展而联合起来的群众组织，成立于 1949 年 4 月 3 日，1957 年 9 月改称此名。全国妇联的主要作用是代表和维护妇女权益、促进男女平等。它的基本任务是：鼓励妇女努力学习科学技术和文化知识；团结、动员妇女投身改革开放和社会主义经济建设、政治建设、文化建设、社会建设和生态文明建设；积极发展同世界各国妇女和妇女组织的友好交往等。全国妇联的最高权力机构是全国妇女代表大会。

中华人民共和国妇女权益保障法
zhōnghuárénmíngònghéguó
fùnǚquányìbǎozhàngfǎ

《中华人民共和国妇女权益保障法》是我国制定的一部专门保障妇女权利和利益的法律。该法于 1992 年 4 月 3 日在第七届全国人民代表大会第五次会议上通过，并根据 2005 年 8 月 28 日第十届全国人民代表大会常务委员会第十七次会议《关于修改〈中华人民共和国妇女权益保障法〉的决定》

修正。该法共 9 章 61 条，分别为：总则、政治权利、文化教育权益、劳动和社会保障权益、财产权益、人身权利、婚姻家庭权益、法律责任和附则。根据该法，中国的妇女在政治、经济、文化、社会和家庭生活等领域享有与男子平等的权利，政府保护妇女依法享有的特殊权益，禁止歧视、虐待、残害妇女，并将逐步完善对妇女的社会保障制度。

中华人民共和国教育法
zhōnghuárénmíngònghéguó
jiàoyùfǎ

《中华人民共和国教育法》是为了维护教育关系主体的合法权益，加速教育法制建设而制定的法律，自 1995 年 9 月 1 日起施行。教育法涵盖了教育基本制度、教育机构、教育工作者、受教育者、教育与社会、教育投入、对外交流与合作、法律责任和相关总则及附则等内容。

中华人民共和国劳动法
zhōnghuárénmíngònghéguó
láodòngfǎ

《中华人民共和国劳动法》是为了保护劳动者的合法权益，规范劳动关系双方的权利和义务而根据宪法制定的法律，自 1995 年 1 月 1 日起施行。劳动法涵盖了促进就业、劳动合同和集体合同、工作时间、工资、劳动安全卫生、女职工和未成年工特殊保护、职业培训、社会保险和福利、劳动争议、监督检查、法律责任和相关总则及附则等内容。

中华人民共和国劳动合同法
zhōnghuárénmíngònghéguó
láodònghétóngfǎ

《中华人民共和国劳动合同法》是为了完善劳动合同制度，明确劳动合同双方当事人的权利和义务，保护劳动者的合法权益，构建和发展和谐稳定的劳动关系而制定的法律。自2008年1月1日起施行。2012年12月28日第十一届全国人民代表大会常务委员会第三十次会议《关于修改〈中华人民共和国劳动合同法〉的决定》修正。劳动合同法涵盖了劳动合同的订立、劳动合同的履行和变更、劳动合同的解除和终止、特别规定、监督检查、相关法律责任和相关总则及附则等内容。

中华人民共和国民政部
zhōnghuárénmíngònghéguó
mínzhèngbù

中华人民共和国民政部于1978年设立，是主管有关社会行政事务的国务院组成部门。民政部的主要职责包括：1. 拟订民政事业发展规划和方针政策，起草有关法律法规草案，制定部门规章，并组织实施和监督检查。2. 承担依法对社会团体、基金会、民办非企业单位进行登记管理和监察责任。3. 拟订优抚政策、标准和办法，拟订退役士兵、复员干部、军队离退休干部和军队无军籍退休退职职工安置政策及计划，拟订烈士褒扬办法，组织和指导拥军优属工作，承担全国拥军优属拥政爱民工作领导小组的有关具体工作。4. 拟订救灾工作政策，负责组织、协调救灾工作，组织自然灾害救助应急体系建设，负责组织核查并统一发布灾情，管理、分配中央救灾款物并监督使用，组织、指导救灾捐赠，承担国家减灾委员会具体工作。5. 牵头拟订社会救助规划、政策和标准，健全城乡社会救助体系，负责城乡居民最低生活保障、医疗救助、临时救助、生活无着人员救助工作。6. 拟订行政区划管理政策和行政区域界线、地名管理办法，负责县级以上行政区域的设立、命名、变更和政府驻地迁移的审核工作，组织、指导省县级行政区域界线的勘定和管理工作，负责重要自然地理实体以及国际公有领域、天体地理实体的命名、更名的审核工作。7. 拟订城乡基层群众自治建设和社区建设政策，指导社区服务体系建设，提出加强和改进城乡基层政权建设的建议，推动基层民主政治建设。8. 拟订社会福利事业发展规划、政策和标准，拟订社会福利机构管理办法和福利彩票发行管理办法，组织拟订促进慈善事业的政策，组织、指导社会捐助工作，指导老年人、孤儿和残疾人等特殊群体权益保障工作。9. 拟订婚姻管理、殡葬管理和儿童收养的政策，负责推进婚俗和殡葬改革，指导婚姻、殡葬、收养、救助服务机构管理工作。10. 会同有关部门按规定拟订社会工作发展规划、政策和职业规范，推进社会工作人才队伍建设和相关志愿者队伍建设。11. 负责相关国际交流与合作工作，参与拟订在华国际难民管理办法，会同有关部门负责在华国际难民的临时安置和遣返事宜。12. 承办国务院交办的其他事项。

中华人民共和国母婴保健法

zhōnghuárénmíngònghéguó
mǔyīngbǎojiànfǎ

《中华人民共和国母婴保健法》是为了保障母亲和婴儿健康，提高出生人口素质而根据宪法制定的法规，自1995年6月1日起施行。母婴保健法涵盖了婚前保健、孕产期保健、医学技术鉴定、地方行政管理、相关法律责任和相关总则及附则等内容。

中华人民共和国人力资源和社会保障部

zhōnghuárénmíngònghéguó
rénlìzīyuán hé shèhuìbǎozhàngbù

中华人民共和国人力资源和社会保障部是统筹机关及企事业单位人员管理和统筹城乡就业和社会保障政策的中国国家权力机构。人力资源和社会保障部于2008年3月通过审议组建，其前身是中华人民共和国人事部和中华人民共和国劳动和社会保障部。其主要职责包括：1. 拟订人力资源和社会保障事业发展规划、政策，起草人力资源和社会保障法律法规草案，制定部门规章，并组织实施和监督检查。2. 拟订人力资源市场发展规划和人力资源流动政策，建立统一规范的人力资源市场，促进人力资源合理流动、有效配置。3. 负责促进就业工作，拟订统筹城乡的就业发展规划和政策，完善公共就业服务体系，拟订就业援助制度，完善职业资格制度，统筹建立面向城乡劳动者的职业培训制度，牵头拟订高校毕业生就业政策，会同

有关部门拟订高技能人才、农村实用人才培养和激励政策。4. 统筹建立覆盖城乡的社会保障体系。统筹拟订城乡社会保险及其补充保险政策和标准，组织拟订全国统一的社会保险关系转续办法和基础养老金全国统筹办法，统筹拟订机关企事业单位基本养老保险政策并逐步提高基金统筹层次。会同有关部门拟订社会保险及其补充保险基金管理和监督制度，编制全国社会保险基金预决算草案，参与制定全国社会保障基金投资政策。5. 负责就业、失业、社会保险基金预测预警和信息引导，拟订应对预案，实施预防、调节和控制，保持就业形势稳定和社会保险基金总体收支平衡。6. 会同有关部门拟订机关、事业单位人员工资收入分配政策，建立机关企事业单位人员工资正常增长和支付保障机制，拟订机关企事业单位人员福利和离退休政策。7. 会同有关部门指导事业单位人事制度改革，拟订事业单位人员和机关工勤人员管理政策，参与人才管理工作，制定专业技术人员管理和继续教育政策，牵头推进深化职称制度改革工作，健全博士后管理制度，负责高层次专业技术人才选拔和培养工作，拟订吸引国（境）外专家、留学人员来华（回国）工作或定居政策。8. 会同有关部门拟订军队转业干部安置政策和安置计划，负责军队转业干部教育培训工作，组织拟订部分企业军队转业干部解困和稳定政策，负责自主择业军队转业干部管理服务工作。9. 负责行政机关公务员综合管理，拟订有关人员调配政策和特殊人员安置政策，会同有关部门拟定国家荣誉制

度和政府奖励制度。10. 会同有关部门拟订农民工工作综合性政策和规划，推动农民工相关政策的落实，协调解决重点难点问题，维护农民工合法权益。11. 统筹拟订劳动、人事争议调解仲裁制度和劳动关系政策，完善劳动关系协调机制，制定消除非法使用童工政策和女工、未成年工的特殊劳动保护政策，组织实施劳动监察，协调劳动者维权工作，依法查处重大案件。12. 负责本部和国家公务员局国际交流与合作工作，制定派往国际组织职员管理制度。13. 承办国务院交办的其他事项。

中华人民共和国食品卫生法
zhōnghuárénmíngònghéguó
shípǐnwèishēngfǎ

《中华人民共和国食品安全法》是在 1995 年颁布的《中华人民共和国食品卫生法》的基础上编写的为了保证食品安全、保障公众身体健康和生命安全的法律。食品安全法于 2009 年第十一届全国人大常委会第七次会议通过；2015 年 4 月 24 日第十二届全国人大常委会第十四次会议通过其修订草案。食品安全法确立了以食品安全风险监测和评估为基础的科学管理制度，对食品安全标准进行了整合统一，规定了与食品安全相关的行政部门的职责，并确立了一系列与食品安全相关的制度。

中华人民共和国未成年人保护法
zhōnghuárénmíngònghéguó
wèichéngniánrénbǎohùfǎ

《中华人民共和国未成年人保护法》经 1991 年 9 月 4 日七届全国人大常委会第 21 次会议通过，自 1992 年 1 月 1 日开始施行。根据 2012 年 10 月 26 日十一届全国人大常委会第 29 次会议通过、2012 年 10 月 26 日中华人民共和国主席令第 65 号公布的《全国人民代表大会常务委员会关于修改〈中华人民共和国未成年人保护法〉的决定》第 2 次修正。该法旨在保护未成年人的身心健康，保障未成年人的合法权益。《未成年人保护法》分总则、家庭保护、学校保护、社会保护、司法保护、法律责任、附则 7 章 72 条，自 2007 年 6 月 1 日起施行。

资源共享
zīyuán gòngxiǎng

资源共享是指不同资源方之间有组织地共享资料和服务，而不使资源局限于其所有方的行为。资源共享可以是实体的物质资源共享，也可以是虚拟资源共享。资源共享的主要目的是：1. 促进信息资源的自由流通；2. 确保资源的享用更加便捷；3. 确保资源应用最大化；4. 节约资源、减少资源重复；5. 保证更快捷的客户服务；6. 便于不同资源方的信息互换。

附　　录

附录一：方针政策

国务院办公厅关于发展家庭服务业的指导意见

国办发〔2010〕43号

各省、自治区、直辖市人民政府，国务院各部委、各直属机构：

家庭服务业是以家庭为服务对象，向家庭提供各类劳务，满足家庭生活需求的服务行业。大力发展家庭服务业，对于增加就业、改善民生、扩大内需、调整产业结构具有重要作用。为进一步贯彻落实《国务院关于加快发展服务业的若干意见》（国发〔2007〕7号）要求，经国务院同意，现就发展家庭服务业提出如下指导意见：

一、基本原则和发展目标

（一）基本原则。立足国情，从现阶段实际出发，坚持市场运作与政府引导相结合，大力推进家庭服务业市场化、产业化、社会化；坚持政策扶持与规范管理相结合，积极实施扶持家庭服务业发展的产业政策，倡导诚信经营，加强市场监管，规范经营行为和用工行为；坚持满足生活需求与促进经济结构调整相结合，通过发展家庭服务业，为家庭提供多样化、高质量服务，带动相关服务行业发展，扩大服务消费；坚持促进就业与维护权益相结合，努力吸纳更多劳动者尤其是农村富余劳动力转移就业，妥善处理好家庭服务机构、家庭与从业人员之间的关系，维护好从业人员合法权益。

（二）发展目标。到2015年，建立完善发展家庭服务业的政策体系和监管措施，形成多层次、多形式共同发展的家庭服务市场和经营机构，家庭服务供给与需求基本平衡；从业人员数量显著增加，职业技能水平不断提高，劳动权益得到维护。到2020年，惠及城乡居民的家庭服务体系比较健全，能够基本满足家庭的服务需求，总体发展水平与全面建设小康社会的要求相适应。

二、统筹规划家庭服务业发展

（三）制订实施发展规划。根据国民经济和社会发展中长期规划及服务业发展主要目标，制订全国家庭服务业中长期发展规划。各地区要根据国家规划和本地区实际情况制订本地区规划，明确发展目标和保障措施。各有关部门要制（修）订相关行业规划和专项规划。研究制订家庭服务业发展评价体系，促进发展规划的实施。

（四）统筹各类业态发展。研究制订家庭服务业发展指导目录，明确不同时期发展重点及支持方向。适应人口老龄化和生活节奏加快的趋势，重点发展家政服务、养老服务、社区照料服务和病患陪护服务等业态，满足家庭的基本需求；加快基本养老服务体系建设，积极发展社区日间照料中心和专业化养老服务机构，支持社会力量参与公办养老服务设施的运营，开展多层次的养老服务；鼓励发展残疾人居家服务。适应经济社会发展水平和居民消费变化，因地制宜发展家庭用品配送、家庭教育等业态，满足家庭的特色需求。结合社会主义新农村建设，逐步发展面向农村尤其是中心镇的家庭服务。

（五）培育家庭服务市场。以非公有制经济为主体，鼓励各种资本投资创办家庭服务企业。除法律、行政法规另有规定外，对设立家庭服务企业不得提高注册资本最低限额。推进家庭服务领域对外开放，积极引进境外投资。鼓励各种社会力量创办民办非企业单位和个体经济组织提供家庭服务，支持工会、共青团、妇联和残联等组织利用自身优势发展多种形式的家庭服务机构。鼓励家务劳动社会化，积极扩大家庭服务需求。政府面向困难群众提供的家庭服务类公共产品，要按照市场机制向社会购买。各地区家庭服务市场要向外地企业开放，不得设置市场壁垒。

（六）推进公益性信息服务平台建设。设立区域性家庭服务电话呼叫号码，整合资源，增加投入，实施家庭服务业公益性信息服务平台建设工程。充分发挥各方面信息资源的作用，利用公共服务电话、互联网等，扩大信息覆盖面和服务范围，为家庭、社区、家庭服务机构提供公益性服务，实现互联互通、信息共享。依托家庭服务业公益性信息服务平台，健全供需对接、信息咨询、服务监督等功能，整合各类家庭服务资源，对家庭服务机构的资质、服务质量进行监督评价，形成便利、规范的家庭服务体系。

（七）发挥社区的重要作用。实施社区服务体系建设工程，统筹社区内家庭服务业发展。根据各类服务特点，将洗染、废旧物资回收利用、家用电器及其他日用品修理、社区保洁、社区保安等需要就近提供的家庭服务站点纳入社区服务体系建设之中。合理布局，扶持社区内家庭服务业场所建设，通过依托各类社区服务设施改造建设、以奖代补等方式，为家庭服务机构提供场所设施。鼓励不设服务场所的各类家庭服务机构与医疗服务机构、社区管理和服务机构等加强合作，增强可持续发展的能力。支持大型家庭服务企业运用连锁经营等方式到社区设立各类便民站点。加快社区综合信息服务平台建设，支持社区居民自治组织为家庭提供信息服务，支持社会组织开展互助志愿服务活动。

三、实行发展家庭服务业的扶持政策

（八）鼓励各类人员到家庭服务业就业、创业。把发展家庭服务业与落实各项就业扶持政策紧密结合起来，完善促进就业政策体系，鼓励农村富余劳动力、就业困难人员和高校毕业生到家庭服务业就业、创业。对各类家庭服务机构招用就业困难人员，签订劳动合同并缴纳社会保险费的，按规定给予社会保险补贴。对在家庭服务业灵活就业的就业困难人员，按规定给予社会保险补贴。对自主创业从事家庭服务业的农民工、高校毕业生和就业困难人员，按规定提供开业指导、创业培训、小额担保贷款、人事劳动档案保管和跟踪服务等"一条龙"服务。高校毕业生从事家庭服务业的，在报考公务员、应聘事业单位工作岗位时可按有关规定视同基层工作经历。鼓励开发家庭服务业公益性岗位，安排就业困难人员。落实促进残疾人就业的有关政策，鼓励和扶持具备劳动能力的残疾人从事家庭服务业。

（九）加强就业服务。强化覆盖城乡的公共就业服务体系，特别是加强街道、乡镇、社区就业服务平台建设，为家庭服务从业人员免费提供政策咨询、就业信息、职业指导和职业介绍服务，为家庭服务机构招聘人员和家庭雇用家政服务员提供推荐服务。在全国劳动力主要输出地区，整合并提升现有劳务基地资源，培育和扶持具有本地特色的家庭服务劳务品牌，强化输出地与输入地的对接，促进有组织的劳务输出。

（十）积极发展中小型家庭服务企业。充分发挥中小型家庭服务企业在行业发展中的骨干作用。地方各级人民政府和有关部门要将国家关于促进中小企业发展的政策措施落实到家庭服务企业，为企业设立、经营等提供便捷服务，将符合条件的企业纳入中小企业发展专项资金、小企业创业基地和中小企业信息服务网络给予积极扶持。加大对中小型家庭服务企业的多元化融资支持，拓宽融资渠道，扩大信贷抵押担保物范围，建立健全信用风险分散转移机制，推进金融产品和服务方式创新。鼓励兴办从事家庭服务的个体经济组织，为家庭提供灵活多样的服务，在行业发展中起到重要补充作用。切实减轻企业负担，严肃查处乱收费、乱罚款及各种摊派行为。

（十一）支持一批家庭服务企业做大做强。积极引导有条件的家庭服务企业规模化、网络化、品牌化经营，在行业发展中发挥带动作用。支持企业通过连锁经营、加盟经营、特许经营等方式，整合服务资源、扩大服务规模、增加服务网点、建立服务网络，除有特别规定外，企业设立连锁经营门店可持规定的文件和材料，直接到所在地工商行政管理机关申请办理登记手续。支持符合条件的企业按照相关规定进入境内外资本市场融资。支持企业建立和完善现代企业制度，积极开展技术、管理和服务创新，加强品牌开发、宣传和推广，形成有竞争力的知名品牌。

（十二）加大对家庭服务业的财税扶持力度。充分利用服务业发展专项资金和引导资金，将家庭服务业作为促进服务业发展的支持重点，进一步加大支持力度。中央和地方用于社会事业和民生工程的资金，要将发展家庭服务业纳入扶持范围。落实扶持中小企业发展的税收优惠政策，按有关税收政策规定，对符合条件的小型微利企业给予税收优惠。中小型家庭服务企业缴纳城镇土地使用税确有困难的，可按有关规定向省级财税部门或省级人民政府提出减免税申请；中小型家庭服务企业因有特殊困难不能按期纳税的，可依法申请在3个月内延期缴纳；对符合条件的员工制家政服务企业给予一定期限（3年）免征营业税的支持政策。从事家庭服务的个体经济组织符合条件的，可以按照现行有关规定享受免收行政事业性收费优惠政策。

（十三）实施促进家庭服务业发展的其他政策措施。支持商业保险机构开发家庭服务保险产品，推行家政服务机构职业责任险、人身意外伤害保险等险种，防范和化解风险。制订土地使用总体规划、城市总体规划要充分考虑家庭服务业发展需要，搬迁关闭不适应城市功能定位的工业企业而退出的土地，要在供地安排上适当向养老服务等家庭服务机构倾斜，城市新建居住小区要预留规划面积，优先考虑家庭服务业站点发展的需要。完善价格政策，使养老服务机构与居民家庭用电、用水、用气、用热同价，其他家庭服务机构逐步实现不高于工业用电、用水、用气、用热价格。

四、逐步规范家庭服务业市场秩序

（十四）开展服务标准制（修）订和贯彻实施工作。研究制（修）订家庭服务各业态服务标准，推进服务标准化试点，逐步扩大标准覆盖范围。各地区、行业协会和企业要积极开展标准化工作，切实抓好家庭服务业国家标准、行业标准和地方标准的贯彻实施。按照让家庭满意、让从业人员满意的要求，推行服务承诺、服务公约、服务规范，提高服务质量。

（十五）加强市场监管。依法规范家庭服务机构从业行为，开展市场清理整顿，加强市场日常监管，严肃查处违法经营行为，坚决取缔非法职业中介，维护家庭消费者合法权益。制订家政服务机构资质规范，设立家政服务机构或其他组织拟从事家政服务经营的，须向有关部门备案。

（十六）完善行业自律机制。大力加强家庭服务业行业协会建设，在开办经费、办公场地、人员配备等方面给予扶持，为协会开展行业交流、人才培训、行业自律等工作提供有利条件。行业协会要在政府主管部门指导下，推动家庭服务机构开展规范化建设，拟订行业服务公约和家庭服务协议示范文本，开展服务质量评定、调解服务纠纷、调查处理违反行规行为，并配合有关部门开展行业统计、制订行业服务标准和行业工资指导价位。

（十七）积极推进诚信建设。大力开展家庭服务从业人员职业道德教育、家庭服务机构诚信经营教育和家庭守信教育，形成供需各方相互信赖、安全可靠的市场环境。要将职业道德作为从业人员岗前培训的内容。逐步健全失信惩戒和守信褒扬机制，在家庭服务机构资质评级以及日常监管、表彰奖励中，要重点考核诚信经营情况，将家庭服务供需各方诚信情况纳入社会信用体系，并与其他部门的诚信记录联网。

五、提高从业人员职业技能

（十八）加强职业技能培训。把家庭服务从业人员作为职业技能培训工作的重点，落实培训计划和农民工培训补贴等各项政策，按照同一地区、同一工种给予同一补贴的原则，统一培训补贴基本标准，统一培训机构资质规范，统一培训考核标准、考核程序和考核办法。以规模经营企业和技工院校为主，充分发挥各类职业培训机构、行业协会以及工青妇组织的作用，根据当地家庭服务市场需求和用工情况，开展订单式培训、定向培训和在职培训。依托各类职业技能培训机构，加强家庭服务从业人员实训基地建设，实施家政服务员、养老护理员和病患陪护员等家庭服务从业人员定向培训工程，对家政服务、养老服务和病患陪护服务等机构招聘从业人员进行培训的，按规定给予培训补贴。各级财政要加大对定向培训工程的投入，落实好国家有关加强职业院校的教材开发、师资培训、实训基地等基础能力建设的政策。

（十九）推进职业技能鉴定工作。按照家庭服务业发展需要，完善职业分类，加快制（修）订国家职业标准。探索符合家庭服务职业特点的鉴定模式，鼓励从业人员参加职业技能鉴定或专项能力考核，经鉴定考核合格并获得证书的，按规定给予一次性鉴定补贴。做好初、中、高级职业资格衔接工作，构建家庭服务从业人员从初、中、高级工到技师、高级技师的发展通道。家庭服务机构应坚持先培训后上岗制度，完善技能水平与薪酬挂钩机制，引导从业人员积极参加培训和鉴定考核，鼓励家庭选择持有家庭服务职业资格证书或专项职业能力证书的从业人员提供服务。

（二十）加强经营管理和专业人才培养。将家庭服务业经营管理和专业人才培养纳入国家专业技术人才中长期规划并抓好落实。支持高等院校和技工院校开设家庭服务业相关专业，培养从事家庭服务的经营管理人才和中高级专业人才，鼓励有条件的家庭服务机构与高等院校、技工院校合作，建立家庭服务人才培养基地和实习基地。加大家庭服务业职业经理人培训工作力度，提高经营管理者的素质，完善家庭服务业人才交流和激励约束机制，引导人才合理流动。

六、维护从业人员合法权益

（二十一）规范家庭服务机构与家庭及从业人员的关系。国务院有关部门要研究制订适应家政服务特点的劳动用工政策及劳动标准，促进家政服务员体面劳动。招聘并派遣家政服务员到家庭提供服务的家政服务机构，应当与员工制家政服务员签订劳动合同或简易劳动合同，执行家政服务劳动标准，家政服务机构应当与家庭签订家政服务协议。以中介名义介绍家政服务员但定期收取管理费等费用的机构，要执行员工制家政服务机构的劳动管理规定。引导家庭与通过中介组织介绍或其他方式自行雇用的非员工制家政服务员签订雇用协议，明确双方的权利和义务。其他家庭服务机构及其从业人员应当依法签订劳动合同，执行劳动法律法规一般规定。

（二十二）维护家政服务员劳动报酬等权益。有关部门要定期公布家政服务员工资指导价位，促进工资水平逐步提高。家政服务机构支付给员工制家政服务员的工资不得低于当地最低工资标准。家政服务机构向员工制家政服务员收取管理费的，不得高于规定的比例。员工制家政服务员可以实行不定时工作制，家政服务机构及家庭应当保障其休息权利，具体休息或补偿办法可结合实际协商确定。

（二十三）以灵活方式鼓励从业人员参加社会保险。非员工制城镇户籍家政服务员可以灵活就业人员身份，自愿参加城镇企业职工基本养老保险和城镇职工基本医疗保险或城镇居民基本医疗保险。非员工制农业户籍家政服务员可以自愿参加新型农村社会养老保险、新型农村合作医疗，或以灵活就业人员身份自愿参加城镇职工基本医疗保险或城镇居民基本医疗保险。工伤保险及其他有条件的社会保险险种要针对家政服务员特点，实行灵活便捷的参保缴费方式，并做好转移接续工作。家庭服务机构及其从业人员应当按规定参加社会保险、缴纳社会保险费。

（二十四）建立多渠道维护从业人员权益机制。按照"鼓励和解、加强调解、加快仲裁、衔接诉讼"的要求，及时妥善处理家庭服务机构与从业人员之间的劳动争议。建立包括企业调解、基层调解及区域性调解、社会调解的工作网络，将简单争议化解在基层。通过简化受理立案程序、适用简易程序审理，提高仲裁效率。加强与人民法院的沟通，促进裁审衔接。加大监察执法力度，依法查处家庭服务机构违反劳动保障法律法规的行为。对家庭与非员工制家政服务员之间因履行雇用协议引起的民事纠纷，引导当事人依法通过人民调解、行业协会调解、诉讼等渠道解决。依法在家庭服务企业中建立工会。各级工会、共青团、妇联和残联组织要发挥各自优势，通过政策咨询、法律援助、维权热线等方式，配合有关部门做好家庭服务从业人员权益维护工作。

七、加强发展家庭服务业工作的组织领导

（二十五）建立工作协调机制。建立由人力资源社会保障部牵头、有关部门单位参加的发展家庭服务业促进就业部际联席会议制度，组织研究发展家庭服务业促进就业的重大问题，推动制订和完善相关政策法规、规划计划和措施。联席会议成员单位要按照各自职责，认真贯彻落实国家关于发展家庭服务业促进就业的各项政策措施。联席会议办公室要搞好统筹协调，促进工作落实。其他有关部门也要做好涉及家庭服务从业人员的文化生活、公共卫生、计划生育、党团和工会建设等各项工作。发展家庭服务业促进就业的主要责任在地方，县级以上地方人民政府要根据本地实际建立和完善相应的部门协调机制，充实工作力量，加强对这项工作的领导。

（二十六）加快政策法规建设。逐步完善涉及家庭服务业的投资、金融、劳动关系、社会保障、社会组织等方面的政策法规，积极推动家政服务、养老服务、社区照料服务和病患陪护服务以及其他家庭服务业态的法规规章和政策措施的制（修）订工作。各地要结合实际制订出台地方法规规章，增强操作性，为发展家庭服务业促进就业提供法制保障。

（二十七）加强统计调查和信息交流。研究建立家庭服务业统计调查制度，充实统计力量，增加经费投入，规范统计标准，完善统计调查方法和指标体系，提高统计数据的准确性和及时性，及时掌握行业发展情况，为国家宏观调控和制订规划、政策提供依据。促进有关部门和行业协会信息交流，开展国际合作与交流，借鉴吸收国外发展家庭服务业促进就业的成功做法。

（二十八）加大宣传力度。大力宣传发展家庭服务业的方针政策，宣传家务劳动社会化的新观念，宣传家庭服务从业人员的社会贡献，引导家庭及社会尊重家庭服务从业人员。及时总结推广各地区、各部门创造的新鲜经验，对作出突出成绩的先进集体和个人给予表彰，组织开展家庭服务职业技能竞赛，努力提高家庭服务从业人员的社会地位,为家庭服务业发展营造良好的社会氛围。

发展家庭服务业工作涉及面广、政策性强,各地区、各有关部门要高度重视,注意研究新情况、分析新问题、总结新经验,不断探索中国特色家庭服务业发展规律,切实推动家庭服务业发展。发展家庭服务业促进就业部际联席会议要将落实本指导意见的情况及时向国务院报告。

中华人民共和国国务院办公厅

二〇一〇年九月二十六日

国务院关于加快发展养老服务业的若干意见

国发〔2013〕35 号

各省、自治区、直辖市人民政府,国务院各部委、各直属机构:

近年来,我国养老服务业快速发展,以居家为基础、社区为依托、机构为支撑的养老服务体系初步建立,老年消费市场初步形成,老龄事业发展取得显著成就。但总体上看,养老服务和产品供给不足、市场发育不健全、城乡区域发展不平衡等问题还十分突出。当前,我国已经进入人口老龄化快速发展阶段,2012 年底我国60 周岁以上老年人口已达 1.94 亿,2020 年将达到 2.43 亿,2025 年将突破 3 亿。积极应对人口老龄化,加快发展养老服务业,不断满足老年人持续增长的养老服务需求,是全面建成小康社会的一项紧迫任务,有利于保障老年人权益,共享改革发展成果,有利于拉动消费、扩大就业,有利于保障和改善民生,促进社会和谐,推进经济社会持续健康发展。为加快发展养老服务业,现提出以下意见:

一、总体要求

(一)指导思想。以邓小平理论、"三个代表"重要思想、科学发展观为指导,从国情出发,把不断满足老年人日益增长的养老服务需求作为出发点和落脚点,充分发挥政府作用,通过简政放权,创新体制机制,激发社会活力,充分发挥社会力量的主体作用,健全养老服务体系,满足多样化养老服务需求,努力使养老服务业成为积极应对人口老龄化、保障和改善民生的重要举措,成为扩大内需、增加就业、促进服务业发展、推动经济转型升级的重要力量。

(二)基本原则。

深化体制改革。加快转变政府职能,减少行政干预,加大政策支持和引导力度,激发各类服务主体活力,创新服务供给方式,加强监督管理,提高服务质量和效率。

坚持保障基本。以政府为主导,发挥社会力量作用,着力保障特殊困难老年人的养老服务需求,确保人人享有基本养老服务。加大对基层和农村养老服务的投入,充分发挥社区基层组织和服务机构在居家养老服务中的重要作用。支持家庭、个人承担应尽责任。

注重统筹发展。统筹发展居家养老、机构养老和其他多种形式的养老,实行普遍性服务和个性化服务相结合。统筹城市和农村养老资源，促进基本养老服务均衡发展。统筹利用各种资源，促进养老服务与医疗、家政、保险、教育、健身、旅游等相关领域的互动发展。

完善市场机制。充分发挥市场在资源配置中的基础性作用，逐步使社会力量成为发展养老服务业的主体，营造平等参与、公平竞争的市场环境，大力发展养老服务业，提供方便可及、价格合理的各类养老服务和产品，满足养老服务多样化、多层次需求。

（三）发展目标。到2020年，全面建成以居家为基础、社区为依托、机构为支撑的，功能完善、规模适度、覆盖城乡的养老服务体系。养老服务产品更加丰富，市场机制不断完善，养老服务业持续健康发展。

——服务体系更加健全。生活照料、医疗护理、精神慰藉、紧急救援等养老服务覆盖所有居家老年人。符合标准的日间照料中心、老年人活动中心等服务设施覆盖所有城市社区，90％以上的乡镇和60％以上的农村社区建立包括养老服务在内的社区综合服务设施和站点。全国社会养老床位数达到每千名老年人35～40张，服务能力大幅增强。

——产业规模显著扩大。以老年生活照料、老年产品用品、老年健康服务、老年体育健身、老年文化娱乐、老年金融服务、老年旅游等为主的养老服务业全面发展，养老服务业增加值在服务业中的比重显著提升，全国机构养老、居家社区生活照料和护理等服务提供1000万个以上就业岗位。涌现一批带动力强的龙头企业和大批富有创新活力的中小企业，形成一批养老服务产业集群，培育一批知名品牌。

——发展环境更加优化。养老服务业政策法规体系建立健全，行业标准科学规范，监管机制更加完善，服务质量明显提高。全社会积极应对人口老龄化意识显著增强，支持和参与养老服务的氛围更加浓厚，养老志愿服务广泛开展，敬老、养老、助老的优良传统得到进一步弘扬。

二、主要任务

（一）统筹规划发展城市养老服务设施。

加强社区服务设施建设。各地在制定城市总体规划、控制性详细规划时，必须按照人均用地不少于0.1平方米的标准，分区分级规划设置养老服务设施。凡新建城区和新建居住（小）区，要按标准要求配套建设养老服务设施，并与住宅同步规划、同步建设、同步验收、同步交付使用；凡老城区和已建成居住（小）区无养老服务设施或现有设施没有达到规划和建设指标要求的，要限期通过购置、置换、租赁等方式开辟养老服务设施，不得挪作他用。

综合发挥多种设施作用。各地要发挥社区公共服务设施的养老服务功能，加强社区养老服务设施与社区服务中心（服务站）及社区卫生、文化、体育等设施的功能衔接，提高使用率，发挥综合效益。要支持和引导各类社会主体参与社区综合服务设施建设、运营和管理，提供养老服务。各类具有为老年人服务功能的设施都要向老年人开放。

实施社区无障碍环境改造。各地区要按照无障碍设施工程建设相关标准和规范，推动和扶持老年人家庭无障碍设施的改造，加快推进坡道、电梯等与老年人日常生活密切相关的公共设施改造。

（二）大力发展居家养老服务网络。

发展居家养老便捷服务。地方政府要支持建立以企业和机构为主体、社区为纽带、满足老年人各种服务需求的居家养老服务网络。要通过制定扶持政策措施，积极培育居家养老服务企业和机构，上门为居家老年人提供助餐、助浴、助洁、助急、助医等定制服务；大力发展家政服务，为居家老年人提供规范化、个性化服务。要支持社区建立健全居家养老服务网点，引入社会组织和家政、物业等企业，兴办或运营老年供餐、社区日间照料、老年活动中心等形式多样的养老服务项目。

发展老年人文体娱乐服务。地方政府要支持社区利用社区公共服务设施和社会场所组织开展适合老年人的群众性文化体育娱乐活动，并发挥群众组织和个人积极性。鼓励专业养老机构利用自身资源优势，培训和指导社区养老服务组织和人员。

发展居家网络信息服务。地方政府要支持企业和机构运用互联网、物联网等技术手段创新居家养老服务模式，发展老年电子商务，建设居家服务网络平台，提供紧急呼叫、家政预约、健康咨询、物品代购、服务缴费等适合老年人的服务项目。

（三）大力加强养老机构建设。

支持社会力量举办养老机构。各地要根据城乡规划布局要求，统筹考虑建设各类养老机构。在资本金、场地、人员等方面，进一步降低社会力量举办养老机构的门槛、简化手续、规范程序、公开信息，行政许可和登记机关要核定其经营和活动范围，为社会力量举办养老机构提供便捷服务。鼓励境外资本投资养老服务业。鼓励个人举办家庭化、小型化的养老机构，社会力量举办规模化、连锁化的养老机构。鼓励民间资本对企业厂房、商业设施及其他可利用的社会资源进行整合和改造，用于养老服务。

办好公办保障性养老机构。各地公办养老机构要充分发挥托底作用，重点为"三无"（无劳动能力，无生活来源，无赡养人和扶养人或者其赡养人和扶养人确无赡养和扶养能力）老人、低收入老人、经济困难的失能半失能老人提供无偿或低收费的供养、护理服务。政府举办的养老机构要实用适用，避免铺张豪华。

开展公办养老机构改制试点。有条件的地方可以积极稳妥地把专门面向社会提供经营性服务的公办养老机构转制成为企业，完善法人治理结构。政府投资兴办的养老床位应逐步通过公建民营等方式管理运营，积极鼓励民间资本通过委托管理等方式，运营公有产权的养老服务设施。要开展服务项目和设施安全标准化建设，不断提高服务水平。

（四）切实加强农村养老服务。

健全服务网络。要完善农村养老服务托底的措施，将所有农村"三无"老人全部纳入五保供养范围，适时提高五保供养标准，健全农村五保供养机构功能，使农村五保老人老有所养。在满足农村五保对象集中供养需求的前提下，支持乡镇五保供养机构改善设施条件并向社会开放，提高运营效益，增强护理功能，使之成为区域性养老服务中心。依托行政村、较大自然村，充分利用农家大院等，建设日间照料中心、托老所、老年活动站等互助性养老服务设施。农村党建活动室、卫生室、农家书屋、学校等要支持农村养老服务工作，组织与老年人相关的活动。充分发挥村民自治功能和老年协会作用，督促家庭成员承担赡养责任，组织开展邻里互助、志愿服务，解决周围老年人实际生活困难。

拓宽资金渠道。各地要进一步落实《中华人民共和国老年人权益保障法》有关农村可以将未承包的集体所有的部分土地、山林、水面、滩涂等作为养老基地，收益供老年人养老的要求。鼓励城市资金、资产和资源投向农村养老服务。各级政府用于养老服务的财政性资金应重点向农村倾斜。

建立协作机制。城市公办养老机构要与农村五保供养机构等建立长期稳定的对口支援和合作机制，采取人员培训、技术指导、设备支援等方式，帮助其提高服务能力。建立跨地区养老服务协作机制，鼓励发达地区支援欠发达地区。

（五）繁荣养老服务消费市场。

拓展养老服务内容。各地要积极发展养老服务业，引导养老服务企业和机构优先满足老年人基本服务需求，鼓励和引导相关行业积极拓展适合老年人特点的文化娱乐、体育健身、休闲旅游、健康服务、精神慰藉、法律服务等服务，加强残障老年人专业化服务。

开发老年产品用品。相关部门要围绕适合老年人的衣、食、住、行、医、文化娱乐等需要，支持企业积极开发安全有效的康复辅具、食品药品、服装服饰等老年用品用具和服务产品，引导商场、超市、批发市场设立老年用品专区专柜；开发老年住宅、老年公寓等老年生活设施，提高老年人生活质量。引导和规范商业银行、保险公司、证券公司等金融机构开发适合老年人的理财、信贷、保险等产品。

培育养老产业集群。各地和相关行业部门要加强规划引导，在制定相关产业发展规划中，要鼓励发展养老服务中小企业，扶持发展龙头企业，实施品牌战略，提高创新能力，形成一批产业链长、覆盖领域广、经济社会效益显著的产业集群。健全市场规范和行业标准，确保养老服务和产品质量，营造安全、便利、诚信的消费环境。

（六）积极推进医疗卫生与养老服务相结合。

推动医养融合发展。各地要促进医疗卫生资源进入养老机构、社区和居民家庭。卫生管理部门要支持有条件的养老机构设置医疗机构。医疗机构要积极支持和发展养老服务，有条件的二级以上综合医院应当开设老年病科，增加老年病床数量，做好老年慢病防治和康复护理。要探索医疗机构与养老机构合作新模式，医疗机构、社区卫生服务机构应当为老年人建立健康档案，建立社区医院与老年人家庭医疗契约服务关系，开展上门诊视、健康查体、保健咨询等服务，加快推进面向养老机构的远程医疗服务试点。医疗机构应当为老年人就医提供优先优惠服务。

健全医疗保险机制。对于养老机构内设的医疗机构，符合城镇职工（居民）基本医疗保险和新型农村合作医疗定点条件的，可申请纳入定点范围，入住的参保老年人按规定享受相应待遇。完善医保报销制度，切实解决老年人异地就医结算问题。鼓励老年人投保健康保险、长期护理保险、意外伤害保险等人身保险产品，鼓励和引导商业保险公司开展相关业务。

三、政策措施

（一）完善投融资政策。要通过完善扶持政策，吸引更多民间资本，培育和扶持养老服务机构和企业发展。各级政府要加大投入，安排财政性资金支持养老服务体系建设。金融机构要加快金融产品和服务方式创新，拓宽信贷抵押担保物范围，积极支持养老服务业的信贷需求。积极利用财政贴息、小额贷款等方式，加大对养老服务业的有效信贷投入。加强养老服务机构信用体系建设，增强对信贷资金和民间资本的吸引力。逐步放宽限制，鼓励和支持保险资金投资养老服务领域。开展老年人住房反向抵押养老保险试点。鼓励养老机构投保责任保险，保险公司承保责任保险。地方政府发行债券应统筹考虑养老服务需求，积极支持养老服务设施建设及无障碍改造。

（二）完善土地供应政策。各地要将各类养老服务设施建设用地纳入城镇土地利用总体规划和年度用地计划，合理安排用地需求，可将闲置的公益性用地调整为养老服务用地。民间资本举办的非营利性养老机构与政府举办的养老机构享有相同的土地使用政策，可以依法使用国有划拨土地或者农民集体所有的土地。对营利性养老机构建设用地，按照国家对经营性用地依法办理有偿用地手续的规定，优先保障供应，并制定支持发展养老服务业的土地政策。严禁养老设施建设用地改变用途、容积率等土地使用条件搞房地产开发。

（三）完善税费优惠政策。落实好国家现行支持养老服务业的税收优惠政策，对养老机构提供的养护服务免征营业税，对非营利性养老机构自用房产、土地免征房产税、城镇土地使用税，对符合条件的非营利性养老机构按规定免征企业所得税。对企事业单位、社会团体和个人向非营利性养老机构的捐赠，符合相关规定的，准予在计算其应纳税所得额时按税法规定比例扣除。各地对非营利性养老机构建设要免征有关行政事业性收费，对营利性养老机构建设要减半征收有关行政事业性收费，对养老机构提供养老服务也要适当减免行政事业性收费，养老机构用电、用水、用气、用热按居民生活类价格执行。境内外资本举办养老机构享有同等的税收等优惠政策。制定和完善支持民间资本投资养老服务业的税收优惠政策。

（四）完善补贴支持政策。各地要加快建立养老服务评估机制，建立健全经济困难的高龄、失能等老年人补贴制度。可根据养老服务的实际需要，推进民办公助，选择通过补助投资、贷款贴息、运营补贴、购买服务等方式，支持社会力量举办养老服务机构，开展养老服务。民政部本级彩票公益金和地方各级政府用于社会福利事业的彩票公益金，要将50%以上的资金用于支持发展养老服务业，并随老年人口的增加逐步提高投入比例。国家根据经济社会发展水平和职工平均工资增长、物价上涨等情况，进一步完善落实基本养老、基本医疗、最低生活保障等政策，适时提高养老保障水平。要制定政府向社会力量购买养老服务的政策措施。

（五）完善人才培养和就业政策。教育、人力资源社会保障、民政部门要支持高等院校和中等职业学校增设养老服务相关专业和课程，扩大人才培养规模，加快培养老年医学、康复、护理、营养、心理和社会工作等方面的专门人才，制定优惠政策，鼓励大专院校对口专业毕业生从事养老服务工作。充分发挥开放大学作用，开展继续教育和远程学历教育。依托院校和养老机构建立养老服务实训基地。加强老年护理人员专业培训，对符合条件的参加养老护理职业培训和职业技能鉴定的从业人员按规定给予相关补贴，在养老机构和社区开发公益性岗位，吸纳农村转移劳动力、城镇就业困难人员等从事养老服务。养老机构应当积极改善养老护理员工作条件，加强劳动保护和职业防护，依法缴纳养老保险费等社会保险费，提高职工工资福利待遇。养老机构应当科学设置专业技术岗位，重点培养和引进医生、护士、康复医师、康复治疗师、社会工作者等具有执业或职业资格的专业技术人员。对在养老机构就业的专业技术人员，执行与医疗机构、福利机构相同的执业资格、注册考核政策。

（六）鼓励公益慈善组织支持养老服务。引导公益慈善组织重点参与养老机构建设、养老产品开发、养老服务提供，使公益慈善组织成为发展养老服务业的重要力量。积极培育发展为老服务公益慈善组织。积极扶持发展各类为老服务志愿组织，开展志愿服务活动。倡导机关干部和企事业单位职工、大中小学学生参加养老服务志愿活动。支持老年群众组织开展自我管理、自我服务和服务社会活动。探索建立健康老人参与志愿互助服务的工作机制，建立为老志愿服务登记制度。弘扬敬老、养老、助老的优良传统，支持社会服务窗口行业开展"敬老文明号"创建活动。

四、组织领导

（一）健全工作机制。各地要将发展养老服务业纳入国民经济和社会发展规划，纳入政府重要议事日程，进一步强化工作协调机制，定期分析养老服务业发展情况和存在问题，研究推进养老服务业加快发展的各项政策措施，认真落实养老服务业发展的相关任务要求。民政部门要切实履行监督管理、行业规范、业务指导职责，推动公办养老机构改革发展。发展改革部门要将养老服务业发展纳入经济社会发展规划、专项规划和区域规划，支持养老服务设施建设。财政部门要在现有资金渠道内对养老服务业发展给予财力保障。老龄工作机构要发挥综合协调作用，加强督促指导工作。教育、公安消防、卫生计生、国土、住房城乡建设、人力资源社会保障、商务、税务、金融、质检、工商、食品药品监管等部门要各司其职，及时解决工作中遇到的问题，形成齐抓共管、整体推进的工作格局。

（二）开展综合改革试点。国家选择有特点和代表性的区域进行养老服务业综合改革试点，在财政、金融、用地、税费、人才、技术及服务模式等方面进行探索创新，先行先试，完善体制机制和政策措施，为全国养老服务业发展提供经验。

（三）强化行业监管。民政部门要健全养老服务的准入、退出、监管制度，指导养老机构完善管理规范、改善服务质量，及时查处侵害老年人人身财产权益的违法行为和安全生产责任事故。价格主管部门要探索建立科学合理的养老服务定价机制，依法确定适用政府定价和政府指导价的范围。有关部门要建立完善养老服务业统计制度。其他各有关部门要依照职责分工对养老服务业实施监督管理。要积极培育和发展养老服务行业协会，发挥行业自律作用。

（四）加强督促检查。各地要加强工作绩效考核，确保责任到位、任务落实。省级人民政府要根据本意见要求，结合实际抓紧制定实施意见。国务院相关部门要根据本部门职责，制定具体政策措施。民政部、发展改革委、财政部等部门要抓紧研究提出促进民间资本参与养老服务业的具体措施和意见。发展改革委、民政部和老龄工作机构要加强对本意见执行情况的监督检查，及时向国务院报告。国务院将适时组织专项督查。

国务院
2013 年 9 月 6 日

（此件有删减）

国家标准委、民政部、商务部、全国总工会、全国妇联关于加强家政服务标准化工作的指导意见

国标委服务联〔2015〕67 号，2015-11-27

各省、自治区、直辖市及新疆生产建设兵团质量技术监督局（市场监督管理部门）、民政厅（局）、商务主管部门、工会、妇联：

家政服务是扩大就业和解决民生问题的重要领域，为更好地贯彻国务院常务会议提出的鼓励养老健康家政消费的要求，进一步提高家政服务标准化水平，推动家政服务业转型升级，现就加强家政服务标准化工作提出如下指导意见：

一、重要意义

随着我国人民生活水平不断提高和人口老龄化进程加快，家政服务的需求不断增加，家政服务业的发展进一步加快。但目前仍存在企业规模偏小，服务不规范，产业化水平较低，消费者认可度不高等突出问题。近年来各地家政服务标准化试点示范工作证明，通过标准化能够有效地规范家政服务行为，提升服务水平，促进消费互信，扩大服务消费，对于提高从业者就业能力、促进和谐劳动关系、改善和保障民生、推动家政服务业规范化和产业化具有重要意义。各有关部门要进一步提升对家政服务标准化工作重要性的认识，加强组织领导，采取有效措施，加紧制定完善家政服务标准，大力推动标准实施，开展实施效果评价和服务行为监督，进一步推动家政服务标准化工作深入开展，促进家政服务业整体水平的提高以及转型升级。

二、总体要求

（一）指导思想

以党的十八大精神为统领，认真贯彻落实党的十八届二中、三中、四中、五中全会精神及国务院决策部署，以市场日益增长的家政服务需求为导向，以强化家政服务标准实施为抓手，充分发挥政府引导作用，出台配套激励政策，调动家政服务企业积极性和主动性，增强家政服务标准化意识，全面推动家政服务标准化工作深入开展，提升家政服务业整体水平。

（二）工作目标

到 2020 年，基本形成政府、人民团体、企业各司其职的标准化管理机制；基本建成基础管理以国家、行业、地方标准为主，服务项目以团体标准、企业标准为主的标准体系；标准制定、实施和监督水平显著提升；规范、便利、诚信的家政服务市场环境基本形成；培育一批品牌企业，家政服务就业大幅度增加。

三、主要任务

（一）加强标准制修订工作力度。发挥标准化行政主管部门、行业管理部门、协会组织和相关企业的合力，进一步完善家政服务标准体系，加强家政服务标准的基础研究和前期研究，在育婴服务、家庭保洁服务、居家养老服务等热点领域，以及行业发展急需的家政服务培训、服务机构分级评价、家政服务信息化等领域加大标准制修订工作力度。鼓励各部门和各地区结合实际研制家政服务相关国家标准、行业标准、地方标准以及企业标准。鼓励具备相应能力的学会、协会、商会等社会组织和产业技术联盟协调相关市场主体共同制定满足市场和创新需要的家政服务标准，支持成熟地方标准、团体标准逐步上升为行业标准、国家标准。各工会、妇联等创办的家政服务企业要积极参与标准制定。

（二）加大家政服务标准的宣贯培训。各标准化行政主管部门、工会、妇联组织要积极会同有关部门，加大对家政标准的宣传力度，要在工会、妇联组织所属的家政服务企业中大力推广家政标准，集中开展家政服务标准的宣贯培训工作。充分发挥全国家政服务标准化技术委员会技术支撑作用，开展面向家政服务企业管理人员的宣传培训，使广大从业单位了解标准，掌握标准，主动执行标准，扩大标准的影响面。鼓励家政服务企业（机构）广泛开展家政服务人员标准化培训，提高从业人员业务操作的规范程度，提升家政服务人员的整体水平。同时要注重通过专家解读、走进社区、专题报道等多种形式开展宣传工作，使广大消费者知晓相关家政服务标准，保护和促进家政服务消费。

（三）加强家政服务标准的实施监督。行业管理部门要引导企业执行国家相关标准。各标准化行政主管部门、工会、妇联组织应当联合相关部门，共同组织开展家政服务标准的实施监督，并可邀请人大、政协代表和相关专家参加，组成工作组不定期对标准实施效果进行监督检查。主要检查相关企业执行国家标准、行业标准以及地方标准的情况，对相关标准的实施效果进行评价。近期结合《家政服务机构等级划分及评价标准》GB/T 31772—2015 相关标准的发布实施，重点对家政服务企业的综合实力、人力资源、业务管理、服务质量等方面进行考核评价，划分不同等级，并进行动态监管，进一步规范、改进、提升家政服务企业的服务能力，为消费者识别和选择家政服务机构提供指引。

（四）推动家政服务标准化试点示范。利用服务业标准化试点示范，加大对家政服务相关试点示范项目的支持力度。支持有条件的从业单位积极申报省级、国家级服务业标准化试点，全面提升试点单位家政服务标准化工作整体水平。同时继续在符合条件的试点单位中遴选示范项目，充分发挥其精品展示、实践验证、创新研究和宣传培训的示范作用，推动家政服务行业标准化水平的全面提升。在试点示范工作基础上，带动家政企业服务形式、管理机制、发展模式的规范化和制度化，带动家政服务行业逐步发展壮大，实现转型升级，培育一批知名品牌企业。

（五）推动家政服务标准化信息化融合发展。鼓励和支持服务企业以标准化工作为基础，将标准化与信息化有机融合，积极打造适应"互联网＋家政服务"的信息服务平台，推动家政服务与移动互联的对接，实现线上线下有机融合，提升服务的人性化、多样化、便捷度，提高家政服务行业的信息化水平。有条件的地区可以搭建统一的家政标准化信息公共服务及工作平台，统一家政服务数据相关标准，推动信息互联互通，利用大数据挖掘市场需求、分析消费者特点、创新服务项目、提升管理水平。

四、保障措施

（一）完善工作机制。各有关部门要建立统筹协调的工作机制，结合自身职能，强化对家政服务标准化工作的组织领导，同时充分发挥企业的主体作用，技术组织、行业协会的桥梁纽带作用，构建政府统筹组织、部门分工协作、技术组织有效作为、社会广泛参与的家政服务标准化工作格局。

（二）加大投入力度。各地有关部门要积极争取政府财政资金投入，建立持续稳定的家政服务标准化经费保障机制，引导各地服务业专项资金对家政服务业的倾斜扶持。同时要充分发挥市场力量，采取多种方式吸引社会资金，开拓多元化投入渠道，引导鼓励企业和社会加大对家政服务标准化工作经费投入。

（三）规范家政服务市场秩序。各有关部门要进一步落实部门责任，依法依规加强家政服务市场管理，在行业准入、技能鉴定、日常监管和投诉处理等各个工作环节积极应用标准，适时组织开展标准实施情况的评估和监督检查。各有关部门要加强协调配合，形成管理合力，努力建立以标准化为基础，行政执法、行业自律、社会监督、群众参与协调配套的家政服务市场管理长效机制。

（四）加强人才培养。充分发挥全国家政服务标准化技术委员会和示范项目的优势，加大家政服务标准化人才培养和教育培训工作力度，分层次培养行业组织、社会团体、服务企业中的技术人员，形成一批理论扎实、业务突出、德才兼备的家政服务标准化专家和研究团队，为家政服务业标准化建设提供人才保障。

（五）加强工作宣传。采用专题访谈、专家解读、公益广告、媒体采访、示范展示等多种形式开展宣传活动，大力宣传标准化工作在推动家政和养老服务行业规范化、产业化发展中的重要作用，凸显标准化工作在提高就业能力、促进和谐劳动关系以及保障基本民生中的支撑作用。

家庭服务业管理暂行办法

【发布单位】中华人民共和国商务部
【发布文号】商务部令 2012 年第 11 号
【发布日期】2012-12-18
【实施日期】2013-02-01

第一章　总　则

第一条　为了满足家庭服务消费需求，维护家庭服务消费者、家庭服务人员和家庭服务机构的合法权益，规范家庭服务经营行为，促进家庭服务业发展，制定本办法。

第二条　在中华人民共和国境内从事家庭服务活动，适用本办法。

本办法所称家庭服务业，是指以家庭为服务对象，由家庭服务机构指派或介绍家庭服务员进入家庭成员住所提供烹饪、保洁、搬家、家庭教育、儿童看护以及孕产妇、婴幼儿、老人和病人的护理等有偿服务，满足家庭生活需求的服务行业。

本办法所称家庭服务机构，是指依法设立从事家庭服务经营活动的企业、事业、民办非企业单位和个体经济组织等营利性组织。

本办法所称家庭服务员，是指根据家庭服务合同的约定提供家庭服务的人员。

本办法所称消费者，是指接受家庭服务的对象。

第三条　家庭服务的经营和管理，应当坚持社会效益与经济效益并重的原则。家庭服务各方当事人应当遵循自愿、平等、诚实、守信、安全和方便的原则。

第四条　商务部承担全国家庭服务业行业管理职责，负责监督管理家庭服务机构的服务质量，指导协调合同文本规范和服务矛盾纠纷处理工作。县级以上商务主管部门负责本行政区域内家庭服务业的监督管理。

第五条　县级以上商务主管部门引导和支持家庭服务机构运用现代流通方式，培育示范性家庭服务机构，提升行业规范化经营水平。

第六条　国家鼓励公益性家庭服务信息平台的建设，扶持中小家庭服务机构发展，采取各项措施促进行业规范发展。

第七条　家庭服务行业协会应当制定行业规范，加强行业自律，为会员企业提供服务，维护会员企业的合法权益，建立服务纠纷调解处理机构，调解处理家庭服务纠纷。

第二章　家庭服务机构经营规范

第八条　家庭服务机构从事家庭服务活动需取得工商行政管理部门颁发的营业执照。

第九条　家庭服务机构应在经营场所醒目位置悬挂有关证照，公开服务项目、收费标准和投诉监督电话。

第十条　家庭服务机构须建立家庭服务员工作档案，接受并协调消费者和家庭服务员投诉，建立家庭服务员服务质量跟踪管理制度。

第十一条　家庭服务机构应按照县级以上商务主管部门要求及时准确地提供经营档案信息。

第十二条　家庭服务机构在家庭服务活动中不得有下列行为：

（一）以低于成本价格或抬高价格等手段进行不正当竞争；

（二）不按服务合同约定提供服务；

（三）唆使家庭服务员哄抬价格或有意违约骗取服务费用；

（四）发布虚假广告或隐瞒真实信息误导消费者；

（五）利用家庭服务之便强行向消费者推销商品；

（六）扣押、拖欠家庭服务员工资或收取高额管理费，以及其他损害家庭服务员合法权益的行为；

（七）扣押家庭服务员身份、学历、资格证明等证件原件。

（八）法律、法规禁止的其他行为。

第十三条　从事家庭服务活动，家庭服务机构或家庭服务员应当与消费者以书面形式签订家庭服务合同。

第十四条　家庭服务合同应至少包括以下内容：

（一）家庭服务机构的名称、地址、负责人、联系方式和家庭服务员的姓名、身份证号码、健康状况、技能培训情况、联系方式等信息；消费者的姓名、身份证号码、住所、联系方式等信息；

（二）服务地点、内容、方式和期限等；

（三）服务费用及其支付形式；

（四）各方权利与义务、违约责任与争议解决方式等。

第十五条　家庭服务机构应当明确告知涉及家庭服务员利益的服务合同内容，应允许家庭服务员查阅、复印家庭服务合同，保护其合法权益。

第十六条　鼓励家庭服务机构为家庭服务员投保职业责任保险和人身意外伤害保险。

第十七条　鼓励家庭服务机构加入家庭服务行业协会，自觉遵守行业自律规范。

第十八条　家庭服务机构、家庭服务员与消费者之间发生争议的，可以协商解决；协商不成的，可以向人民调解委员会、行业协会调解机构或其他家庭服务纠纷调解组织申请调解，也可以依法提请仲裁或者向人民法院提起诉讼。

第三章　家庭服务员行为规范

第十九条　家庭服务员应当如实向家庭服务机构提供本人身份、学历、健康状况、技能等证明材料，并向家庭服务机构提供真实有效的住址和联系方式。

第二十条　家庭服务员应符合以下基本要求：

（一）遵守国家法律、法规和社会公德；

（二）遵守职业道德；

（三）遵守合同，按照合同约定内容提供服务；

（四）掌握相应职业技能，具备必需的职业素质。

第二十一条　家庭服务员在提供家庭服务过程中与消费者发生纠纷，应当及时向家庭服务机构反映，不得擅自离岗。

第二十二条　消费者有下列情形之一的，家庭服务员可以拒绝提供服务：

（一）不能提供合同约定的工作条件的；

（二）对家庭服务员有虐待或严重损害人格尊严行为的；

（三）要求家庭服务员从事可能对其人身造成损害行为的；

（四）要求家庭服务员从事违法犯罪行为的。

第四章　消费者行为规范

第二十三条　消费者到家庭服务机构聘用家庭服务员时，应持有户口簿或身份证及相关证明，并如实填写登记表，交纳有关费用。

消费者或其家庭成员患有传染病、精神病或其他重要疾病的，应当告知家庭服务机构和家庭服务员，并如实登记。

第二十四条　消费者有权要求家庭服务机构按照合同约定指派或介绍家庭服务员和提供服务，消费者有权要求家庭服务机构如实提供家庭服务员的道德品行、教育状况、职业技能、相关工作经历、健康状况等个人信息。

第二十五条　消费者应当保障家庭服务员合法权益，尊重家庭服务员的人格和劳动，按约定提供食宿等条件，保证家庭服务员每天基本睡眠时间和每月必要休息时间，不得对家庭服务员有谩骂、殴打等侵权行为，不得拖欠、克扣家庭服务员工资，不得扣押家庭服务员身份、学历、资格证明等证件原件。

未经家庭服务员同意，消费者不得随意增加合同以外的服务项目，如需增加须事先与家庭服务机构、家庭服务员协商，并适当增加服务报酬。

第五章　监督管理

第二十六条　商务部建立家庭服务业信息报送系统。家庭服务机构应按要求及时报送经营情况信息，具体报送内容由商务部另行规定。

第二十七条　设区的市级以上商务主管部门应当建设完善家庭服务网络中心，免费提供家庭服务信息，加强从业人员培训，规范市场秩序，推进家庭服务体系建设，促进家庭服务消费便利化和规范化。

第二十八条　县级以上商务主管部门建立健全家庭服务机构信用档案和客户服务跟踪监督管理机制，建立完善家庭服务机构和家庭服务员信用评价体系。

第二十九条　县级以上商务主管部门积极会同相关部门，依法规范家庭服务机构从业行为，查处违法经营行为。

第三十条　县级以上商务主管部门指导制定家庭服务合同范本，指导协调服务纠纷处理工作。

第三十一条　县级以上商务主管部门应当公布有关家庭服务业的举报、投诉渠道和方式，接受相关当事人的举报、投诉。对于属于职责范围内的举报、投诉，应当在 15 日内依法处理；对于不属于职责范围的，应当移交有权处理的行政机关处理。

第六章　法律责任

第三十二条　家庭服务机构违反本办法第九条规定，未公开服务项目、收费标准和投诉监督电话的，由商务主管部门责令改正；拒不改正的，可处 5000 元以下罚款。

第三十三条　家庭服务机构违反本办法第十条规定，未按要求建立工作档案、跟踪管理制度，对消费者和家庭服务员之间的投诉不予妥善处理的，由商务主管部门责令改正；拒不改正的，可处 2 万元以下罚款。

第三十四条　家庭服务机构违反本办法第十一条、第二十六条规定，未按要求提供信息的，由商务主管部门责令改正；拒不改正的，可处 1 万元以下罚款。

第三十五条　家庭服务机构有本办法第十二条规定行为的，由商务主管部门或有关主管部门责令改正；拒不改正的，属于商务主管部门职责的，可处 3 万元以下罚款，属于其他部门职责的，由商务主管部门提请有关主管部门处理。

第三十六条　家庭服务机构违反本办法第十三条、第十四条、第十五条规定，未按要求订立家庭服务合同的，拒绝家庭服务员获取家庭服务合同的，由商务主管部门或有关部门责令改正；拒不改正的，可处 3 万元以下罚款。

第三十七条　商务主管部门在家庭服务业监督管理工作中，玩忽职守、滥用职权、徇私舞弊的，依法给予行政处分；构成犯罪的，依法追究刑事责任。

第七章　附　则

第三十八条　省、自治区、直辖市商务主管部门可结合本地实际情况制定实施细则。

第三十九条　本办法自 2013 年 2 月 1 日起施行。

民政部关于推进养老服务评估工作的指导意见

民发〔2013〕127 号

各省、自治区、直辖市民政厅（局），新疆生产建设兵团民政局：

　　为深入贯彻《中华人民共和国老年人权益保障法》（以下简称《老年人权益保障法》）关于建立健全养老服务评估制度的要求，全面落实《国务院办公厅关于印发社会养老服务体系建设规划（2011—2015 年）的通知》（国办发〔2011〕60 号）和《民政部关于开展"社会养老服务体系建设推进年"活动暨启动"敬老爱老助老工程"的意见》（民发〔2012〕35 号）等文件精神，推动建立统一规范的养老服务评估制度，提出如下意见：

　　一、充分认识养老服务评估工作的重要意义

　　养老服务评估，是为科学确定老年人服务需求类型、照料护理等级以及明确护理、养老服务等补贴领取资格等，由专业人员依据相关标准，对老年人生理、心理、精神、经济条件和生活状况等进行的综合分析评价工作。从评估时间上可以分为首次评估（准入评估）和持续评估（跟踪式评估）。建立健全养老服务评估制度，是积极应对人口老龄化、深入贯彻落实《老年人权益保障法》，保障老年人合法权益的重要举措；是推进社会养老服务体系建设，提升养老服务水平，充分保障经济困难的孤寡、失能、高龄、失独等老年人服务需求的迫切需要；是合理配置养老服务资源，充分调动和发挥社会力量参与，全面提升养老机构服务质量和运行效率的客观要求。各地要站在坚持以人为本、加强社会建设的高度，从大力发展养老服务事业的全局出发，提高思想认识，加强组织领导，完善配套措施，稳步推进养老服务评估工作深入开展。

二、推进养老服务评估工作的总体要求

（一）指导思想。以科学发展观为指导，以保障老年人养老服务需求为核心，科学确定评估标准，认真制定评估方案，合理设计评估流程，积极培育评估队伍，广泛吸收社会力量参与，高效利用评估结果，为建立和完善以居家为基础、社区为依托、机构为支撑的社会养老服务体系，实现老有所养目标发挥积极作用，逐步实现基本养老服务均等化。

（二）基本原则。

1. 权益优先，平等自愿。坚持老年人权益优先，把推进养老服务评估工作与保障老年人合法权益、更好地享受社会服务和社会优待结合起来。坚持平等自愿，尊重受评估老年人意愿，切实加强隐私保护。

2. 政府指导，社会参与。充分发挥政府在推动养老服务评估工作中的主导作用，进一步明确部门职责、理顺关系，建立完善资金人才保障机制。充分发挥和依托专业机构、养老机构、第三方社会组织的技术优势，强化社会监督，提升评估工作的社会参与度和公信力。

3. 客观公正，科学规范。以评估标准为工具，逐步统一工作规程和操作要求，保证结果真实准确。逐步扩大持续评估项目范围，努力提升评估质量。坚持中立公正立场，客观真实地反映老年人能力水平和服务需求。

4. 试点推进，统筹兼顾。试点先行，不断完善工作步骤和推进方案，建立符合本地区养老服务发展特点和水平的评估制度，并逐步扩大试点范围。要把推进养老服务评估工作与做好居家社区养老服务、机构养老等工作紧密结合，建立衔接紧密、信息互联共享的合作机制。

（三）主要目标。2013年底前，各地要根据本意见制定实施方案，确定开展评估地区范围，做好组织准备工作，落实评估机构和人员队伍。2014年初要启动评估工作试点，根据进展情况逐步扩大覆盖范围。到"十二五"末，力争建立起科学合理、运转高效的长效评估机制，基本实现养老服务评估科学化、常态化和专业化。

三、推进养老服务评估工作的主要任务

（一）探索建立评估组织模式。养老服务评估可以由基层民政部门、乡镇人民政府（街道办事处）、社会组织以及养老机构单独或者联合组织开展，养老服务评估可以分为居家养老服务需求评估、机构养老服务需求评估和补贴领取资格评估等。各地要依据本地社会养老服务体系建设情况和老年人需求实际，积极探索在社区公共服务平台建立评估站点；要采取政府购买服务、社工介入等方式，积极鼓励社会力量参与，合理确定本地区养老服务评估形式。要加大宣传引导力度，充分调动老年人参与的积极性和主动性。

（二）探索完善评估指标体系。民政部将于近期发布的《老年人能力评估》行业标准，是养老服务评估工作的主要依据。该标准为老年人能力评估提供了统一、规范和可操作的评估工具，规定老年人能力评估的对象、指标、实施及结果。标准下发后，各地应当积极采用该标准，或者根据该标准结合实际情况制订或者修改地方标准。老年人能力评估应当以确定老年人服务需求为重点，突出老年人自我照料能力评估。评估指标应当涵盖日常行为能力、精神卫生情况、感知觉情况、社会参与状况等方面，所需健康体检应当在经卫生行政部门许可的开展健康体检服务的医疗机构内进行。对老年人经济状况、居住状况、生活环境等方面的评估标准，各地可根据当地平均生活水平、养老服务资源状况、护理或者养老服务补贴相关政策等综合制定。要将定性分析和定量分析相结合，积极探索将评估指标与可通过面谈、走访等方法观察反映的指标相结合，逐步建立科学、全面、开放的评估指标体系。

（三）探索完善评估流程。养老服务评估应当包括申请、初评、评定、社会公示、结果告知、部门备案等环节。评估申请要坚持自愿原则，由老年人本人或者代理人提出；无民事行为能力或者限制民事行为能力的老年人可以由其监护人提出申请。评估应当按照先易后难原则。首先评估老年人经济状况、身份特征等借助相关材料即可核实的项目，然后再评估生活环境、能力状况等需要实地核实、检查的项目。要根据评估项目，合理确定评估时间，在优先保障评估质量的前提下，兼顾评估效率。对受年龄增长等原因影响较大的评估项目，应当进行持续评估。对首次评估确定为完全失能等级且康复难度大的老年人，可不再进行持续评估。评估结果应当及时告知评估对象，评估对象或者利害关系人对评估结果有异议的，可申请原评估机构重新评估。评估过程中应当加强对受评估老年人个人信息的保护，除养老服务等补贴领取资格的评估需要在本村（居）民委员会范围内公示外，评估机构不得泄露评估结果。

（四）探索评估结果综合利用机制。评估结果是制定国家宏观养老政策，推进养老社会化服务的重要基础资料，是争取财政经费保障，保证各项针对老年人的服务和优待措施落实的主要依据。各地要充分运用好评估结果，使评估工作综合效益最大化。一是用于推进居家养老服务社会化。居家养老服务机构可以根据评估结果分析老年人服务需求，在征得老年人同意的前提下，加强与相关服务单位的对接，制定个性化的服务方案，提高居家养老服务的针对性和效率。二是用于确定机构养老需求和照料护理等级。对于经评估属于经济困难的孤寡、失能、高龄、失独等老年人，政府投资兴办的养老机构，应当优先安排入住。养老机构应当将评估结果作为老年人入院、制定护理计划和风险防范的主要依据。三是用于老年人健康管理。各地要把评估工作纳入养老服务信息系统建设，并结合国家社会养老综合信息服务平台建设及应用示范工程项目，推进建立老年人健康档案，提高康复护理等服务水平。四是作为养老机构的立项依据。要根据服务辐射区域内老年人能力和需求评估状况，合理规划建设符合实际需要的养老机构，提高设施设备使用效率。同时，各地要逐步建立护理补贴和养老服务补贴制度，有效利用评估结果，完善并落实老年人社会福利政策。对于经评估属于生活长期不能自理、经济困难的老年人，可以根据其失能程度等情况作为给予护理补贴依据；对于经评估属于经济困难的老年人，可以给予养老服务补贴。

（五）探索建立养老评估监督机制。各地民政部门要加强对养老服务评估工作的指导，探索建立有效的监督约束机制，畅通评估对象利益表达渠道。各地民政部门和评估机构应当通过网络、服务须知、宣传手册等载体，主动公开评估指标、流程，自觉接受社会监督。各地民政部门要以定期检查和随机抽查等方式对评估指标、评估结果等进行检查。对评估行为不规范的机构和人员，予以纠正并向社会公开。要建立养老服务评估档案，妥善保管申请书、评估报告及建议等文档，逐步提高评估工作信息化水平。

四、推进养老服务评估工作的保障措施

（一）加强组织领导。各地民政部门要按照养老服务工作关口前移和重心下沉的要求，切实加强领导，把评估纳入养老服务工作重要议事日程，制定切实可行的实施方案，建立分工明确、责任到人的推进机制，为评估工作顺利开展提供坚强组织保障。各地可选择基础条件好、工作积极性高的地区作为先行试点，给予指导和支持，定期研究分析进展情况，不断总结完善评估方式方法。各地民政部门要加强对评估工作重点难点问题的研究，积极协调相关部门，增进共识、凝聚合力、攻坚克难，努力形成结果共享、协同推进的工作格局。要充分整合现有资金渠道，积极争取当地财政支持，引导社会力量投入，福利彩票公益金可用于支持养老服务评估试点，建立经费保障机制，为评估工作提供保障。

（二）加强人才队伍建设。养老服务评估工作专业性强，标准比较细致，各地要依托专业机构、相关机构和社会组织加强评估机构建设，有条件的地方可以建立专门的评估机构。要依托大中专院校、示范养老机构，加快培养评估专业人才。要选择责任心强、业务素质过硬的人员参与评估，加强岗前培训，使其具备医学、心理学、社会学、法律、社会保障、社会工作等基础知识。要建立养老服务评估专家队伍，积极开展技术指导，提供有力人才支持。

（三）营造良好社会环境。要抓紧制定完善与《老年人权益保障法》等法律法规要求相适应的具体措施，建立健全有利于养老服务评估示范推广、创新创制的政策体系，建立社会力量参与的激励评价机制，加快推进与养老服务评估配套的行业标准、信息化管理等软环境建设。要把推动养老服务评估工作与落实老年人合法权益，改善老年人生活、健康、安全以及参与社会发展的保障条件结合起来，积极营造敬老、爱老、助老的浓厚社会氛围。

民政部

2013 年 7 月 30 日

国务院办公厅关于加快发展生活性服务业
促进消费结构升级的指导意见

国办发〔2015〕85 号

各省、自治区、直辖市人民政府，国务院各部委、各直属机构：

　　国务院高度重视发展服务业。近年来，我国服务业发展取得显著成效，成为国民经济和吸纳就业的第一大产业，稳增长、促改革、调结构、惠民生作用持续增强。当前我国进入全面建成小康社会的决胜阶段，经济社会发展呈现出更多依靠消费引领、服务驱动的新特征。但总体看，我国生活性服务业发展仍然相对滞后，有效供给不足、质量水平不高、消费环境有待改善等问题突出，迫切需要加快发展。与此同时，国民收入水平提升扩大了生活性服务消费新需求，信息网络技术不断突破拓展了生活性服务消费新渠道，新型城镇化等国家重大战略实施扩展了生活性服务消费新空间，人民群众对生活性服务的需要日益增长、对服务品质的要求不断提高，生活性服务消费蕴含巨大潜力。

　　生活性服务业领域宽、范围广，涉及人民群众生活的方方面面，与经济社会发展密切相关。加快发展生活性服务业，是推动经济增长动力转换的重要途径，实现经济提质增效升级的重要举措，保障和改善民生的重要手段。为加快发展生活性服务业、促进消费结构升级，经国务院同意，现提出以下意见。

　　一、总体要求

　　（一）指导思想。全面贯彻党的十八大和十八届二中、三中、四中、五中全会精神，认真落实国务院部署要求，以增进人民福祉、满足人民群众日益增长的生活性服务需要为主线，大力倡导崇尚绿色环保、讲求质量品质、注重文化内涵的生活消费理念，创新政策支持，积极培育生活性服务新业态新模式，全面提升生活性服务业质量和效益，为经济发展新常态下扩大消费需求、拉动经济增长、转变发展方式、促进社会和谐提供有力支撑和持续动力。

　　（二）基本原则。

　　坚持消费引领，强化市场主导。努力适应居民消费升级的新形势新要求，充分发挥市场配置资源的决定性作用，更好发挥政府规划、政策引导和市场监管的作用，挖掘消费潜力，增添市场活力。

　　坚持突出重点，带动全面发展。加强生活性服务业分类指导，聚焦重点领域和薄弱环节，综合施策，形成合力，实现重点突破，增强示范带动效应。

坚持创新供给，推动新型消费。抢抓产业跨界融合发展新机遇，运用互联网、大数据、云计算等推动业态创新、管理创新和服务创新，开发适合高中低不同收入群体的多样化、个性化潜在服务需求。

坚持质量为本，提升品质水平。进一步健全生活性服务业质量管理体系、质量监督体系和质量标准体系，推动职业化发展，丰富文化内涵，打造服务品牌。

坚持绿色发展，转变消费方式。加强生态文明建设，促进服务过程和消费方式绿色化，推动生活性服务业高水平发展，加快生活方式转变和消费结构升级。

（三）发展导向。围绕人民群众对生活性服务的普遍关注和迫切期待，着力解决供给、需求、质量方面存在的突出矛盾和问题，推动生活性服务业便利化、精细化、品质化发展。

1. 增加服务有效供给。鼓励各类市场主体根据居民收入水平、人口结构和消费升级等发展趋势，创新服务业态和商业模式，优化服务供给，增加短缺服务，开发新型服务。城市生活性服务业要遵循产城融合、产业融合和宜居宜业的发展要求，科学规划产业空间定位，合理布局网点，完善服务体系。农村生活性服务业要以改善基础条件、满足农民需求为重点，鼓励城镇生活性服务业网络向农村延伸，加快农村宽带、无线网络等信息基础设施建设步伐，推动电子商务和快递服务下乡进村入户，以城带乡，尽快改变农村生活性服务业落后面貌。

2. 扩大服务消费需求。深度开发人民群众从衣食住行到身心健康、从出生到终老各个阶段各个环节的生活性服务，满足大众新需求，适应消费结构升级新需要，积极开发新的服务消费市场，进一步拓展网络消费领域，加快线上线下融合，培育新型服务消费，促进新兴产业成长。加强生活性服务基础设施建设，创新设计理念，体现人文精神。提升服务管理水平，拓展服务维度，精细服务环节，延伸服务链条，发展智慧服务。积极运用互联网等现代信息技术，改进服务流程，扩大消费选择。培育信息消费需求，丰富信息消费内容。改善生活性服务消费环境，加强服务规范和监督管理，健全消费者权益保护体系。深度挖掘我国传统文化、民俗风情和区域特色的发展潜力，促进生活性服务"走出去"，开拓国际市场。

3. 提升服务质量水平。营造全社会重视服务质量的良好氛围，打造"中国服务"品牌。鼓励服务企业将服务质量作为立业之本，坚持质量第一、诚信经营，强化质量责任意识，制定服务标准和规范。推进生活性服务业职业化发展，鼓励企业加强员工培训，增强爱岗敬业的职业精神和专业技能，提高职业素质。积极运用新理念和新技术，改进提高服务质量。优化质量发展环境，完善服务质量治理体系和顾客满意度测评体系。

经过一个时期的努力，力争实现生活性服务业总体规模持续扩大，新业态、新模式不断培育成长；生活性服务基础设施进一步完善，公共服务平台功能逐步增强；以城带乡和城乡互动发展机制日益完善，区域结构更加均衡，消费升级取得重大进展；消费环境明显改善，质量治理体系进一步健全，职业化进程显著加快，服务质量和服务品牌双提升，国内顾客和国外顾客双满意。

二、主要任务

今后一个时期，重点发展贴近服务人民群众生活、需求潜力大、带动作用强的生活性服务领域，推动生活消费方式由生存型、传统型、物质型向发展型、现代型、服务型转变，促进和带动其他生活性服务业领域发展。

（一）居民和家庭服务。健全城乡居民家庭服务体系，推动家庭服务市场多层次、多形式发展，在供给规模和服务质量方面基本满足居民生活性服务需求。引导家庭服务企业多渠道、多业态提供专业化的生活性服务，推进规模经营和网络化发展，创建一批知名家庭服务品牌。整合、充实、升级家庭服务业公共平台，健全服务网络，实现一网多能、跨区域服务，发挥平台对城乡生活性服务业的引导和支撑作用。完善社区服务网点，多方式提供婴幼儿看护、护理、美容美发、洗染、家用电器及其他日用品修理等生活性服务，推动房地产中介、房屋租赁经营、物业管理、搬家保洁、家用车辆保养维修等生活性服务规范化、标准化发展。鼓励在乡村建立综合性服务网点，提高农村居民生活便利化水平。

（二）健康服务。围绕提升全民健康素质和水平，逐步建立覆盖全生命周期、业态丰富、结构合理的健康服务体系。鼓励发展健康体检、健康咨询、健康文化、健康旅游、体育健身等多样化健康服务。积极提升医疗服务品质，优化医疗资源配置，取消对社会办医的不合理限制，加快形成多元化办医格局。推动发展专业、规范的护理服务。全面发展中医药健康服务，推广科学规范的中医养生保健知识及产品，提升中医药健康服务能力，创新中医药健康服务技术手段，丰富中医药健康服务产品种类。推进医疗机构与养老机构加强合作，发展社区健康养老。支持医疗服务评价、健康管理服务评价、健康市场调查等第三方健康服务调查评价机构发展，培育健康服务产业集群。积极发展健康保险，丰富商业健康保险产品，发展多样化健康保险服务。

（三）养老服务。以满足日益增长的养老服务需求为重点，完善服务设施，加强服务规范，提升养老服务体系建设水平。鼓励养老服务与相关产业融合创新发展，推动基本生活照料、康复护理、精神慰藉、文化服务、紧急救援、临终关怀等领域养老服务的发展。积极运用网络信息技术，发展紧急呼叫、健康咨询、物品代购等适合老年人的服务项目，创新居家养老服务模式，完善居家养老服务体系。加快推进养老护理员队伍建设，加强职业教育和从业人员培训。大力发展老年教育，支持各类老年大学等教育机构发展，扩大老年教育资源供给，促进养教结合。鼓励专业养老机构发挥自身优势，培训和指导社区养老服务组织和人员。引导社会力量举办养老机构，通过公建民营等方式鼓励社会资本进入养老服务业，鼓励境外资本投资养老服务业。鼓励探索创新，积极开发切合农村实际需求的养老服务方式。

（四）旅游服务。以游客需求为导向，丰富旅游产品，改善市场环境，推动旅游服务向观光、休闲、度假并重转变，提升旅游文化内涵和附加值。大力发展红色旅游，加强革命传统教育，弘扬民族精神。突出乡村特色，充分发挥农业的多功能性，开发一批形式多样、特色鲜明的乡村旅游产品。进一步推动集观光、度假、休闲、娱乐、海上运动于一体的滨海旅游和海岛旅游。丰富老年旅游服务供给，积极开发多层次、多样化的老年人休闲养生度假产品。引导健康的旅游消费方式，积极发展休闲度假旅游、研学旅行、工业旅游，推动体育运动、竞赛表演、健身休闲与旅游活动融合发展。适应房车、自驾车、邮轮、游艇等新兴旅游业态发展需要，合理规划配套设施建设和基地布局。开发线上线下有机结合的旅游服务产品，推动旅游定制服务，满足个性化需求，深化旅游体验。开发特色旅游路线，加强国际市场营销，积极发展入境旅游。加强旅游纪念品在体现民俗、历史、区位等文化内涵方面的创意设计，推动中国旅游商品品牌建设。

（五）体育服务。大力推动群众体育与竞技体育协同发展，促进体育市场繁荣有序，加速形成门类齐全、结构合理的体育服务体系。重点培育健身休闲、竞赛表演、场馆服务、中介培训等体育服务业，促进康体结合，推动体育旅游、体育传媒、体育会展等相关业态融合发展。以足球、篮球、排球三大球为切入点，加快发展普及性广、关注度高、市场空间大的运动项目。以举办 2022 年冬奥会为契机，全面提升冰雪运动普及度和产业发展水平。大力普及健身跑、自行车、登山等运动项目，带动大众化体育运动发展。完善健身教练、体育经纪人等职业标准和管理规范，加强行业自律。推动专业赛事发展，丰富业余赛事，探索完善赛事市场开发和运作模式，实施品牌战略，打造一批国际性、区域性品牌赛事。有条件的地方可利用自然人文特色资源，举办汽车拉力赛、越野赛等体育竞赛活动。推动体育产业联系点工作，培育一批符合市场规律、具有竞争力的体育产业基地。鼓励体育优势企业、优势品牌和优势项目"走出去"。

（六）文化服务。着力提升文化服务内涵和品质，推进文化创意和设计服务等新型服务业发展，大力推进与相关产业融合发展，不断满足人民群众日益增长的文化服务需求。积极发展具有民族特色和地方特色的传统文化艺术，鼓励创造兼具思想性艺术性观赏性、人民群众喜闻乐见的优秀文化服务产品。加快数字内容产业发展，推动文化服务产品制作、传播、消费的数字化、网络化进程，推进动漫游戏等产业优化升级。深入推进新闻出版精品工程，鼓励民族原创网络出版产品、优秀原创网络文学作品等创作生产，优化新闻出版产业基地布局。积极发展移动多媒体广播电视、网络广播电视等新媒体、新业态。推动传统媒体与新兴媒体融合发展，提升先进文化的互联网传播吸引力。完善文化产业国际交流交易平台，提升文化产业国际化水平和市场竞争力。

（七）法律服务。加强民生领域法律服务，推进覆盖城乡居民的公共法律服务体系建设。大力发展律师、公证、司法鉴定等法律服务业，推进法律服务的专业化和职业化。提升面向基层和普通百姓的法律服务能力，加强对弱势群体的法律服务，加大对老年人、妇女和儿童等法律援助和服务的支持力度。支持中小型法律服务机构发展和法律服务方式创新。统筹城乡、区域法律服务资源，建立激励法律服务人才跨区域流动机制。加快发展公职律师、公司律师队伍，构建社会律师、公职律师、公司律师等优势互补、结构合理的律师队伍。规范法律服务秩序和服务行为，完善职业评价体系、诚信执业制度以及违法违规执业惩戒制度。强化涉外法律服务，着力培养一批通晓国际法律规则、善于处理涉外法律事务的律师人才，建设一批具有国际竞争力和影响力的律师事务所。完善法律服务执业权利保障机制，优化法律服务发展环境。

（八）批发零售服务。优化城市流通网络，畅通农村商贸渠道，加强现代批发零售服务体系建设。合理规划城乡流通基础设施布局，鼓励发展商贸综合服务中心、农产品批发市场、集贸市场以及重要商品储备设施、大型物流（仓储）配送中心、农村邮政物流设施、快件集散中心、农产品冷链物流设施。推动各类批发市场等传统商贸流通企业转变经营模式，利用互联网等先进信息技术进行升级改造。发挥实体店的服务、体验优势，与线上企业开展深度合作。鼓励发展绿色商场，提高绿色商品供给水平。大力发展社区商业，引导便利店等业态进社区，规范和拓展代收费、代收货等便民服务。积极发展冷链物流、仓储配送一体化等物流服务新模式，推广使用智能包裹柜、智能快件箱。依照相关法律、行政法规规定，加强对关系国计民生、人民群众生命安全等商品的流通准入管理，健全覆盖准入、监管、退出的全程管理机制。

（九）住宿餐饮服务。强化服务民生的基本功能，形成以大众化市场为主体、适应多层次多样化消费需求的住宿餐饮业发展新格局。积极发展绿色饭店、主题饭店、客栈民宿、短租公寓、长租公寓、有机餐饮、快餐团餐、特色餐饮、农家乐等满足广大人民群众消费需求的细分业态。大力推进住宿餐饮业连锁化、品牌化发展，提高住宿餐饮服务的文化品位和绿色安全保障水平。推动住宿餐饮企业开展电子商务，实现线上线下互动发展，促进营销模式和服务方式创新。鼓励发展预订平台、中央厨房、餐饮配送、食品安全等支持传统产业升级的配套设施和服务体系。

（十）教育培训服务。以提升生活性服务质量为核心，发展形式多样的教育培训服务，推动职业培训集约发展、内涵发展、融合发展、特色发展。广泛开展城乡社区教育，整合社区各类教育培训资源，引入行业组织等参与开展社区教育项目，为社区居民提供人文艺术、科学技术、幼儿教育、养老保健、生活休闲、职业技能等方面的教育服务，规范发展秩序。大力加强各类人才培养，创新人才培养模式，坚持产教融合、校企合作、工学结合，强化专业人才培养。加快推进教育培训信息化建设，发展远程教育和培训，促进数字资源共建共享。鼓励发展股份制、混合所有制职业院校，允许以资本、知识、技术、管理等要素参与办学。建立家庭、养老、健康、社区教育、老年教育等生活性服务示范性培训基地或体验基地，带动提升行业整体服务水平。逐步形成政府引导、以职业院校和各类培训机构为主体、企业全面参与的现代职业教育体系和终身职业培训体系。

在推动上述重点领域加快发展的同时，还要加强对生活性服务业其他领域的引导和支持，鼓励探索创新，营造包容氛围，推动生活性服务业在融合中发展、在发展中规范，增加服务供给，丰富服务种类，提高发展水平。

三、政策措施

围绕激发生活性服务业企业活力和保障居民放心消费，加快完善体制机制，注重加强政策引导扶持，营造良好市场环境，推动生活性服务业加快发展。

（一）深化改革开放。

优化发展环境。建立全国统一、开放、竞争、有序的服务业市场，采取有效措施，切实破除行政垄断、行业垄断和地方保护，清理并废除生活性服务业中妨碍形成全国统一市场和公平竞争的各种规定和做法。进一步深化投融资体制改革，鼓励和引导各类社会资本投向生活性服务业。进一步推进行政审批制度改革，简化审批流程，取消不合理前置审批事项，加强事中事后监管。取消商业性和群众性体育赛事审批。健全并落实各类所有制主体统一适用的制度政策，切实解决产业发展过程中存在的不平等问题，促进公平发展。支持各地结合实际放宽新注册生活性服务业企业场所登记条件限制，为创业提供便利的工商登记服务。积极探索适合生活性服务业特点的未开业企业、无债权债务企业简易注销制度，建立有序的市场退出机制。

扩大市场化服务供给。积极稳妥推进教育、文化、卫生、体育等事业单位分类改革，将从事生产经营活动的事业单位逐步转为企业，规范转制程序，完善过渡政策，鼓励其提供更多切合市场需求的生活性服务。加快生活性服务业行业协会商会与行政机关脱钩，推动服务重心转向企业、行业和市场，提升专业化服务水平。创建全国服务业创新成果交易中心，加快创新成果转化和产业化进程。总结推广国家服务业综合改革试点经验，适应新形势新要求，开展新一轮试点示范工作，力争在一些重点难点问题上取得突破。稳步推进电子商务进农村综合示范。开展拉动城乡居民文化消费试点工作，推动文化消费数字化、网络化发展。

提升国际化发展水平。统一内外资法律法规，推进文化、健康、养老等生活性服务领域有序开放，提高外商投资便利化程度，探索实行准入前国民待遇加负面清单管理模式。支持具备条件的生活性服务业企业"走出去"，完善支持生活性服务业企业"走出去"的服务平台，提升知名度和美誉度，创建具有国际影响力的服务品牌。鼓励中华老字号服务企业利用品牌效应，带动中医药、中餐等产业开拓国际市场。增强境外投资环境、投资项目评估等方面的服务功能，为境外投资企业提供法律、会计、税务、信息、金融、管理等专业化服务。

（二）改善消费环境。

营造全社会齐抓共管改善消费环境的有利氛围，形成企业规范、行业自律、政府监管、社会监督的多元共治格局。鼓励弹性作息和错峰休假，强化带薪休假制度落实责任，把落实情况作为劳动监察和职工权益保障的重要内容。推动生活性服务业企业信用信息共享，将有关信用信息纳入国家企业信用信息公示系统，建立完善全国统一的信用信息共享交换平台，实施失信联合惩戒，逐步形成以诚信为核心的生活性服务业监管制度。深入开展价格诚信、质量诚信、计量诚信、文明经商等活动，强化环保、质检、工商、安全监管等部门的行政执法，完善食品药品、日用消费品等产品质量监督检查制度。严厉打击居民消费领域乱涨价、乱收费、价格欺诈、制售假冒伪劣商品、计量作弊等违法犯罪行为，依法查处垄断和不正当竞争行为，规范服务市场秩序。完善网络商品和服务的质量担保、损害赔偿、风险监控、网上抽查、源头追溯、属地查处、信用管理等制度，引入第三方检测认证等机制，有效保护消费者合法权益。

（三）加强基础设施建设。

适应消费结构升级需求，加大对社会投资的引导，改造提升城市老旧生活性服务基础设施，补齐农村生活性服务基础设施短板，提升生活性服务基础设施自动化、智能化和互联互通水平，提高服务城乡的基础设施网络覆盖面，以健全高效的基础设施体系支撑生活性服务业加快发展和结构升级。围绕旅游休闲、教育文化体育和养老健康家政等领域，尽快组织实施一批重大工程。改善城市生活性服务业发展基础设施条件，鼓励社会资本参与大中城市停车场、立体停车库建设。在符合城市规划的前提下，充分利用地下空间资源，在已规划建设地铁的城市同步扩展地下空间，发展购物、餐饮、休闲等便民生活性服务。统筹体育设施建设规划和合理利用，推进企事业单位和学校的体育场馆向社会开放。

（四）完善质量标准体系。

提升质量保障水平。健全以质量管理制度、诚信制度、监管制度和监测制度为核心的服务质量治理体系。规范服务质量分级管理，加强质量诚信制度建设，完善服务质量社会监督平台。加强认证认可体系建设，创新评价技术，完善生活性服务业重点领域认证认可制度。健全顾客满意度、万人投诉量等质量发展指标。加快实施服务质量提升工程和监测基础建设工程，规范集贸市场、餐饮行业、商品超市等领域计量行为，完善涉及人身健康与财产安全的商品检验制度和产品质量监管制度。实施服务标杆引领计划，发挥中国质量奖对服务企业的引导作用。

健全标准体系。制定实施好国家服务业标准规划和年度计划。实施服务标准体系建设工程，加快家政、养老、健康、体育、文化、旅游等领域的关键标准研制。完善居住（小）区配套公共设施规划标准，为生活性服务业相关设施建设、管理和服务提供依据。积极培育生活性服务业标准化工作技术队伍。继续开展国家级服务业标准化试点，总结推广经验。

（五）加大财税、金融、价格、土地政策引导支持。

创新财税政策。适时推进"营改增"改革，研究将尚未试点的生活性服务行业纳入改革范围。科学设计生活性服务业"营改增"改革方案，合理设置生活性服务业增值税税率。发挥财政资金引导作用，创新财政资金使用方式，大力推广政府和社会资本合作（PPP）模式，运用股权投资、产业基金等市场化融资手段支持生活性服务业发展。对免费或低收费向社会开放的公共体育设施按照有关规定给予财政补贴。推进政府购买服务，鼓励有条件的地区购买养老、健康、体育、文化、社区等服务，扩大市场需求。

拓宽融资渠道。支持符合条件的生活性服务业企业上市融资和发行债券。鼓励金融机构拓宽对生活性服务业企业贷款的抵质押品种类和范围。鼓励商业银行在商业自愿、依法合规、风险可控的前提下，专业化开展知识产权质押、仓单质押、信用保险保单质押、股权质押、保理等多种方式的金融服务。发展融资担保机构，通过增信等方式放大资金使用效益，增强生活性服务业企业融资能力。探索建立保险产品保护机制，鼓励保险机构开展产品创新和服务创新。积极稳妥扩大消费信贷，将消费金融公司试点推广至全国。完善支付清算网络体系，加强农村地区和偏远落后地区的支付结算基础设施建设。

健全价格机制。在实行峰谷电价的地区，对商业、仓储等不适宜错峰运营的服务行业，研究实行商业平均电价，由服务业企业自行选择执行。深化景区门票价格改革，维护旅游市场秩序。研究完善银行卡刷卡手续费定价机制，进一步从总体上降低餐饮等行业刷卡手续费支出。

完善土地政策。各地要发挥生活性服务业发展规划的引导作用，在当地土地利用总体规划和年度用地计划中充分考虑生活性服务业设施建设用地，予以优先安排。继续加大养老、健康、家庭等生活性服务业用地政策落实力度。

（六）推动职业化发展。

生活性服务业有关主管部门要制定相应领域的职业化发展规划。鼓励高等学校、中等职业学校增设家庭、养老、健康等生活性服务业相关专业，扩大人才培养规模。鼓励高等学校和职业院校采取与互联网企业合作等方式，对接线上线下教育资源，探索职业教育和培训服务新方式。依托各类职业院校、职业技能培训机构加强实训基地建设，实施家政服务员、养老护理员、病患服务员等家庭服务从业人员专项培训。鼓励从业人员参加依法设立的职业技能鉴定或专项职业能力考核，对通过初次职业技能鉴定并取得相应等级职业资格证书或专项职业能力证书的，按规定给予一次性职业技能鉴定补贴。鼓励和规范家政服务企业以员工制方式提供管理和服务，实行统一标准、统一培训、统一管理。

（七）建立健全法律法规和统计制度。

完善生活性服务业法律法规，研究制订文化产业促进法，启动服务业质量管理立法研究。加强知识产权保护立法和实施工作，强化对专利、商标、版权等无形资产的开发和保护。以国民经济行业分类为基础，抓紧研究制定生活性服务业及其重点领域统计分类，完善统计制度和指标体系，明确有关部门统计任务。建立健全部门间信息共享机制，逐步建立生活性服务业信息定期发布制度。

各地区、各部门要充分认识加快发展生活性服务业的重大意义，把加快发展生活性服务业作为提高人民生活水平、促进消费结构升级、拉动经济增长的重要任务，采取有效措施，加大支持力度，做到生产性服务业与生活性服务业并重、现代服务业与传统服务业并举，切实把服务业打造成经济社会可持续发展的新引擎。地方各级人民政府要加强组织领导，结合本地区实际尽快研究制定加快发展生活性服务业的实施方案。国务院有关部门要围绕发展生活性服务业的主要目标任务，抓紧制定配套政策措施，组织实施一批重大工程，为生活性服务业加快发展创造良好条件。发展改革委要会同有关部门,抓紧研究建立服务业部际联席会议制度,充分发挥专家咨询委员会作用,进一步强化政策指导和督促检查,重大情况和问题及时向国务院报告。

　　附件:政策措施分工表

国务院办公厅

2015 年 11 月 19 日

附:

政策措施分工表

序　号	工作任务	负责部门
1	积极探索适合生活性服务业特点的未开业企业、无债权债务企业简易注销制度,建立有序的市场退出机制。	工商总局
2	推动生活性服务业企业信用信息共享,将有关信用信息纳入国家企业信用信息公示系统,建立完善全国统一的信用信息共享交换平台。	发展改革委、人民银行、工商总局、商务部会同有关部门
3	围绕旅游休闲、教育文化体育和养老健康家政等领域,尽快组织实施一批重大工程。	发展改革委及各有关部门
4	加强认证认可体系建设,创新评价技术,完善生活性服务业重点领域认证认可制度。加快实施服务质量提升工程和监测基础建设工程。	质检总局
5	制定实施好国家服务业标准规划和年度计划。实施服务标准体系建设工程,加快家政、养老、健康、体育、文化、旅游等领域的关键标准研制。继续开展国家级服务业标准化试点,总结推广经验。	质检总局及各有关部门
6	适时推进"营改增"改革,研究将尚未试点的生活性服务行业纳入改革范围。科学设计生活性服务业"营改增"改革方案,合理设置生活性服务业增值税税率。	财政部、税务总局会同有关部门
7	支持符合条件的生活性服务业企业上市融资和发行债券。	证监会、发展改革委、人民银行会同有关部门
8	鼓励金融机构拓宽对生活性服务业企业贷款的抵质押品种类和范围。鼓励商业银行在商业自愿、依法合规、风险可控的前提下,专业化开展知识产权质押、仓单质押、信用保险保单质押、股权质押、保理等多种方式的金融服务。探索建立保险产品保护机制,鼓励保险机构开展产品创新和服务创新。	人民银行、银监会、保监会
9	深化景区门票价格改革,维护旅游市场秩序。	发展改革委、旅游局
10	鼓励高等学校、中等职业学校增设家庭、养老、健康等生活性服务业相关专业,扩大人才培养规模。	教育部、发展改革委

序　号	工作任务	负责部门
11	依托各类职业院校、职业技能培训机构加强实训基地建设,实施家政服务员、养老护理员、病患服务员等家庭服务从业人员专项培训。	人力资源社会保障部
12	鼓励从业人员参加依法设立的职业技能鉴定或专项职业能力考核,对通过初次职业技能鉴定并取得相应等级职业资格证书或专项职业能力证书的,按规定给予一次性职业技能鉴定补贴。	人力资源社会保障部
13	鼓励和规范家政服务企业以员工制方式提供管理和服务,实行统一标准、统一培训、统一管理。	人力资源社会保障部、商务部
14	加强知识产权保护立法和实施工作,强化对专利、商标、版权等无形资产的开发和保护。	知识产权局、工商总局、版权局
15	以国民经济行业分类为基础,抓紧研究制定生活性服务业及其重点领域统计分类,完善统计制度和指标体系,明确有关部门统计任务。建立健全部门间信息共享机制,逐步建立生活性服务业信息定期发布制度。	统计局、发展改革委会同各有关部门

附录二：标准指南

中国 7 岁以下儿童生长发育参照标准

卫生部妇幼保健与社区卫生司

二〇〇九年九月

7 岁以下男童身高（长）标准值（cm）　　　　　表 1

年龄	月龄	−3SD	−2SD	−1SD	中位数	+1SD	+2SD	+3SD
出生	0	45.2	46.9	48.6	50.4	52.2	54.0	55.8
	1	48.7	50.7	52.7	54.8	56.9	59.0	61.2
	2	52.2	54.3	56.5	58.7	61.0	63.3	65.7
	3	55.3	57.5	59.7	62.0	64.3	66.6	69.0
	4	57.9	60.1	62.3	64.6	66.9	69.3	71.7
	5	59.9	62.1	64.4	66.7	69.1	71.5	73.9
	6	61.4	63.7	66.0	68.4	70.8	73.3	75.8
	7	62.7	65.0	67.4	69.8	72.3	74.8	77.4
	8	63.9	66.3	68.7	71.2	73.7	76.3	78.9
	9	65.2	67.6	70.1	72.6	75.2	77.8	80.5
	10	66.4	68.9	71.4	74.0	76.6	79.3	82.1
	11	67.5	70.1	72.7	75.3	78.0	80.8	83.6
1 岁	12	68.6	71.2	73.8	76.5	79.3	82.1	85.0
	15	71.2	74.0	76.9	79.8	82.8	85.8	88.9
	18	73.6	76.6	79.6	82.7	85.8	89.1	92.4
	21	76.0	79.1	82.3	85.6	89.0	92.4	95.9
2 岁	24	78.3	81.6	85.1	88.5	92.1	95.8	99.5
	27	80.5	83.9	87.5	91.1	94.8	98.6	102.5
	30	82.4	85.9	89.6	93.3	97.1	101.0	105.0
	33	84.4	88.0	91.6	95.4	99.3	103.2	107.2
3 岁	36	86.3	90.0	93.7	97.5	101.4	105.3	109.4
	39	87.5	91.2	94.9	98.8	102.7	106.7	110.7
	42	89.3	93.0	96.7	100.6	104.5	108.6	112.7
	45	90.9	94.6	98.5	102.4	106.4	110.4	114.6
4 岁	48	92.5	96.3	100.2	104.1	108.2	112.3	116.5
	51	94.0	97.9	101.9	105.9	110.0	114.2	118.5
	54	95.6	99.5	103.6	107.7	111.9	116.2	120.6
	57	97.1	101.1	105.3	109.5	113.8	118.2	122.6
5 岁	60	98.7	102.8	107.0	111.3	115.7	120.1	124.7
	63	100.2	104.4	108.7	113.0	117.5	122.0	126.7
	66	101.6	105.9	110.2	114.7	119.2	123.8	128.6
	69	103.0	107.3	111.7	116.3	120.9	125.6	130.4
6 岁	72	104.1	108.6	113.1	117.7	122.4	127.2	132.1
	75	105.3	109.8	114.4	119.2	124.0	128.8	133.8
	78	106.5	111.1	115.8	120.7	125.6	130.5	135.6
	81	107.9	112.6	117.4	122.3	127.3	132.4	137.6

注：表中 3 岁前为身长，3 岁及 3 岁后为身高。

7 岁以下女童身高（长）标准值（cm）　　　　表 2

年龄	月龄	-3SD	-2SD	-1SD	中位数	+1SD	+2SD	+3SD
出生	0	44.7	46.4	48.0	49.7	51.4	53.2	55.0
	1	47.9	49.8	51.7	53.7	55.7	57.8	59.9
	2	51.1	53.2	55.3	57.4	59.6	61.8	64.1
	3	54.2	56.3	58.4	60.6	62.8	65.1	67.5
	4	56.7	58.8	61.0	63.1	65.4	67.7	70.0
	5	58.6	60.8	62.9	65.2	67.4	69.8	72.1
	6	60.1	62.3	64.5	66.8	69.1	71.5	74.0
	7	61.3	63.6	65.9	68.2	70.6	73.1	75.6
	8	62.5	64.8	67.2	69.6	72.1	74.7	77.3
	9	63.7	66.1	68.5	71.0	73.6	76.2	78.9
	10	64.9	67.3	69.8	72.4	75.0	77.7	80.5
	11	66.1	68.6	71.1	73.7	76.4	79.2	82.0
1 岁	12	67.2	69.7	72.3	75.0	77.7	80.5	83.4
	15	70.2	72.9	75.6	78.5	81.4	84.3	87.4
	18	72.8	75.6	78.5	81.5	84.6	87.7	91.0
	21	75.1	78.1	81.2	84.4	87.7	91.1	94.5
2 岁	24	77.3	80.5	83.8	87.2	90.7	94.3	98.0
	27	79.3	82.7	86.2	89.8	93.5	97.3	101.2
	30	81.4	84.8	88.4	92.1	95.9	99.8	103.8
	33	83.4	86.9	90.5	94.3	98.1	102.0	106.1
3 岁	36	85.4	88.9	92.5	96.3	100.1	104.1	108.1
	39	86.6	90.1	93.8	97.5	101.4	105.4	109.4
	42	88.4	91.9	95.6	99.4	103.3	107.2	111.3
	45	90.1	93.7	97.4	101.2	105.1	109.0	113.3
4 岁	48	91.7	95.4	99.2	103.1	107.0	111.1	115.3
	51	93.2	97.0	100.9	104.9	109.0	113.1	117.4
	54	94.8	98.7	102.7	106.7	110.9	115.2	119.5
	57	96.4	100.3	104.4	108.5	112.8	117.1	121.6
5 岁	60	97.8	101.8	106.0	110.2	114.5	118.9	123.4
	63	99.3	103.4	107.6	111.9	116.2	120.7	125.3
	66	100.7	104.9	109.2	113.5	118.0	122.6	127.2
	69	102.0	106.3	110.7	115.2	119.7	124.4	129.1
6 岁	72	103.2	107.6	112.0	116.6	121.2	126.0	130.8
	75	104.4	108.8	113.4	118.0	122.7	127.6	132.5
	78	105.5	110.1	114.7	119.4	124.3	129.2	134.2
	81	106.7	111.4	116.1	121.0	125.9	130.9	136.1

注：表中 3 岁前为身长，3 岁及 3 岁后为身高。

7 岁以下男童体重标准值（kg）　　　表 3

年龄	月龄	−3SD	−2SD	−1SD	中位数	+1SD	+2SD	+3SD
出生	0	2.26	2.58	2.93	3.32	3.73	4.18	4.66
	1	3.09	3.52	3.99	4.51	5.07	5.67	6.33
	2	3.94	4.47	5.05	5.68	6.38	7.14	7.97
	3	4.69	5.29	5.97	6.70	7.51	8.40	9.37
	4	5.25	5.91	6.64	7.45	8.34	9.32	10.39
	5	5.66	6.36	7.14	8.00	8.95	9.99	11.15
	6	5.97	6.70	7.51	8.41	9.41	10.50	11.72
	7	6.24	6.99	7.83	8.76	9.79	10.93	12.20
	8	6.46	7.23	8.09	9.05	10.11	11.29	12.60
	9	6.67	7.46	8.35	9.33	10.42	11.64	12.99
	10	6.86	7.67	8.58	9.58	10.71	11.95	13.34
	11	7.04	7.87	8.80	9.83	10.98	12.26	13.68
1 岁	12	7.21	8.06	9.00	10.05	11.23	12.54	14.00
	15	7.68	8.57	9.57	10.68	11.93	13.32	14.88
	18	8.13	9.07	10.12	11.29	12.61	14.09	15.75
	21	8.61	9.59	10.69	11.93	13.33	14.90	16.66
2 岁	24	9.06	10.09	11.24	12.54	14.01	15.67	17.54
	27	9.47	10.54	11.75	13.11	14.64	16.38	18.36
	30	9.86	10.97	12.22	13.64	15.24	17.06	19.13
	33	10.24	11.39	12.68	14.15	15.82	17.72	19.89
3 岁	36	10.61	11.79	13.13	14.65	16.39	18.37	20.64
	39	10.97	12.19	13.57	15.15	16.95	19.02	21.39
	42	11.31	12.57	14.00	15.63	17.50	19.65	22.13
	45	11.66	12.96	14.44	16.13	18.07	20.32	22.91
4 岁	48	12.01	13.35	14.88	16.64	18.67	21.01	23.73
	51	12.37	13.76	15.35	17.18	19.30	21.76	24.63
	54	12.74	14.18	15.84	17.75	19.98	22.57	25.61
	57	13.12	14.61	16.34	18.35	20.69	23.43	26.68
5 岁	60	13.50	15.06	16.87	18.98	21.46	24.38	27.85
	63	13.86	15.48	17.38	19.60	22.21	25.32	29.04
	66	14.18	15.87	17.85	20.18	22.94	26.24	30.22
	69	14.48	16.24	18.31	20.75	23.66	27.17	31.43
6 岁	72	14.74	16.56	18.71	21.26	24.32	28.03	32.57
	75	15.01	16.90	19.14	21.82	25.06	29.01	33.89
	78	15.30	17.27	19.62	22.45	25.89	30.13	35.41
	81	15.66	17.73	20.22	23.24	26.95	31.56	37.39

7 岁以下女童体重标准值（kg）

表 4

年龄	月龄	−3SD	−2SD	−1SD	中位数	+1SD	+2SD	+3SD
出生	0	2.26	2.54	2.85	3.21	3.63	4.10	4.65
	1	2.98	3.33	3.74	4.20	4.74	5.35	6.05
	2	3.72	4.15	4.65	5.21	5.86	6.60	7.46
	3	4.40	4.90	5.47	6.13	6.87	7.73	8.71
	4	4.93	5.48	6.11	6.83	7.65	8.59	9.66
	5	5.33	5.92	6.59	7.36	8.23	9.23	10.38
	6	5.64	6.26	6.96	7.77	8.68	9.73	10.93
	7	5.90	6.55	7.28	8.11	9.06	10.15	11.40
	8	6.13	6.79	7.55	8.41	9.39	10.51	11.80
	9	6.34	7.03	7.81	8.69	9.70	10.86	12.18
	10	6.53	7.23	8.03	8.94	9.98	11.16	12.52
	11	6.71	7.43	8.25	9.18	10.24	11.46	12.85
1 岁	12	6.87	7.61	8.45	9.40	10.48	11.73	13.15
	15	7.34	8.12	9.01	10.02	11.18	12.50	14.02
	18	7.79	8.63	9.57	10.65	11.88	13.29	14.90
	21	8.26	9.15	10.15	11.30	12.61	14.12	15.85
2 岁	24	8.70	9.64	10.70	11.92	13.31	14.92	16.77
	27	9.10	10.09	11.21	12.50	13.97	15.67	17.63
	30	9.48	10.52	11.70	13.05	14.60	16.39	18.47
	33	9.86	10.94	12.18	13.59	15.22	17.11	19.29
3 岁	36	10.23	11.36	12.65	14.13	15.83	17.81	20.10
	39	10.60	11.77	13.11	14.65	16.43	18.50	20.90
	42	10.95	12.16	13.55	15.16	17.01	19.17	21.69
	45	11.29	12.55	14.00	15.67	17.60	19.85	22.49
4 岁	48	11.62	12.93	14.44	16.17	18.19	20.54	23.30
	51	11.96	13.32	14.88	16.69	18.79	21.25	24.14
	54	12.30	13.71	15.33	17.22	19.42	22.00	25.04
	57	12.62	14.08	15.78	17.75	20.05	22.75	25.96
5 岁	60	12.93	14.44	16.20	18.26	20.66	23.50	26.87
	63	13.23	14.80	16.64	18.78	21.30	24.28	27.84
	66	13.54	15.18	17.09	19.33	21.98	25.12	28.89
	69	13.84	15.54	17.53	19.88	22.65	25.96	29.95
6 岁	72	14.11	15.87	17.94	20.37	23.27	26.74	30.94
	75	14.38	16.21	18.35	20.89	23.92	27.57	32.00
	78	14.66	16.55	18.78	21.44	24.61	28.46	33.14
	81	14.96	16.92	19.25	22.03	25.37	29.42	34.40

7 岁以下男童头围标准值（cm）

表 5

年龄	月龄	−3SD	−2SD	−1SD	中位数	+1SD	+2SD	+3SD
出生	0	30.9	32.1	33.3	34.5	35.7	36.8	37.9
	1	33.3	34.5	35.7	36.9	38.2	39.4	40.7
	2	35.2	36.4	37.6	38.9	40.2	41.5	42.9
	3	36.7	37.9	39.2	40.5	41.8	43.2	44.6
	4	38.0	39.2	40.4	41.7	43.1	44.5	45.9
	5	39.0	40.2	41.5	42.7	44.1	45.5	46.9
	6	39.8	41.0	42.3	43.6	44.9	46.3	47.7
	7	40.4	41.7	42.9	44.2	45.5	46.9	48.4
	8	41.0	42.2	43.5	44.8	46.1	47.5	48.9
	9	41.5	42.7	44.0	45.3	46.6	48.0	49.4
	10	41.9	43.1	44.4	45.7	47.0	48.4	49.8
	11	42.3	43.5	44.8	46.1	47.4	48.8	50.2
1 岁	12	42.6	43.8	45.1	46.4	47.7	49.1	50.5
	15	43.2	44.5	45.7	47.0	48.4	49.7	51.1
	18	43.7	45.0	46.3	47.6	48.9	50.2	51.6
	21	44.2	45.5	46.7	48.0	49.4	50.7	52.1
2 岁	24	44.6	45.9	47.1	48.4	49.8	51.1	52.5
	27	45.0	46.2	47.5	48.8	50.1	51.4	52.8
	30	45.3	46.5	47.8	49.1	50.4	51.7	53.1
	33	45.5	46.8	48.0	49.3	50.6	52.0	53.3
3 岁	36	45.7	47.0	48.3	49.6	50.9	52.2	53.5
	42	46.2	47.4	48.7	49.9	51.3	52.6	53.9
4 岁	48	46.5	47.8	49.0	50.3	51.6	52.9	54.2
	54	46.9	48.1	49.4	50.6	51.9	53.2	54.6
5 岁	60	47.2	48.4	49.7	51.0	52.2	53.6	54.9
	66	47.5	48.7	50.0	51.3	52.5	53.8	55.2
6 岁	72	47.8	49.0	50.2	51.5	52.8	54.1	55.4

7 岁以下女童头围标准值（cm）　　　　表 6

年龄	月龄	−3SD	−2SD	−1SD	中位数	+1SD	+2SD	+3SD
出生	0	30.4	31.6	32.8	34.0	35.2	36.4	37.5
	1	32.6	33.8	35.0	36.2	37.4	38.6	39.9
	2	34.5	35.6	36.8	38.0	39.3	40.5	41.8
	3	36.0	37.1	38.3	39.5	40.8	42.1	43.4
	4	37.2	38.3	39.5	40.7	41.9	43.3	44.6
	5	38.1	39.2	40.4	41.6	42.9	44.3	45.7
	6	38.9	40.0	41.2	42.4	43.7	45.1	46.5
	7	39.5	40.7	41.8	43.1	44.4	45.7	47.2
	8	40.1	41.2	42.4	43.6	44.9	46.3	47.7
	9	40.5	41.7	42.9	44.1	45.4	46.8	48.2
	10	40.9	42.1	43.3	44.5	45.8	47.2	48.6
	11	41.3	42.4	43.6	44.9	46.2	47.5	49.0
1 岁	12	41.5	42.7	43.9	45.1	46.5	47.8	49.3
	15	42.2	43.4	44.6	45.8	47.2	48.5	50.0
	18	42.8	43.9	45.1	46.4	47.7	49.1	50.5
	21	43.2	44.4	45.6	46.9	48.2	49.6	51.0
2 岁	24	43.6	44.8	46.0	47.3	48.6	50.0	51.4
	27	44.0	45.2	46.4	47.7	49.0	50.3	51.7
	30	44.3	45.5	46.7	48.0	49.3	50.7	52.1
	33	44.6	45.8	47.0	48.3	49.6	50.9	52.3
3 岁	36	44.8	46.0	47.3	48.5	49.8	51.2	52.6
	42	45.3	46.5	47.7	49.0	50.3	51.6	53.0
4 岁	48	45.7	46.9	48.1	49.4	50.6	52.0	53.3
	54	46.0	47.2	48.4	49.7	51.0	52.3	53.7
5 岁	60	46.3	47.5	48.7	50.0	51.3	52.6	53.9
	66	46.6	47.8	49.0	50.3	51.5	52.8	54.2
6 岁	72	46.8	48.0	49.2	50.5	51.8	53.1	54.4

45～110cm身长的体重标准值（男）　表7

身长(cm)	体重(kg)						
	−3SD	−2SD	−1SD	中位数	+1SD	+2SD	+3SD
46	1.80	1.99	2.19	2.41	2.65	2.91	3.18
48	2.11	2.34	2.58	2.84	3.12	3.42	3.74
50	2.43	2.68	2.95	3.25	3.57	3.91	4.29
52	2.78	3.06	3.37	3.71	4.07	4.47	4.90
54	3.19	3.51	3.87	4.25	4.67	5.12	5.62
56	3.65	4.02	4.41	4.85	5.32	5.84	6.41
58	4.13	4.53	4.97	5.46	5.99	6.57	7.21
60	4.61	5.05	5.53	6.06	6.65	7.30	8.01
62	5.09	5.56	6.08	6.66	7.30	8.00	8.78
64	5.54	6.05	6.60	7.22	7.91	8.67	9.51
66	5.97	6.50	7.09	7.74	8.47	9.28	10.19
68	6.38	6.93	7.55	8.23	9.00	9.85	10.81
70	6.76	7.34	7.98	8.69	9.49	10.38	11.39
72	7.12	7.72	8.38	9.12	9.94	10.88	11.93
74	7.47	8.08	8.76	9.52	10.38	11.34	12.44
76	7.81	8.43	9.13	9.91	10.80	11.80	12.93
78	8.14	8.78	9.50	10.31	11.22	12.25	13.42
80	8.49	9.15	9.88	10.71	11.64	12.70	13.92
82	8.85	9.52	10.27	11.12	12.08	13.17	14.42
84	9.21	9.90	10.66	11.53	12.52	13.64	14.94
86	9.58	10.28	11.07	11.96	12.97	14.13	15.46
88	9.96	10.68	11.48	12.39	13.43	14.62	16.00
90	10.34	11.08	11.90	12.83	13.90	15.12	16.54
92	10.74	11.48	12.33	13.28	14.37	15.63	17.10
94	11.14	11.90	12.77	13.75	14.87	16.16	17.68
96	11.56	12.34	13.22	14.23	15.38	16.72	18.29
98	11.99	12.79	13.70	14.74	15.93	17.32	18.95
100	12.44	13.26	14.20	15.27	16.51	17.96	19.67
102	12.89	13.75	14.72	15.83	17.12	18.64	20.45
104	13.35	14.24	15.25	16.41	17.77	19.37	21.29
106	13.82	14.74	15.79	17.01	18.45	20.15	22.21
108	14.27	15.24	16.34	17.63	19.15	20.97	23.19
110	14.74	15.74	16.91	18.27	19.89	21.85	24.27

80～140cm 身高的体重标准值（男）　　　　表 8

身长(cm)	体重(kg)						
	－3SD	－2SD	－1SD	中位数	＋1SD	＋2SD	＋3SD
80	8.61	9.27	10.02	10.85	11.79	12.87	14.09
82	8.97	9.65	10.41	11.26	12.23	13.34	14.60
84	9.34	10.03	10.81	11.68	12.68	13.81	15.12
86	9.71	10.42	11.21	12.11	13.13	14.30	15.65
88	10.09	10.81	11.63	12.54	13.59	14.79	16.19
90	10.48	11.22	12.05	12.99	14.06	15.30	16.73
92	10.88	11.63	12.48	13.44	14.54	15.82	17.30
94	11.29	12.05	12.92	13.91	15.05	16.36	17.89
96	11.71	12.50	13.39	14.40	15.57	16.93	18.51
98	12.15	12.95	13.87	14.92	16.13	17.54	19.19
100	12.60	13.43	14.38	15.46	16.72	18.19	19.93
102	13.05	13.92	14.90	16.03	17.35	18.89	20.74
104	13.52	14.41	15.44	16.62	18.00	19.64	21.61
106	13.98	14.91	15.98	17.23	18.69	20.43	22.54
108	14.44	15.41	16.54	17.85	19.41	21.27	23.56
110	14.90	15.92	17.11	18.50	20.16	22.18	24.67
112	15.37	16.45	17.70	19.19	20.97	23.15	25.90
114	15.85	16.99	18.32	19.90	21.83	24.21	27.25
116	16.33	17.54	18.95	20.66	22.74	25.36	28.76
118	16.83	18.10	19.62	21.45	23.72	26.62	30.45
120	17.34	18.69	20.31	22.30	24.78	27.99	32.34
122	17.87	19.31	21.05	23.19	25.91	29.50	34.48
124	18.41	19.95	21.81	24.14	27.14	31.15	36.87
126	18.97	20.61	22.62	25.15	28.45	32.96	39.56
128	19.56	21.31	23.47	26.22	29.85	34.92	42.55
130	20.18	22.05	24.37	27.35	31.34	37.01	45.80
132	20.84	22.83	25.32	28.55	32.91	39.21	49.23
134	21.53	23.65	26.32	29.80	34.55	41.48	52.72
136	22.25	24.51	27.36	31.09	36.23	43.78	56.20
138	23.00	25.40	28.44	32.44	37.95	46.11	59.62
140	23.79	26.33	29.57	33.82	39.71	48.46	62.96

45～110cm 身长的体重标准值（女）　　表 9

身长（cm）	体重（kg）						
	−3SD	−2SD	−1SD	中位数	+1SD	+2SD	+3SD
46	1.89	2.07	2.28	2.52	2.79	3.09	3.43
48	2.18	2.39	2.63	2.90	3.20	3.54	3.93
50	2.48	2.72	2.99	3.29	3.63	4.01	4.44
52	2.84	3.11	3.41	3.75	4.13	4.56	5.05
54	3.26	3.56	3.89	4.27	4.70	5.18	5.73
56	3.69	4.02	4.39	4.81	5.29	5.82	6.43
58	4.14	4.50	4.91	5.37	5.88	6.47	7.13
60	4.59	4.99	5.43	5.93	6.49	7.13	7.85
62	5.05	5.48	5.95	6.49	7.09	7.77	8.54
64	5.48	5.94	6.44	7.01	7.65	8.38	9.21
66	5.89	6.37	6.91	7.51	8.18	8.95	9.82
68	6.28	6.78	7.34	7.97	8.68	9.49	10.40
70	6.64	7.16	7.75	8.41	9.15	9.99	10.95
72	6.98	7.52	8.13	8.82	9.59	10.46	11.46
74	7.30	7.87	8.49	9.20	10.00	10.91	11.95
76	7.62	8.20	8.85	9.58	10.40	11.34	12.41
78	7.93	8.53	9.20	9.95	10.80	11.77	12.88
80	8.26	8.88	9.57	10.34	11.22	12.22	13.37
82	8.60	9.23	9.94	10.74	11.65	12.69	13.87
84	8.95	9.60	10.33	11.16	12.10	13.16	14.39
86	9.30	9.98	10.73	11.58	12.55	13.66	14.93
88	9.67	10.37	11.15	12.03	13.03	14.18	15.50
90	10.06	10.78	11.58	12.50	13.54	14.73	16.11
92	10.46	11.20	12.04	12.98	14.06	15.31	16.75
94	10.88	11.64	12.51	13.49	14.62	15.91	17.41
96	11.30	12.10	12.99	14.02	15.19	16.54	18.11
98	11.73	12.55	13.49	14.55	15.77	17.19	18.84
100	12.16	13.01	13.98	15.09	16.37	17.86	19.61
102	12.58	13.47	14.48	15.64	16.98	18.55	20.39
104	13.00	13.93	14.98	16.20	17.61	19.26	21.22
106	13.43	14.39	15.49	16.77	18.25	20.00	22.09
108	13.86	14.86	16.02	17.36	18.92	20.78	23.02
110	14.29	15.34	16.55	17.96	19.62	21.60	24.00

80～140cm 身高的体重标准值（女）　　表 10

身长(cm)	体重(kg)						
	−3SD	−2SD	−1SD	中位数	+1SD	+2SD	+3SD
80	8.38	9.00	9.70	10.48	11.37	12.38	13.54
82	8.72	9.36	10.08	10.89	11.81	12.85	14.05
84	9.07	9.73	10.47	11.31	12.25	13.34	14.58
86	9.43	10.11	10.87	11.74	12.72	13.84	15.13
88	9.80	10.51	11.30	12.19	13.20	14.37	15.71
90	10.20	10.92	11.74	12.66	13.72	14.93	16.33
92	10.60	11.36	12.20	13.16	14.26	15.51	16.98
94	11.02	11.80	12.68	13.67	14.81	16.13	17.66
96	11.45	12.26	13.17	14.20	15.39	16.76	18.37
98	11.88	12.71	13.66	14.74	15.98	17.42	19.11
100	12.31	13.17	14.16	15.28	16.58	18.10	19.88
102	12.73	13.63	14.66	15.83	17.20	18.79	20.68
104	13.15	14.09	15.16	16.39	17.83	19.51	21.52
106	13.58	14.56	15.68	16.97	18.48	20.27	22.41
108	14.01	15.03	16.20	17.56	19.16	21.06	23.36
110	14.45	15.51	16.74	18.18	19.87	21.90	24.37
112	14.90	16.01	17.31	18.82	20.62	22.79	25.45
114	15.36	16.53	17.89	19.50	21.41	23.74	26.63
116	15.84	17.07	18.50	20.20	22.25	24.76	27.91
118	16.33	17.62	19.13	20.94	23.13	25.84	29.29
120	16.85	18.20	19.79	21.71	24.05	26.99	30.78
122	17.39	18.80	20.49	22.52	25.03	28.21	32.39
124	17.94	19.43	21.20	23.36	26.06	29.52	34.14
126	18.51	20.07	21.94	24.24	27.13	30.90	36.04
128	19.09	20.72	22.70	25.15	28.26	32.39	38.12
130	19.69	21.40	23.49	26.10	29.47	33.99	40.43
132	20.31	22.11	24.33	27.11	30.75	35.72	42.99
134	20.96	22.86	25.21	28.19	32.12	37.60	45.81
136	21.65	23.65	26.14	29.33	33.59	39.61	48.88
138	22.38	24.50	27.14	30.55	35.14	41.74	52.13
140	23.15	25.39	28.19	31.83	36.77	43.93	55.44

老年养护院建设标准

中华人民共和国住房和城乡建设部
中华人民共和国国家发展和改革委员会
关于批准发布《老年养护院建设标准》的通知

建标〔2010〕194 号

国务院有关部门，各省、自治区、直辖市、计划单列市住房和城乡建设厅（委、局）、发展和改革委员会，新疆生产建设兵团建设局、发展和改革委员会：

根据住房和城乡建设部《关于印发〈2008 年建设标准编制项目计划〉的通知》（建标函〔2008〕328 号）要求，由民政部、全国老龄委办公室共同组织编制的《老年养护院建设标准》，经有关部门会审，现批准发布，自 2011 年 3 月 1 日起施行。

在老年养护院建设项目的审批、设计和建设过程中，要严格要求，认真执行本建设标准，坚决控制工程造价。

本建设标准的管理由住房城乡建设部和国家发展改革委负责，具体解释工作由全国老龄工作委员会办公室负责。

二〇一〇年十一月十七日

目　录

第一章　总　则

第一条　为加强与规范全国老年养护院的建设，提高工程项目决策和建设管理水平，充分发挥投资效益，推进我国养老服务事业的发展，制定本建设标准。

第二条　本建设标准是为老年养护院建设项目决策服务和合理确定建设水平的全国统一标准，是编制、评估和审批老年养护院项目建议书、可行性研究报告的依据，也是有关部门审查工程初步设计和督促检查建设全过程的重要依据。

第三条　本建设标准适用于老年养护院的新建、改建和扩建工程。本建设标准所指老年养护院是指为失能老年人提供生活照料、健康护理、康复娱乐、社会工作等服务的专业照料机构。

老年护理院、老年公寓、农村敬老院、社会福利院、光荣院、荣誉军人康复医院等机构相关设施建设可参照本建设标准相关规定执行。

第四条　老年养护院建设必须遵循国家经济建设的方针政策，符合相关法律、法规，从我国国情出发，立足当前，兼顾发展，因地制宜，合理确定建设水平。

第五条　老年养护院建设应充分体现失能老年人专业照料机构的特色，坚持以人为本，满足失能老年人生活照料、保健康复、精神慰藉、临终关怀等方面的基本需求，按照科学性、合理性和适用性相结合的原则，做到设施齐全、功能完善、配置合理、经济适用。

第六条　老年养护院建设应与社会经济发展水平相适应，并应纳入国民经济和社会发展规划，统筹安排，确保政府资金投入，其建设用地应纳入城市规划。

第七条　老年养护院建设应充分利用社会公共服务和其他社会福利设施，强调资源整合与共享；在建设中实行统一规划，一次或分期实施，并体现国家节能减排的要求。

第八条　老年养护院建设除应符合本建设标准外，尚应符合国家现行有关标准、定额的规定。

第二章　建设规模及项目构成

第九条　老年养护院的建设规模应根据所在城市的常住老年人口数并结合当地经济发展水平和机构养老服务需求等因素综合确定，每千老年人口养护床位数宜按19～23张床测算。

第十条　老年养护院的建设规模，按床位数量分为500床、400床、300床、200床、100床五类。规模500张床以上的宜分点设置。

第十一条　老年养护院的建设内容包括房屋建筑及建筑设备、场地和基本装备。

第十二条　老年养护院的房屋建筑包括老年人用房、行政办公用房和附属用房。其中老年人用房包括老年人入住服务、生活、卫生保健、康复、娱乐和社会工作用房。

老年养护院各类用房详见附录一。

第十三条　老年养护院的场地应包括室外活动场、停车场、衣物晾晒场等。

第三章　选址及规划布局

第十四条　新建老年养护院的选址应符合城市规划要求，并满足以下条件：

1. 地形平坦、工程地质和水文地质条件较好，避开自然灾害易发区；

2. 交通便利，供电、给排水、通讯等市政条件较好；

3. 便于利用周边的生活、医疗等社会公共服务设施；

4. 避开商业繁华区、公共娱乐场所，与高噪声、污染源的防护距离符合有关安全卫生规定。

第十五条　老年养护院应根据失能老年人的特点和各项设施的功能要求，进行总体布局，合理分区；老年人用房的建筑朝向和间距应充分考虑日照要求。

第十六条　老年养护院的建设用地包括建筑、绿化、室外活动、停车和衣物晾晒等用地，并按照建设要求和节约用地的原则确定用地面积，建筑密度不应大于30%，容积率不宜大于0.8；绿地率和停车场的用地面积不应低于当地城市规划要求；室外活动、衣物晾晒等用地不宜小于400m²～600m²。

第十七条　老年养护院老年人生活用房宜与卫生保健、康复、娱乐、社会工作服务等设施贯连，单独成区；并应根据便于为失能老年人提供服务和方便管理的原则设置养护单元，每个养护单元的床位数以50张为宜。

第四章　房屋建筑面积指标

第十八条　老年养护院的房屋建筑面积指标应以每床位所占房屋建筑面积确定。

第十九条　500床、400床、300床、200床、100床五类老年养护院房屋综合建筑面积指标应分别为42.5m²/床、43.5m²/床、44.5m²/床、46.5m²/床和50.0m²/床；其中直接用于老年人的入住服务、生活、卫生保健、康复、娱乐、社会工作用房所占比例不应低于总建筑面积的75%。

第二十条　老年养护院各类用房使用面积指标参照表1确定。

老年养护院各类用房使用面积指标表（m²/床）　　**表 1**

用房类别		使用面积指标				
		500 床	400 床	300 床	200 床	100 床
老年人用房	入住服务用房	0.26	0.32	0.34	0.50	0.78
	生活用房	17.16	17.16	17.16	17.16	17.16
	卫生保健用房	1.23	1.35	1.47	1.68	1.93
	康复用房	0.57	0.63	0.72	0.84	1.20
	娱乐用房	0.77	0.81	0.84	1.02	1.20
	社会工作用房	1.48	1.50	1.54	1.56	1.62
行政办公用房		0.83	0.94	1.07	1.30	1.45
附属用房		3.57	3.81	3.97	4.34	5.19
合计		25.87	26.52	27.11	28.40	30.53

注：1. 老年人用房、其他用房（包括行政办公及附属用房）平均使用面积系数分别按
　　　0.60 和 0.65 计算。
　　2. 建设规模不足 100 张的参照 100 张床老年养护院的面积指标执行。

第五章　建筑标准

第二十一条　老年养护院建筑标准应根据失能老年人的身心特点和安全、卫生、经济、环保的要求合理确定，并具有逐步提高失能老年人养护水平的前瞻性，留有扩建改造的余地。

第二十二条　老年养护院建筑设计应符合老年人建筑设计、城市道路和建筑物无障碍设计及公共建筑节能设计等规范、标准的相关规定。

第二十三条　老年养护院外围宜设置通透式围栏，围栏形式宜与所处环境及道路风格相协调。

第二十四条　老年养护院的房屋建筑宜采用钢筋混凝土结构；老年人用房抗震强度应为重点设防类。

第二十五条　老年养护院应符合国家建筑设计防火规范相关规定，其建筑耐火等级不应低于二级。

第二十六条　老年养护院的老年人用房宜以低层和多层为主，垂直交通应至少设置一部医用电梯或无障碍专用坡道。

第二十七条　老年养护院老年人居室应按失能老年人的失能程度和护理等级分别设置，每室不宜超过四人，并宜设置阳台。老年人居室室内通道和床距应满足轮椅和救护床进出及日常护理的需要。

第二十八条　老年养护院老年人居室应具有衣物储藏的空间，并宜内设卫生间，卫生间地面应满足易清洗、不渗水和防滑的要求。

第二十九条　老年养护院老年人居室门净宽不应小于 110cm，卫生洗浴用房门净宽

不应小于 90cm；老年人生活区走道净宽不应小于 240cm。

第三十条　老年养护院老年人居室宜设置呼叫、供氧系统，并安装射灯及隐私帘。

第三十一条　老年养护院的建筑外观应做到色调温馨，简洁大方，自然和谐，统一标识；内装修应符合老年人建筑设计规范的相关规定，行政办公用房不应超过《党政机关办公用房建设标准》的中级装修水平。

第三十二条　老年养护院洗衣房内部设置应符合消毒、清洗、晾（烘）干等流程和洁污分流的要求，并设置必要的室内晾晒场地。

第三十三条　配餐、消毒、厕浴、污洗等有蒸汽溢出和结露的用房，应采用牢固、耐用、难玷污、易清洁的材料装修到顶，并设置排气、排水装置。

第六章　建筑设备和室内环境

第三十四条　老年养护院的建筑设备包括供电、给排水、采暖通风、安保、通讯、消防、网络设备等。

第三十五条　老年养护院的供电设施应满足照明和设备的需要，宜采用双回路供电，只能一路供电时，应自备电源。所用灯具及其照度应根据老年人特点和功能要求设置。

第三十六条　老年养护院宜采用城市供水系统，如自备水源应符合国家现行标准。生活污水应采用管道收集，排入市政污水管网；无市政污水管网时，应根据环保部门的要求及有关规范设计排水系统。

第三十七条　老年养护院老年人生活用房应具有热水供应系统，并有洗涤、沐浴设施。

第三十八条　严寒、寒冷及夏热冬冷地区的老年养护院应具有采暖设施，老年人居室宜采用地热供暖；最热月平均室外气温高于或等于 25℃ 地区的老年人用房，应安装空气调节设备。

第三十九条　老年养护院老年人用房应保证良好的通风采光条件，窗地比不应低于 1∶6，并应保证足够的日照时间。

第四十条　老年养护院应按网络服务、信息化管理以及视频传输的需要，敷设线路，预留接口。

第七章　基本装备

第四十一条　老年养护院基本装备的配置应根据失能老年人在生活照料、保健康复、精神慰藉方面的基本需要以及管理要求，按建设规模分类配置。

第四十二条　老年养护院的基本装备包括生活护理、医疗、康复、安防设备和必要的交通工具等。

第四十三条　老年养护院应配备护理床、气垫床、专用沐浴床椅、电加热保温餐车等生活护理设备。

第四十四条　老年养护院应按不同规模配备相应的心电图机、B超机、抢救床、氧气瓶、吸痰器、无菌柜、紫外线灯等医疗设备。

第四十五条　老年养护院康复设备应包括物理治疗和作业治疗设备。

第四十六条　老年养护院应配备监控、定位、呼叫、计算机及网络、摄录像等设备。

第四十七条　老年养护院的交通工具应包括老年人接送车、物品采购车等。

第四十八条　各类老年养护院基本装备详见附录三。

附录一　老年养护院用房详表

功能用房	项目构成	类别					备注
		500床	400床	300床	200床	100床	
老年人用房	入住服务用房 接待服务厅	√	√	√	√	√	
	入住登记室	√	√	√	√	√	
	健康评估室	√	√	√	√	√	
	总值班室	√	√	√	√	√	含监控室
	生活用房 居室	√	√	√	√	√	含卫生间
	沐浴间	√	√	√	√	√	含更衣室
	配餐间	√	√	√	√	√	
	养护区餐厅	√	√	√	√	√	兼公共活动室
	会见聊天厅	√	√	√	√	√	
	亲情居室	√	√	√	√	√	
	护理员值班室	√	√	√	√	√	
	卫生保健用房 诊疗室	√	√	√	√		
	化验室	√	√	√	√		
	心电图室	√	√	√			
	B超室	√	√	√			
	抢救室	√	√	√	√		
	药房	√	√	√	√		
	消毒室	√	√	√	√		
	临终关怀室	√	√	√	√		
	医护办公室	√	√	√	√	√	含医生办公室和护士工作室
	康复用房 物理治疗室	√	√	√	√	√	
	作业治疗室	√	√	√	√	√	
	娱乐用房 阅览室	√	√	√	√	√	
	书画室	√	√	√	√	√	
	棋牌室	√	√	√	√	√	
	亲情网络室	√	√	√	√	√	

功能 用房		项目构成	类　别					备　注
			500 床	400 床	300 床	200 床	100 床	
老年人用房	社会工作用房	心理咨询室	√	√	√	√	√	
		社会工作室	√	√	√	√	√	
		多功能厅	√	√	√	√	√	
	行政办公用房	办公室	√	√	√	√	√	
		会议室	√	√	√	√	√	
		接待室	√	√	√	√	√	
		财务室	√	√	√	√	√	
		档案室	√	√	√	√	√	
		文印室	√	√	√	√	√	
		信息室	√	√	√	√	√	
		培训室	√	√	√	√	√	
	附属用房	警卫室	√	√	√	√	√	
		食堂	√	√	√	√	√	含老年人厨房、职工厨房和职工餐厅
		职工浴室	√	√	√	√	√	
		理发室	√	√	√	√	√	
		洗衣房	√	√	√	√	√	含消毒、甩干、烘干室和缝补间、室内晾晒场地等
		库房	√	√	√	√	√	含被服库、器材库、生活用品库、杂物库等
		车库	√	√	√	√	√	
		公共卫生间	√	√	√	√	√	
		设备用房	√	√	√	√	√	含配电室、锅炉房、供氧站、电梯机房、通讯机房、空调机房等

注：√表示应具备。

附录二　老年养护院主要名词解释

失能老年人：至少有一项日常生活自理活动（一般包括吃饭、穿衣、洗澡、上厕所、上下床和室内走动这六项）不能自己独立完成的老年人。按日常生活自理能力的丧失程度，可分为轻度、中度和重度失能三种类型。

接待服务厅：供老年人及其他人员前来咨询或办理出入院手续时等候、休息，进行资料展示的处所。

入住登记室：为老年人办理出入院手续并提供咨询的用房。

健康评估室：老年人入住养护院时，对其进行初步健康检查和需求评估的用房。

配餐间：供护理员为入住失能老年人分配、加热、切分食物等的用房。

养护区餐厅：供入住失能老年人在养护区内进餐和活动的处所。

会见聊天厅：供入住失能老年人聊天休息及会见亲友的处所。

亲情居室：供入住失能老年人与前来探望的亲人短暂居住，共享天伦之乐的用房。

物理治疗室：供工作人员对入住失能老年人通过运动治疗、徒手治疗和仪器治疗等方法进行功能康复的用房。

作业治疗室：供工作人员对入住失能老年人以有目的的、经过选择的作业活动为主要治疗手段来进行功能康复的用房。

亲情网络室：供入住失能老年人上网娱乐及通过网络与亲人聊天的用房。

心理咨询室：对入住失能老年人进行心理咨询和疏导的用房。

社会工作室：供社会志愿者来院为入住失能老年人服务时工作和休息的用房。

培训室：对院内外护理员进行业务培训的用房。

养护单元：是老年养护院实现养护职能、保证养护质量的必要设置，养护单元内应包括老年人居室、餐厅、沐浴间、会见聊天厅、亲情网络室、心理咨询室、护理员值班室、护士工作室等用房。

附录三　老年养护院基本装备详表

项　　目		500 床	400 床	300 床	200 床	100 床
生活护理设备	护理床	√	√	√	√	√
	气垫床	√	√	√	√	√
	专用沐浴床椅	√	√	√	√	√
	电加热保温餐车	√	√	√	√	√
医疗设备	心电图机	√	√	√	√	
	B 超机	√	√			
	抢救床	√	√	√	√	√
	氧气瓶	√	√	√	√	√
	吸痰器	√	√	√	√	√
	无菌柜	√	√	√	√	√
	紫外线灯	√	√	√	√	√

续表

项　目		500床	400床	300床	200床	100床
康复设备	物理治疗设备	√	√	√	√	√
	作业治疗设备	√	√	√	√	√
安防设备	监控设备	√	√	√	√	√
	定位设备	√	√	√	√	√
	呼叫设备	√	√	√	√	√
	计算机及网络设备	√	√	√	√	√
	摄录像机	√	√	√	√	√
交通工具	老年人接送车	√	√	√	√	√
	物品采购车	√	√	√	√	√

注：√表示应具备。

附录四　用词和用语说明

1　为便于在执行本标准条文时区别对待，对要求严格程度不同的用词说明如下：

1）表示很严格，非这样做不可的：

正面词采用"必须"，反面词采用"严禁"；

2）表示严格，在正常情况下均应这样做的：

正面词采用"应"，反面词采用"不应"或"不得"；

3）表示允许稍有选择，在条件许可时首先应这样做的：

正面词采用"宜"，反面词采用"不宜"；

表示有选择，在一定条件下可以这样做的，采用"可"。

2　条文中指明应按其他有关标准执行的写法为"应符合……的规定"或"应按……执行"。

《老年养护院建设标准》

条文说明

目　录

第一章　总　则

第一条　本条阐明制定本建设标准的目的和意义。

老年养护院是为入住的丧失生活自理能力的失能老年人提供生活照料、健康护理、休闲娱乐和社会工作等服务，满足失能老年人生活照料、保健康复、精神慰藉、临终关怀等基本需求的专业照料机构。加强老年养护院的建设是贯彻落实科学发展观、推进社会建设，积极应对人口老龄化、强化政府公共服务责任的重要举措，也是建立基本养老服务体系的重要组成部分。

中国正在经历快速的人口老龄化。2020 年我国老年人口将达到 2.48 亿，老龄化水平达到 17.17%。与此相伴，老年人口中失能老人的数量越来越多，长期照料需求迅速扩张。中低收入失能老年人，特别是其中的重点优抚对象、"三无"老人及低保空巢老人，属于社会弱势群体，对他们的照料是一项具有长期性、综合性和专业性的工作，单纯依靠家庭和社区服务已不能使他们得到切实有效的养老服务。因此，加强老年养护院的建设已是一项刻不容缓的任务。

党中央和国务院高度重视失能老年人的老年养护机构建设。2005 年以来，国务院领导同志多次就失能老年人的养护工作作出重要批示，并将爱心护理工程列入《国民经济和社会发展第十一个五年规划纲要》。2007 年，《中共中央国务院关于全面加强人口和计划生育工作统筹解决人口问题的决定》中再次强调，要"积极探索和实施'爱心护理工程'"。2008 年初，在全国老龄工作委员会第十次全体会议上，国务院领导同志又再次强调："要加大工作力度，抓紧立项，争取有实质性进展"。为了合理确定新建和改扩建老年养护院的建设规模和水平，完善配套设施，规范建筑布局和设计，制定相关建设标准尤为必要。通过本建设标准的编制和实施，可以进一步加强和规范老年养护机构的建设，提高投资效益，更好地为失能老年人服务。

第二条　本条阐明本建设标准的作用及其权威性。

本建设标准从规范政府工程建设投资行为，加强工程项目科学管理，合理确定投资规模和建设水平，充分发挥投资效益出发，严格按照工程建设标准编制的规定和程序，深入调查研究，总结实践经验，进行科学论证，广泛听取有关单位和专家意见；同时兼顾了地域、经济发展水平、服务人群数量等方面的差异，使之切合实际，便于操作。因此本建设标准是老年养护院工程建设的全国统一标准。

第三条　本条阐明本建设标准的适用范围。

由于我国的养老机构普遍设施简陋，针对失能老年人的专业养护机构更是少之又少，为满足失能老年人入住机构的需求，规范对失能老年人的服务，需要加以新建或在现有基础上改建、扩建，故本标准作此规定。为统一各地对老年养护院基础设施建设的认识，本标准从主要服务对象和基本功能的角度明确了老年养护院的定义。

考虑到不同类型福利机构服务对象的需求具有一定的共性，故提出其他福利机构相关设施建设可参照本标准相关规定执行。

第四条　本条阐明老年养护院建设必须遵循的法律法规。

老年养护院作为政府投资项目，其建设必须遵循国家经济建设的方针政策，符合相关的法律法规。鉴于各地在经济发展水平、老龄化水平以及机构养老需求等方面的差异，在建设中应因地制宜，合理确定老年养护院的建设水平。

第五条　本条阐明老年养护院建设的指导思想、建设原则和总体要求。

这是根据老年养护院的工作性质、任务和特点提出的。作为为失能老年人提供服务的专业照料机构，老年养护院是强化社会公共服务的一项重大举措，因此其建设应"以人为本"，满足失能老年人的基本需求，从我国现阶段的经济发展水平出发，故确定老年养护院建设的总体要求是设施齐全、功能完善、配置合理、经济适用。

第六条　本条明确老年养护院建设的资金投入和建设用地的要求。

失能老年人的养护设施建设是一项重要的社会公益事业，因此其建设应纳入国民经济和社会发展规划，统筹安排，确保政府的资金投入；其建设用地也应纳入当地城市规划。

第七条　本条明确实施本建设标准的基本要求。

失能老年人的长期照料是一项系统工程，涉及面广，所需设施项目多，为充分利用社会资源，老年养护院应尽可能与其他社会福利机构实行资源整合与共享，尤其是改扩建项目更需要充分利用现有设施。对入住失能老年人的医疗卫生保障，应提倡与公共卫生医疗服务机构相衔接，避免不必要的重复建设。同时，考虑到各地经济发展水平不同，明确老年养护院可以进行一次规划，分期建设。节能减排作为一项国策，本建设标准对此也作了强调。

第八条　本条阐明本建设标准与现行其他有关标准、定额的关系。

第二章　建设规模及项目构成

第九条　本条阐明老年养护院建设规模的确定依据及其控制幅度。

老年养护院建设规模即床位数的确定必须综合考虑所在城市的常住老年人数量及增长趋势、经济发展水平、机构养老服务需求等因素。为控制建设规模，本建设标准明确了每千名老年人口宜配置的养护床位数量。具体测算过程如下：

1. 我国的社会福利事业的发展正逐步由传统的救济型福利（主要面向三无人员）向适度普惠型福利转变。党的十六届六中全会提出"加快发展以扶老、助残、救孤、济困为重点的社会福利事业"。本标准在进行政府投资的城市老年养护院建设规模全国平均水平的测算时，目标人群是城市中低收入和低收入老年人口。近年来国家统计局数据显示，城镇居民中收入低于平均水平的人群，也即中低收入者和低收入者占我国城镇人口的 60%。可按这一比例估算我国城市中低收入和低收入老年人口规模，因此：

$$目标老年人口＝老年人口总数×0.6$$

2. 失能率和服务提供比是进行老年养护院建设规模测算所需的其他两个参数。失能率即老年人口中失能老年人所占的比例。2004 年国家统计局的全国人口抽样调查专门针对老年人的生活自理能力进行了调查，数据显示城市老年人口的失能率为 6.9%。

服务提供比即可供入住的床位数与失能老年人口数的比例。目前我国失能老年人口能获得机构照料服务的比例非常低，大中城市养老机构中面向失能老年人的养护床位一床难求的情况非常突出。为满足大中城市中低收入及低收入失能老年人日益增长的入住机构的需求，推动基本养老服务体系的建设，发挥政府的带动和主导作用，根据相关文件精神及实际调研情况，将服务提供比定为 50%。

3. 综合上述分析，可以得到我国每千位老年人口中宜设置的养护床位数量，计算公式如下：

$$每千位老年人口中的供床数量 = \times 1000$$
$$= 0.6 \times 失能率 \times 服务提供比 \times 1000$$
$$= 0.6 \times 0.069 \times 0.5 \times 1000$$
$$= 20.7$$

因此，从全国平均水平来看，政府投资的城市老年养护院的建设规模宜按每千老年人口 21 张养护床位进行测算。考虑到各地差异，允许在此标准上上下浮动 10%，故本标准提出政府投资的城市老年养护院的建设规模宜按每千老年人口 19～23 张养护床位进行测算。这一指标既符合我国国情，又能在一段时期内基本满足社会形势发展的需要，经充分调研论证是适当合理的。

第十条 本条明确老年养护院的规模分类。

失能老年人的养护机构必须具备相应的设施才能开展各项服务。为充分发挥资源配置的规模效应，本《标准》将 100 张床作为养护院的最低建设规模。同时，从确保服务质量和方便管理出发，提出建设规模在 500 张床以上的宜分点设置。将建设规模分为 500 床、400 床、300 床、200 床、100 床五类是鉴于不同规模老年养护院设施配置的要求不同，分类有助于合理确定不同规模老年养护院的建设水平。本《标准》中建设规模的床位数仅指老年人居室中设置的床位，不包括卫生保健等用房中设置的少量特殊用途床位。

第十一条 本条明确老年养护院建设工程的主要组成部分。

房屋建筑和场地是失能老年人日常生活所需的必要空间，建筑设备和基本装备是保障日常养护工作顺利进行的必要条件，四者相辅相成，缺一不可。

第十二条 本条明确老年养护院房屋建筑的基本项目。

失能老年人具有生活照料、保健康复、精神慰藉等多方面需求，根据民政部《老年人社会福利机构基本规范》相关规定，参照各地老年养护院功能用房设置的实际情况，本条明确了老年养护院房屋建筑的基本项目包括：老年人用房（入住服务、生活、卫生保健、康复、娱乐、社会工作用房）、行政办公用房和附属用房。

老年人入住服务用房的设置主要是满足老年人及其家属的咨询、等候及办理出入院手续的需要。

老年人生活用房是为入住失能老年人提供日常生活照料的基本用房。其中会见聊天厅的设置有助于营造亲情氛围，为入住失能老年人聚会聊天、会见家人和朋友提供场所，满足其在日常情感交流和社会交往的需要。亲情居室的设置则是为了满足入住失能老年人与前来探望的子女短暂居住，感受家庭亲情的需要。

失能老年人普遍年老体弱，是慢性病的高发人群，因此老年养护院除应具备突发性疾病和其他紧急情况的应急处置能力外，还应具备提供一般性医疗护理和卫生保健服务的能力。本建设标准按照建设规模对老年养护院的卫生保健用房进行了分类配置。

老年人康复用房应包括物理治疗室和作业治疗室。民政部《老年人社会福利机构基本规范》要求老年人社会福利机构"有配置适合老人使用的健身、康复器械和设备的康复室和健身场所"。物理治疗和作业治疗是老年福利机构帮助失能老年人进行康复训练的两种最为基本的手段。通过这些康复方法的治疗能使失能老年人获得功能改善、减少残疾、久病卧床及老年痴呆的发生。

老年人娱乐用房包括阅览室、书画室等。适当的娱乐活动可以消除入住失能老年人的孤独感和心理障碍，促进他们的身心健康，提高他们的生活质量。这是根据民政部《老年人社会福利机构基本规范》的要求而提出的。

老年人社会工作用房包括社会工作室、心理咨询室和多功能厅。社会工作是社会福利机构服务中不可缺少的一部分。民政部《老年人社会福利机构基本规范》规定老年人社会福利机构应配备社会工作人员。这就要求设置相应用房以满足社会工作者以及志愿者面向入住失能老年人开展心理咨询、个案辅导和小组活动等工作的需要。多功能厅的设置是为了满足组织老年人开展集体活动的需要，同时也可以为工作人员提供集体活动的场所。

第十三条　本条明确老年养护院应设置的场地。

为有利于入住失能老年人的身心健康，便于他们进行适当的室外活动，并有良好的生活氛围和环境，故应设置必要的室外活动场地和绿地。

第三章　选址及规划布局

第十四条　本条明确老年养护院的选址要求。

根据老年养护院的性质、任务和服务对象的特点，本条规定老年养护院新建项目在选址时要综合考虑工程地质、水文地质、市政条件和周边环境等因素。

第十五条　本条阐明老年养护院总体布局的原则。

第十六条　本条明确老年养护院建设用地的原则要求和适用指标。

老年养护院的建筑用地内容是根据老年养护院实际工作需求提出的。为控制用地指标，本《标准》参照《城镇老年人设施规划规范》GB 50437 确定了建筑密度和容积率。老年养护院室外活动、衣物晾晒场地的面积，是根据对不同规模老年养护院实际所需用地面积的测算，并参考实际调研数据确定的。

第十七条　本条明确老年养护院老年人用房的布局要求。

将入住失能老年人的居住、卫生保健、康复、娱乐、社会工作用房相对集中贯连，独立成区，是为了方便服务，同时保证老年人能够安静有序地生活。分设养护单元是为了提高服务效率和服务质量，增进工作人员和老年人的互动互信，并利于按照入住失能老年人的不同特点和需要，进行分类服务。参照目前我国医院一个护理单元的床位数，对老年养护院一个养护单元宜设置的床位数作出规定。

第四章　房屋建筑面积指标

第十八条　本条明确老年养护院房屋建筑面积指标的确定方法。

第十九条　本条对不同类别老年养护院房屋综合建筑面积指标分别作出规定。

不同类别老年养护院房屋综合建筑面积指标是根据各类用房的功能要求，对其实际所需面积进行测算，并参照近年来新建老年养护机构房屋建筑面积的实际水平确定的。规定直接用于老年人的用房面积所占比例，是为确保老年人的用房需要，防止盲目扩大行政办公等用房面积。

第二十条　本条明确老年养护院各类用房的使用面积指标。

本建设标准根据民政部、全国老龄工作委员会办公室等相关文件的要求，参照有关建设标准和工程技术规范，并结合调研数据，分别测算了 500 床、400 床、300 床、200 床、100 床老年养护院各类用房的使用面积指标，相加得出五类老年养护院的房屋综合使用面积指标。各类用房的使用面积指标测算表如下：

入住服务用房使用面积指标测算表（m²/床）　　　　附表 1

用房名称	使用面积指标				
	500 床	400 床	300 床	200 床	100 床
接待服务厅	0.10	0.12	0.12	0.18	0.30
入住登记室	0.04	0.05	0.06	0.08	0.12
健康评估室	0.07	0.09	0.08	0.12	0.18
总值班室	0.05	0.06	0.08	0.12	0.18
合计	0.26	0.32	0.34	0.50	0.78

生活用房使用面积指标测算表（m²/床）　　　　附表 2

用房名称	使用面积指标				
	500 床	400 床	300 床	200 床	100 床
居室	11.4	11.4	11.4	11.4	11.4
沐浴间	1.38	1.38	1.38	1.38	1.38
配餐间	0.48	0.48	0.48	0.48	0.48
养护区餐厅（兼公共活动室）	0.74	0.74	0.74	0.74	0.74
会见聊天厅	0.74	0.74	0.74	0.74	0.74
亲情居室	1.38	1.38	1.38	1.38	1.38
护理员值班室	1.04	1.04	1.04	1.04	1.04
合计	17.16	17.16	17.16	17.16	17.16

卫生保健用房使用面积指标测算表（m²/床） 附表 3

用房名称	使用面积指标				
	500 床	400 床	300 床	200 床	100 床
诊疗室	0.05	0.06	0.08	0.12	0.24
化验室	0.04	0.05	0.06	0.09	不单设
心电图室	0.02	0.03	0.04	0.06	不单设
B超室	0.02	0.03	不单设	不单设	不单设
抢救室	0.10	0.12	0.16	0.18	0.24
药房	0.05	0.06	0.06	0.09	0.15
消毒室	0.03	0.04	0.05	0.08	0.12
临终关怀室	0.14	0.18	0.20	0.24	0.32
医生办公室	0.16	0.16	0.20	0.20	0.24
护士工作室	0.62	0.62	0.62	0.62	0.62
合计	1.23	1.35	1.47	1.68	1.93

康复用房使用面积指标测算表（m²/床） 附表 4

用房名称	使用面积指标				
	500 床	400 床	300 床	200 床	100 床
物理治疗室	0.43	0.45	0.48	0.54	0.84
作业治疗室	0.14	0.18	0.24	0.30	0.36
合计	0.57	0.63	0.72	0.84	1.20

娱乐用房使用面积指标测算表（m²/床） 附表 5

用房名称	使用面积指标				
	500 床	400 床	300 床	200 床	100 床
阅览室	0.10	0.12	0.12	0.18	0.24
书画室	0.07	0.09	0.08	0.12	0.24
棋牌室	0.12	0.12	0.16	0.24	0.24
亲情网络室	0.48	0.48	0.48	0.48	0.48
合计	0.77	0.81	0.84	1.02	1.20

社会工作用房使用面积指标测算表（m²/床）　　附表6

用房名称	使用面积指标				
	500 床	400 床	300 床	200 床	100 床
心理咨询室	0.48	0.48	0.48	0.48	0.48
社会工作室	0.10	0.12	0.16	0.18	0.24
多功能厅	0.90	0.90	0.90	0.90	0.90
合计	1.48	1.50	1.54	1.56	1.62

行政办公用房使用面积指标测算表（m²/床）　　附表7

用房名称	使用面积指标				
	500 床	400 床	300 床	200 床	100 床
办公室	0.34	0.34	0.40	0.40	0.40
会议室	0.14	0.15	0.18	0.18	0.24
接待室	0.07	0.09	0.08	0.12	不单设
财务室	0.03	0.04	0.05	0.08	0.15
档案室	0.04	0.05	0.05	0.08	0.18
文印室	0.03	0.04	0.05	0.08	不单设
信息室	0.04	0.05	0.06	0.09	0.12
培训室	0.14	0.18	0.20	0.27	0.36
合计	0.83	0.94	1.07	1.30	1.45

附属用房使用面积指标测算表（m²/床）　　附表8

用房名称	使用面积指标				
	500 床	400 床	300 床	200 床	100 床
警卫室	0.03	0.04	0.05	0.08	0.12
食堂	1.21	1.21	1.21	1.21	1.21
职工浴室	0.25	0.25	0.25	0.25	0.25
理发室	0.05	0.06	0.06	0.09	0.15
洗衣房	0.58	0.65	0.76	0.90	1.20
库房	0.67	0.72	0.72	0.72	0.78
车库	0.10	0.12	0.16	0.24	0.48
公共卫生间	0.39	0.40	0.40	0.43	0.46
设备用房	0.29	0.36	0.36	0.42	0.54
合计	3.57	3.81	3.97	4.34	5.19

在每个护理单元设置养护区餐厅（兼公共活动室）是为了鼓励老人自己进餐和集体进餐，同时也可以作为老年人日常活动和交流的场所。按养护单元80%的老

年人到餐厅就餐，经测算人均使用面积为 $0.93m^2$，高于《饮食建筑设计规范》JGJ 64 中每个就餐人员使用面积指标为 $0.85m^2$ 的规定，这是由于部分失能老人坐轮椅就餐所需面积较大。按养护单元 50 张床位数计算，则老年养护院养护区餐厅的床均使用面积指标为 $0.74m^2/$床。

老年养护院老年人用房的使用面积系数是根据对目前新建工程老年人用房的调研数据和养护单元的平面布置图测算得出。参照《党政机关办公用房建设标准》等相关标准的规定和对实际用房面积的测算，确定老年养护院行政办公及附属用房的平均使用面积系数为 0.65。

第五章　建筑标准

第二十一条　本条明确老年养护院建筑设计应遵循的原则。

考虑到我国经济发展水平和社会事业的不断提高与发展，失能老年人的养护工作也会相应进步和加强，因此本建设标准要求在老年养护院的建筑设计方面需有前瞻性，并便于扩建改造。

第二十二条　本条明确老年养护院建筑设计应符合的相关建筑标准和规范。

老年养护院建筑属于老年人居住建筑，而且要满足失能老年人的养护需要，因此本建设标准强调老年养护院的建筑设计必须符合老年人建筑等方面的设计标准、规范的相关规定。

第二十三条　本条对老年养护院的周界围栏提出要求。

第二十四条　本条对老年养护院的房屋建筑结构及抗震强度提出要求。

老年养护院老年人用房人员密集程度较高，而且失能老年人行动能力弱，自救能力差，故提出老年养护院老年人用房抗震强度应为重点设防类。

第二十五条　本条明确老年养护院建筑耐火要求。

第二十六条　本条阐明老年养护院建筑层数及对垂直交通的要求。

这是根据失能老年人的特点和有关设计规范提出的。

第二十七条　本条阐明老年养护院老年人居室设置的要求。

为方便对失能老年人的养护服务和管理，老年养护院老年人居室应根据不同失能程度老年人的身心特点和护理需求进行设置。根据调研，轻度失能老年人适合住 2 人间，中重度失能老年人则适合住多人间，便于集中提供全天候的照护，但一间也不宜超过四人。同时，对居室内的通道和床距作出规定。阳台可以为老年人提供室外空间，有利于放松情绪，陶冶性情。

第二十八条　本条对老年养护院老年人居室内物品储藏设施及卫生间提出要求。

养护院内的失能老年人居住时间长，必须向其提供相应的衣物及其他物品的存放设施，同时对卫生间地面提出要求。

第二十九条　本条明确老年养护院老年人居室门、卫生洗浴用房门以及过道的宽度。

考虑到失能老年人使用轮椅和推床的特殊要求，参照医疗机构的建筑设计规范及建设标准的相关要求，本《标准》对老年人居室门、卫生洗浴用房门以及过道的宽度作出了明确规定。

第三十条　本条对老年养护院老年人居室内部设施提出要求。

为满足失能老年人的特殊护理要求，并营造良好的居室环境，本条就老年人居室内呼叫、供氧系统的配备以及射灯、隐私帘的安装提出要求。这也是现有养老机构失能老年人居室所普遍采用的。

第三十一条　本条阐明老年养护院建筑内外装修的要求。

强调老年养护院建筑的外观色调并设置统一标识是为了增强入住失能老年人对养护院的认同感和归属感，满足老年人对"家"的心理需要。

第三十二条　本条明确老年养护院洗衣房的设置要求。

老年养护院失能老年人被服的消毒和清洗是养护工作的重要方面，故对洗衣房的设置提出要求，同时为了解决雨、雪天气时的衣物晾晒问题，还提出要设置室内晾晒场地。

第三十三条　本条对部分生活有特殊要求的用房的装修、排气、排水提出要求。

第六章　建筑设备和室内环境

第三十四条　本条列出老年养护院建设的主要建筑设备。

第三十五条　本条明确老年养护院的用电及电器装置要求。

这是根据失能老年人的特点和需要提出的。

第三十六条　本条明确对老年养护院的给排水要求。

第三十七条　本条明确对老年养护院的热水供应及相关设施的要求。

第三十八条　本条明确老年养护院供暖和空气调节的要求。

第三十九条　本条阐明老年养护院房屋建筑的通风采光和日照要求。

第四十条　本条对老年养护院网络管线的布置和预留接口提出要求。

第七章　基本装备

第四十一条　本条阐明老年养护院基本装备配置的要求。

第四十二条　本条阐明老年养护院基本装备的主要项目及其分类。

第四十三条　本条明确老年养护院生活护理设备的基本项目。

配置护理床和气垫床是为了方便部分失能老年人进食、便溺，减少长期卧床而引起的褥疮发生等。此外还需配置送餐用的电加热保温餐车以及帮助部分失能老年人洗澡的专用沐浴设备。

第四十四条　本条明确老年养护院医疗设备的基本项目。

不同类别老年养护院所应配置的医疗设备是从老年养护院的规模及其工作特点出发，并根据实际调研情况确定的。

第四十五条　本条明确老年养护院康复设备的基本项目。

第四十六条　本条明确老年养护院安防设备的基本项目。

第四十七条　本条明确老年养护院交通工具的基本项目。

本建设标准仅列入老年养护院所必需的两种专用业务车辆。老年人接送车主要用于接收老年人入院，送老年人去医院就诊等方面；物品采购车主要用于老年养护院生活等用品的采购和其他后勤保障用途。

第四十八条　本条对不同类别老年养护院所应配备的基本装备列出详表。

老年社会工作服务指南

目　次

老年社会工作服务指南

1　范围

本标准规定了老年社会工作的术语和定义、服务宗旨、服务内容、服务方法、服务流程、服务管理、人员要求和服务保障等。

本标准适用于社会工作者面向有需要的老年人及其家庭开展的社会工作服务。

2　规范性引用文件

下列文件对于本文件的应用是必不可少的。凡是注日期的引用文件，仅所注日期的版本适用于本文件。凡是不注日期的引用文件，其最新版本（包括所有的修改单）适用于本文件。

GB/T 29353—2012 养老机构基本规范

MZ/T 059—2014 社会工作服务项目绩效评估指南

3　术语和定义

下列术语和定义适用于本文件。

3.1　老年社会工作服务　the gerontological social work

以老年人及其家庭为对象，旨在维持和改善老年人的社会功能、提高老年人生活和生命质量的社会工作服务。

3.2　老年社会工作者　the gerontological social worker

从事老年社会工作服务且具有资质的社会工作人员。

3.3　适老化环境改造　environmental transformation for the elderly

针对老年人的身体机能及特点，设计和改造适合老年人生活的住宅、公共设施和社区环境等活动。

3.4　老年临终关怀　hospice care for the elderly

为满足临终老年人及其家属的生理、心理、人际关系及信念等方面的需要，开展的医疗、护理、心理支持、哀伤辅导、法律咨询等服务。

4　服务宗旨

4.1　老年社会工作服务应致力于实现老有所养、老有所医、老有所为、老有所学、老有所乐。

4.2　老年社会工作服务应遵循独立、参与、照顾、自我实现、尊严的原则，促进老年人角色转换和社会适应，增强其社会支持网络，提升其晚年的生活和生命质量。

5　服务内容

老年社会工作服务的内容主要包括救助服务、照顾安排、适老化环境改造、家庭辅导、精神慰藉、危机干预、社会支持网络建设、社区参与、老年教育、咨询服务、权益保障、政策倡导、老年临终关怀等。

5.1　救助服务

主要包括以下内容：

——评估老年人，特别是空巢、高龄、失能、计划生育特殊家庭老年人基本物
质生活条件和经济状况；

——协助符合条件的老年人申请政府最低生活保障、特困人员供养、受灾人员
救助、医疗救助、住房救助、临时救助等社会救助；

——协助有需要的老年人获得单位和个人等社会力量的捐赠、帮扶和志愿
服务；

——提供相应的心理疏导、能力提升、社会融入等服务。

5.2　照顾安排

主要包括以下内容：

——组织开展老年人能力评估，包括日常生活活动、精神状态、感知与沟通、
社会参与等方面内容，为老年人建立照顾档案；

——协助有需要的老年人获得居家照顾和社区日间照料等服务；

——协助有需要的老年人申请机构养老服务；

——协调老年人的长期照护安排，特别是居家照顾、社区日间照料和机构照顾
之间的衔接；

——协助照顾者提升照顾技能。

5.3　适老化环境改造

主要包括以下内容：

——协调开展老年人居住环境安全评估；

——帮助老年人，特别是失能、失智等有需要的老年人及家庭申请政府与社会
资助，改造室内照明、防滑措施、安装浴室扶手等，减少老年人跌倒等意
外风险。

5.4　家庭辅导

主要包括以下内容：

——协助老年人处理与配偶的关系；

——协助老年人处理与子女等的家庭内代际关系；

——提供老年人婚恋咨询和辅导。

5.5　精神慰藉

主要包括以下内容：

——识别老年人的认知和情绪问题，必要时协调专业人士进行认知和情绪问题
的评估或诊断；

——为有需要的老年人提供心理辅导、情绪疏解、认知调节，帮助老年人摆脱
抑郁、焦虑、孤独感等心理问题困扰；

——协助老年人获得家属及亲友的尊重、关怀和理解；

——帮助老年人适应角色转变，重新界定老年生活价值，认识人生意义，激发
生活的信心和希望。

5.6 危机干预

主要包括以下内容：

——识别并评估老年人所面临的危机，包括危机的来源、危害程度、老年人应对危机的能力、以往应对方式及效果等；

——统筹制定危机干预计划，包括需要干预的问题或行为、可采用的策略、可获得的社会支持、危机介入小组的建立及分工、应急演练、信息沟通等；

——及时处理最迫切的问题，特别是自杀、伤及他人等可能危及生命安全的行为问题。必要时，协调其他专业力量的支援，对老年人进行身体约束或其他限制行为；

——进行危机干预的善后工作，包括对介入对象的回访、开展危机介入工作评估和小结、完善应急预案以预防同类危机的再发生等。

5.7 社会支持网络建设

主要包括以下内容：

——对老年人的社会支持网络进行评估，包括个人层面可给予支持的人数、类型、距离及所发挥的功能，以及社区层面老年人群的问题与需求、资源配置情况及需求满足情况；

——综合使用各种策略以强化老年人社会支持网络，包括个人增能与自助、家庭照顾者支持、邻里互助、志愿者链接、增强社区权能等；

——巩固社会支持网络成效，建立长效机制。

5.8 社区参与

主要包括以下内容：

——开展适合老年人的文化、体育、娱乐等各项活动，培养老年人兴趣团体，提升老年人的社会活跃度，丰富老年人的社会生活；

——组织老年人积极参与各项志愿服务，培育老年志愿者队伍，发展老年志愿服务团体；

——支持老年人参与社区协商，为社区发展出谋划策；

——拓展老年人沟通和社区参与的渠道，促进老年人群体的社会融合。

5.9 老年教育

主要包括以下内容：

——评估老年人兴趣爱好及教育需求；

——推动建立老年大学、老年学习社等多种类型的老年人学习机构和平台；

——开展有关健康教育、文化传统、安全防范、新兴媒介使用等方面的学习培训课程；

——鼓励和支持老年人组建各种学习交流组织，开展各种学习研讨活动，扩大老年人的社会交往范围；

——鼓励老年人将学习成果转化运用和传承，鼓励代际之间相互学习、增进理解。

5.10　咨询服务

主要包括以下内容：

——协调相关专业人士为老年人提供政策咨询、法律咨询、健康咨询、消费咨询等服务；

——完善老年人信息提供和问询解答的机制和流程。

5.11　权益保障

主要包括以下内容：

——维护和保障老年人财产处置和婚姻自由的权益；

——发现并及时举报老年人受虐待、遗弃、疏于照顾等权益损害事项；

——开展社会宣传和公众教育，防止老年人受到歧视、侮辱和其他不公平、不合理对待；

——协助符合条件的老年人享受社区和机构的各项养老服务，获得老年人补贴和高龄津贴等。

5.12　政策倡导

主要包括以下内容：

——研究、分析与老年人相关的法律法规及社会政策中在制定和执行中的不完善与不合理内容，向相关职能部门提出政策完善建议；

——对社会公众进行教育、宣传，树立对老年人群体的客观、公正的社会评价。

5.13　老年临终关怀

主要包括以下内容：

——开展生命教育，帮助老年人树立理性的生死观；

——协调医护人员做好临终期老年人的生活照料和痛症管理；

——密切关注老年人的情绪变化，提供相应的心理支持；

——协助老年人完成未了心愿及订立遗嘱、器官捐献等法律事务；

——协助老年人及家属、亲友和解和告别等事宜；

——协调为老年人提供精神层面的支持；

——为有需要的老年人及家属提供哀伤辅导服务。

6　服务方法

6.1　基础方法

老年社会工作者可以根据实际情况综合运用个案工作、小组工作、社区工作等社会工作直接服务方法及社会工作行政、社会工作研究等间接服务方法。

6.2　针对特定需要的介入方法

6.2.1　缅怀治疗

6.2.1.1　老年社会工作者协助老年人缅怀过去，找回以往的正面事件和感受，从正面的角度去理解和面对过去的失败与困扰，从而肯定自己，适应现在的生活状况。

6.2.1.2 主要适用于帮助老年人缓解抑郁、轻度失智等问题。

6.2.2 人生回顾

6.2.2.1 老年社会工作者引导老年人通过生命重温,帮助老年人处理在早期生活中还没有妥善处理的问题,从而解决长期的心结。

6.2.2.2 主要适用于帮助老年人处理长期的情绪问题。

6.2.3 现实辨识

6.2.3.1 老年社会工作者通过向老年人提供持续的刺激和适当的环境提示,帮助他们与现实环境接轨。

6.2.3.2 主要适用于预防和缓解老年人认知混乱、记忆力衰退。

6.2.4 动机激发

6.2.4.1 老年社会工作者通过协助老年人接触他人、参加群体活动,激发老年人对现在和未来生活的兴趣。

6.2.4.2 主要适用于预防、缓解老年人社交能力受损、负面情绪等。

6.2.5 园艺治疗

6.2.5.1 老年社会工作者组织和协助老年人参与园艺活动,接触自然,舒缓压力,复健心灵。

6.2.5.2 主要适用于预防和缓解老年人身体和精神的衰老。

6.2.6 照顾管理

6.2.6.1 老年社会工作者综合评估老年人的需求,并计划、统筹、监督、再评估和改进服务,实现对老年人持续、全面的照顾。

6.2.6.2 主要适用于需要长期照护的老年人,以及具有多重问题和复杂需求的老年人。

7 服务流程

7.1 接案

老年社会工作者在接案过程中应完成下列工作,包括但不限于:

——收集老年人资料;

——了解老年人的问题和需要,决定是否需要紧急介入;

——评估老年人的问题解决是否在老年社会工作者的能力范围和机构能力范围内,必要时予以转介;

——与老年人或主要照顾者建立专业关系。

7.2 预估

老年社会工作者在预估过程中应完成下列工作,包括但不限于:

——优先评估老年人面临的风险,如健康、受虐、抑郁、自杀等;

——根据实际情况,协调进行跨专业、综合性评估,包括老年人的问题、需求和资源状况等;

——与老年人共同决定解决问题的优先次序。

7.3　计划

老年社会工作者在计划过程中应完成下列工作，包括但不限于：

——邀请老年人及其家庭参与服务计划制定；

——设定服务计划的目的和目标；

——目标的制定应符合具体、可衡量、可达成、可评估、有时限的 SMART 原则；

——制定介入策略、行动步骤及进度安排；

——拟定预期存在的困难、风险及其应对策略和预案；

——明确社会工作者、老年人和照顾者各自的任务和角色；

——制定过程评估和成效评估计划及指标；

——拟定服务所需的人力、经费、设备设施等资源保障。

7.4　介入

老年社会工作者在介入过程中应完成下列工作，包括但不限于：

——促使老年人、家庭及相关人员学会运用现有资源；

——对老年人与环境产生的冲突进行调解；

——运用各种能够影响老年人改变的力量帮助老年人实现积极的改变；

——采用优势视角，鼓励和协助老年人发挥潜能；

——注意发掘和运用老年人所在社区或机构的资源；

——协调和链接各种老年人服务的资源和系统；

——促进老年人所处的环境的改善；

——促进老年人政策的改善。

7.5　评估

老年社会工作者在评估过程中要完成下列工作，包括但不限于：

——根据服务计划中制定的过程评估和成效评估计划开展评估；

——采取多种方式收集和分析与服务相关的资料，包括客观资料、主观感受与评价等；

——撰写评估报告。

7.6　结案

老年社会工作者在结案过程中应完成下列工作，包括但不限于：

——根据服务效果和具体情况确定能否结案；

——巩固老年人及所处环境已有的改变；

——增强老年人独立解决问题的能力和信心；

——避免或妥善处理因结案产生的负面情绪；

——结案后提供跟进服务。

8　服务管理

8.1　质量管理

8.1.1　质量管理体系的建立

服务机构应建立老年社会工作服务质量管理体系，主要包括以下内容：

——老年社会工作服务质量方针；

——老年社会工作服务质量目标；

——老年社会工作服务职责和权限。

8.1.2　服务质量过程控制

8.1.2.1　老年社会工作服务过程应严格按照老年社会工作服务流程和质量手册开展服务。

8.1.2.2　老年社会工作者应识别、分析对服务质量有重要影响的关键过程，并加以控制。

8.1.2.3　及时、准确、系统记录服务情况。

8.1.3　服务成效评估

老年社会工作服务成效评估工作按 MZ/T 059—2014 规定执行。

8.2　督导制度

服务机构应建立督导制度，主要内容包括：

——明确督导者的资格、督导对象；

——督导者的职责和权利；

——督导工作内容、流程；

——督导过程记录；

——督导工作评估。

8.3　风险管理

8.3.1　风险管理制度

服务机构应建立健全老年社会工作服务风险管理制度，主要包括以下方面内容：

——识别风险，确定何种风险可能会对老年社会工作服务产生影响，量化不确定性的程度和每个风险可能造成损失的程度；

——控制风险，制定切实可行的风险预案和应急方案，编制多个备选的方案，并明确风险管理的基本流程，对服务机构和社会工作者所面临的风险做好充分的准备；

——规避风险，在既定目标不变的情况下，改变方案的实施路径，消除特定的风险因素。

8.3.2　风险预案

老年社会工作者应在服务策划时一并制订风险预案，对应急指挥体系与职责、人员、技术、装备、设施设备、物资、处置方法及其指挥与协调等预先做出具体安排。

8.3.3　应急处置

老年社会工作者应根据风险的类型及影响程度，采取以下处置策略：

——回避风险：对不可控制的风险应采取回避措施，避免不必要的风险，所有的服务活动要在国家有关的法律、法规允许的范围内进行；

——减少风险：对于无法简单回避的风险，设法减少风险。应建立风险预警机制和风险控制体系，及时与服务各方沟通，获取支持、配合和理解；

——转移风险：把部分风险分散出去，可购买老年人意外保险及公共责任险；

——接受风险：在力所能及的范围内从事服务，承担风险。

8.4　投诉与争议处置

8.4.1　服务机构应建立服务投诉与争议处置制度。

8.4.2　服务机构应建立畅通的渠道，收集与服务质量相关的投诉和改进建议。

8.4.3　服务机构和老年社会工作者对收到的投诉和建议应及时予以回应和反馈。

8.4.4　服务机构和老年社会工作者根据意见和建议，采取有效措施，改进服务工作，提高服务质量。

9　人员要求

9.1　老年社会工作者

9.1.1　老年社会工作者应具备以下资质之一：

——获得国家颁发的社会工作者职业水平证书；

——具备国家承认的社会工作专业专科及以上学历。

9.1.2　老年社会工作者在开展具体工作中，应遵守以下要求：

——掌握涉及老年人有关的法律、法规、政策；

——具备开展老年社会工作服务所需的老年学等方面的基本知识；

——接受社会工作专业继续教育，不断提高职业素质和专业服务能力；

——推动多学科合作，与其他专业人士相互尊重、共享信息并有效沟通。

9.1.3　老年社会工作者的配备应符合下列要求：

——养老机构、城乡社区应根据服务对象的数量、自理能力的高低、服务的类型、服务的复杂性等因素进行人员配备；

——城镇养老机构每 200 名老年人应配备一名老年社会工作者，农村养老机构可参考上述标准配备；

——城市社区中每 1000 名老年人应配备一名以上的老年社会工作者，不满 1000 人的可多个社区配备一名老年社会工作者，农村社区可参考上述标准配备。

9.2　为老服务志愿者

9.2.1　应建立志愿者服务管理制度，做好志愿者的登记、培训、记录、激励、评价等工作。

9.2.2　建立社会工作者和志愿者联动机制，根据服务需要招募符合资质的志愿者，协助社会工作者开展老年社会工作服务。

10　服务保障

10.1　设施设备

10.1.1　开展社会工作服务应具有必要的个案工作室、小组工作室、多功能活动室等。

10.1.2　在养老机构中开展的社会工作服务其环境与设施设备要求应符合 GB/T 29353—2012 中 7.1 和 7.2 的规定。

10.2　信息化建设

10.2.1　服务机构应将老年社会工作服务相关信息纳入信息化系统建设或规划；

10.2.2　运用信息技术，对老年人、志愿者及社会工作服务过程中所产生的信息进行系统化的管理；

10.2.3　应建立老年社会工作服务数据库，定期开展服务数据统计分析，并用于服务成效评价及社会工作研究与相关决策；

10.2.4　应做好老年社会工作服务信息保密工作，维护老年人合法权益。

10.3　服务档案管理

10.3.1　应建立老年社会工作服务档案管理制度，包括档案的归档范围及要求、档案移交、档案储存及保管、档案的借阅、档案销毁、档案保密等内容。

10.3.2　应建立符合档案管理要求的服务档案管理室，并指定专人负责服务档案管理工作。

10.3.3　应对老年社会工作服务过程的资料进行及时归档，主要包括：

　　——老年人基本信息档案，包括老年人的基本信息、服务受理和评估记录、服务资质证明等；

　　——服务过程的记录，包括个案、小组、社区服务等相关服务记录；

　　——服务质量监控记录，包括考核情况、服务质量目标完成情况和服务计划调整情况等；

　　——服务转介和跟踪记录，包括服务转介情况及跟踪回访情况记录。

附录三：合同样本

家政服务合同

（派遣制范本）

合同编号：＿＿＿＿＿＿＿

商务部家政服务合同范本
＿＿＿年＿＿＿月＿＿＿日

聘请家政服务员须知

客户聘用家政服务人员，应到经政府主管部门登记注册、以家政服务为经营范围、具有法人资格的家政服务机构，不要在非法劳务市场中招雇。请您结合自己的情况选择家政服务项目，并按此规定办理：

1. 个人用户持居民身份证、户口本、居住证明或护照；单位用户持有合法证件及公函、介绍信。

2. 有稳定的经济收入来源并有能力支付相关费用。

3. 要正确看待家政服务行业，允许家政服务员有一周的适应过程，尊重家政服务员的人格，禁止打骂、歧视或侮辱家政服务员。

4. 愿意遵守国家和地方家政服务业的行业规则，配合家政服务机构的工作。

5. 能如实填写客户信息登记表。

6. 签订合同时知晓并认可双方的协商价格，选定服务项目、签订合同并交纳相关费用后，公司将为您提供相应期限的选项服务。

7. 家政服务员在您家工作时，若出现身体不适或其他疾病，发生意外事件，请您务必发扬人道主义精神，及时灵活做出处理，并通报家政服务机构。

以上规定及相关要求敬请客户仔细阅读，以求双方合作愉快。

甲方（用工单位）：

地址：　　　　　　　　　　　　　　　邮编：

法定代表人：　　　　职务：　　　　联系电话：

委托代理人：　　　　职务：　　　　联系电话：

单位联系人：　　　　联系电话：

乙方（派遣单位）：

地址：　　　　　　　　　　　　　　　邮编：

法定代表人：　　　　职务：　　　　联系电话：

委托代理人：　　　　职务：　　　　联系电话：

单位联系人：　　　　联系电话：

根据《中华人民共和国合同法》及其他有关法律、法规的规定，甲乙双方在平等、自愿、公平、诚实信用的基础上协商一致，签订了本合同以共同遵守。

第一条　服务内容

_____

第二条　合同期限与人数

1. 甲乙双方约定合同期限按照以下条款执行：

（1）固定期限，自＿＿＿年＿＿＿月＿＿＿日起至＿＿＿年＿＿＿月＿＿＿日止；

（2）合同期满如双方没有终止合同的书面请求，在《劳务派遣续订确认书》签署后自动按整年度延续，依此类推；

2. 派遣人员人数及名单以每月实际发生和结算单载明的为准，并由双方共同核定增减变动。

第三条　服务地址

_____。

第四条　甲方承担的费用及其支付方式

1. 派遣费占每月固定费用的＿＿＿％；

2. 每月固定费用的计费方法：

（1）以实际派遣人数为依据，按照每月＿＿＿元/人的标准计算，包括派遣人员的工资、社会保险费和劳保等福利待遇。社会保险费的数额以当地社保经办机构每年核定的缴费基数和比例为依据；

（2）若乙方委托甲方代发派遣人员工资，甲方应按乙方出具的委托书的规定代发，并书面通知乙方代发数额，代发数额从固定费用中扣除；

3. 甲方于每月＿＿＿日支付乙方上述费用；

4. 其他费用

（1）依法应由用人单位支付的经济补偿金；

（2）工会经费及残疾人保障金；

（3）《工伤保险条例》规定的由用人单位承担的费用。派遣人员发生工伤事故（含职业病）后，先由甲方垫付医疗、赔偿等法定费用，在工伤认定之后，由工伤保险基金先行支付或者依法报销。

第五条　岗位和时间

1. 岗位描述：＿＿＿＿＿＿＿＿＿＿＿＿＿＿＿＿＿＿＿＿＿＿

2. 工作时间：＿＿＿＿＿＿＿＿＿＿＿＿＿＿＿＿＿＿＿＿＿＿

甲方因工作需要需增加派遣人员工作时间，应根据国家有关规定并支付派遣人员加班工资或安排补休。

第六条　甲方权利

1. 派遣人员如有提供虚假身份证、学历证、履历等其他证件或乙方未履行如实告知义务而导致甲方受到损失的，甲方有权追究乙方的相关责任；

2. 派遣人员有以下情形之一的，甲方有权要求乙方变更派遣人员并作合同背书：

（1）在试用期内不能胜任甲方的工作要求；

（2）派遣人员不能胜任工作，经过培训或者调整工作岗位，仍不能胜任工作；

（3）严重违反甲方劳动纪律、规章制度和工作定额任务管理；

（4）工作失职，给甲方造成经济损失；

（5）委派期满，派遣人员提出停止派遣或擅自离岗；

3. 甲乙双方协商一致确定的派遣人员劳务报酬标准，作为本合同附件；

4. 出资对派遣人员进行业务、技能培训的，甲方有权与派遣人员约定与培训有关的违约责任，并事先书面通知乙方，在乙方不反对的情况下实施；

5. 派遣人员给甲方造成的经济损失，有权向其索赔，对方有义务给予协助；

6. 有权在派遣人员入职前核查其身份证、学历证及各种资质资格等证件的真实性、有效性；

7. 凡甲方要求在本合同第六条 2. 情形之外停止派遣或更换派遣人员的，应提前 30 日书面向乙方提出，经双方协商一致后，方能停止委派或更换派遣人员；

8. 对拟派遣人员的身体健康情况有知情权；

9. 根据双方约定的工作岗位安排派遣人员的工作；若有变动，应书面通知乙方并进行劳动用工备案。

第七条　甲方义务

1. 出示必备有效的资质证明：营业执照、税务登记证、组织机构代码证；

2. 须依据合同约定，按照派遣人员实际岗位合理确定派遣人员的劳务报酬及福利待遇；

3. 于每月＿＿＿日将上月派遣人员的劳务报酬发放清册交乙方；派遣人员的工会经费及残疾人保障金由甲方依法缴纳；

4. 按月将派遣人员的考勤审核与劳务报酬等情况告知乙方；派遣人员的工资报酬及福利待遇可由乙方委托甲方代为发放，代发数额从固定费用中扣除并以书面形式通知乙方；

5. 应支付乙方派遣人员参加社保的费用，缴纳比例参见本地社会保险参保标准，缴纳基数以本地社保经办机构每年核定的参保基数为依据；

6. 应如实告知乙方和派遣人员、服务的场所、人员、数量、规模、食宿标准和服务对象中是否有传染病人或精神病人；

7. 为派遣人员提供符合国家规定的劳动工具和必要的劳动保护用品；

8. 对派遣人员应注意的安全事项、应遵守的各项纪律等履行告知和管理责任；

9. 派遣人员出现工伤、职业病、非因工负伤及患病所应享受的待遇均按照国家有关规定执行；甲方应协助乙方做好工伤认定、劳动能力鉴定的申报理赔工作；

10. 派遣人员发生工伤事故后，先由甲方垫付医疗、赔偿等相关费用，待乙方按社保规定程序报销后，按社保核定金额全额支付给甲方，甲方应承担《工伤保险条例》规定的由用工企业应支付的其他所有费用部分；

11. 派遣人员发生工伤事故后，甲方必须在 24 小时内告知乙方，以便乙方办理申报备案事宜；如果由于甲方误报、漏报、申报时间延误及证明资料不真实等造成的不予以支付社保待遇或工伤认定部门做出不属于工伤认定，由甲方承担全部经济法律责任。

第八条　乙方权利

1. 可委托甲方代发派遣人员的工资报酬及福利待遇，乙方委托甲方代发的，甲方应按乙方出具的委托书的约定代发，并书面通知乙方代发金额，代发金额从每月固定费用中扣除；

2. 维护派遣人员的合法权益；

3. 对甲方不履行合同的，有权追究违约责任。

第九条　乙方义务

1. 应如实告知甲方有关派遣人员的真实身份、健康状况、文化程度和服务技能等级、是否接受过培训、是否有不良记录；

2. 出示必备有效的资质证明：营业执照、税务登记证、组织机构代码证；

3. 应与派遣人员建立劳动关系，签订劳动合同，乙方进行劳动用工备案，并负责档案资料收集整理；

4. 负责为派遣人员办理社会保险，甲方应支付的相关社会保险费用，标准由乙方按相关规定计算并书面通知甲方；

5. 派遣人员发生工伤事故的，乙方接到甲方通知后，按《工伤保险条例》妥善处理，并负责办理申报和理赔事宜；由甲方承担用工单位的赔偿责任；在劳动部门做出工伤认定后由乙方负责社会保险基金支付或商业保险赔付部分的申报理赔等事务；

6. 对派遣人员给甲方造成的经济损失，乙方应协助甲方对派遣人员进行索赔。

第十条　符合下列情况之一的，甲方可以与派遣人员解除劳务关系

1. 违反甲方依法制定并公示的劳动纪律及规章制度；

2. 严重失职，营私舞弊，对甲方利益造成损害的；

3. 被依法追究刑事责任的或被限制人身自由十五日以上的；

4. 患病或非因工负伤，在规定的医疗期满后不能从事原工作，而甲方又无法安排派遣人员从事其他工作的；

5. 派遣其他人员不能胜任工作，经过培训或者调整工作岗位仍不能胜任工作的；

6. 合同订立时所依据的客观情况发生变化或不可抗力，致使本合同无法履行的；

7. 有酗酒、吸毒、赌博、自残等行为的；

8. 按本条第 4、5、6 项解除与派遣人员劳务关系的，甲方须提前 30 日以书面形式通知派遣人员与乙方。

第十一条　甲方有下列情形之一的，乙方通知甲方解除劳务关系

1. 甲方以暴力、威胁或者非法限制人身自由的手段强迫劳动的；

2. 甲方采取搜身、体罚、侮辱等方式，严重侵犯派遣人员人格尊严的；

3. 甲方未按照法律法规规定或者书面约定支付劳务报酬或提供劳动条件的。

第十二条　甲方支付给乙方各项费用，由乙方开具正式发票

第十三条　违约责任

合同签订后，双方任何一方都不得私自终止合同，如一方私自终止合同，或未

按合同履行的，属于违约；违约方按年度管理费总额的_____％承担违约赔偿。

第十四条　甲方如发生下列情形之一者，乙方有权单方面解除终止合同并不承担任何经济法律及违约责任

1. 甲方隐瞒其单位经营状况、不履行如实告知义务或有违法违规等行为的；

2. 甲方拖欠派遣人员劳务报酬一个月以上的；

3. 甲方拖延支付服务费、社保等各项费用的；

4. 甲方有违反安全生产操作规程的；

5. 甲方在生产服务过程中不顾派遣人员生命安全的。

第十五条　其他事项

本合同有效期内，经双方协商一致，可以变更合同内容，变更内容不得侵害派遣人员的利益。

本合同一式四份，双方签字盖章后生效，双方各执两份。双方因履行本合同发生争议，可向有管辖权的人民法院起诉。

甲方（用工单位签章）：　　　　　　乙方（委派单位签章）：

代表签章：　　　　　　　　　　　　代表签章：

　　年　　月　　日　　　　　　　　　　年　　月　　日

另需材料清单：

1. 甲方、乙方有效营业执照或批准文件、机构代码证、税务登记证等相关复印件加盖公章；

2. 派遣人员名单（载明岗位与劳动报酬）。

劳务派遣合同续定确认书

经双方平等自愿，协商一致，现就《劳务派遣合同》续延事宜，按照本合同第二条规定续定。

备注:本合同续定生效日期：　　　　　终止日期：

甲方(用工单位签章)：　　　　　　　乙方(委派单位签章)：

　　年　　月　　日　　　　　　　　　年　　月　　日

劳务派遣合同解除、终止确认书

经双方平等自愿，协商一致，现就《劳务派遣合同》解除、终止事宜，依照

1. 合同到期自然解除终止；2. 双方协商一致解除与终止；3. 其他原因解除、终止。

于　　年　　月　　日正式解除、终止。

备注:本合同解除、终止生效日期：

甲方(用工单位签章)：　　　　　　　乙方(委派单位签章)：

　　年　　月　　日　　　　　　　　　年　　月　　日

家政服务合同

（员工制范本）

合同编号：＿＿＿＿＿＿＿＿＿＿＿

商务部家政服务合同范本
＿＿＿年＿＿＿月＿＿＿日

聘请家政服务员须知

客户聘用家政服务人员，应到经政府主管部门登记注册、以家政服务为经营范围、具有法人资格的家政服务机构，不要在非法劳务市场中招雇。请您结合自己的情况选择家政服务项目，并按此规定办理：

1. 个人用户持居民身份证、户口本、居住证明或护照；单位用户持有合法证件及公函、介绍信。

2. 有稳定的经济收入来源并有能力支付相关费用。

3. 要正确看待家政服务行业，允许家政服务员有一周的适应过程，尊重家政服务员的人格，禁止打骂、歧视或侮辱家政服务员。

4. 愿意遵守国家和地方家政服务业的行业规则，配合家政服务机构的工作。

5. 能如实填写客户信息登记表。

6. 签订合同时知晓并认可双方的协商价格、选定服务项目、签订合同并交纳相关费用后，公司将为您提供相应期限的选项服务。

7. 家政服务员在您家工作时，若出现身体不适或其他疾病，发生意外事件，请您务必发扬人道主义精神，及时灵活做出处理，并通报家政服务机构。

以上规定及相关要求敬请客户仔细阅读，以求双方合作愉快。

甲方（客户）：　　　　　　　　　身份证号：

联系电话：　　　　　　　　　　　住宅地址：

乙方（家政服务机构）：

服务电话：　　　　　　　　　　　经营地址：

法定代表人：　　　　　　　　　　负责人：

根据《中华人民共和国合同法》、《中华人民共和国侵权责任法》和《中华人民共和国消费者权益保护法》及其他有关法律、法规的规定，甲乙双方在平等、自愿、公平、诚实信用的基础上协商一致，签订本合同。

第一条　术语释义

甲方（客户）：是指具有完全行为能力的劳务服务的购买者。

乙方（家政服务机构）：依法成立的具有法人资格的家政服务机构。

劳务费：乙方为甲方提供家政服务后，甲方需要支付给乙方的劳务报酬。

劳务费的构成：包括乙方的服务费和家政服务员工资。

第二条　服务内容

乙方应选派家政服务员_____人，为甲方提供下列第_____项服务：

1. 普通家务劳动；2. 婴、幼儿照护；3. 婴幼儿教育；4. 产妇与新生儿护理；

5. 老人照护；6. 病人陪护；7. 计时服务；8. 家庭餐制作；9. 其他：_____。

第三条　服务地址

_____。

第四条　服务对象

1. 服务对象人数和内容：_____；

2. 护理依赖程度（无此项服务内容的不填）：_____%；

3. 特殊需求：_____。

第五条　服务方式

□全日住家型　□日间照料型 □计时服务型 □其他：_____

_____。（请在□内打√）

第六条　乙方家政服务员条件

姓名：_____籍贯：_____性别：_____年龄：_____学历：_____

技能级别：_____是否接受过培训：_____

第七条　服务期限

_____年___月___日至____年___月___日，日间照料型服务时间：每天

_____时至_____时。

第八条　劳务费和保证金

1. 试用期收费：乙方家政服务员在试用期间的劳务费_____元/天，试用期
_____天。试用期满后劳务费为_____元/月。在试用期内，符合双方约定调换条件
的，乙方应在甲方提出要求后_____个工作日内予以调换，调换后试用期重新计
算；甲方在合同期内免费调换超过_____名家政服务员时，乙方每调换一次加收服
务费_____元/次；

2. 劳务费收取：甲方应于每月___日将上月的劳务费支付给乙方，如家政服
务员实际服务时间不足一个月而双方终止合同时，乙方按实际服务天数收取服务
费，多退少补；

3. 保证金收取：甲方应支付_____元给乙方作为甲方的信誉保证金；合同
终止后，甲方没有欠费等违约行为，保证金如数退还。

第九条　甲方权利与义务

1. 甲方权利

（1）甲方有权合理选定家政服务员，在乙方服务员不能胜任工作的情况下要求
调换乙方家政服务员；

（2）甲方对乙方家政服务员健康状况有异议的，有权要求重新体检，费用由甲
方先行承担；体检合格的，体检费用由甲方自行支付；如体检不合格，体检费用由
乙方支付；如甲方要求增加非常规体检项目，且家政服务员同意，费用由甲方
承担；

（3）甲方有权拒绝乙方家政服务员在服务场所内从事与家政服务无关的活动；

（4）甲方有权向乙方追究因乙方家政服务员故意或重大过失给甲方造成的

损失；

(5) 有下列情形之一的，甲方有权要求乙方调换家政服务员或解除合同：

① 家政服务员有违法行为的；

② 家政服务员患有传染病的；

③ 家政服务员未经甲方同意，让第三人代为提供服务的；

④ 家政服务员存在刁难、虐待甲方家庭成员行为的；

⑤ 家政服务员因过错给甲方造成财产损失的；

⑥ 家政服务员工作消极懈怠或服务质量不合格的；

⑦ 家政服务员主动要求离职的（家政服务员自身原因非甲方原因造成）；

⑧ 试用期内调换＿＿＿＿名同级别的家政服务员后仍不能达到合同要求的；

⑨ 其他：＿＿＿＿＿＿＿＿＿＿＿＿＿＿＿＿＿＿＿＿＿＿＿＿＿＿＿＿。

2. 甲方义务

(1) 甲方应在签订合同前出示有效身份证件，如实告知家庭住址、联系电话、居住条件、工作内容、工作强度、工作时间、薪酬待遇和对乙方家政服务员的具体要求，以及与乙方家政服务员健康安全有关的家庭情况（如家中是否有传染病人、精神病人等），以上内容变动应及时通知乙方；若甲方家庭成员有上述病史，甲方应采取预防措施以保证家政服务员不会受传染或是伤害，否则，造成的后果由甲方负责；

(2) 甲方不得给家政服务员随意增加规定以外的服务内容及工作量，如需增加，应与乙方协商，适当增加报酬；

(3) 甲方应尊重乙方家政服务员的人格和劳动，提供安全的劳动条件、服务环境和居住场所，甲方应保证家政服务员不与成年异性同居一室（生活完全由他人照护的失能者除外），保证家政服务员的人身安全；如乙方家政服务员突发疾病或受伤时，甲方应及时采取必要的救治措施，并及时通知乙方；

(4) 甲方应保证乙方家政服务员每周＿＿＿＿＿＿天的休息和每天基本的睡眠时间，并保证其用餐与甲方一般家庭成员相一致；国家法定假日确需乙方家政服务员照常工作的，要给予加班补助，加班工资按照＿＿＿＿＿＿元/天发放，或在征得乙方家政服务员同意的前提下安排补休；

(5) 甲方未经乙方同意，不得要求乙方家政服务员为第三方服务，也不得将家政服务员带往非约定场所工作或要求其从事非约定工作；

(6) 甲方有义务配合乙方对家政服务员进行管理和工作指导，并妥善保管家中财物；

(7) 服务期满甲方续用乙方家政服务员的，应提前7日与乙方续签合同；

(8) 甲方不得扣押家政服务员财产、证件或采取搜身、恐吓、殴打等侵犯家政服务员人身和财产权利的行为。

第十条　乙方权利与义务

1. 乙方权利

（1）乙方有权向甲方询问、了解投诉情况或家政服务员反映情况的真实性；

（2）有下列情形之一的，乙方有权召回家政服务员或解除合同：

① 甲方教唆家政服务员脱离乙方管理的；

② 甲方家庭成员中有传染病人、精神病人等未如实告知乙方，或未采取预防措施的；

③ 甲方无正当理由未按时支付服务费用的；

④ 约定的服务场所或服务内容发生变更而未取得乙方同意的；

⑤ 甲方对家政服务员的工作要求违反国家法律、法规，有刁难、虐待等损害家政服务员身心健康情形的；

⑥ 其他：_____。

2. 乙方义务

（1）乙方应为甲方委派身份真实、文化程度、培训状况和体检合格并符合合同要求的家政服务员；乙方家政服务员应持有正规医疗机构在一年以内出具的体检合格证明；

（2）乙方应以诚信为本，如实介绍家政服务员的情况，指导家政服务员完成约定服务项目；

（3）乙方对安排的家政服务员应经过培训、进行过程管理、服务指导和监督，接受甲方投诉并妥善处理；

（4）乙方为家政服务员购买：□《家政职业责任险》□《家政服务员意外伤害加意外医疗险》□其他_____（参见《商业保险保单》）；

（5）出示必备有效的资质证明：营业执照、税务登记证、组织机构代码证。

第十一条　合同的解除

1. 合同到期，双方无续签意向，合同自动解除；

2. 提出解除合同一方应提前____天通知对方，双方协商一致可解除本合同；

3. 出现第九条 1.（5）⑧情况，如甲方无其他违约情况，乙方应返还信誉保证金，收取发生月的相应服务费，不足一个月的按天计算收取。

第十二条　违约及赔偿责任

1. 任何一方如不能继续履行合同的，应与对方协商解决；

2. 甲方无正当理由逾期支付乙方服务费的，每超过 1 天按应付费用的 1% 支付违约金；

3. 甲方因乙方家政服务员原因（突发疾病或发现不良行为的）而不继续使用乙方家政服务员的，乙方应在家政服务员离职之日起 3 天内重新提供家政服务员，否则，每逾期 1 天按月服务费的 1% 向甲方支付违约金；

4. 由于乙方派出的家政服务员有违法行为或其他责任造成甲方损失的，甲方有权追究家政服务员的责任和经济赔偿，乙方协助处理，属于乙方管理责任，乙方应承担相应责任。

第十三条　免责条款

1. 甲方未尽审慎的注意义务，违反以下约定而导致的损失，乙方不予赔偿：

（1）甲方应妥善保管古董、文房、字画、珠宝、玉器、首饰等贵重、易碎物品，以及具有特殊纪念意义的物品，乙方对此类物品不负责清洁养护；

（2）对于各类家用电器，乙方不负责拆装和清洗，只负责外部清洁；

（3）对于高档衣物、皮具、饰品、鞋帽等，乙方不负责清洗、熨烫、保养；

（4）乙方不负责洗涤内裤，产妇、新生儿、婴幼儿、失去自理能力的服务对象或另有书面约定的除外；

（5）二层以上（含二层）住所的玻璃外侧，乙方不负责擦洗。

2. 如甲方要求乙方对价格昂贵的花卉果木或宠物进行照料，甲方须自行追加投保相关险种。甲方未按上述要求投保的，乙方对上述花卉果木或宠物的丢失、伤害、死亡等免责；

3. 以上内容若由乙方故意造成损失的，不在免责范围内。

第十四条　其他约定条款

_____

_____

第十五条　合同争议的解决方法

本合同发生的争议，由双方当事人协商解决或向消费者协会、行业协会等机构申请调解解决；协商不成，按下列第_____种方式处理：

1. 依法向_____人民法院起诉；

2. 提交_____仲裁委员会仲裁。

第十六条　未尽事宜及生效

未尽事宜双方应另以书面形式补充；本合同一式四份，甲乙双方各执两份，具有同等法律效力，自双方签字、盖章之日起生效；本合同内容有变更的，以"家政服务合同变更书"为准，除变更条款外，其他条款不变。

甲方（签字）：　　　　　　　　　乙方（盖章）：

　　　　　　　　　　　　　　　　法人代表（盖章）：

年　　月　　日　　　　　　　　　年　　月　　日

另需材料清单：

1. 家政服务员的身份证复印件

2. 家政服务员的健康证明复印件

家政服务合同变更书（格式）

经甲乙双方协商一致，对本合同做以下变更：

1. 变更后本合同期限为____年__月__日至____年__月__日。

2. 乙方家政服务员的服务内容变更为_____。

3. 乙方家政服务员的服务场所变更为_____。

4. 乙方家政服务员的服务方式变更为_____。

5. 服务费变更为_____。

6. 本合同第__条、第__条及第__条取消。

7. 调换家政服务员姓名：_____籍贯：_____性别：_____年龄：_____学历：_____技能级别：____是否接受过培训：_____。

甲方（签字或盖章）　　　　　　　乙方（盖章）

　　　　　　　　　　　　　　　　法人代表（签字或盖章）

_____年___月___日　　　　　_____年___月___日

家政服务合同续订书（格式）

本次续订合同期限为____年，自___年__月___日至____年___月___日。

甲方（签字或盖章）　　　　　　　乙方（盖章）

　　　　　　　　　　　　　　　　法人代表（签字或盖章）

_____年___月___日　　　　　_____年___月___日

家政服务合同

（中介制范本）

合同编号：＿＿＿＿＿＿＿＿＿＿＿

商务部家政服务合同范本
＿＿＿年＿＿＿月＿＿＿日

聘请家政服务员须知

客户聘用家政服务人员，应到经政府主管部门登记注册、以家政服务为经营范围、具有法人资格的家政服务机构，不要在非法劳务市场中招雇。请您结合自己的情况选择家政服务项目，并按此规定办理：

1. 个人用户持居民身份证、户口本、居住证明或护照；单位用户持有合法证件及公函、介绍信。

2. 有稳定的经济收入来源并有能力支付相关费用。

3. 要正确看待家政服务行业，允许家政服务员有一周的适应过程，尊重家政服务员的人格，禁止打骂、歧视或侮辱家政服务员。

4. 愿意遵守国家和地方家政服务业的行业规则，配合家政服务机构的工作。

5. 能如实填写客户信息登记表。

6. 签订合同时知晓并认可双方的协商价格，选定服务项目、签订合同并交纳相关费用后，公司将为您提供相应期限的选项服务。

7. 家政服务员在您家工作时，若出现身体不适或其他疾病，发生意外事件，请您务必发扬人道主义精神，及时灵活做出处理，并通报家政服务机构。

以上规定及相关要求敬请客户仔细阅读，以求双方合作愉快。

甲方（雇主）：_____　身份证号：_____

联系电话：_____　住宅地址：_____

乙方（家政服务员）：_____　身份证号：_____

联系电话：_____　户籍地址：_____

现住址：_____　紧急联系方式：_____

中介方（家政服务机构）：_____

服务电话：_____　经营地址：_____

法定代表人：_____　负责人：_____

根据《中华人民共和国合同法》、《中华人民共和国侵权责任法》和《中华人民共和国消费者权益保护法》及其他有关法律、法规的规定，甲乙丙三方遵循平等、自愿、诚实信用原则，就家庭服务相关事宜签订本合同。

第一条　术语释义

甲方（雇主）：是指具有完全行为能力的家政服务员的雇佣者。

乙方（家政服务员）：具有完全民事行为能力和家庭服务能力的劳动者。

中介方（家政服务机构）：依法成立的具有相关资质的，以居间人身份为雇主和家政服务员提供家政服务信息的家政服务组织。

第二条　服务内容

中介方介绍符合家政服务上岗条件（体检合格，经过培训并考核合格）的乙方为甲方家庭提供如下的第_____项服务（可多选）：

1. 普通家务劳动；2. 婴、幼儿照护；3. 婴幼儿教育；4. 产妇与新生儿护理；

5. 老人照护；6. 病人陪护；7. 计时服务；8. 家庭餐制作；9. 其他：_____。

第三条　服务地址

_____。

第四条　服务对象

1. 服务对象人数和内容：_____；

2. 护理依赖程度（无此项服务内容的不填）：_____%；

3. 特殊需求：_____。

第五条　服务方式

□全日住家型 □日间照料型 □计时服务型 □其他 _____

_____。（请在□内打√）

第六条　乙方条件

籍贯：_____性别：_____年龄：____学历：____技能级别：____是否接受过培训：_____

第七条　服务期限

_____年____月____日至_____年____月____日，日间照料型服务时间：每天_____时至_____时。

第八条　中介服务费支付与方式

1. 在本合同签订之日，甲方支付中介方一次性中介服务费____元（该费用为一次性收取，不退）；

2. 在本合同签订之日，乙方需要向中介方支付中介服务费____元（该费用为一次性收取，不退）；

3. 合同期满后，三方续约，按照规定缴纳相关费用。

第九条　劳务报酬支付与方式

1. 乙方的劳务报酬为_____元/月（以每个自然月为准），乙方上岗试工期为____个工作日，试工期的劳务报酬为____元/天，遇国家法定节假日的劳务报酬为____元/天，或在征得乙方同意的前提下安排补休。试工期满合格后按合同约定支付劳务报酬，不足月的按平均日报酬结算；

2. 劳务报酬的支付方式为：甲方在接受服务满一个月时，足额支付乙方报酬。

第十条　甲方权利与义务

1. 甲方权利

（1）甲方有权要求乙方提供一年内正规医疗机构出具的体检合格证明，如有异议可要求重新体检，若体检合格，体检费用由甲方承担；若体检不合格，则由乙方承担；如若甲方要求乙方进行非常规体检项目，乙方应给予配合，费用由甲方承担；

（2）甲方有权辞退不能完成合同约定工作的乙方，有权要求中介方重新介绍合适的家政服务员；

（3）甲方有权追究因乙方过错造成损失的法律责任，并向责任方要求经济赔偿（但不得扣押财产和证件或采取搜身、恐吓、殴打等侵犯乙方人身财产权利等处理方式）；

（4）甲方对乙方进行管理和工作指导，对乙方服务质量有异议的应及时到中介方进行人员调换，甲方有权在《客户信息登记表》的有效期内免费调换____名家政服务员，如甲方不满意，要求继续调换的，每调换一次收手续费_____元。

2. 甲方义务

（1）因甲方原因造成乙方伤害，甲方应承担赔偿责任；在服务期间，若乙方突发疾病或遇其他伤害，甲方应采取必要的救治措施；若乙方外出未归或发生意外，在 24 小时内通知相关方；

（2）甲方在签订合同时应出示本人有效身份证件，办理用户登记手续，如实填写家庭地址、联系电话、接受服务的家庭成员人数、服务内容、工作强度、时间要求、特殊服务，并在洽谈时如实告知乙方和中介方家中是否有传染病及精神病人；

（3）若提供全日住家型家政服务的，甲方应保证乙方每月____天的休息和每天基本的睡眠时间，向乙方提供与家庭成员基本相同的伙食（病人、孕产妇、婴幼儿餐除外），国家法定假日确需乙方照常工作的，要给予加班补助，加班工资按照____元/天发放，或在征得乙方家政服务员同意的前提下安排补休；

（4）为乙方（全日住家型）提供安全的居住场所，并保证不与成年异性同居一室（失能者除外），当乙方需接触病人的血液、呕吐物及排泄物时，应为乙方提供相应的卫生和劳保用品；

（5）妥善保管家中的贵重物品；

（6）甲方不得将乙方转让给他方服务，不得拖欠乙方劳务报酬。

第十一条 乙方权利与义务

1. 乙方权利

（1）有权按时得到劳务报酬，获得正常的休息时间；

（2）有权保护自己人身和名誉不受侵犯，有权追究因甲方过错造成的经济损失；有权与侵权行为或严重违反合同约定的甲方解除合同；

（3）有权拒绝从事与合同内容不符的工作，有权拒绝为第三方服务，有权拒绝在非约定地址服务。

2. 乙方义务

（1）遵守国家的法律法规，按合同约定服务；不得有损害甲方合法权益的行为，如因乙方过错而造成甲方人身或其他权益受侵害的，则要承担相应的法律责任；

（2）禁止擅自离岗，家政服务员外出应告知去向，如遇特殊情况不能按时返回的，应提前通知甲方；

（3）服从甲方的管理和指导，遵照甲方的生活习俗，尊重甲方的宗教信仰，善待服务对象；

（4）不得擅自将他人带入或留宿甲方家中；不得擅自翻动、拿用甲方物品；不参与甲方家庭内部事务和邻里纠纷；不泄露和传播甲方家庭及其成员隐私和个人信息。

第十二条　中介方权利与义务

1. 中介方促成、见证本合同的签订，甲乙双方应按照约定向中介方交纳介绍费；

2. 中介方核实甲方身份以及所提供信息的真实性，明确甲方需要提供的服务内容，考核甲方是否有雇请家政服务员的条件；

3. 中介方核实乙方身份以及所提供信息的真实性、健康状况、文化程度、服务技能，考察家政服务员是否具有上岗能力；

4. 出示家政服务机构的必备有效的资质证明：营业执照、税务登记证、组织机构代码证；

5. 甲乙双方在履约过程中，如有纠纷，中介方义务调解；

6. 甲方因乙方自身原因（体检不合格或有不良行为等）而不继续使用乙方的，中介方应重新为乙方提供符合约定的家政服务员。

第十三条　保险

甲乙双方协商□是/□否投保商业保险。

1. 商业保险种类（投保商业保险请在□内打√）：

□《家政职业责任险》；

□《家政服务员意外伤害加意外医疗险》；

□其他＿＿＿＿＿＿＿＿＿＿＿＿＿＿＿＿＿＿＿＿＿＿＿＿。

2. 保费金额：＿＿＿＿＿元，由＿＿＿＿＿承担。

第十四条　合同期满与解除

1. 合同期满，甲方和乙方应到中介方办理续订或解除合同手续；

2. 甲方提前辞退乙方或是乙方要求提前离岗的，由甲乙双方协商确定，可到中介方办理相关手续，结清工资；

3. 乙方离岗时，甲方与乙方均应认真检查各自财物有无损坏和丢失，乙方离岗后，合同各方不再为他方承担任何责任。服务期满，在同等条件下，甲方有优先续用乙方的权利，按规定缴纳相关费用；

4. 如家政服务员在合同期内有更换，更换的家政服务员的详细信息作为本合同的附件，其他条款不变。

第十五条　违约责任

1. 甲、乙双方的任何一方如不能继续履行合约的，须提前7天通知对方（乙方生病或突发事件除外），甲、乙协商解除合同的，应到中介方办理解除合约手续；

2. 甲方逾期支付乙方服务报酬的，每逾期1天应按劳务报酬的1%向乙方支付违约金；

3. 甲乙双方未如实告知对方自身有恶性传染病或精神疾病的，任何一方有权要求立刻解除合同；由违约方承担由此产生的一切费用，且违约方无权要求守约方退还任何费用。

第十六条　免责条款

1. 甲方未尽审慎的注意义务，违反以下约定而导致的损失，乙方不予赔偿：

（1）甲方应妥善保管古董、文房、字画、珠宝、玉器、首饰等贵重、易碎以及具有特殊纪念意义的物品，乙方对此类物品不负责清洁养护；

（2）对于各类家用电器，乙方不负责拆装和清洗，只负责外部清洁；

（3）对于高档衣物、皮具、饰品、鞋帽等，乙方不负责清洗、熨烫、保养；

（4）乙方不负责洗涤内裤，产妇、新生儿、婴幼儿、失去自理能力的服务对象或另有书面约定的除外；

（5）二层以上（含二层）住所的玻璃外侧，乙方不负责擦洗。

2. 如甲方要求乙方对价格昂贵的花卉果木或宠物进行照料，甲方须自行追加投保相关险种；甲方未按上述要求投保的，乙方对上述花卉果木或宠物的丢失、伤害、死亡等免责；

3. 以上内容若由乙方造成损失的，不在免责范围内。

第十七条　其他约定条款

_____

_____

第十八条　合同争议解决办法

本合同如果发生争议，应由三方协商解决；也可向消费者协会或行业组织申请调解；协商或调解不成，按下列第____种方式解决：

1. 提交_____仲裁委员会仲裁；

2. 向_____人民法院起诉。

本合同未尽事宜三方另行协商补充，补充协议与本合同具有同等法律效力；本合同一式三份，甲、乙、中介方三方各执一份，具有同等法律效力，自各方签字或盖章之日起生效；本合同内容有变更的，以"家政服务合同变更书"为准，除变更条款外，其他条款不变。

甲方（签字）：　　　　　　　　中介方（盖章）：

　年　　月　　日　　　　　　　法定代表人（签字）：

乙方（签字）：　　　　　　　　委托代理人（签字）：

　年　　月　　日　　　　　　　　年　　月　　日

另需材料清单：

1. 甲方、乙方的身份证复印件
2. 家政服务员的健康证明复印件
3. 甲方、乙方信息登记表

家政服务合同变更书（格式）

经甲方、乙方、中介方乙三方协商一致,对本合同做以下变更:

1. 变更后本合同期限为___年__月__日至___年__月__日。

2. 乙方的服务内容变更为_____。

3. 乙方的服务场所变更为_____。

4. 乙方的服务方式变更为_____。

5. 中介服务费变更为_____。

6. 劳务报酬变更为_____。

7. 本合同第__条、第__条及第__条取消。

8. 调换家政服务员姓名:_____籍贯:___性别:_____年龄:___

学历:___ 技能级别:___是否接受过培训:_____。

甲方(签字或盖章) 　　　　　　　　　 乙方(签字)

___年___月___日 　　　　　　　 ___年___月___日

中介方(盖章)

法人代表(签字或盖章)

___年___月___日

家政服务合同续订书（格式）

本次续订合同期限为___年,自___年___月__日至___年___月__日。

甲方(签字或盖章) 　　　　　　　　　 乙方(签字)

___年___月___日 　　　　　　　 ___年___月___日

中介方(盖章)

法人代表(签字或盖章)

___年___月___日

客户信息登记表

填写日期：　　　　　　　年　月　日　　　　　　　　　编号：

姓名		性别		年龄		民族	
学历		籍贯		电子邮箱			
身份证号				其他证件号			
住宅电话				手机号码			
家庭住址				邮编			
服务地址				电话			
乘车路线							
工作单位				职务			
家庭常住成员共（　　）人 ［成年人（　）人　6-18岁（　）人　3-6岁（　）人　3岁以下（　）人］							
家居环境面积（　　）平方米 ［（　）厅（　）房（　）卫生间（　）阳台（　）花园］							

主要服务项目

□ 普通家务劳动　　□ 婴、幼儿照护　　□ 婴幼儿教育　　□ 产妇与新生儿护理
□ 老人照护　　［男（　）女（　）自理（　）半自理（　）失能（　）年龄（　　）］
□ 病人陪护　　［男（　）女（　）独立看护　是（　）否（　）年龄（　　）］
□ 计时服务　　□ 家庭餐制作　　□ 其他

其他具体要求：

服务级别	□ 初级　　　□ 中级　　　□ 高级
付款方式	□ 现金　　　□ 汇款
签约期限	年　　月　　日至　　年　　月　　日
公司填写记录	

注：此表须认真填写，如需更改请通知公司，否则一律按填写内容办理服务事宜。
说明：1. 半自理：是指具有部分活动能力（进食、如厕能自理）。
　　　2. 失能：是指全部日常生活均需他人照料。

家政服务员资料登记表

档案编号：

姓　名		性　别		出生日期		
民　族		年　龄		来京时间		
学　历		政治面貌		原工作单位		
身高(厘米)				邮政编码		
联系电话		婚姻状况		健康状况		
家庭住址			是否从事过此项工作		是□　否□	
输送单位或来源地						
户口所在地				身份证号码		
管辖派出所				籍贯		
提供证件情况	户口本□ 身份证□ 暂住证□ 边防证□ 计生证□ 健康证□ 其他□					

家庭主要人员	关系	姓名	年龄	工作单位	备注

家政服务工作经历	普通家务	不合格　□合格 良好　□优秀	婴幼儿照护	不合格　□合格 良好　□优秀	婴幼儿教育	不合格　□合格 良好　□优秀
	产妇与新生儿护理	不合格　□合格 良好　□优秀	老人照护	不合格　□合格 良好　□优秀	病人陪护	不合格　□合格 良好　□优秀
	计时服务	不合格　□合格 良好　□优秀	家庭餐制作	不合格　□合格 良好　□优秀	其他	不合格　□合格 良好　□优秀
	结论：					

奖惩情况记录	
备　注	

注：可选项请在"□"中打"√"经办人　　登记时间　　年　　月　　日

参 考 文 献

图书文献

1. 蔡翔. 中国妇女百科全书 [M]. 安徽人民出版社，1995.
2. 岑麒祥. 汉语外来语词典 [M]. 商务印书馆，1990.
3. 车文博. 当代西方心理学新词典 [M]. 吉林人民出版社，2001.
4. 车文博. 心理咨询大百科全书 [M]. 浙江科学技术出版社，2001.
5. 陈辰. 催乳师培训教材 [M]. 中国工人出版社，2012.
6. 陈光中. 中华法学大辞典 [M]. 中国检察出版社，1995.
7. 陈国强. 简明文化人类学词典 [M]. 浙江人民出版社，1990.
8. 陈会昌，庞丽娟，申继亮，中国学前教育百科全书-心理发展卷 [M]. 沈阳出版社，1995.
9. 陈莉平，何建军. 社区保洁 [M]. 中国劳动社会保障出版社，2005.
10. 陈沅江，吴超，杨承祥. 社区保安 [M]. 中国劳动社会保障出版社，2005.
11. 迟福林. 邓小平著作学习大辞典 [M]. 山西经济出版社，1992.
12. 崔书章. 中老年人保健食谱选配手册 [M]. 中国轻工业出版社，1993.
13. 戴相龙，黄达. 中华金融辞库 [M]. 中国金融出版社，1998.
14. 邓治凡. 汉语同韵大词典 [M]. 崇文书局，2010.
15. 丁保乾. 中毒防治大全 [M]. 河南科学技术出版社，2006.
16. 丁新. 远距离开放教育词典 [M]. 中国远程教育，2001（2）.
17. 董大年. 现代汉语分类大词典 [M]. 上海辞书出版社，2007.
18. 方爱平，姚伟钧. 中华酒文化辞典 [M]. 四川人民出版社，2001.
19. 弗里德曼. 房地产辞典 [M]. 上海财经大学出版社，2009.
20. 高希言. 中国针灸辞典 [M]. 河南科学技术出版社，2002.
21. 高月平，赵桂香. 家庭护理必备手册 [M]. 军事医学科学出版社，2006.
22. 格林沃尔德. 现代经济词典 [M]. 商务印书馆，1981.
23. 官治国. 中国乡镇企业管理百科全书 [M]. 农业出版社，1987.
24. 郭松铎，陶月玉，林尚楠. 心脏病学词典 [M]. 北京：中国医药科技出版社，1998.
25. 郭志坤. 泌尿系统病学词典 [M]. 河南科学技术出版社，2007.
26. 韩恩吉. 实用痴呆学 [M]. 山东科学技术出版社，2011.
27. 韩明安. 新语词大词典 [M]. 黑龙江人民出版社，1991.
28. 韩庆保. 园艺工基本技能 [M]. 中国劳动社会保障出版社，2007.

29. 韩长远，张继轩．新编全科医师手册［M］．河南科学技术出版社，1999．

30. 郝迟．汉语倒排词典［M］．黑龙江人民出版社，1987．

31. 何坂，陆英智，成义仁等．神经精神病学辞典［M］．北京：中国中医药出版社，1998．

32. 何伋，马恩轩，成义仁．内科疾病神经症状与精神障碍［M］．山东科学技术出版社，1994．

33. 何伋．老年脑科学［M］．北京出版社，2001．

34. 何盛明．财经大辞典［M］．中国财政经济出版社，1990．

35. 何守才．数据库百科全书［M］．上海交通大学出版社，2009．

36. 贺双桂．高中数理化生公式定理图解［M］．广西师范大学出版社，2009．

37. 胡皓夫．儿科学辞典［M］．北京科学技术出版社，2003．

38. 怀孕胎教百科大全编委会．怀孕胎教百科大全［M］．中国妇女出版社，2011．

39. 黄安永．物业管理辞典［M］．东南大学出版社，1999．

40. 黄国英．儿科主治医师手册［M］．江苏科学技术出版社，2008．

41. 黄运武．新编财政大辞典［M］．辽宁人民出版社，1992．

42. 蒋风．世界儿童文学事典［M］．希望出版社，1992．

43. 金晴川．电梯与自动扶梯技术词典［M］．上海交通大学出版社，2005．

44. 亢世勇．新词语大词典［M］．上海辞书出版社，2003．

45. 柯天华，谭长强．临床医学多用辞典（精）［M］．江苏科技出版社，2006．

46. 孔繁瑶．兽医大辞典［M］．中国农业出版社，1999．

47. 来新夏．天津大辞典［M］．天津社会科学院出版社，2001．

48. 蓝仁哲．加拿大百科全书［M］．四川辞书出版社，1998．

49. 李经纬．中医名词术语精华辞典［M］．天津科学技术出版社，1996．

50. 李靖宇．社会主义政治体制大辞典［M］．沈阳出版社，1989．

51. 李珊．移居与适应［M］．知识产权出版社，2014．

52. 李堂华，刘牛．食物神奇疗效小百科［M］．四川辞书出版社，2008．

53. 李旭初，刘兴策．新编老年学词典［M］．武汉大学出版社，2009．

54. 李学信．社区卫生服务实用手册［M］．东南大学出版社，2008．

55. 梁志燊，霍力岩．中国学前教育百科全书-教育理论卷［M］．沈阳出版社，1995．

56. 廖树帜，张邦维．实用建筑材料手册［M］．湖南科学技术出版社，2012．

57. 林崇德，姜璐，王德胜．中国成人教育百科全书-生物·医学［M］．南海出版社，1992．

58. 林崇德．中国成人教育百科全书［M］．南海出版公司，1994．

59. 林崇德．中国独生子女教育百科［M］．浙江人民出版，1999．

60. 林崇德．中国优生优育优教百科全书［M］．广东教育出版社，2000．

61. 刘福龄．现代医学辞典［M］．山东科学技术出版社，1990．

62. 刘建明. 宣传舆论学大辞典［M］. 经济日报出版社，1993.

63. 刘建明. 应用写作大百科［M］. 中央民族大学出版社，1994.

64. 刘康. 家政服务员（第2版）（初级）［M］. 中国劳动社会保障出版社，2007.

65. 刘康. 家政服务员（第2版）（高级）［M］. 中国劳动社会保障出版社，2007.

66. 刘康. 家政服务员（第2版）（基础知识）［M］. 中国劳动社会保障出版社，2006.

67. 刘新民. 中华医学百科大辞海［M］. 沈阳出版社，2004.

68. 卢德平. 中华文明大辞典［M］. 海洋出版社，1992.

69. 陆雄文. 管理学大辞典［M］. 上海辞书出版社，2013.

70. 陆延昌. 中国电力百科全书［M］. 中国电力出版社，2014.

71. 罗慰慈. 协和医学词典［M］. 北京医科大学、中国协和医科大学联合出版社，1998.

72. 罗肇鸿，王怀宁. 资本主义大辞典［M］. 人民出版社，1995

73. 马振友. 最新皮肤科药物手册［M］. 世界图书出版公司，2008.

74. 倪健民，王炯. 拔罐基本技能［M］. 中国工人出版社，2009.

75. 宁夏百科全书编纂委员会. 宁夏百科全书［M］. 宁夏人民出版社，1998.

76. 农业大词典编辑委员会. 农业大词典［M］. 中国农业出版社，1998.

77. 潘倩菲. 实用中国风俗辞典［M］. 上海辞书出版社，2013.

78. 裴娣娜，刘翔平. 中国女性百科全书-文化教育卷［M］. 东北大学出版社，1995.

79. 彭克宏. 社会科学大词典［M］. 中国国际广播出版社，1989.

80. 朴永馨. 特殊教育辞典［M］. 华夏出版社，2006.

81. 祁德川. 中国景颇族［M］. 宁夏人民出版社，2011.

82. 全国工商联烘焙业公会组织编写. 中华烘焙食品大辞典. 产品及工艺分册［M］. 中国轻工业出版社，2009.

83. 任超奇，孕产妇生活全书［M］. 崇文书局（原湖北辞书），2006.

84. 任莉莉. 护士继续教育手册［M］. 河南科学技术出版社，1999.

85. 汝信. 社会科学新辞典［M］. 重庆出版社，1988.

86. 阮智富，郭忠新. 现代汉语大词典（套装上下册）［M］. 上海辞书出版社，2009.

87. 邵琪伟. 中国旅游大辞典［M］. 上海辞书出版社，2012.

88. 沈孟璎. 新中国60年新词新语词典［M］. 四川辞书出版社，2009.

89. 沈鑫甫. 中学教师实用化学辞典［M］. 北京科学技术出版社，1989.

90. 史仲文，胡晓林. 中华文化精粹分类辞典-文化精粹分类［M］. 中国国际广播出版社，1998.

91. 宋希仁. 伦理学大辞典［M］. 吉林人民出版社，1989.

92. 宋子然. 100年汉语新词新语大辞典［M］. 上海辞书出版社，2015.

93. 孙鼎国. 西方文化百科 [M]. 吉林人民出版社，1991.

94. 孙东风. 药品监督管理简明词语手册 [M]. 中国医药科技出版社，2003.

95. 孙钱章. 实用领导科学大辞典 [M]. 山东人民出版社，1990.

96. 丸善英一. 孕产妇生活全书 [M]. 天津科学技术出版社，1986.

97. 万钫，刘馨，詹苹. 中国学前教育百科全书·健康体育卷 [M]. 沈阳出版社，1995.

98. 万梦萍，匡仲潇. 护工 [M]. 中国劳动社会保障出版社，2013.

99. 万梦萍，匡仲潇. 家庭服务业职业经理人 [M]. 中国劳动社会保障出版社，2012.

100. 万梦萍. 家庭营养师 [M]. 中国劳动社会保障出版社，2011.

101. 汪志洪. 病患陪护 [M]. 中国劳动社会保障出版社，2012.

102. 汪志洪. 高等院校家庭服务专业发展研究 [M]. 中国劳动社会保障出版社，2013.

103. 汪志洪. 家政服务员 [M]. 中国劳动社会保障出版社，2012.

104. 汪志洪. 母婴护理 [M]. 中国劳动社会保障出版社，2012.

105. 王伯恭. 中国百科大辞典 [M]. 中国大百科全书出版社，1999.

106. 王春林. 科技编辑大辞典 [M]. 第二军医大学出版社，2001.

107. 王大全. 精细化工辞典 [M]. 化学工业出版社，1998.

108. 王国富，王秀珍. 澳大利亚教育词典 [M]. 武汉大学出版社，2002.

109. 王晶. 酒吧从业指南 [M]. 中国轻工业出版社，2006.

110. 王绍平. 图书情报词典 [M]. 汉语大词典出版社，1990.

111. 王士杰. 恶性肿瘤非手术治疗学 [M]. 江苏科学技术出版社，2010.

112. 王叔咸. 中国医学百科全书 [M]. 上海科学技术出版社，1992.

113. 王贤才. 临床药物大典 [M]. 青岛出版社，1994.

114. 王翔朴. 卫生学大辞典 [M]. 华夏出版社，1999.

115. 吴大真. 中医辞海 [M]. 中国医药科技出版社，1999.

116. 吴山. 中国工艺美术大辞典 [M]. 江苏美术出版社，1999.

117. 吴泽霖. 人类学词典 [M]. 上海辞书出版社，1991.

118. 吴忠观. 人口科学辞典 [M]. 西南财经大学出版社，1997.

119. 武广华. 中国卫生管理辞典 [M]. 中国科学技术出版社，2001.

120. 谢纪锋. 小学生应用词典 [M]. 语文出版社，2006.

121. 新华汉语词典（精）编委会. 新华汉语词典（精） [M]. 商务国际出版社，2006.

122. 熊武一，周家法. 军事大辞海 [M]. 长城出版社，2000.

123. 徐海荣. 中国服饰大典 [M]. 华夏出版社，2000.

124. 徐海荣. 中国酒事大典（精）[M]. 华夏出版社，2002.

125. 徐元贞. 新全实用药物手册 [M]. 河南科学技术出版社，1999.

126. 徐元贞. 中医词释 [M]. 河南科学技术出版社, 1983.

127. 许嘉璐. 中国中学教学百科全书 [M]. 沈阳出版社, 1990.

128. 许力以, 周谊. 百科知识数据辞典（精）[M]. 青岛出版社, 2008.

129. 杨学为. 中国考试大辞典 [M]. 上海辞书出版社, 2006.

130. 杨志寅. 诊断学大辞典（第2版）（精）[M]. 华夏出版社, 2004.

131. 姚大力. 小康家庭保健诊疗手册 [M]. 中国医药科技出版社, 2005.

132. 于根元. 现代汉语新词词典 [M]. 北京语言学院社, 1994.

133. 袁世全. 百科合称辞典 [M]. 中国科学技术大学出版社, 1990.

134. 苑茜, 周冰, 沈士仓. 现代劳动关系辞典 [M]. 中国劳动社会保障出版社, 2000.

135. 运动解剖学、运动医学大辞典编委会. 运动解剖学、运动医学大辞典 [M]. 人民体育出版社, 2000.

136. 张光忠. 社会科学学科辞典 [M]. 中国青年出版社, 1990.

137. 张海鹰. 社会保障辞典 [M]. 经济管理出版社, 1993.

138. 张晋藩. 中华人民共和国国史大辞典 [M]. 黑龙江人民出版社, 1992.

139. 张俊武. 新编实用医学词典 [M]. 北京医科大学、中国协和医科大学联合出版社, 1994.

140. 张清源. 现代汉语常用词词典 [M]. 四川人民出版社, 1992.

141. 张文范. 家政服务 [M]. 中国社会出版社, 2014.

142. 张文范. 养老护理 [M]. 中国社会出版社, 2014.

143. 张紫晨. 中外民俗学词典 [M]. 浙江人民出版社, 1991.

144. 赵鸿佐. 中国土木建筑百科辞典 [M]. 中国建筑工业出版社, 1999.

145. 赵克健. 现代药学名词手册 [M]. 中国医药科技出版社, 2004.

146. 赵克健. 袖珍新特药手册 [M]. 中国医药科技出版社, 2004.

147. 赵玉明. 广播电视辞典 [M]. 北京广播学院出版社, 1999.

148. 郑家亨. 统计大辞典 [M]. 中国统计出版社, 1995.

149. 郑天挺, 吴泽, 杨志玖. 中国历史大辞典 [M]. 上海辞书出版社, 2010.

150. 郑永东, 丁义兰. 农村常用药物实用指南 [M]. 兰州大学出版社, 2014.

151. 中国营养学会. 营养科学词典 [M]. 中国轻工业出版社, 2013.

152. 中学教师实用政治辞典编写组. 中学教师实用政治辞典 [M]. 北京科学技术出版社, 1997.

153. 中医大辞典编辑委员会. 中医大辞典 [M]. 人民卫生出版社, 1983.

154. 中医研究院. 中医名词术语选释 [M]. 人民卫生出版社, 1973.

155. 钟进义. 简明营养学—营养师工作手册 [M]. 山东科学技术出版社, 2008.

156. 钟世镇. 临床应用解剖学 [M]. 人民军医出版社, 1998.

157. 周国正. 中国老年百科全书 [M]. 东方出版社, 1988.

158. 周筱芳. 高中生物概念地图 [M]. 广西师范大学出版社, 2013.

159. 朱凤莲，汪卿琦．儿童营养师上岗手册［M］．中国时代经济出版社，2011.

160. 朱凤莲，王红．护理员（护工）上岗手册［M］．中国时代经济出版社，2011.

161. 朱凤莲，王红．家政服务员上岗手册［M］．中国时代经济出版社，2011.

162. 朱凤莲，王红．母婴护理员（月嫂）上岗手册［M］．中国时代经济出版社，2011.

163. 朱凤莲，王红．育婴师上岗手册［M］．中国时代经济出版社，2011.

164. 朱凤莲，王红．早教师上岗手册［M］．中国时代经济出版社，2011.

165. 朱凤莲，张巧林．家庭营养师上岗手册［M］．中国时代经济出版社，2011.

166. 朱红．全科护士实用手册［M］．山东科学技术出版社，2004.

167. 朱红．全科医生辅助诊断手册［M］．山东科学技术出版社，2003.

168. 朱家恺．外科学辞典［M］．北京科学技术出版社，2003.

169. 朱世英，季家宏．中国酒文化辞典［M］．黄山书社，1990.

170. 祝士媛，张念芸．中国学前教育百科全书-学科教育卷［M］．沈阳出版社，1995.

171. 邹震，庞大春，李庆堂．催乳师培训教材［M］．中国工人出版社，2012.

172. 邹震，庞大春，李庆堂．家庭钟点工［M］．中国工人出版社，2011.

173. 邹震，庞大春，李庆堂．家庭保健与护理［M］．中国工人出版社，2011.

174. 邹震，庞大春，李庆堂．家庭养老护理［M］．中国工人出版社，2011.

期刊文献

1. 安恬．奶瓶消毒7步骤［J］．父母必读，2003（4）：49-49.

2. 布琳．精油按摩适合你吗［J］．中外女性健康月刊，2013（5）：31-32.

3. 草明．我国木质门窗又现"二春"［J］．国际木业，2005（10）：21-23.

4. 陈彬，冯玲．健康管理师职业技能模块分析［J］．中国预防医学杂志，2014，15（3）：301-303.

5. 陈春兰．人体四大生命体征的正常范围［J］．医药与保健，2013（9）：19-19.

6. 陈红华，李玲．孕妇产前运动现状分析［J］．中国社会医学杂志，2014（5）：336-338.

7. 陈婷文，蒋大富，廖霄梅．家庭理财方法研究［J］．广西工学院学报，2005（S3）：151-154.

8. 陈秀旗．露地花卉栽培与管理［J］．内蒙古农业科技，2008（7）：47.

9. 东东．奶瓶消毒，你会吗？［J］．婚育与健康，2011（3X）：61-61.

10. 杜建．芳香疗法源流与发展［J］．中华中医药杂志，2003，18（08）：454-456.

11. 高海薇．餐桌上的艺术——我所了解的法式服务［J］．四川旅游学院学报，1999（1）：42-43.

12. 韩蕾，董蕾红．论亲职教育的法制化［J］．济南职业学院学报，2014（4）：102-104.

13. 韩欣欣. 免疫力≠抵抗力 [J]. 现代健康人, 2004.11.

14. 贺巧玲. 新生儿颅内血肿与产瘤的鉴别诊断 [J]. 世界最新医学信息文摘: 连续型电子期刊, 2016 (16).

15. 贺习耀. 零点菜单的设计与使用 [J]. 四川旅游学院学报, 2007 (4): 20-22.

16. 黄晓婷. 浅谈婴儿皮肤护理 [J]. 大家健康: 学术版, 2014 (15): 202-202.

17. 季平, 熊月琳, 张建端. 初产妇产后1小时内开奶的相关因素分析 [J]. 中国社会医学杂志, 2015 (04): 289-291.

18. 佳茗. 抚摸胎教（上）[J]. 健康, 2004 (6): 56-57.

19. 江惠红. 户式中央空调的应用 [J]. 安装, 2004 (6): 17-18.

20. 姜长云. 关于家庭服务业概念内涵和外延的讨论 [J]. 经济研究参考, 2010 (60): 4-10.

21. 姜长云. 家庭服务业的产业特性 [J]. 经济与管理研究, 2011 (03): 42-48.

22. 孔亚楠, 孙淑英, 刘薇, 等. 1～3岁儿童精细动作发育调查及影响因素分析 [J]. 中国儿童保健杂志, 2009, 17 (2): 145-146.

23. 冷绍玉. 熨烫极光的形成与预防 [J]. 山东纺织科技, 1991 (1).

24. 李方玲, 李金辉. 老年衰弱综合征中医理论初探 [J]. 中国中医药现代远程教育, 2015, 13 (24): 1-3.

25. 李红. 关于农村留守家庭现状的调查分析–以湘潭市为例 [J]. 统计与管理, 2015 (5): 27-29.

26. 李晓乾, 王宝燕, 薛晓燕. 护生对老年衰弱相关知识认知情况调查 [J]. 护理研究, 2015 (36): 4564-4566.

27. 李志强, 罗红. 菲律宾女佣赚全世界的钱——全球193个国家和地区的家庭雇佣了菲佣 [J]. 职业技术, 2003 (2): 34-35.

28. 梁朝霞. 宠物猫、犬接种疫苗种类及其应用 [J]. 养殖技术顾问, 2014 (3): 239-239.

29. 梁海秋. 简介美国式的家庭保健与私人护理 [J]. 心血管病防治知识, 2014 (2): 37-38.

30. 刘珊. 当前"虐待老年人"问题的现象及对策研究 [J]. 社会科学家, 2013 (7): 46-49.

31. 刘艳, 范湘鸿, 沈晶. 保护膜联合压疮防护用具在老年患者中的应用 [J]. 齐鲁护理杂志, 2012, 18 (22): 72-73.

32. 刘志武. 论如何运用程序化管理加强社保基础工作 [J]. 企业家天地: 理论版, 2010 (8): 118-119.

33. 栾俪云, 饶涛. 我国城市儿童看护服务缺失的社会学思考 [J]. 广东社会科学, 2012 (6): 200-205.

34. 罗杰·巴特斯比. 借西方经验探索中国老年住宅及护理模式 [J]. 中国科技投资, 2014 (18): 84-87.

35. 马寒隽．浅谈聚氨酯应用发展新领域［J］．聚氨酯工业，2006（6）：18-20.

36. 马青云．面料的鉴别与介绍［J］．轻纺工业与技术，2010，39（4）：40-40.

37. 穆光宗．关于"异地养老"的几点思考［J］．中共浙江省委党校学报，2010，26（02）：19-24.

38. 欧阳新梅．儿童动作发展之二——粗大动作的发展［J］．启蒙（0-3 岁），2007（11）.

39. 潘建平．评价儿童生长与营养不良的指标选择［J］．中华儿科杂志，1996（2）：88-92.

40. 綦翠华．《营养配餐》之食品交换份法的思考［J］．科技视界，2014（15）：14-15.

41. 商凯．山东省支持现代服务业发展的政策考量——基于国内外发达地区的经验启示［J］．地方财政研究，2012（6）：77-80.

42. 沈叶波，孙艳香．NPO 参与社区养老的现状及对策研究–以杭州市上城区为例［J］．现代经济信息，2014（22）：24-25.

43. 苏明，梁季，唐海秀．我国发展家庭服务业促进就业的财税政策研究［J］．经济研究参考，2010（52）：2-14.

44. 孙艳玲，孙艳平．待产产妇的产前心理护理及健康指导［J］．中外健康文摘，2010，07（34）.

45. 唐春艳，张晶，姜会玲．晕厥的急救护理措施及对策［J］．中国实用医药，2010，5（8）：220-220.

46. 万洪芳．褥疮的预防和护理［J］．中华医学研究杂志，2011.

47. 王会敏，李冬梅，李红方．帕金森综合症患者的护理干预及研究［J］．中国实用医药，2013，8（23）：186-187.

48. 王书勤．英国私人秘书的基本素质与职能［J］．外交评论：外交学院学报，1992（2）：84-86.

49. 王天佑，夏良．现代欧美流行西式菜点系列谈（三）——现代欧美开胃品［J］．中国食品，1995（9）：30-31.

50. 文湘兰．株洲市 0～12 月龄婴儿早教开发对发育影响的评价研究［J］．中国实用医药，2012，07（1）：262-263.

51. 吴琼．化学药物消毒法［J］．中小学实验与装备，2003，13（2）.

52. 吴锐东，计华桂．浅谈地毯的清洁与保养［J］．日用化学品科学，2000（6）：35-37.

53. 吴钰乾．汽车专业清洗护理标准工序设计与应用［J］．汽车维修技师，2014（5）：107-107.

54. 肖建伶，朱珠，王玉伟，等．北京市保健用品发展现状及监管情况的研究［J］．价值工程，2016，35（19）.

55. 熊淑萍．试析婚姻家庭咨询师的职业发展［J］．南昌教育学院学报，2013

（8）：141-142.

56. 许福子. 关于福祉人才培养的几点思考 [J]. 东北师大学报：哲学社会科学版，2008（4）：179-182.

57. 杨左军. 老年人饭前准备操 [J]. 中老年保健，2002（5）.

58. 姚晓芳，王耀敏. 中外失智症护理教育现状比较与启示 [J]. 卫生职业教育，2016，34（2）：101-102.

59. 佚名. 宝宝逗笑你可以参考的 15 招 [J]. 时尚育儿，2010（2）：70-72.

60. 佚名. 给孩子购买玩具的八项注意 [J]. 玩具世界，2006（2）：48-48.

61. 佚名. 国家二级婚姻家庭咨询师开始招生 [J]. 祝你幸福：最家长，2015（2）.

62. 佚名. 过分逗笑有损婴儿健康 [J]. 全科护理，2005（8）：27-27.

63. 佚名. 花卉摘心有窍门 [J]. 农家科技，2012（2）：16-16.

64. 佚名. 铝合金、塑钢门窗的保养 [J]. 家庭科技，2002（10）.

65. 佚名. 饮食营养误区 [J]. 《农产品加工（创新版）》2010 年第 10 期.

66. 佚名. 辅具助力生活——浴椅和浴凳 [J]. 中国青年，2015（6）.

67. 尹业茂，窦俊三. 社区安全之家庭防火 [J]. 山西青年，2013（8）：62-62.

68. 张大申. 地毯的清洁与保养 [J]. 清洗世界，2003，19（12）：32-36.

69. 张桂文，刘新文. 卫生间用酸性清洁剂调研及实验研究 [J]. 甘肃科技，2011，27（20）：78-79.

70. 张郭阳，尹立明. 户式中央空调的种类与特点 [J]. 科技、经济、市场，2011（4）：20-21.

71. 张合华，赵玉虹. 医疗之家及其对我国卫生管理的借鉴意义 [J]. 中国初级卫生保健，2013，27（11）：6-9.

72. 张建军. 零点菜单和宴席菜单的设计 [J]. 扬州大学烹饪学报，2001，18（1）：34-38.

73. 张玲. 183 例乳头凹陷的矫正及护理 [J]. 当代护士旬刊，2007（3）：57-58.

74. 张兴侠. 婴儿蒙被综合症 38 例临床分析 [J]. 井冈山医专学报，2004，11（2）：50-51.

75. 张雪梅. 社区卫生服务机构设置健康管理师岗位的现实障碍分析 [J]. 中国初级卫生保健，2014，28（8）：38-40.

76. 赵根良. 聚酯家具及其选购与保养 [J]. 家具，1995（1）.

77. 赵鸿汉，许惠源. 聚酯家具（PE，PU）涂饰工艺探讨 [J]. 热固性树脂，1996（01）：27-31.

78. 郑滨. 五味平衡利健康 [J]. 食品与生活，1994（1）.

79. 郑金波，王建伟，周玮. 超声雾化吸入法的临床应用及护理 [J]. 中国保健营养旬刊，2012（11）.

80. 中华人民共和国国家统计局工业交通统计司，林贤郁. 工业行业与产品划分工

作手册 [J]. 2003.

81. 周先龙. 家庭中 0～3 岁婴幼儿语言能力培养浅析 [J]. 当代学前教育, 2008 (1).

82. 周阳. 论人口老龄化背景下我国长期护理保险制度的建立 [J]. 法制与社会, 2014 (31).

83. 周杨, 汤婕. 护腰带: 腰痛患者必备的保护工具 [J]. 人生与伴侣: 月末版, 2009 (11): 26-27.

84. 周杨. 发展宝宝的手眼协调能力 [J]. 启蒙 (0-3 岁), 2012 (12): 26-27.

85. 朱红缨. 家政学理论与家政学教育 [J]. 浙江学刊, 2005, 2005 (3): 201-202.

学位论文

1. 兰东霞. 劳务派遣法律制度研究 [D]. 西南政法大学, 2008.

2. 彭波. 先秦时期出土戈革制品的相关问题研究 [D]. 陕西师范大学, 2013.

3. 唐海秀. 促进我国家庭服务业发展的财税政策研究 [D]. 财政部财政科学研究所, 2011.

4. 尹芳. 重庆市主城区幼儿家庭亲子游戏现状的研究 [D]. 西南师范大学 西南大学, 2003.

5. 张文超. 社区综合信息服务平台的规划与设计 [D]. 华东师范大学, 2005.

标准

1. DB32/T 1548-2009, 江苏省地方标准: 淮扬菜通用规范 [S].

2. SB/T10847-2012, 家政服务业通用术语 [S].

3. 中华人民共和国人力资源和社会保障部. 国家职业技能标准: 养老护理员 (2011 年修订) [S]. 北京: 中国劳动社会保障出版社, 2012【国家职业技能标准】.

4. 中华人民共和国人力资源和社会保障部. 国家职业技能标准: 育婴员 (2010 年修订) [S]. 北京: 中国劳动社会保障出版社, 2010.【国家职业技能标准】

5. 中华人民共和国劳动和社会保障部. 国家职业技能标准: 花卉园艺师 [S]. 北京: 中国劳动社会保障出版社, 2005.【国家职业技能标准】

6. 中华人民共和国劳动和社会保障部. 国家职业技能标准: 家政服务员 (2006 年修订) [S]. 北京: 中国劳动社会保障出版社, 2006.【国家职业技能标准】

网络文献

现代服务标准化发展研究中心. 家庭服务业术语 (征求意见稿) [EB/OL]. [2016-06-07].

汉语拼音索引